全景
武器百科

鲁中石　主编

中国华侨出版社

北京

图书在版编目(CIP)数据

全景武器百科 / 鲁中石主编. — 北京：中国华侨出版社，2016.11（2020.10重印）

ISBN 978-7-5113-6406-7

Ⅰ.①全… Ⅱ.①鲁… Ⅲ.①武器—世界—普及读物 Ⅳ.①E92-49

中国版本图书馆CIP数据核字（2016）第250953号

全景武器百科

主　　编：鲁中石

责任编辑：兰　芷

封面设计：李艾红

文字编辑：朱立春

美术编辑：李丹丹

经　　销：新华书店

开　　本：720mm×1020mm　1/16　印张：20　字数：528千字

印　　刷：北京德富泰印务有限公司

版　　次：2017年1月第1版　　2020年10月第2次印刷

书　　号：ISBN 978-7-5113-6406-7

定　　价：39.80元

中国华侨出版社　北京市朝阳区西坝河东里77号楼底商5号　邮编：100028

法律顾问：陈鹰律师事务所

发 行 部：(010) 58815874　　传　真：(010) 58815857

网　　址：www.oveaschin.com　E－m a i l：oveaschin@sina.com

如果发现印装质量问题，影响阅读，请与印刷厂联系调换。

前 言

PREFACE

　　战争是人类历史具有永恒魅力的课题，它始终作为解决矛盾的终结方式伴随在人类左右，在大约5000年有文字记载的历史上，先后发生的战争在一万次以上。如此频繁且绵延恒久的战争覆盖了世界短暂的和平祥光。唯有决定战争方式的武器，随着时代的进步、科技的发展不断改头换面，体现着优胜劣汰的自然法则。

　　武器——一个让人充满好奇和有些恐惧的字眼，既能沦为战争发动者的帮凶，又能成为遏制战争爆发的英雄。它以其独特的双重身份和令人恐惧的巨大威力成为战场上的焦点。在纷飞的战火中，它们上天入地，无所不能：或腾空而起，或从天而降；或以排山倒海之势摧毁一切，或不声不响地杀人于无形……武器家族以一种神秘的姿态吸引我们前去探寻。

　　让我们穿越时空，回到远古时代。那时，掠夺战争频频出现，石头、枪、刀、剑等随之诞生，闪耀着信义和忠勇光芒的冷兵器走过了漫长的石木兵器时代、铜兵器时代、铁兵器时代。火器时代的开始，结束了冷兵器作为战场首选武器的历史。特别是13世纪中国火药的发明，为武器装备带来了一场革命。滑膛枪取代长矛等冷兵器，成为战场上的有生力量，并导致了新的兵种——装备滑膛炮的炮兵——应运而生。15～17世纪，各封建国家对枪、炮不断改进，至16世纪20年代，将大炮搬上了战船，延长了军舰的作战距离，接舷而战终为炮击的巨大威力彻底抛弃。

　　18世纪中期，欧洲进入自由资本主义时期，以英国工业革命为标

志，社会生产力从铁器时代推进到机器时代，武器装备不断改进，燧发枪、前装线膛枪逐步改进为击针后装线膛枪，前装滑膛炮改进为后装线膛炮；榴弹和榴霰弹代替了球形炮弹；出现了装甲车、装甲战舰、地雷和水雷，火器射程和毁伤力大大增强。

第一次世界大战前后，多种新技术兵器接踵问世，陆军有自动步枪、机枪、迫击炮、手榴弹等；海军有驱逐舰、战列舰、巡洋舰、潜艇、鱼雷和鱼雷艇等。飞机开始用于军事，坦克、高射炮、化学武器亮相战场，直接影响了战争的局势。到第二次世界大战，这些武器装备已成为大规模作战形式。继之，导弹、原子弹使整个世界处于核威慑的阴影中。

对于生长在和平年代的我们而言，对武器不知道、想知道的实在太多了。为了帮助大家揭开兵器家族的神秘面纱，我们精心组织编写了这本《全景武器百科》。本书是一部全面介绍武器知识的大型图书，以时间为线索，循着武器发展的脉络，从几百万年前人类使用的第一件武器开始讲起，详细解读了古代冷兵器、火器时代的兵器、现代战争中的常规武器、日新月异的新式武器等，几乎囊括了人类历史上所有的武器种类。全书共分为轻武器、火炮、舰船、飞机、坦克与装甲车、导弹及其他6个部分，比较全面、完整、系统地介绍了轻武器、火炮、装甲车辆、导弹、战斗舰艇、作战飞机、武装直升机、化学武器、生物武器、燃烧武器、核武器、新概念武器等600余种当今世界现役的主流武器与曾经辉煌无限的老一代王牌武器。编者遵循知识性、趣味性和科学性相互结合的原则，以权威翔实的数据，配以1000余幅精美图片，分门别类地介绍了世界各国具有代表性的武器风貌，并对特定武器相关的事件和背景进行了阐述，增强了本书的可读性，以期读者通过较短时间的阅读便可对世界武器发展的轨迹有一个清晰了解。这本书不仅是普及军事知识的优秀读本，而且也是军事爱好者必备的理想藏书。

目 录

CONTENTS

轻武器

火炮

舰船

飞机

坦克与装甲车

导弹及其他

轻武器

冷兵器时代

在火药发明以前的兵器，基本上都是冷兵器。冷兵器按材质可分为石、骨、蚌、竹、木、皮、革、青铜、钢铁等种类；按用途可分为进攻性兵器和防护装具，其中进攻性兵器又可分为格斗、远射和卫体三类；按作战使用可分为步战兵器、车战兵器、骑战兵器、水战兵器和攻守城器械等；按结构形制可分为短兵器、长兵器、抛射兵器、系兵器、护体装具、器械、兵车、战船等。冷兵器基本上都是以近战杀伤为主。世界各国冷兵器的发展基本可归结为石木兵器时代、铜兵器时代、铁兵器时代和冷兵器与火器并用时代。

刀

刀以砍杀的方式直取敌人的性命，总是和凶猛的威力联系在一起，而不像剑那样雅致和富有诗意。即使作为佩刀佩挂在身上，也主要是战将才这么做，文人雅士是不佩挂大刀的。刀比剑的出现要早得多，

➡ 意大利青铜雕像《朱迪达》

➡ 中国商代青铜兵器三孔有銎钺

⬇ 古非洲人使用弓箭、长矛砍杀野牛等很多动物。

石器时代已经有打磨而成的石刀。这些早期的石刀、骨刀既是工具，也是随身携带的武器。中国的黄帝时代，石刀被称为"玉兵"。许多刀在早期还用于仪式。这些石刀都是用珍贵的玉石磨制成的，上面雕刻着精美的花纹图案。

从铜兵器时代到铁兵器时代

这是冷兵器时代最为辉煌的一段时间。先是出现了红铜做的兵器，但硬度不够好。接着人们发现，将铜、锡、铅三种金属放在一起冶炼会大大增强硬度，于是开始用这种青铜合金来打制锋利的兵器。这样，那些锋利但笨重易损坏的石制兵器就被淘汰了。

青铜兵器的制造工艺精巧，外表雕饰、镶嵌着各种美丽的花纹，有的兵器上还錾有铭文。此时的兵器多为铸制而成，主要有铜剑、铜戈、铜矛、铜刀、铜戟等，防护兵器有铜盔甲等。这个时期持续时间不长，性能更好的铁便出现了。铁比铜更容易铸造且可以反复打制，可塑性和强度大大提高，而且冶炼简单，矿石材料随处可见，易于大量生产并装备大规模作战的军队。此时用铁制造的兵器种类极多，主要有各种刀、剑、铁杖、铁锥、铁鞭、铁锏、铁枪等。随着炼钢术的不断进步，铁兵器的质量、形制及种类也不断发

双耳瓷瓶（其上绘有赫克力士使用弓箭、长矛与二身巨人革律翁奋战）。

展、完善，但仍未脱离近战的以直接杀伤为主的范围。火器出现并发展后，铁兵器的辉煌时代便结束了。

欧洲的马刀和阿拉伯弯刀

公元7～8世纪，马刀盛行于东欧和中亚游牧民族，用做劈刺武器。公元14世纪，马刀上有了宽脊，用于增加刀身的重量和增大撞击力。马刀从

↑ 古代中国人持刀武士图

此主要用于劈杀。这一类马刀中最具代表性的是土耳其马刀和波斯马刀。两种马刀均为直把，刀柄带有十字横档，重量小，刀身弯度大，刀身长近1米。在公元18～19世纪的欧洲军队中，马刀刀柄带有笨重的弧形护手，马刀全长达1.11米。

公元18世纪，马刀大量装备俄国骑兵部队，使这种机动性很强的军队具有了轻便的近战速决武器，作战能力大大提高。随后，马刀在各国普遍装备骑兵，一些国家也用于装备禁卫军。

现代一些国家仍装备有马刀，但大部分作为仪仗武器。

最有特色的是阿拉伯弯刀。这是一种曲线形的刀，刀身狭窄，弯度较大，长1～1.2米，刀身上有一道较深的凹痕。其特点是韧性和硬度好，刀刃极为锋利。古代大马士革和托莱多的军械工匠因制作优质的阿拉伯弯刀而闻名于世。

剑

剑应该是最美的兵器，它总是与英

欧洲中世纪后期大量使用可用于劈、砍的长剑。下图是手持长矛混战的场面。

雄、武士、酒、美人和诗联系在一起。在中世纪的史诗中，英雄人物对武器有一种感情上的依附。剑通常像人一样有专门的名称：罗兰伯爵的剑称为"杜伦达尔"，查理大帝的剑称为"乔尤斯"，亚瑟王的剑称为"伊克斯卡利巴"。

真正的剑在青铜时代才出现。考古人员在世界各地发现了许多剑，其中许多是用于英雄或国王的殉葬品，例如在美塞尼的坟墓里就发现了90多把剑。有些剑的装饰和镶嵌都极其豪华，一定是只供举行仪式用的。大多数的剑是大而薄的轻剑，剑身有1米长，主要是用来刺杀而不是用来砍杀。也有一种较短的剑，剑身上有凸纹，柄脚甚大，剑口较快，不仅用于刺杀，也用于砍和劈。在公元前1350年左右，铸剑的匠人通过在剑上增加棱纹的办法来增加剑的强度，西亚和多瑙河流域的人们多使用这种剑。希腊人使用的剑有好几种，虽然他们有用于砍杀的单刃剑，但是大多数剑都用于刺杀，跟他们喜欢使用长矛来刺杀颇为相似。

中世纪的后期出现了片甲，为了劈开这种甲胄，出现了长约1.5米的重型剑。这种武器需要双手使用，既用于刺，也用于劈。公元15～16世纪时，步兵用剑同骑兵作战。公元16世纪初，由于射击武器的推广，剑在步兵中就不再使用，而骑兵则改用马刀和大军刀。

在中国，剑又称为"直兵"。迄今发现最早的是张家坡柳叶形青铜短剑，周代以后出现钢铁剑。汉代以后由于步骑兵砍、劈的需要，多用单刀厚背的环首刀，剑逐渐变为饰物和防身武器。

日本的长剑是造剑工艺中的杰作。这种剑的铸

古罗马佩剑

造时间甚长，剑身是熟铁做的，剑刃是含碳量高的钢。一把好的日本剑插在水中，顺流而下的草会齐刷刷地断为两截。

弓箭

弓箭是一种了不起的发明，因为它是人类制造出来的第一种可以积存能量来打击敌人的武器，而且它可以越过一段距离去杀伤对手，使士兵不用面对面地近战。最简单的弓是用加热的办法使木棍稍微弯曲，再用弦线拴起来。经过若干世纪，长弓和弩在欧洲发展起来了。这两种弓在引进了火器之后许久的公元17世纪仍在使用。长弓是由简单的单棍

⬇ 手执弓箭的古代欧洲人

弓演变出来的一种又大又重的硬弓，需要较大的力气才拉得开，射的距离也比较远。这种弓用榆木、榛木或紫杉木制成，长约1.8米，有效射程达230米。英国部队在公元13世纪开始使用这种弓，并发展出弓箭部队。这种弓简单，射得快，一个好的弓箭手每分钟可射五六支箭。亨利八世在位时有一条法令规定，大小城市里的所有居民都必须制造箭垛子，到节假日把箭垛子拿出去练习射箭，违令者每月罚款20先令。古埃及的弓十分精良，新王国时期埃及人的弓一般是用圆木条制成，中间粗，两端逐渐细尖。也有的在木弓上嵌以羚羊角片，外覆一条牛筋，用棕榈树皮将各种复合件紧缠在木弓上。复合弓力量大，射程远，但不易拉开，箭杆材料有木棍、芦苇等，金属做箭头，用3支羽毛做尾翼。

弩

弩是一种固定在一段木头上的弓，弓弦与木头相交成直角。最简单的弩用手来发射，但是借助某些弯曲的机械可逐渐产生张力。

弩箭通常比一般的箭短，但弩箭的箭头要重一

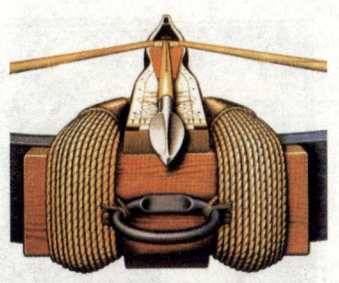

⬆ 弩的复原模型图

些，上面装有羽毛翼或金属翼。有时金属翼制成螺旋形，使弩箭旋转。弩与弓的根本区别在于弩具有延时结构，不须引弓和同时瞄准，可利用臂、足、腰、机械等多种方式引弓，从容瞄准，伺机发射。弩比弓发射的箭射程远，准确性高，穿透性强；但发射速度逊于弓，且比弓笨重。早在古希腊和中国战国时期已出现了最早的弩，以后几乎传遍所有主要军事国家。

长矛

矛是最早出现的长兵器之一。迄今已发现有从旧石器时期早期遗留下来的约10万年前的木矛。约3万年前的旧石器时期晚期的人，把坚硬物绑在木棍上做成矛。矛出现以前，人类打猎是向动物扔石头。从公元前2700年起，在旧王朝和新王朝时期的古埃及，步兵都使用铜矛，后来则使用青铜矛。早于他们的苏美尔人，步兵和驾战车的将

士都使用矛。矛也是古波斯人的主要武器，这一点我们可以从佩西波利斯王宫的石头浮雕上看出，那上面刻有波斯王大流士的手执长矛的私人卫士。

后来的希腊人也使用矛，掷标枪是奥林匹克运动会上的一个比赛项目，它提出了怎样使用矛的问题。壁画上有个步兵手持马其顿矛，这种矛两头都是尖的，以防毁损。他显然是用这种矛来刺杀。矛在此时是骑兵和步兵的通用武器。荷马时代的英雄们常常是带着两支矛上战场，带着一支矛回来，这表明轻的一支矛是用来投掷的，重的一支矛是握在手里刺杀的。骑兵使用的长矛是亚历山大大帝的骑兵最先开始使用的。他的骑兵穿着盔甲，带着剑、盾和长矛。从这个时候起，在罗马使用长矛的人已经很普遍了。在中世纪，欧洲为了提高武士们的作战技术，经常举办长矛投掷比武。长矛直到很晚的时候还是人们喜欢的一种武器。

攻城用的抛石机和石弩

公元前500多年，人类就开始研制和使用远射的重兵器。最早的重兵器是抛石机和石弩。抛石机利用杠杆原理，靠人力把约10千克重的石头抛出300步远，用于攻城或对付集团目标。石弩则是用蓄能武器弩来发射巨大的石块，形式和现代大炮非常相近。亚历山大大帝在公元前332年围攻蒂雷城时一连攻了7个月，他最后的胜利，是因为使用了石弩。据说，石弩是公元前3世纪初期的一个叫狄奥尼修斯的西西里将军发明的。

罗马人极擅长使用抛石机和石弩。他们的抛石机能把重100千克的标枪发射约460米远，石弩能把重230

千克的圆石抛得更远。罗马人在公元68年的对犹太人战争中围攻约塔帕塔城，此城三面是悬崖峭壁，罗马人战斗了5天之后才进逼城下。罗马人建造起掩体，叫兵士们用160台抛射机向城上发射石头、箭和燃烧物以进行掩护，使用云梯攻城。犹太人用滚油和滚沥青向下泼。虽然烫死烫伤的人不计其数，但是罗马人还是在抛石机的掩护下爬云梯冲了上去。

这张波斯图表现了交战的双方，描绘的是蒙古人横跨底格里斯河攻陷巴格达的情形。胜利的取得归功于蒙古人使用的中国的围城机械，由驮马分件运送。弩炮装上配重体，射程从100米提高到了300米开外。公元1241年4月11日，在7门弩炮的隆隆炮火掩护下，蒙古人渡过了匈牙利境内的绍约河。

枪的发展

火绳枪

据史料记载，在公元 1259 年，中国就制成了以黑火药发射子窠的竹管突火枪，这是世界上最早的管形射击火器。随后，又发明了金属管形射击火器——火铳，到明代已在军队中大量装备。

公元 14 世纪时，欧洲也有了从枪管后端火门点火发射的火门枪。公元 15 世纪欧洲的火绳枪，从枪口装入黑火药和铅丸，转动一个杠杆，用硝酸钾浸过的燃着的火绳头移近火孔，即可用手点燃火药发射。

比较有名的火绳枪是 16 世纪 20 年代出现于西班牙的"穆什克特"火枪。这种火枪的口径在 23 毫米以内，枪重 8 ～ 10 千克，弹丸重约 50 克，射程约 250 米。弹丸用木制的或铁制的通条从枪口装填。装备"穆什克特"火枪的步兵称为火枪手。由于火绳雨天容易熄灭，夜间容易暴露，这种枪在公元 16 世纪后逐渐被燧发枪所代替。

燧发枪

燧发枪是一种枪口装弹的滑膛燧发式武器。最初的燧发枪是轮式燧发枪，用转轮同压在它上面的燧石摩擦发火。以后又出现了几种利用燧石与铁砧撞击迸发火星点燃火药的撞击式燧发枪。燧发枪与火绳枪相比，主要优点有：射速快、口径小、枪身短、重量轻、后坐力小等。燧发枪的主要样式有步兵燧发枪和骑兵燧发枪。燧发枪问世后，由于优点显著，渐渐取代了火绳枪，成为军队的主要武器，使用了约 300 年。

来复枪

早期的枪械都是前装滑膛枪。公元 1520 年，德国纽伦堡的一名铁匠戈特，为了简化前装手续，减少气体泄出，使弹丸在枪膛内起紧塞作用并提高装填速度，发明了直线式线膛枪，采用圆形铅

公元 14 世纪的一名火枪手在发射长枪。此时的枪托夹在胳膊下。到公元 16 世纪枪托变宽变短后，才顶在肩上发射。

公元 1607 年的火枪手。此图展示了一名典型的火枪手。

公元 16 世纪西班牙人发现和掠夺美洲大陆时所用的燧发枪。

球弹丸。由于"膛线"一词的英文译音是"来复",所以线膛枪也被称作来复枪。至今,印有戈特姓名和公元1616年生产日期的步枪还保存在博物馆内。这种带有膛线的来复枪射击精度大大超过了滑膛枪。

公元16世纪以后,膛线由直线形改为螺旋形,发射时能使长形铅丸做旋转运动,出膛后飞行稳定,提高了射击精度,增加了射程。较为有名的是法国的米宁前装式来复枪。此枪重约4.8千克,有4条螺旋形膛线,最大射程914米。弹丸长形,头部蛋形,底部中空,略小于口径,比较容易从枪口装填。发射时,火药气体使弹底部膨胀而嵌入膛线以发生旋转。但由于这种线膛枪前装很费时间,因而直到后装枪真正得到发展以后,螺旋形膛线才被广泛采用。

最有名的是英国帕特里克·弗格森于公元1776年发明的一种新式来复步枪。这种枪射程达180米,最远可达270米,平均每分钟可射4~6次。这比起当时每分钟只能发射一次,射程仅90米的一般步枪来说确是巨大

一名法国海军士兵手持一支1878年的来复枪,这种来复枪已刻有螺旋形膛线。

进步。弗格森在枪膛内刻上螺旋形的纹路即来复线,使发射的弹头旋转前进,增加了子弹飞行的稳定性、射程和穿透力;又在枪上安装了调整距离和瞄准的标尺,提高了射击命中率。

19世纪,人们对枪的性能提出了更高的要求。1825年,法国军官德尔文设计了一种枪管尾部带药室的步枪,采用球形弹丸,弹丸装入枪管后,利用探条冲打,使弹丸变形而嵌入膛线。这种枪的射程和精度都有明显提高。德尔文被称为"现代步枪之父"。

1848年出现的米涅式步枪,构造比德尔文步枪更加简化,省去了专门的药室,弹丸也改为中空式。

使用来复枪以后,军队的战斗力大为增强。这是来复枪队以排枪阵容对敌方的骑兵进行射击。

描绘美国西部枪战的图画

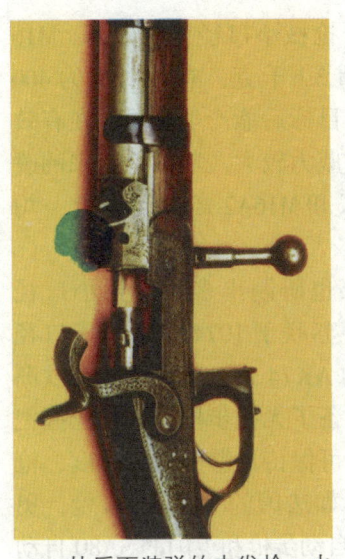

1856 年 3 月 30 日，克里米亚战争以英、法、土盟国战胜，俄战败而告终，而后在巴黎签订了《巴黎和约》，宣布依照和约规定，黑海为中立区，俄国必须炸毁包括塞瓦斯托波尔在内的 4 个海军基地，放弃对奥斯曼帝国境内的东正教臣民的保护权。图为发生在巴拉克拉瓦第 93 号萨瑟兰高地的一场激战。欧洲其他国家都纷纷装备了后装枪。

从后面装弹的击发枪，火帽套在带大孔的击砧上。

从后面装弹的击发枪

1800 年，人们发现了雷汞，紧接着便又发明了含雷汞击发药的火帽。把火帽套在带火孔的击砧上，打击火帽即可引燃膛内火药，这就是击发式枪机。随后，1812 年在法国出现了定装式枪弹。它是将弹头、发射药和纸弹壳连成一体的枪弹。于是，人们开始从枪管尾部装填枪弹。这是由一位普鲁士军械工人德莱赛于 1835 年发明的，他把自己造的枪称为"针枪"。一勾扳机，一根长撞针便从弹药筒的底部穿过，插入炸药，刺穿雷管，引发炸药爆炸，将弹丸发射出去。后膛迅速装弹使德莱赛枪成了一种优越的武器，并于 1840 年装备普鲁士军队。

击针枪比以前的枪具有更高的射速，而且射手能以任何一种姿势重新装填子弹。可是在当时，几乎所有的国家都极力反对后装枪。战争使对后装枪持反对意见的人改变了看法。1866 年，奥地利军队在战争中遭到了后装枪的沉重打击，于是法国、俄国、奥地利，还有欧洲其他国家都纷纷装备了后装枪。

1866 年，法国装备了 A.沙斯波式击针枪，俄国则装备了英国人卡莱式结构的击针枪。然而，纸壳子弹没有可靠的密闭，影响射击精度，并使枪机结构复杂化了。因此，在 19 世纪 70 年代，击针枪被更完善的机柄式步枪所代替，这种步枪使用定装式金属壳子弹和装有弹簧击针的活动枪机，把气体密封起来，解决了后喷问题。

这种从后面装弹的武器从此才真正具有了前人无法想象的射程、准确性和发射速度，因此威力大增。从此，枪在战争中起到了决定性的作用。在 1870 年的色丹战役中，历史上最后一次大规模骑兵冲锋，在一次群射中遭到了惨重的打击。

首先使用金属壳子弹的毛瑟步枪

1867 年，普鲁士王国姓毛瑟的两兄弟研制成功了世界上第一支发射金属外壳子弹的步枪，并于 1871 年被普鲁士王国用来装备军队。这是一种采用金属弹壳枪弹的

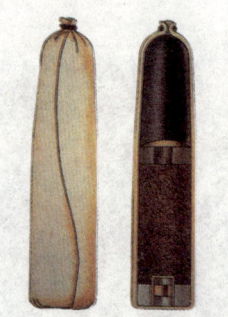

↑ 底部装有雷管的定装式枪弹用于击针枪。

↑ 19世纪初才出现的定装式枪弹，由火药、纸弹壳和金属弹丸组成。

机柄式步枪。这种枪的口径为11毫米，有螺旋膛线，发射定装式枪弹，由射手操纵枪机机柄，实现开锁、退壳、装弹和闭锁。这种枪可靠性好，操作简单方便，很快显示出它的威力来。

1882年，毛瑟步枪被改进后，在枪管下方枪托里装上可容8发枪弹的管形弹仓，将弹仓装满后，可多次发射，1884年被普鲁士政府用于基本的步兵武器。毛瑟又进一步改进其设计，最后发明出一种装在枪内的5发匣式弹仓。这种枪成为德军的制式步兵武器，并被世界各国所仿造。1886年无烟火药首先在法国用于枪弹发射药后，由于火药性能提高，残渣减少，以及金属深孔加工技术的进步，步枪的口径大都减小到8毫米以下，弹头初速也进一步得到提高。1896年，毛瑟步枪也改为使用这种无烟火药制造的枪弹，并将口径改为7.92毫米。不久，很多国家都购买和装备了这种先进的步枪。

小口径自动步枪的发展

第二次世界大战以后，人们普遍认识到单兵突击的意义已经不大了。

1958年，美军首先开始试验发射5.56毫米雷明顿枪弹的小口径自动步枪AR15式。它由美国著名枪械设计师尤金·斯通纳设计，1962年定名为M16式自动步枪并

装备部队，开枪械小口径化的先河。M16式自动步枪重3.1千克，有效射程为400米，弹头命中目标后能产生翻滚，在有效射程内的杀伤威力较大。这种枪后来的改进型M16A1式和M16A2式自动步枪，均用来装备美军。

许多国家也研制出多种发射小口径枪弹的步枪。苏联于1974年定型了口径为5.45毫米的AK74式自动步枪。在欧洲一些国家还装备了无托步枪。这种枪握把在弹匣前方，可保持足够的枪管长度，枪长明显缩短，如法国的FAMAS步枪，奥地利的斯太尔自动步枪和英国的SA80自动步枪。1980年10月，北大西洋公约组织选定5.56毫米作为枪械的第二标准口径，并在各公约国军队中装备这种高射速小口径的自动步枪。

自动步枪和突击步枪的差别

19世纪末20世纪初，一些国家开始研制自动步枪。1908年墨西哥首先装备了蒙德拉贡设计的半自动步枪。但是，世界上第一支大量装备的半自动步枪是第二次世界大战中美国使用的"伽兰德"M1式半自动步枪。第二次世界大战后迎来了

↓ 手持各式武器装备的德国士兵

全自动步枪的年代。20世纪50年代，美国M14式、比利时FN FAL式、德国HK G3式等全自动步枪相继问世，人们习惯上把全自动步枪叫自动步枪。

诞生于第二次世界大战中的德国STG44式突击步枪是一种能连发的自动步枪。那么突击步枪与自动步枪有何差别呢？

突击步枪是自动步枪中一种较短、较轻的步枪。而反过来，自动步枪不一定是突击步枪。如美国的M14式7.62毫米步枪是自动步枪，但不是突击步枪。但是对于某种步枪，尤其是HK G3式和FN FAL式步枪，有人认为是突击步枪，有人则认为它是一般自动步枪。至于小口径（6毫米与6毫米以下口径）步枪，则都属于突击步枪。

21世纪现代化的士兵装备

第二次世界大战中和战后的突击步枪

第二次世界大战中，不同型号的冲锋枪得到了迅速发展和大量应用。大战后期，出现了发射中间型枪弹的自动枪械，它具有冲锋枪火力密集的特点又有近乎步枪的杀伤威力，有些国家把它称为突击步枪或自动步枪，而中国一般统称为冲锋枪。如德国的STG44式突击步枪，苏联的AK47式突击步枪，中国的56式冲锋枪等。突击步枪是一种重量较轻、长度较短、具有冲锋枪猛烈的火力和接近步枪威力的全自动步枪。它使用中等威力步枪弹或小口径步枪弹，有效射程近，在近距离上能突然、机动灵活地消灭敌人，还可用刺刀、枪托杀伤敌人，有的还可发射枪榴弹，实现全面杀伤和反薄壁装甲。有人认为，俄国费德洛夫于1916年研制的6.5毫米口径自动步枪，是突击步枪的先驱。但世界上第一支真正的突击步枪是诞生于第二次世界大战期间的德国STG44式7.92毫米突击步枪，它在轻武器史上具有重大意义。而数年之后，1947年苏联推出的AK47式7.62毫米突击步枪，则将突击步枪向前大大推进了一步。十几年后，美国M16式自动步枪的装备，以及20世纪70～80年代各国相继研制与装备，使步枪逐渐被小口径突击步枪所取代。

英国恩菲尔德兵工厂的产品（自上而下）：车载机枪、弹链式轻机枪、L85A1（SA80）重管型步枪、L85A1（SA80）突击步枪、连发防暴枪。

通用的子弹

第二次世界大战中，出现了弹重和尺寸介于手枪弹和步枪弹之间的中间型枪弹。德国研制了7.92毫米枪弹，用于MP43式冲锋枪；苏联也研制了口径为7.62毫米的

M43式枪弹，战后按此枪弹设计了CKC式半自动卡宾枪、AK47式突击步枪和РПК式轻机枪，首先解决了班用枪械弹药统一的问题。1953年12月，北大西洋公约组织选用了美国7.62毫米T65枪弹作为标准弹，可用于北大西洋公

约组织各成员国使用的各种枪支。

各国步枪

德国毛瑟步枪

毛瑟（Mauser）步枪是由德国著名枪械设计师保罗·毛瑟和威廉·毛瑟共同设计的一种步枪。1868年，保罗·毛瑟在威廉·毛瑟和美国人S.诺里斯的协助下，在美国取得第一支口径为11毫米的步枪专利。1871年正式定型生产并装备军队，定名为1871年式，这是世界上第一支金属弹壳枪弹的步枪。1882年，该枪经改进，在枪管下方增加一个容弹8发的管形平行弹仓。1888年，该枪再经改进，口径缩小为7.92毫米，发射无烟火药枪弹，使用5发垂直固定弹仓。1898年，毛瑟步枪改为发射流线型尖头弹丸。毛瑟98K式步枪口径为7.92毫米，发射7.92毫米毛瑟弹，全枪重4.08千克，全枪长1100毫米，只可单发射击。使用5发固定弹仓供弹，有效射程为800米。毛瑟98K式步枪是第二次世界大战中德军步兵的主要装备。中国早期仿制的毛瑟步枪因枪管外有一套筒，俗称"老套筒"；1893年在汉阳兵工厂仿造时省去了外部的套筒，称为"汉造"七九式步枪。1907年仿造的6.8毫米毛瑟步枪，在1912年辛亥革命后改称"元年式"步枪；1935年仿造的7.9毫米短管毛瑟步枪，称为"二四式"步枪或"中正式"步枪。

德国毛瑟反坦克枪

第一次世界大战爆发后的第二年，德军中出现了一种特殊型号的"K"型子弹。该子弹使用的是钨芯，能远距离射透敌方堑壕内为掩护观察哨而设置的薄钢板。在1917年4月的阿让斯战役中，德军的"K"型子弹穿透了英军坦克的装甲。英国人于是着手改进坦克的钢板质量，用一种淬火装甲钢造出了新的IV型坦克。德军获悉情报后，立即把制造反坦克枪的任务交给了毛瑟公司。毛瑟公司决定用标准的7.92毫米步枪按比例放大到13毫米的办法，制造一种大口径步枪。不到一年，一种专用反坦克枪问世了。该枪长约1700毫米，重11.8千克，单发装填子弹，后坐力很大，能在110米的距离内，成功地穿透IV型坦克的前装甲。由于是毛瑟公司制造的，因此它被命名为"毛瑟反坦克枪"。

德国4.7毫米HK G11式无壳弹步枪

从纸壳子弹到金属壳子弹是一大进

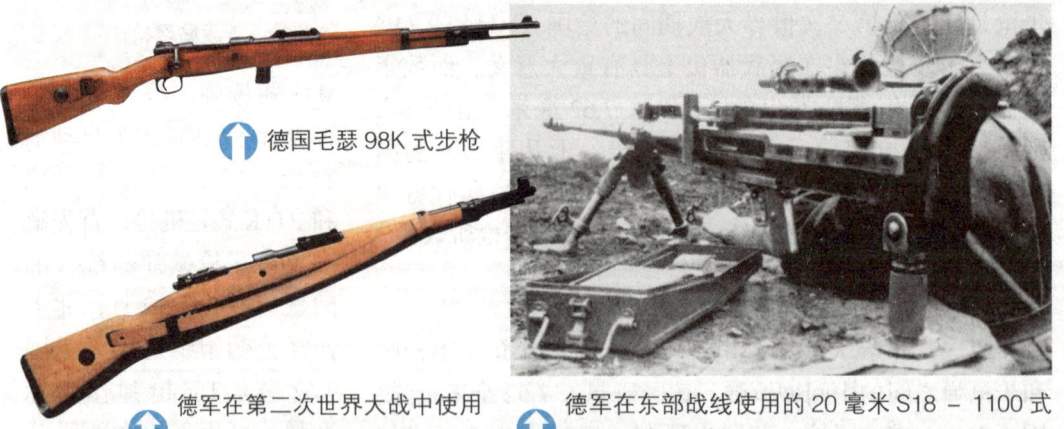

⬆ 德国毛瑟98K式步枪

⬆ 德军在第二次世界大战中使用Kar43自动装弹步枪

⬆ 德军在东部战线使用的20毫米S18－1100式半自动反坦克枪

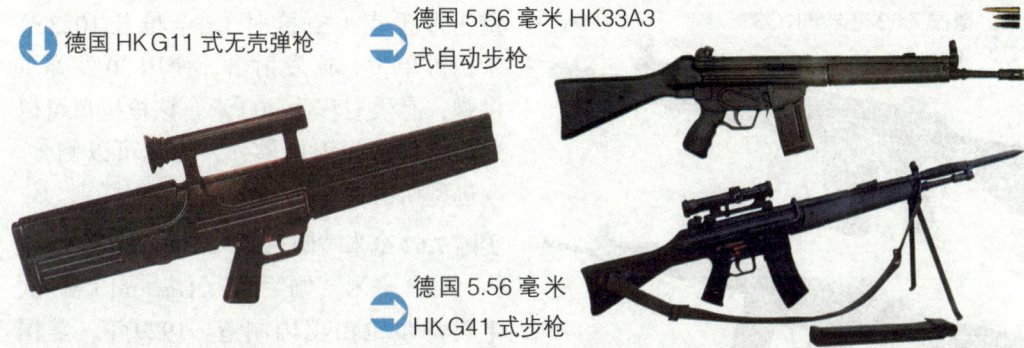

↓ 德国 HK G11 式无壳弹枪

➡ 德国 5.56 毫米 HK33A3 式自动步枪

➡ 德国 5.56 毫米 HK G41 式步枪

步，但这种优势现在已经不那么重要了。由于现代防弹装备的不断完善，士兵必须携带大量金属子弹投入作战，这样一来，作战机动性就受到影响。于是，人们又开始使用无壳子弹，在保证装药量不变的前提下使子弹的重量大为减轻。

4.7 毫米 HK G11 式无壳弹步枪是由前联邦德国研制的。1969 年，前联邦德国开始无壳弹步枪的研制，1974 年造出样枪，但在 1977 ～ 1980 年间的北约步枪选型中未获通过。后几经改进，渐趋成熟。该枪口径为 4.7 毫米，发射 4.7 毫米无壳弹，全枪重 4.3 千克（带 100 发弹时），全枪长为 750 毫米，可单发、连发射击或 3 发点射，使用 50 发弹匣供弹，有效射程为 400 米。该枪由于使用无壳弹，火力持续性能好，射击精度也大幅度提高。全枪采用无托结构，弹匣水平置于

枪管上方，上方提把内装有倍率为 1 : 1 的光学瞄准镜。

德国 5.56 毫米 HK33 式自动步枪

5.56 毫米 HK33 式自动步枪是由前联邦德国 HK 公司生产的 G3 式自动步枪缩小口径的改进型，结构基本相同，大部分零件可以互换使用。该枪口径为 5.56 毫米，发射各种 5.56×45 毫米枪弹，全枪重 3.65 千克（固定枪托型，空枪时），全枪长 920 毫米（固定枪托型）。可单发、连发射击，使用 25 发弹匣供弹，有效射程为 400 米。HK33 式也形成一个包括带固定枪托的标准型、枪托可伸缩型、带两脚架型、带光学瞄准镜的狙击型以及卡宾枪型的枪族。

德国 5.56 毫米 HK G41 式步枪

5.56 毫米 HK G41 式步枪是由前联邦德国 HK 公司为发射北约制式 5.56 毫米 SS109 枪弹而专门研制的，除基本型 G41 式以外，还有 G41A1 式、G41A2 式、G41A3 式等变型枪。其口径为 5.56 毫米，全枪重 4.1 千克（不带弹匣时），全枪长 997 毫米。可单发、3 发点射，也可连发射击。使用 30 发弹匣供弹，有效射程为 400 米。该枪射击噪声小，闭锁作用可靠，通用 M16 式步枪弹匣，可使用白光、夜视与微光瞄准装置。

德国 7.62 毫米 HK G3 式自动步枪

7.62 毫米 HK G3 式自动步枪是前联邦德国 HK 公司在西班牙赛特迈 58 式自动步枪的基础上稍加改进而成的。它有三种型号：G3A3（为标准型，采用塑料枪托），G3A4（伸缩式金属枪托）和 G3A3ZF（带光学瞄准镜的狙击步枪型）。该枪口径为 7.62 毫米，发射 7.62×51 毫米北约制式弹。全枪重 4.4 千克（G3A3），全枪长 1025 毫米（G3A3）。可单发、连发射击，使用 20 发弹匣供

↓ 德国 7.62 毫米 HK G3 式自动步枪

↑ 德国 HK G3A3 式自动步枪

弹，有效射程为 400 米。该枪大部分零件为冲压件，枪托、握把和前托都用塑料制造，枪口消焰器可兼作枪榴弹发射具。1959 年，该枪用于装备前联邦德国国防军。该枪仍在生产。除德国陆军外，世界上有约 50 个国家的武装部队和警察都装备此枪。

美国 5.56 毫米斯通纳 63 自动步枪

5.56 毫米斯通纳（Stoner）63 自动步枪是由美国枪械设计师尤金·斯通纳于 1963 年设计成功的，它与冲锋枪、轻机枪、中型机枪和车载机枪等多种枪械构成斯通纳枪族，各枪主要零部件可以通用。这一枪族中以机枪为主，为了兼顾中型机枪的性能，步枪显得较重，但动作可靠，射击精度极高。步枪口径为 5.56 毫米，发射 5.56 毫米 M193 式步枪弹，全枪

重 3.59 千克（空枪时），全枪长 1022 毫米，可单发、连发射击，使用 30 发弹匣供弹，有效射程为 400 米。该枪枪口可以装刺刀，能发射枪榴弹，枪托可以侧叠。改进型斯通纳 63A 工作可靠性更好。

美国 7.62 毫米"伽兰德"M1 式半自动步枪

7.62 毫米"伽兰德"（Garand）M1 式半自动步枪由美国制造。1929 年，美国枪械设计师伽兰德设计了一种口径为 7 毫米的半自动步枪。后改口径为 7.62 毫米，1939 年开始装备美军，称为 7.62 毫米 M1 式半自动步枪。该枪发射 M2 式 7.62 毫米枪弹。全枪重 4.3 千克（空枪不带刺刀），全枪长 1107 毫米，可单发射击，使用 8 发弹仓供弹，有效射程为 600 米。后来许多国家仿制此枪。1957 年，M14 式自动步枪取代了该枪在美军中的地位。

美国 7.62 毫米 M14 式自动步枪

7.62 毫米 M14 式自动步枪曾是美国步兵的制式装备。1957 年 5 月，美国军方宣布用斯普林菲尔德兵工厂在"伽兰德"M1 式半自动步枪基础上生产的自动步枪，命名为 T44 式，取代在美军装备已久的 M1 式半自动步枪。该枪有两种型号，M14 式为轻型枪管半自动发射，M15 式为重型枪管，能单发、连发射击，两者都发射 7.62 毫米北约标准弹。

1959 年，美军决定放弃 M15 式，在

↑ 美国 5.56 毫米斯通纳 63 自动步枪

↑ 美国 7.62 毫米 M1A1 式卡宾枪

↑ 美国 7.62 毫米"伽兰德"M1 式半自动步枪

↑ M14 式自动步枪枪口装置

M14 式上配装快慢机和两脚架。M14 式自动步枪用固定枪托，使用 20 发弹匣供弹。全枪重 5.1 千克（带实弹匣），全枪长 1120 毫米，可单发、连发射击。有效射程在使用脚架单发射击的情况下，可达到 700 米。

该枪的改进型有 M14E1 式和 M14E2 式两种。1968 年，美军将改进后的 M14E2 式自动步枪命名为 M14A1 式。该枪增加了后握把和可折叠前握把，枪口装有射击稳定器。

美国 7.62 毫米 M40A1 式狙击步枪

M40A1 式狙击步枪是美国雷明顿武器公司研制的，现装备海军陆战队。

该枪采用重型枪管和木制枪托，由弹仓供弹。枪上装有永久固定式瞄准镜，放大倍率为 10。使用枪弹为 7.62×51 毫米

↑ 美国士兵正在使用 M40A1 式狙击步枪进行射击训练。

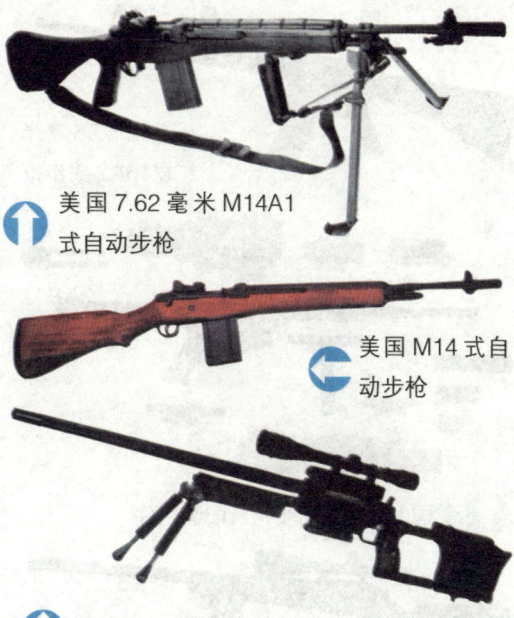

↑ 美国 7.62 毫米 M14A1 式自动步枪

← 美国 M14 式自动步枪

↑ 美国 7.62 毫米 RAI M300 式远射程步枪

北约枪弹，闭锁方式为枪机回转，供弹具为 5 发固定弹仓，射击方式为单发，全枪重 6.57 千克，全枪长 1117 毫米。

美国 7.62 毫米 RAI M300 式远射程步枪

7.62 毫米 RAI M300 远射程步枪由美国研究装备工业公司研究制造，主要装备美国海军陆战队和海军部队，目前已为警察部队采用。

M300 式是一种普通式非自动高精度步枪，发射 7.62×51 毫米北约枪弹，更换枪管和机头后，可发射 8.58×51 毫米枪弹。供弹方式为弹仓供弹，采用 5 发或 4 发盒式弹仓。枪上配有制式瞄准镜座，可调式两脚架装在前托上。全枪重 5.67 千克，枪管长 610 毫米，弹头初速 800～915 米/秒，射程远，准确性高。

美国 7.62 毫米 M600 式狙击步枪

M600 式狙击步枪由美国精密系统公司研究制造，是一种非自动高精度步枪。该枪有三种枪托供选择——木托、玻璃纤维枪托和金属枪托。通用瞄具座可安装各

⬆ 美国 5.56 毫米 M16A2 式步枪

➡ 美国步兵武器装备

⬆ 美国 M4 式自动步枪及配套附件

⬆ 美国 M700 式狙击步枪

⬆ 美 M16 式步枪

⬆ 美国 7.62 毫米 M21 式狙击步枪

⬆ 法国 FR – F2 狙击步枪

⬆ 美国特种部队士兵用的 7.62 毫米 M21 式狙击步枪

⬆ 西班牙赛特迈 L 型突击步枪

⬆ 美国 XM177 式短突击步枪

↑ 美国 7.62 毫米 M600 式狙击步枪

种瞄准镜和图像增强瞄具。此外，还备有激光弹着点指示仪供选用。M600 式狙击步枪主要配用下述枪弹：10.89 克"中等射程"枪弹，供 500 米以内射程使用；12.32 克"远射程"枪弹，供 500 ~ 1000 米射程使用；"亚声速"枪弹，供特殊情况下使用。

美国 12.7 毫米 RAIM500 式远程狙击步枪

12.7 毫米 RAIM500 式远射程狙击步枪由美国研究装备工业公司研究制造，主要装备美国海军陆战队和海军部队，目前已被警察部队采用。

RAIM500 式发射 12.7×99 毫米勃朗宁枪弹。它与普通的非自动武器不同，它的枪机非常短，由只带拉机柄的尾栓构成，装弹或退弹时须将机柄彻底拉出来。装弹时，将机柄上抬，待断剖式机耳解脱后拉出枪机，将一发弹卡入枪机镜面并被拉壳钩抓住，该弹便随枪机送入弹膛，机柄落下，实现闭锁。推入枪机，击针成待发状态。扣动扳机，击发枪弹。然后，拉出枪机，枪机同时带出空弹壳，接着装填下一发弹。枪上未装普通的机构瞄具，但配有瞄准镜座，瞄准系统为望远镜式普通瞄准镜。

全枪重 13.6 千克，弹头初速 888 米 / 秒，

战斗射速 10 ~ 15 发 / 分，有效射程 1500 米，最大射程 3000 米。

美国格伦德尔 SRT 狙击步枪

SRT 狙击步枪是美国佛罗里达州格伦德尔（Grendel）公司研制的一种现代狙击步枪。该枪属非自动武器，采用著名的毛瑟枪机。SRT 狙击步枪采用弹仓供弹，配用固定两脚架。枪上未安装机械瞄具，但机匣上加工有楔形燕尾槽，可安装各种瞄准镜，紧急情况下也可安装夹紧式机械瞄具。SRT 狙击步枪使用 7.62×51 毫米北约弹，供弹具为 9 发盒式弹仓。全枪重 3 千克，全枪长为 1035 毫米（枪托打开时）。

美国巴雷特 M82A1 型 "轻 50" 狙击步枪

M82A1 型 "轻 50" 狙击步枪是美国巴雷特（BARRETT）武器制造公司研制的一种半自动武器，发射 12.7 毫米勃朗宁重机枪弹。该枪主要作为狙击和远射程武器使用，也可作为轻型远洋舰艇的防卫武器，是军、警通用型步枪。该枪的自动方式为枪管短后坐式，半自动。闭锁方式为枪机回转式。枪上装有可调式两脚架，配有专用的瞄准镜，放大倍率为 10，最大有效射程为 1800 米，供弹具为 10 发活动弹匣，全枪重 14.7 千克，全枪长 1549 毫米，该枪后继型 M90 型已被美陆军采购。

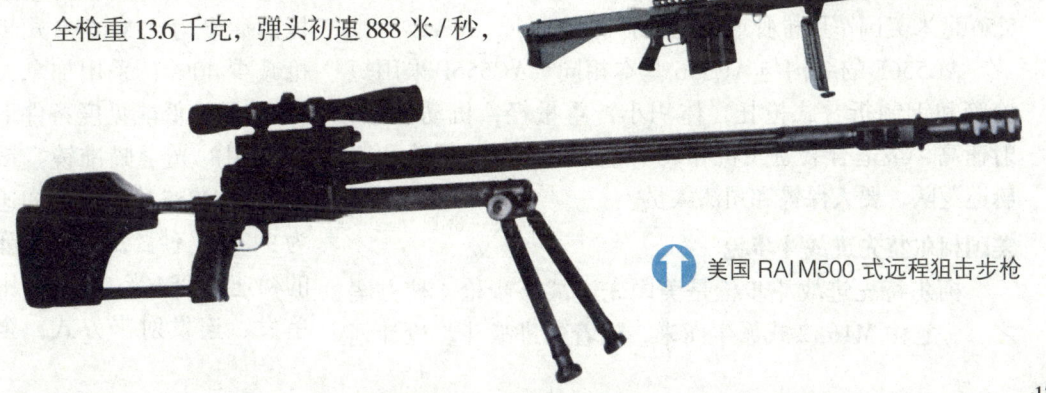

↓ 美国巴雷特 M82A1 型 "轻 50" 狙击步枪

↑ 美国 RAIM500 式远程狙击步枪

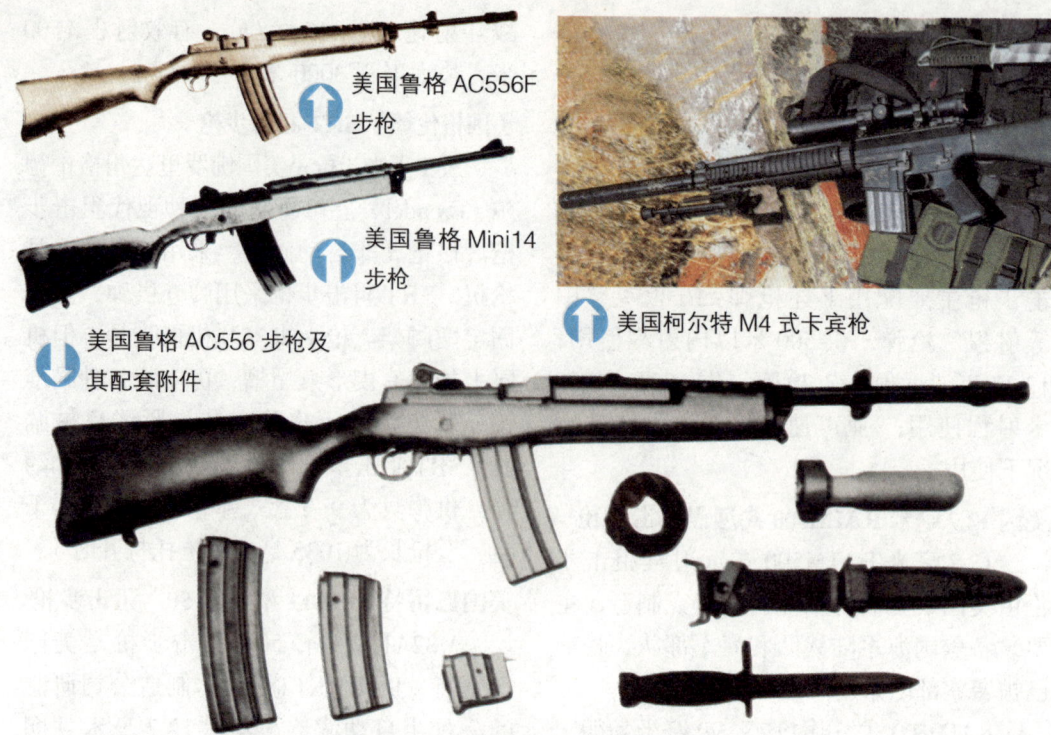

↑ 美国鲁格 AC556F 步枪

↑ 美国鲁格 Mini14 步枪

↓ 美国鲁格 AC556 步枪及其配套附件

↑ 美国柯尔特 M4 式卡宾枪

美国鲁格 M77V、Mini30、Mini14/20GB、AC556、AC556F 步枪

美国斯图姆·鲁格公司是美国著名的枪械制造公司之一，该公司在民用步枪的基础上开发了一批警用步枪，现已形成系列产品，被美国警察部队和司法机构广泛采用。鲁格 M77V 是一种非自动步枪。该枪原是一种小型狩猎步枪，改进后，采用了重型枪管，配用了固定式瞄准镜，不仅可以使用美式民用枪弹，而且可以发射 7.62×51 毫米北约枪弹。

鲁格 Mini30 主要发射苏联 7.62×39 毫米 M43 式枪弹。该枪配有瞄准镜，精度优于其他同口径步枪。Mini14/20GB 是在 Mini14 民用步枪的基础上改进而成的。AC556 步枪的外观与 Mini14/20GB 几乎没有什么区别。它们都发射 5.56 毫米美国军用枪弹或民用枪弹。

AC556F 的结构与 AC556 基本相同。AC556F 采用短枪管和钢制折叠式枪托，体积小，重量轻，机动性强，射速高，最适合装备飞机和装甲车士兵、伞兵部队和舰艇巡逻队、要人保镖和司法人员。

美国柯尔特先进战斗步枪

柯尔特先进战斗步枪是美国先进战斗步枪 4 种方案之一，它由 M16A2 式派生而来，随着先进战斗步枪计划的结束，该枪研制自然停止。与 M16A2 式步枪不同的是，该枪采用伸缩性枪托，以便调整扳机与枪托底板之间的距离；该散热盘在急射时，可以起瞄准具的作用；采用新型枪口制退补偿器，它前面装有四周开孔的、底部封闭的消焰器；该枪托内装有油压式缓冲器，该缓冲器与枪口制退补偿器一道，使枪的后坐力比 M16A2 式步枪减少 40%；采用加拿大 3.5 倍的、低能见度条件下射击用的光学瞄准镜。该枪发射 M855 枪弹时的初速为 948 米 / 秒，发射双头弹的初速为 884 米 / 秒，采用单发、连发射击方式，全枪长 1031 毫米，全枪重 3.3 千克，最大射程 325 米。

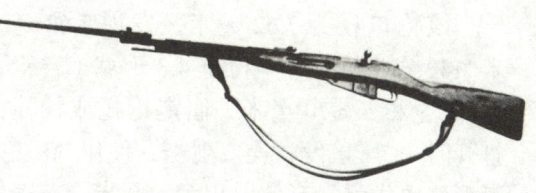

苏联 7.62 毫米 1944 年式骑枪

美国理想单兵战斗武器

1999 年，美国阿连特公司研制出理想单兵战斗武器。该武器由 4 部分组成：5.56×45 毫米自动步枪、20 毫米半自动榴弹发射器、通用的发射机构和瞄准装置、20 毫米榴弹与 5.56 毫米枪弹。采用康特拉维斯公司的火控系统。士兵先判定到目标的距离，然后将该距离输入火控弹道计算机，引信计算弹头的转数，最后榴弹按预定计数引爆。

美国理想单兵战斗武器

苏联 7.62 毫米 1944 年式骑枪

7.62 毫米 1944 年式骑枪是苏联军队 20 世纪 40 年代的装备。该枪历史较老。1891 年，由俄军上校枪械设计师莫辛设计出该枪的原型，弹仓部分由比利时人纳干做了调整，通称莫辛－纳干步枪或

1891 年式步枪，此后又有 1891 年式骑兵步枪、1891/1930 年式步枪、1891/1930 年式狙击步枪、1910 年式骑枪、1938 年式骑枪和 1944 年式骑枪等改型。其口径为 7.62 毫米，发射 7.62 毫米 1908 年式有底缘枪弹。全枪重 4 千克，全枪长 1016 毫米（刺刀折叠时），最大射程为 1000 米，采用 5 发单排直立固定弹仓供弹，只可以单发射击，装有四棱锥形刺刀。该枪射击精度好，性能稳定。中国曾于 20 世纪 50 年代仿制，1953 年定型生产，作为中国人民解放军的制式武器，命名为 1953 年式 7.62 毫米骑枪。

苏联 7.62 毫米 AK47 式突击步枪

7.62 毫米 AK47 式突击步枪是 1947 年由苏联枪械设计师米哈伊尔·季莫费耶维奇·卡拉什尼科夫设计的，1951 年装备苏军。此后发展成一个许多零部件可以互换的卡拉什尼科夫枪械系列。

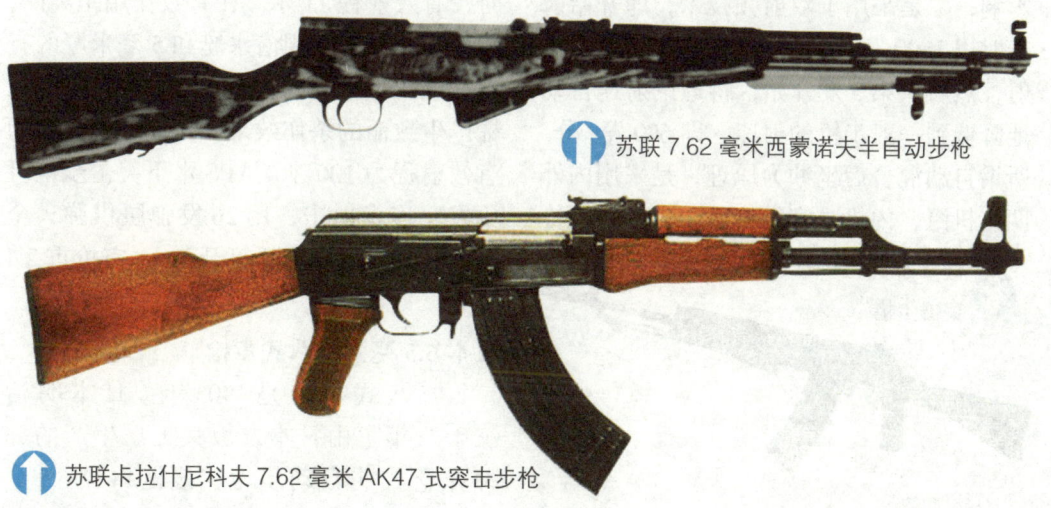

苏联 7.62 毫米西蒙诺夫半自动步枪

苏联卡拉什尼科夫 7.62 毫米 AK47 式突击步枪

该枪口径为 7.62 毫米，发射 7.62 毫米 M43 式步枪弹，全枪重 4.3 千克（空枪时），全枪长 870 毫米（固定枪托或枪托打开时），可单发、连发射击，使用 30 发弧形弹匣供弹，有效射程为 400 米，有固定枪托和折叠枪托两种类型。

该枪最为突出的优点是坚实耐用，性能极为可靠，适于在风沙、泥水等恶劣环境条件下使用，深受各国重视并被大量订购来装备军队。20 世纪 50 年代中国仿制此枪，命名为 1956 年式冲锋枪。

俄罗斯 5.45 毫米 AN94 式突击步枪

20 世纪 80 年代，美国开始研制先进战斗步枪与理想的单兵战斗武器，前联邦德国研制了 G11 式无壳弹步枪，苏联也不甘落后，开始研制新一代突击步枪。1993 年首次公开亮相的 5.45 毫米 AN94 式突击步枪就是一支很成功的步枪。尽管它仍发射苏联 / 俄罗斯的 5.45×39 毫米枪弹，但它的战斗有效性提高了 1.5～2 倍，以立姿实施了高速点射时，精度提高 13 倍。AN94 式突击步枪之所以能大幅度提高射击精度，是因为该枪采用了两项十分独特的技术：一是采用自动混合后坐冲力的原理，大幅度减轻后坐力对点射散布的不利影响；二是采用了双射频技术，即开始射击时以 1800 发 / 分的高射速，实施 2 发点射，然后从第 3 发开始，将理论射速自动地降低到一般步枪的射速，即 600 发 / 分。所谓自动混合后坐冲力原理，是采用内外两个机匣，内机匣容纳枪机组件，通过枪

俄罗斯 AN94 式突击步枪

机框带动枪机运动，实现开闭锁、退壳、抛壳、进弹等机构动作，闭锁方式为枪机回转闭锁。内机匣与枪管连接，构成一个大的运动组件，沿外机匣上的导轨运动。进行射击时，火药气体产生的后坐力，不会直接地作用到人体上，而是先作用于枪管与机匣，再通过外机匣传到人体上，所以能大幅度减轻后坐力，有利于提高点射时的射击精度。它可以加挂榴弹发射器与光学瞄准具。采用导气式自动方式，机头旋转式闭锁方式，可单发、2 发点射与连发射击，枪管长 405 毫米，全枪长 943 毫米（枪托打开时）。

俄罗斯 APS 水下突击步枪

APS 是披露于世的第一支水下突击枪，主要供特种部队与武装蛙人作战时使用，也可用于攻击危险的水下动物。

该枪结构类似于卡拉什尼科夫步枪，采用导气式自动方式与枪机回转式闭锁机构，使用折叠枪托。该枪主要特点是发射箭形弹，而容纳箭形弹的弹匣又特别大。

水下突击步枪发射的长为 150 毫米（箭形弹弹头长为 120 毫米）的箭形弹，靠较重的后部在水中保持飞行稳定。在 5 米水深时，其有效射程为 30 米；水深 40 米时，有效射程 11 米。在有效作用距离内，箭形弹能穿透常规潜水艇和 5 毫米厚的有机玻璃（面罩），还能对其后的有生命目标产生致命的杀伤效果。该枪在地面上的有效射程为 100 米。APS 水下突击步枪可单发、连发射击，用 26 发弹匣供弹，全枪长 840 毫米（枪托打开时），空枪重 2.4 千克。

日本 6.5 毫米三八式步枪

三八式步枪是 1905 年（日本明治三十八年）由日本友坂兵工厂生产的一种弹仓式非自动步枪。该枪口径 6.5 毫

手持三八式步枪的日本步兵

米，发射 6.5 毫米友坂弹。全枪重 4.3 千克（不带刺刀）。全枪长 1275 毫米（不带刺刀时）。有效射程为 600 米。使用 5 发固定弹仓供弹，只能单发射击。枪口可装刀长 395 毫米的单刃刺刀，可用于肉搏拼刺或劈杀。它还有马枪、狙击步枪等变型枪。该枪射击精度好。在第二次世界大战期间，三八式步枪在侵华日军中大量使用，因该枪上方有一防尘盖，能随枪机前后运动，在中国俗称为"三八大盖"。此枪在 20 世纪初时是世界上口径最小的步枪之一。1924 年，中国曾仿造过此枪。

英国 7.62 毫米恩菲尔德"执法官"狙击步枪

英国恩菲尔德"执法官"狙击步枪是英国皇家兵工厂在英国著名的 N04 式步枪基础上，专门为司法机构研制的。该枪与 N04 式步枪相同，也是非自动式。枪上装有机械瞄具，同时配用 Pecar 瞄准镜，瞄准镜的放大倍率为 4 ~ 10。使用枪弹为 7.62×51 毫米枪弹，供弹具为 10 发弹匣，全枪重 4.75 千克，全枪长 1206 毫米。

英国 7.62 毫米帕克·黑尔 M85 式狙击步枪

M85 式狙击步枪现已装备英国陆军。该枪结构坚实，射击精度好，600 米射程首发命中率达 100%，有效射程 1000 米。装有机械瞄具，备有整体燕尾槽底座，可安装各种光学瞄准镜。此外还配有消声装置。使用枪弹为 7.62×51 毫米北约枪弹。自动方式为非自动。供弹具为 10 发弹匣。全枪重（带瞄准镜）为 5.7 千克，全枪长 1210 毫米（最长）。

法国 5.56 毫米 FAMAS 自动步枪

FAMAS 步枪是法国研制的第一种 5.56 毫米自动步枪，1979 年由法国陆军军械工业集团所属的圣·艾蒂安兵工厂研制并装备法军，1984 年开始向国外出口。该枪口径为 5.56 毫米，发射 5.56 毫米 M193 枪弹或北约 SS109 枪弹。全枪重 3.61 千克（空枪时），全枪长 757 毫米。可单发、

↑ 英国 7.62 毫米帕克·黑尔 M85 式狙击步枪

↑ 英国 7.62 毫米恩菲尔德"执法官"狙击步枪

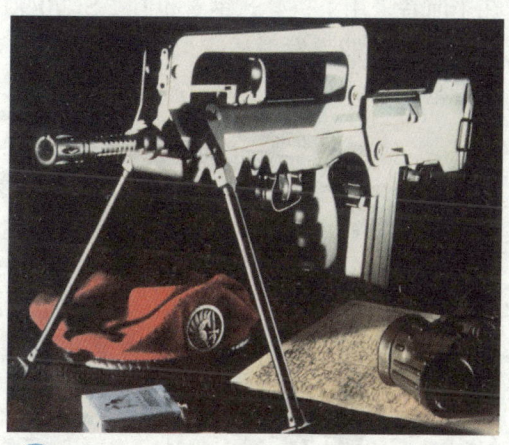

↑ 法国 5.56 毫米 FAMAS 自动步枪

连发、3发点射，使用25发弹匣供弹，有效射程为300米。该枪采用机匣装入枪托、弹匣置于扳机后方的无托结构，保持枪管长度。

全枪使用大量轻合金与塑料零件，弹壳材料为钢，较大的框形塑胶提把可安装发射枪榴弹的直接瞄准具。

意大利 5.56 毫米伯莱塔 AR70 式步枪

5.56毫米伯莱塔（beretta）AR70式步枪是由意大利伯莱塔公司于1969年研制生产的一种自动步枪。该枪口径为5.56毫米，发射5.56毫米M193式或SS109枪弹，全枪重3.8千克（空枪时），全枪长955毫米，可单发、连发射击。使用30发弹匣供弹，有效射程为400米。该枪采用固定枪托，枪口消焰器兼做枪榴弹发射具。该枪有两种变型枪：M70SC特种卡宾枪和M70LM轻机枪，已组成一个枪族。还有一种短突击步枪。枪口处可以安装刺刀。

意大利 5.56 毫米伯莱塔 70/90 武器系统

意大利伯莱塔70/90武器系统是为参加意大利陆军未来步枪选型而设计的。该武器系统由4种枪组成：1.AR70/90突击步枪，供步兵使用；2.SC70/90卡宾枪，供特种部队使用；3.SCS70/90特种卡宾枪（短步枪），供装甲部队使用；4.AS70/90轻机枪，作为班用自动武器使用。AR70/90采用导气式自动方式，它有半自动、3发点射或全自动3种发射方式。它的供弹具是一个30发弹匣。该枪的附件包括刺刀、两脚架及背带等。使用枪弹为5.56×45毫米枪弹。SC70/90卡宾枪与步枪的区别仅在于前者采用了折叠式钢管枪托。SC70/90卡宾枪采用短枪管，不带榴弹发射插座，不配用刺刀，枪托为折叠式钢管枪托。

⬆ 手持5.56毫米AR70式步枪的意大利伞兵

意大利 7.62 毫米 BM59 式自动步枪

7.62毫米BM59式自动步枪由意大利设计师在美国"伽兰德"步枪的基础上改造设计而成。它发射7.62毫米北约步枪弹。全枪重4.6千克，全枪长1095毫米，可以单发、连发射击。使用20发弹匣供弹，有效射程为600米。该枪可以发射任何尾管内径为22毫米的榴弹。意大利早已不再生产BM59式自动步枪，印度尼西亚和摩洛哥还特许生产该枪。

意大利 7.62 毫米伯莱塔狙击步枪

该枪为非自动武器，发射7.62×51毫米北约枪弹。装有机械瞄具，还配有制式瞄准镜座，可配用各种光学或光电瞄准镜。自动机为旋转枪机，供弹具为5发盒式弹仓。全枪重5.55千克，全枪长1165毫米。

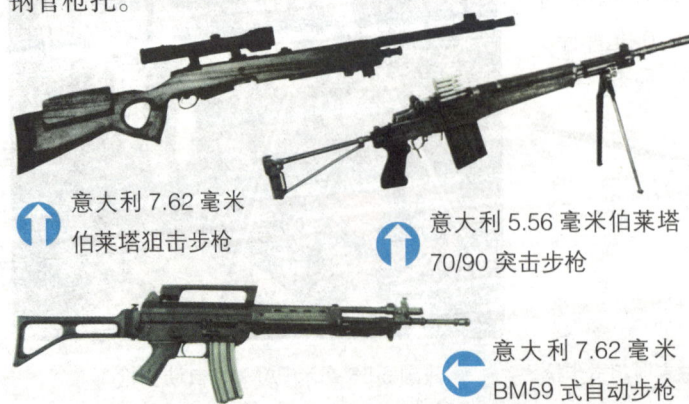

⬆ 意大利 7.62 毫米伯莱塔狙击步枪

⬆ 意大利 5.56 毫米伯莱塔70/90 突击步枪

⬅ 意大利 7.62 毫米 BM59 式自动步枪

手枪的发展

柯尔特发明左轮手枪

　　手枪是近战和自卫用的单手发射的短枪。手枪按构造又可分为转轮手枪和自动手枪。公元13世纪，中国的军队已装备了手持火铳。欧洲原始的手枪出现在公元14世纪，它是一种单手发射的手持火门枪，公元15世纪发展为火绳手枪，随后被燧发枪所取代。19世纪初出现一种击发式后装弹多枪管旋转手枪。1836年，美国人柯尔特改进的转轮手枪，取得了美国专利。这支枪被认为是第一支真正成功并得到广泛应用的转轮手枪。转轮手枪的转轮上通常有5～6个既作弹仓又作弹膛的弹巢，枪弹装于巢中，旋转转轮，枪弹可逐发对正枪管，处于待击发状态。常见的转轮手枪，装弹时转轮从左侧摆出，故又称左轮手枪。

↑ 19世纪的左轮手枪　　↑ 19世纪的多管旋转手枪

左轮手枪的特点

　　左轮手枪的发射机构有两种类型：一种是单动机构，先用手向后压倒击锤待击，同时带动转轮旋转到位，然后扣压扳机完成单动击发；另一种是1855年出现的双动机构，可以一次扣压扳机自行联动完成待击和击发两步动作，也可以进行单动击发。战斗用左轮手枪用于杀伤100米以内的活动目标。其口径为7.62～11.5毫米，重量为0.75～1.3千克，转轮的弹膛通常为5～7个，优等型号手枪的射速

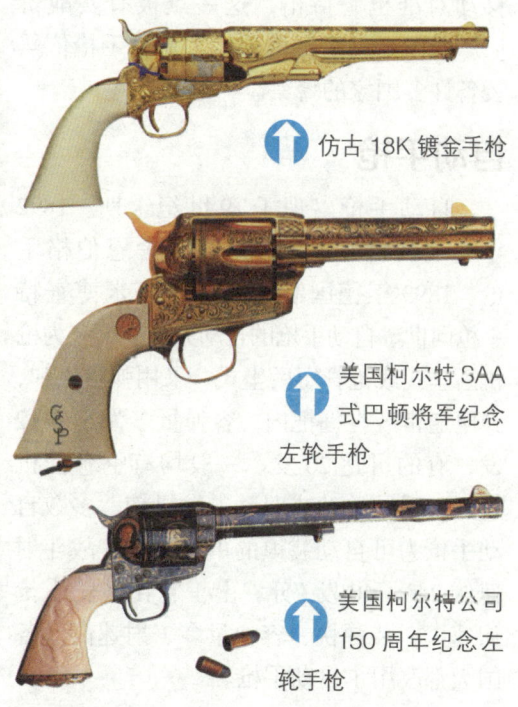

↑ 仿古18K镀金手枪

↑ 美国柯尔特SAA式巴顿将军纪念左轮手枪

↑ 美国柯尔特公司150周年纪念左轮手枪

↑ 柯尔特左轮手枪

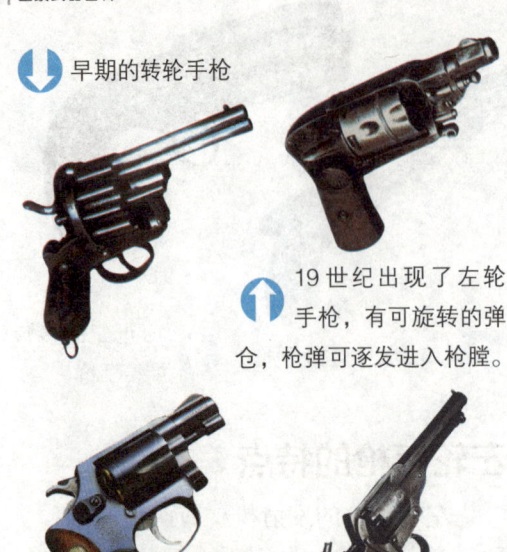

↑ 早期的转轮手枪

↑ 19 世纪出现了左轮手枪，有可旋转的弹仓，枪弹可逐发进入枪膛。

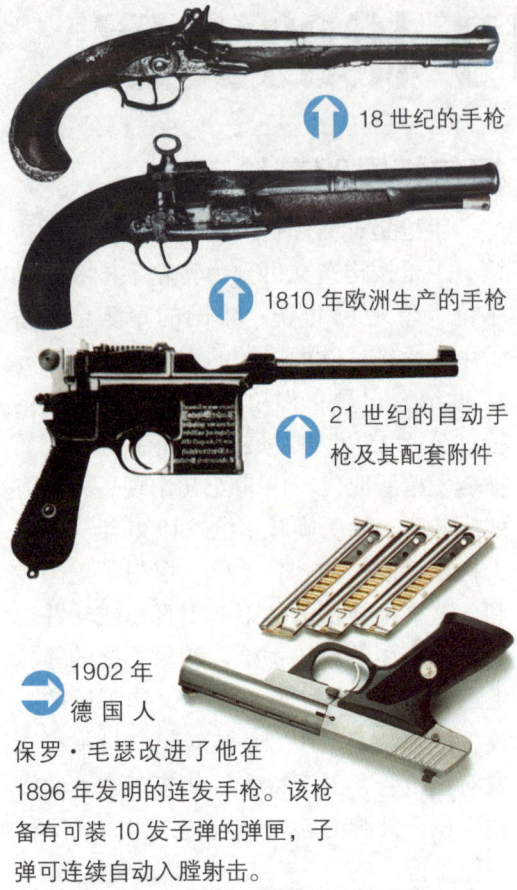

↑ 18 世纪的手枪

↑ 1810 年欧洲生产的手枪

↑ 21 世纪的自动手枪及其配套附件

↑ 史密斯·韦森 36 型 7.62 毫米左轮手枪

↑ 早期的左轮手枪

→ 1902 年德国人保罗·毛瑟改进了他在 1896 年发明的连发手枪。该枪备有可装 10 发子弹的弹匣，子弹可连续自动入膛射击。

每 15 ～ 20 秒钟不超过 6 ～ 7 发。左轮手枪对瞎火弹的处理非常方便，如一发子弹瞎火，再扣动扳机，可迅速将另一发子弹移动对准枪管待击，这一点极有实战价值。所以自动手枪出现后，左轮手枪依然装备许多国家的警察。

自动手枪

　　自动手枪出现于 19 世纪末期。1892 年奥地利首先研制出 8 毫米舍恩伯格手枪。1893 年德国制造的 7.62 毫米博查特手枪问世。自动手枪的自动方式，大多为枪机后坐式或枪管短后坐式。采用弹匣供弹，弹匣通常装在握把内，容弹量多为 6 ～ 12 发，有的可达 20 发。一般均有空仓挂机装置，采用单动或双动击发机构。多数自动手枪为可自动装填的单发手枪，战斗射速约 24 ～ 40 发 / 分。由于它比转轮手枪初速大、装弹快、容弹量多、射速高，各国大都改用了自动手枪。

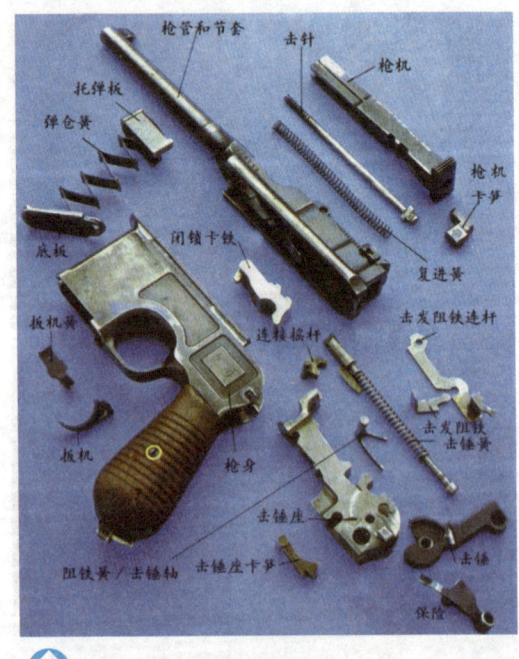

↑ 毛瑟手枪分解状态图

毛瑟手枪

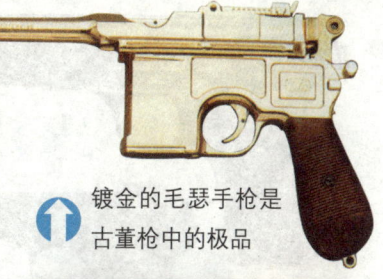
镀金的毛瑟手枪是古董枪中的极品

毛瑟手枪是世界著名的手枪之一。该枪由德国人费德勒兄弟三人研制，1896年以毛瑟的名义获得专利，首批由德国毛瑟兵工厂生产，型号定为1896年式，是世界上最早出现的自动手枪之一。该枪采用枪管短后坐式自动原理，卡铁起落式闭锁机构，口径7.63毫米，全枪重1.16千克，全枪长288毫米，10发弹匣供弹，射击方式采用单发、连发射击方式。有效射程在手持射击时为50米，在抵肩射击时为150米。

毛瑟手枪威力大，性能可靠，使用方便，许多国家的军队都仿制和装备过毛瑟手枪，因而产生了许多不同型号的变型枪。俄国在1918～1920年的内战期间就广泛使用了1908年式7.63毫米毛瑟自动手枪。

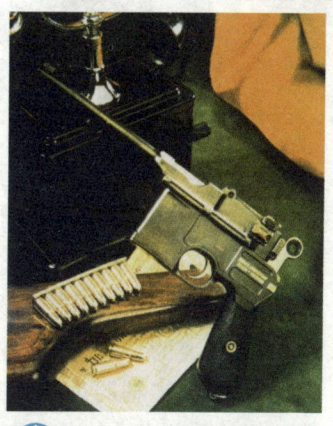
1903年造德国毛瑟手枪

毛瑟手枪有连在一起的、能装6发和10发子弹的弹仓，也有能装20发子弹的加装式弹仓。常见的口径有7.63毫米与9毫米两种。1932年式毛瑟冲锋手枪，采用20发弹匣供弹，木制枪盒可兼做枪托，抵肩射击以提高连发火力密度，增大有效射程。1921年中国也开始仿造这种手枪，并在抗日战争与解放战争时期广泛使用。中国把它叫作"驳壳枪""盒子炮""自来得""二十响"等。

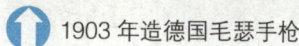

毛瑟7.63毫米手枪

勃朗宁手枪

勃朗宁手枪是世界最为著名的手枪之一，由美国枪械设计师J.M.勃朗宁（1855～1926）设计。勃朗宁1889年开始致力于世界上首批自动装填手枪的研制工作。1895年7月3日的样枪是一种导气式武器。1897年4月20日，勃朗宁同时取得了4种手枪设计方案的美国专利。

世界上制造勃朗宁手枪最大的公司有两家，一是美国的柯尔特火器制造公司，一是比利时国营赫斯塔尔制造有限公司。柯尔特公司的产品主要源于1897年美国专利580924号，其中有M1900、M1902、M1905、M1907、M1909、M1910、M1911、M1911A1等主要型号，前两种的口径为9.65毫米（0.38英寸）；比利时国家兵工厂的产品主要类型有M1899/1900、M1903、M1910、M1910/1922、M1935等，其中前4种源于1897年美国专利580926号。M1935为美国柯尔特公司M1911的改进型，口径为9毫米，有固定表尺型和可调表尺型两种，此枪

在比利时生产的9毫米勃朗宁大威力手枪

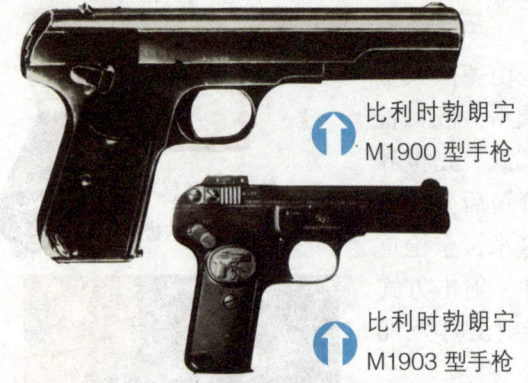

↑ 比利时勃朗宁 M1900 型手枪

↑ 比利时勃朗宁 M1903 型手枪

常称为勃朗宁9毫米大威力手枪。柯尔特公司和FN工厂制造的勃朗宁手枪广泛在世界各地使用。中国也仿造过一些勃朗宁手枪供军用。苏联的托卡列夫1930年式手枪、法国的MAS1935A手枪、瑞士的P210手枪、比利时的M1935大威力手枪等，都是勃朗宁手枪的仿制改型。

各国手枪

美国9毫米勃朗宁大威力手枪

9毫米勃朗宁大威力手枪是美国枪械设计师J.M.勃朗宁设计，于1925年定型，1935年在比利时投产至今的著名手枪。该枪有固定表尺型和可调表尺型两种。使用9毫米帕拉贝鲁姆手枪弹。全枪重0.94千克（带空弹匣）。全枪长197毫米，用13发弹匣装弹，单手发射时有效射程45米左右；抵肩射击时有效射程可达180米

左右。只能单发射击，设有手动保险、扳机—弹匣保险和不到位保险，弹尽时有空仓挂机装置将套筒停在后方。该枪有3种型号：1型、2型和3型。1型于1925年由J.M.勃朗宁设计，1935年在比利时投产。2型是1型（标准型）的一种变形手枪。1987～1988年FN公司全面检查了大威力手枪的设计并安装了一条生产新设计产品的计算机控制生产线，这种新产品被称之为3型。新中国成立前，中国曾经仿造此枪。由于该枪容弹13发，膛内可存1发，因此能连续发射14发弹，俗称"十四连手枪"。第二次世界大战中德军占领比利时，该枪改由加拿大生产，一些中国人称其为"加拿大手枪"。目前，该枪仍是世界上广泛使用的手枪之一，它的设计思想长期影响着美国及其他一些国家的手枪设计。

美国9毫米M9式手枪

1985年1月15日，美军宣布以9毫米M9式手枪取代自1926年以来正式装备美军将近60年的M1911A1式自动手枪。M9式手枪是美军经过近10年选中的意大利伯莱塔M92F式手枪的美国型号，美军在20世纪90年代前采购31万多支，所需总数超过100万支。

M9式手枪使用9毫米帕拉贝鲁姆手枪弹。全枪重0.95千克（空枪），全枪长

↑ 美国9毫米勃朗宁 BDM 手枪

↑ 美军装备的9毫米M9式手枪即意大利伯莱塔公司的M92F式手枪，但在外形上略有区别。

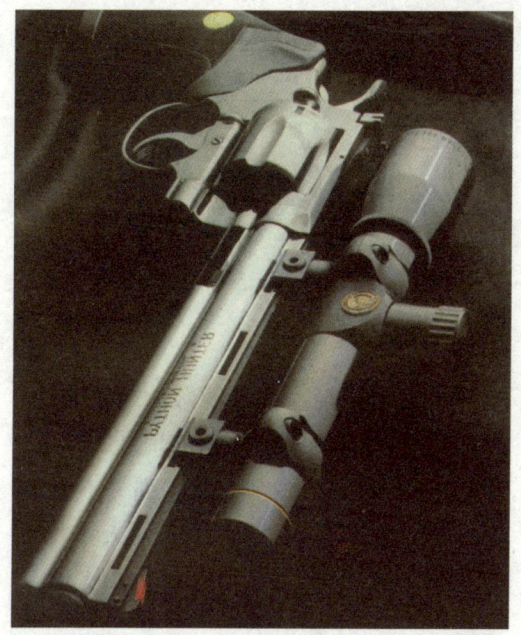

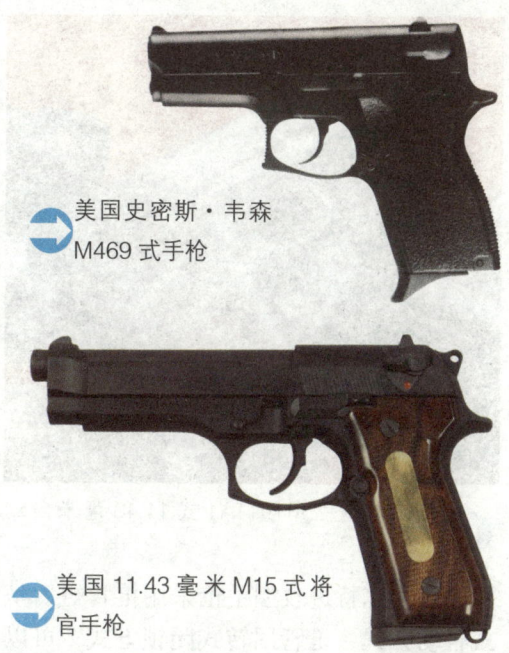

美国史密斯·韦森 M469 式手枪

美国 11.43 毫米 M15 式将官手枪

美国 9 毫米口径柯尔特蟒蛇型带瞄准镜转轮手枪，此枪是 1985 年的新产品，采用不锈钢材料，加黑色防滑式塑料握把。

217 毫米。M9 式手枪为半自动、双动击发。装弹用 15 发双排弹匣。有效射程为 50 米左右。

该枪火力较强，结实可靠，是意大利伯莱塔公司 1976 年定型生产的一种性能良好的手枪。

美国 9 毫米 M1971 式柯尔特手枪

9 毫米 M1971 式柯尔特手枪是美军装备的一种现代军用手枪。

全枪重 0.992 千克，全枪长 202 毫米。射击方式采用半自动、双动击发的射击方式。全部采用不锈钢制作，便于维护，工作可靠。采用 15 发大容量弹匣，火力较强。

美国 9 毫米史密斯·韦森 M469 式手枪

史密斯·韦森 M469 式手枪是在史密斯·韦森 M459 式手枪的基础上改进而成的，是它的一种缩短型。该手枪于 1983 年推出，它是为了满足美国空军需求而研制生产的。该枪与 M459 式相比，尺寸缩小。使用枪弹为 9 毫米帕拉贝鲁姆手枪弹，全枪重 737 克，全枪长 175 毫米，供弹具为 12 发弹匣（也可用 M459 式的 14 发弹匣）。

美国 11.43 毫米 M15 式将官手枪

11.43 毫米 M15 式将官手枪是专为美军高级军官设计的配枪。美军将官在 20 世纪 70 年代以前，一直配用的是柯尔特兵工厂制造的 9 毫米柯尔特自动手枪。这种枪在 1946 年即停止生产。于是，1972 年美军选择了岩岛兵工厂研制的 XM70 自动手枪作为装备，并命名为 M15 式。

M15 式全枪重 1.02 千克，全枪长 200 毫米，采用半自动射击方式，用 7 发弹匣供弹。

美国 11.43 毫米柯尔特进攻型手枪

11.43 毫米柯尔特进攻型手枪，是为满足美国特种作战指挥部需要而研制的，样枪于 1992 年 8 月送交美国海军作战武器支援中心进行试验，但是未能进入第三

美国改进型 M1911A1 式 11.43 毫米自动
手枪

阶段。柯尔特进攻型手枪采用枪管短后坐
式自动方式，枪管回转式闭锁方式，可以
进行单动或双动击发，用 10 发弹匣供弹。
与 HK 公司的进攻型手枪一样，它也是由
手枪、消声器和激光瞄准具 3 部分组成。
手枪是在柯尔特生产的"双鹰"手枪的套
筒座上加装泛美 2000 手枪的套筒，并借
鉴了泛美 2000 手枪的旋转枪管，因此闭
锁不是通过枪管的起落完成，而是靠枪管
旋转一定角度来完成。消声器兼有消焰功
能，通过一个按钮式弹簧卡固定在枪口
制退器上。激光瞄准具有 4 种方式可供选
用：可见光瞄准点、可见光瞄准点与可见
光照明、红外瞄准点、红外瞄准点与红外
照明。手枪发射 11.43 毫米的柯尔特自动手
枪弹，单发射击，枪管长 121 毫米，全枪
长 249 毫米，连同实弹匣枪重 2.54 千克。

苏联 5.45 毫米 PSM 手枪

5.45 毫米 PSM 手枪，20 世纪 70 年代
中期由苏联国家兵工厂生产。全枪重 0.46
千克（空枪时），全枪长 155 毫米。采用
半自动、双动击发的射击方式和 8 发弹匣
供弹，有效射程 50 米左右，主要装备警
察和将官。该枪在主要军用手枪之中口径

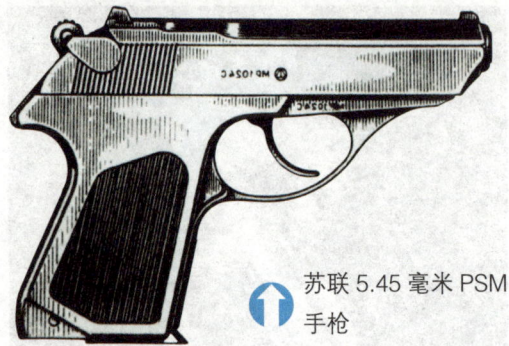

苏联 5.45 毫米 PSM
手枪

尺寸小，重量轻，便于隐蔽佩带或自卫。
该枪 50 米处的单发射击精度很好。

苏联 7.62 毫米 1933 年式托卡列夫手枪

7.62 毫米 1933 年式托卡列夫手枪是
苏联枪械设计师托卡列夫设计的一种手
枪，1930 年装备苏军，1933 年进行了改
进，因此，也称 7.62 毫米 1930/1933 年
式手枪。该枪发射 7.62 毫米托卡列夫手
枪弹。全枪重 0.83 千克（空枪），全枪长
193 毫米。采用半自动射击方式和 8 发弹
匣供弹，有效射程 30 米。该枪在第二次
世界大战后的很长时间内，被许多国家采
用。中国 20 世纪 50 年代初开始仿制并装
备军队，称为 1954 年式 7.62 毫米手枪。

苏联 9 毫米斯捷奇金冲锋手枪

9 毫米斯捷奇金冲锋手枪是 20 世纪
50 年代初由苏联图拉兵工厂工程师伊戈

苏联 7.62 毫米 1933 年式托卡列夫手枪

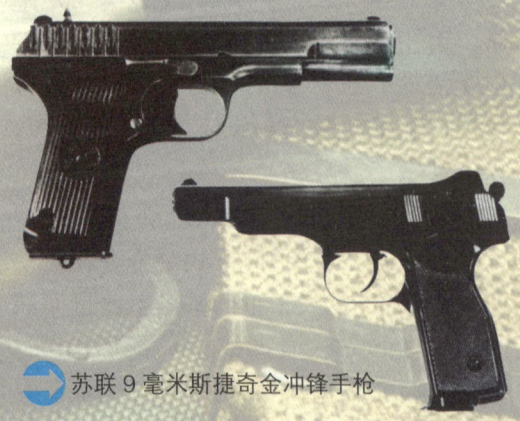

苏联 9 毫米斯捷奇金冲锋手枪

尔·斯捷奇金设计的一种冲锋手枪。

该枪主要特点是较一般手枪外形尺寸稍大，可单发、连发选择射击，火力猛烈，能把枪盒结合在握把上当肩托使用，以增加有效射程。但该枪连发不易控制，射击精度较差，最后从苏军中撤装并停止生产。

全枪重 1.03 千克（空枪时），空枪重 1.58 千克（加肩托时）。全枪长 225 毫米，加肩托时长 540 毫米。采用单发、连发射击，双动击发方式，使用 20 发双排弹匣供弹。有效射程单发时 50 米，单发抵肩时 200 米，连发抵肩时降为 100 米。

德国 6.35 毫米 HK4 式袖珍手枪

6.35 毫米 HK4 手枪是前联邦德国 HK 公司研制生产的一种双动击发袖珍手枪。全枪重 0.48 千克（不带弹匣），全枪长 157 毫米。使用 8 发弹匣供弹，有效射程 27 米。该枪可以更换枪管、弹匣和复进簧，口径可以改为 5.59、6.35、7.65、9 毫米。发射 9 毫米柯尔特自动手枪弹、7.65 毫米柯尔特自动手枪弹或 6.35 毫米柯尔特自动手枪弹。

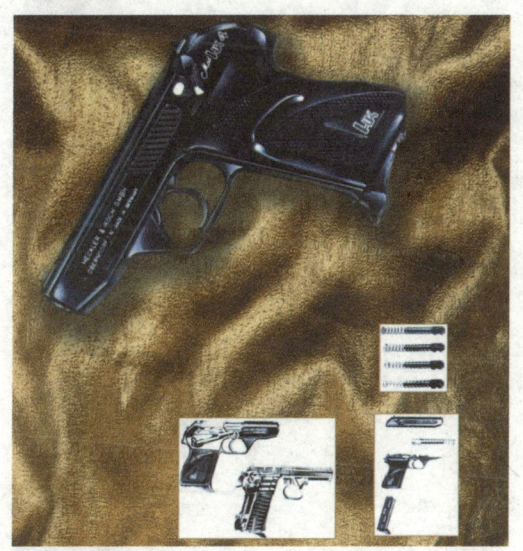

德国 6.35 毫米 HK4 式袖珍手枪及其组件

德国 P08 式鲁格手枪在德国陆军服役 30 年（1908～1938 年），中国人称为"撸子"。该枪由乔治·鲁格于 1902 年设计成功，1908 年 8 月被德国陆军采用。

德国 7.63 毫米鲁格手枪

鲁格（Luger）手枪是美籍德国人雨果·博查特研制的一种手枪，1893 年供应欧洲市场。该枪外形笨拙，性能却十分出色。它的口径为 7.63 毫米，可卸式弹匣安装于握把之内。博查特后来到了德国，此枪就在那里投产。开始生产的手枪带有可卸枪托。

1908 年，博查特的一个助手乔治·鲁格改进了博查特手枪，并进行大规模生产，这就是世界闻名的 1908 年式鲁格手枪，简称 P08 式。该枪使用 9 毫米帕拉贝鲁姆手枪弹，全枪重 0.85 千克，全枪长 222 毫米。采用半自动射击方式，使用 8 发可卸弹匣供弹。此枪从 1908～1938 年在德国军队中服役达 30 年之久，口径增加至 9 毫米，取消了其前身 1904 年式所带的握把保险。1942 年 6 月，该枪停产，是自由枪机式，自动装填，配用专门为其设计的 9×18 毫米弹药。通过手扳击锤扳机机构能使手枪单动击发。供弹具为 8 发可卸弹匣，全枪重 0.633 千克，全枪长 160 毫米。

德国 9 毫米瓦尔特 P1 式手枪

9 毫米瓦尔特 P1 式手枪是第二次世界大战中德军使用的瓦尔特 9 毫米 P38 式手枪的改进型，为德国军队现在装备的制式手枪。该枪套筒座改用硬铝制成，击针也有改变。有军用和民用两种型号，军用手枪上有 "P1 Ca1.9 毫米" 字样，民用手枪上有 "P38 Ca1.9 毫米" 字样。

全枪重 0.77 千克（不带弹匣），全枪长 218 毫米。采用单动或双动击发的射击方式和 8 发弹匣供弹，使用 9 毫米帕拉贝鲁姆手枪弹，有效射程 50 米。

⬆ 德国鲁格 P08 式手枪

⬇ 德制鲁格手枪

但在军队中一直使用到第二次世界大战结束。

鲁格手枪有一种变型枪称为炮兵 08 式、1914 年式或 1917 年式，该枪配用长枪管（192 毫米），带有弧形表尺。第一次世界大战后期，德国人曾制造了一种容弹 32 发的蜗形弹鼓供弹，由于使用不便，又改用 8 发弹匣。鲁格手枪表尺射程可达 800 米，这在手枪中是罕见的。

德国 9 毫米 M 式手枪

该种手枪是前民主德国军队的制式装备，它由前民主德国制造，仿苏联的马卡洛夫手枪。这种枪

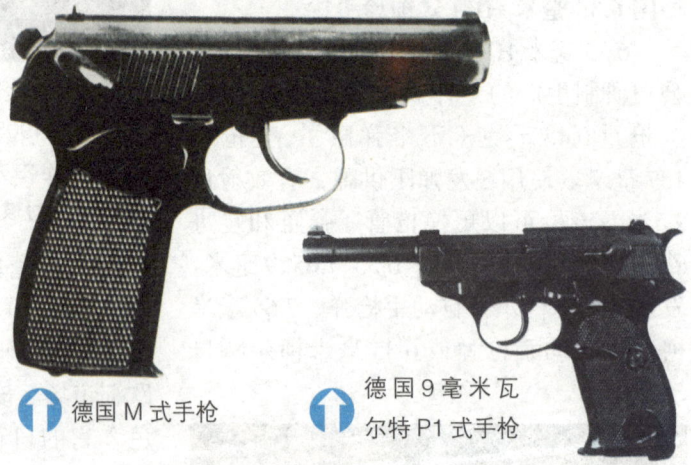

⬆ 德国 M 式手枪

⬆ 德国 9 毫米瓦尔特 P1 式手枪

德国 9 毫米瓦尔特 P5 式手枪

为了给警察和军队提供可靠、安全的手枪，联邦德国研制了瓦尔特 P5 式手枪。基本规范是由德国警方提供的，他们要求操作方便，安全可靠，能联动击发，扣扳机前不需解脱不方便的保险机构。

瓦尔特 P5 式手枪自动方式是枪管短后坐，该枪有 4 个内部保险动作，这些保险措施确保击锤只有当套筒到位并与枪管锁紧及扳机扣到位置时才能打击击针，除此之外，手枪遇到跌落、打击或手动待发疏忽时绝对安全。

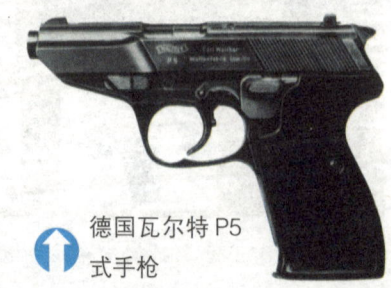

⬆ 德国瓦尔特 P5 式手枪

瓦尔特 P5 式手枪使用 9×19 毫米帕拉贝鲁姆手枪弹，供弹具为 8 发弹匣，全枪重 0.795 千克（不带弹匣），全枪长 180 毫米。

德国 9 毫米瓦尔特 P88 式手枪

这种手枪告别了早先的瓦尔特结构。它是双动击锤击发，采用左右均可操作的待发解脱杆，枪把前边缘、扳机护圈的下方有左右手弹匣卡榫。使用枪弹为 9×19 毫米帕拉贝鲁姆手枪弹，自动方式为枪管短后坐式，闭锁方式为枪管摆动式，半自动，供弹具为 15 发弹匣，全枪长 187 毫米，全枪重 0.9 千克（不带弹匣）。

⬆ 德国 9 毫米瓦尔特 P88 式手枪

法国 9 毫米 MR73 式左轮手枪

9 毫米 MR73 式左轮手枪是紧凑型双动击发左轮手枪，有 3 种不同的枪管长度，且能发射 9.65 毫米特种弹及 9 毫米马格努姆弹。转轮容量为 6 发，当装填时侧向一边，可使用 9 毫米帕拉贝鲁姆手枪弹。该枪还配有一种可替换的转轮。采用双动或单动装置。

意大利 7.65 毫米伯莱塔 81 式手枪

伯莱塔 81 式手枪是 1976 年大批量生产的伯莱塔 3 种手枪中的一种。

该枪使用枪弹为 7.65 毫米手枪弹，自动方式为自由枪机式，单动或双动击发，供弹具为 12 发弹匣，全枪重为 0.67 千克（带空弹匣），全枪长 172 毫米。

⬆ 法国 9 毫米 MR73 式左轮手枪

意大利 9 毫米伯莱塔 86 式手枪

伯莱塔 86 式手枪于 1985 年投产，用于装备警察及公安人员。该枪采用翻转枪管，这种结构曾一度常见，但已久被冷落。使用枪弹为 9×17 毫米短弹，自动方式为自由枪机式，半自动，供弹具为 8 发弹匣，全枪重为 0.66 千克（不带弹匣），全枪长 185 毫米。

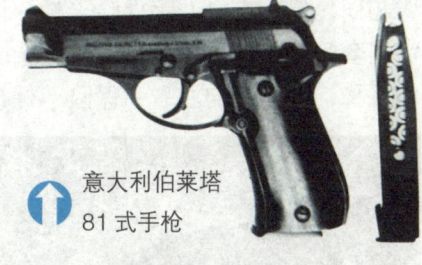

⬆ 意大利伯莱塔 81 式手枪

意大利 9 毫米伯莱塔 M92 式手枪

9 毫米伯莱塔 M92 式手枪是意大利伯莱塔公司 1976 年研制投产的手枪，威力大于该公司的 81 式及 84 式，主要用于装备意大利军队和某些

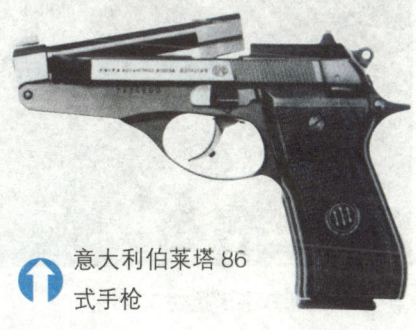

⬆ 意大利伯莱塔 86 式手枪

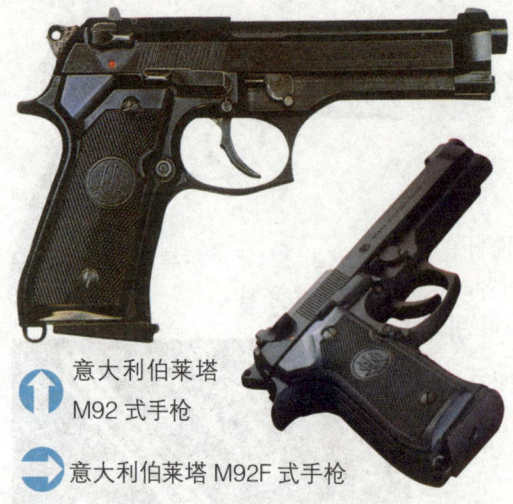

意大利伯莱塔 M92 式手枪

意大利伯莱塔 M92F 式手枪

外国军队。该枪口径 9 毫米，发射 9 毫米帕拉贝鲁姆手枪弹。全枪重 0.95 千克（带空弹匣），全枪长 217 毫米。自动方式采用枪管短后坐式，半自动、单动或双动击发，用 15 发可卸弹匣供弹，有效射程 50 米。M92 式手枪使用灵活、方便，动作可靠，成为许多改进型手枪如 M92F 式、M93R 式等手枪的基础。

西班牙 9 毫米星式 30M 和 30PK 手枪

9 毫米星式 30M 和 30PK 手枪是 28 和 28PK 型的现代型手枪。其结构与外形皆相同，但装有左右手保险卡榫。该枪套筒在套筒座内部导轨里滑动，整个套筒运动平稳，套筒上的左右手保险卡榫把击针

缩入它的孔内，免遭击锤打击。枪上有一装弹指示器，当弹药上膛时，它突出于套筒。瞄准具很清楚，表尺可调风偏，射击准确。使用枪弹为 9 毫米帕拉贝鲁姆手枪弹，自动方式为枪管短后坐式，闭锁方式为枪管偏移式，供弹具为 15 发弹匣，全枪重为 0.86 千克（不带弹匣），全枪长 205 毫米（30M 手枪）。

西班牙 11.43 毫米星式 PD 手枪

研制星式 PD 手枪的目的是为提高手枪的威力，并且易于携带，便于隐藏。由于重量轻，所以控枪较困难。在 11.43 毫米柯尔特自动手枪弹级别中，因枪管短，初速和动能也小于正常值。使用枪弹为 11.43 毫米柯尔特自动手枪弹，自动方式为枪管短后坐式，闭锁方式为勃朗宁枪管起落式，供弹具为 6 发弹匣，全枪重为 0.71 千克（不带弹匣），枪管长 100 毫米。

瑞士 9 毫米西格 P210 式手枪

9 毫米西格 P210 式手枪由瑞士工业公司生产。P210 式手枪有 5 种型号：P210-1 式和

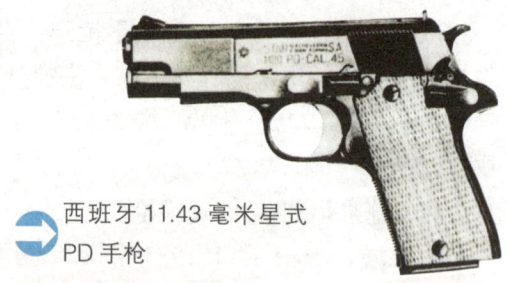

西班牙 11.43 毫米星式 PD 手枪

西班牙 9 毫米星式 30M 手枪

瑞士 9 毫米西格 P210 式手枪

P210-2 式为军用和警用手枪；P210-5 和 P210-6 为比赛用枪；P210-4 为出口型。P210-1 和 P210-2 都有两种口径，可发射 9 毫米或 7.65 毫米帕拉贝鲁姆手枪弹，全枪重 0.91 千克（不带弹匣），全枪长 215 毫米，采用半自动射击方式和 8 发弹匣供弹，有效射程 50 米。P210-5 式枪管较长，准星装在枪管上，P210-6 式准星装在套筒上，都采用千分尺型表尺，带风偏修正。两种比赛枪装有轻型短射程扳机，扳机拉力可调整。

瑞士西格－绍尔 P220 手枪

西格－绍尔 P220 手枪由瑞士工业公司研制，并与前联邦德国绍尔（Sauer）公司共同生产。该枪换装不同的枪管和弹匣等部件可以发射多种手枪弹，如 11.43 毫米柯尔特自动手枪弹、9 毫米柯尔特高级自动手枪弹、9 毫米和 7.65 毫米帕拉贝鲁姆手枪弹等。其生产型号主要为 9 毫米和 11.43 毫米两种口径，瑞士军队装备 9 毫米口径型，命名为 M75 式。M75 式发射

瑞士西格－绍尔 P220 式手枪侧面图及保险机构

西格－绍尔 P225 手枪发射瞬间

9 毫米帕拉贝鲁姆手枪弹。全枪重 0.75 千克（空枪），全枪长 198 毫米。采用半自动、单动或双动击发射击方式，并使用 9 发弹匣供弹。

瑞士 9 毫米西格－绍尔 P225 式手枪

瑞士 9 毫米西格－绍尔 P225 式手枪是一种管退式武器，装有自动击针保险，采用双动击发扳机、解脱杆及外部套筒卡榫杆。它上面还有另一个保险，甚至在击锤待发、解脱或半待发状态时手枪跌落于地也能确保安全。由于枪上无推出保险卡榫，所以武器一扣扳机即能迅速射击枪弹。使用 9 毫米帕拉贝鲁姆手枪弹，自动方式为枪管短后坐式，单动或双动击发，闭锁方式为枪管偏移式，供弹具为 8 发弹匣，全枪重为 0.74 千克（不带弹匣），全枪长 180 毫米。

匈牙利 FEG 式手枪

FEG 式手枪是一种袖珍手枪，双动击发，自由枪机式，解脱卡及杆位于套筒的左侧、扳机护圈之前，套筒及枪管很容易拆除。使用枪弹为 7.65 毫米柯尔特自动手枪弹，供弹具为 6 发弹匣，全枪重 0.45 千克，全枪长 140 毫米。

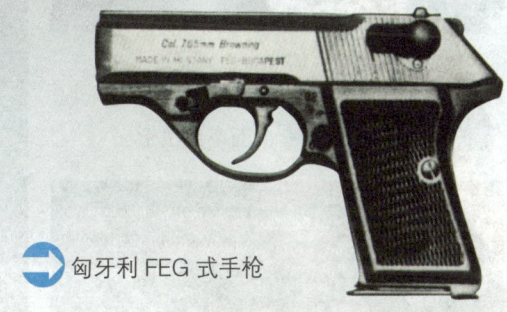

匈牙利 FEG 式手枪

波兰 9 毫米 Wz63 微型冲锋手枪

9 毫米 Wz63 微型冲锋手枪是波兰枪械设计家 P. 威尔内维奇设计的，1963 年正式定型，由波兰国家兵工厂生产，主要装备波兰陆军和警察部队，现已停产。

Wz63 微型冲锋手枪口径为 9 毫米，发射 9 毫米马卡洛夫手枪弹。全枪重 1.8 千克（带 25 发空弹匣），全枪长 333 毫米（枪托折叠时）。该枪可单发、连发射击。用扳机行程控制第二道火为连发，无单独的快慢机。有效射程在抵肩射击时为 200 米，单手射击时仅为 40 米。

Wz63 微型冲锋手枪配用 40 发、25 发和 15 发长、中、短 3 种双列供弹弹匣，带有一个伸缩式肩托。

↑ 波兰 9 毫米 Wz63 微型冲锋手枪

比利时 9 毫米勃朗宁 HP 式手枪

9 毫米勃朗宁 HP 式大威力手枪于 1925 年设计定型，是世界上最著名的手枪之一。除比利时本国装备外，还出口 50 余个国家，德国、英国、加拿大、印度尼西亚等国也仿制使用该枪，口径 9 毫米，用 13 发弹匣供弹，全枪重 0.9 千克。

日本南部手枪

南部手枪是 1909 年 8 月由日本军人南部其次郎研制而成的。该枪是参考意大利的格利森蒂手枪设计而成的。

南部手枪的早期型号有 4 式和"小孩"式两种，4 式枪管长 119 毫米，全枪长 229 毫米，全枪重 0.88 千克；"小孩"式枪管长 83 毫米，全枪长 171 毫米，全枪重 0.65 千克。

日本大正十四年（1925 年），南部手枪做了一些改进，命名为 14 式，正式装备日军。该枪口径为 8 毫米，发射日本 8×21 毫米南部手枪弹。全枪重 0.96 千克，全枪长 227 毫米。采用半自动、击针式击发射击方式，使用 8 发可卸弹匣供弹。

1937～1938 年，南部 14 式手枪又有了改进，陆续出现了一些型号，如实验式、94 式和哈马达 2

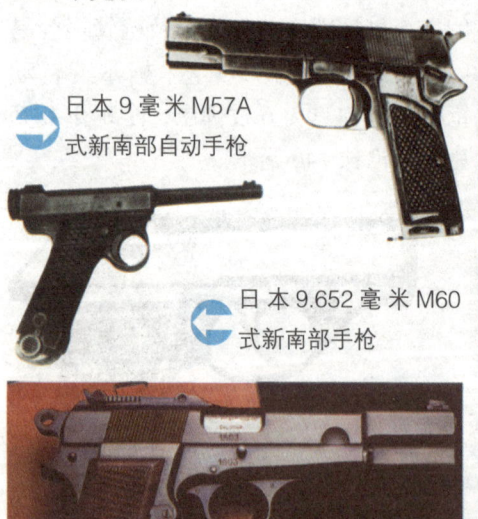

→ 日本 9 毫米 M57A 式新南部自动手枪

← 日本 9.652 毫米 M60 式新南部手枪

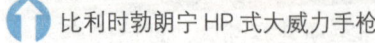

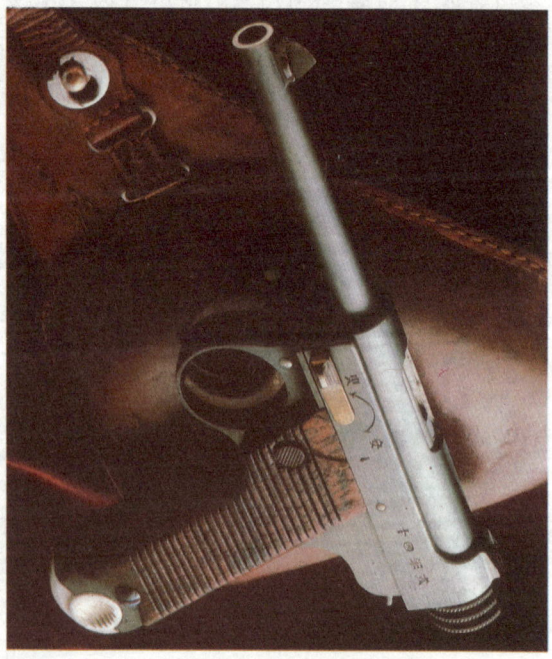

↑ 比利时勃朗宁 HP 式大威力手枪

↑ 8 毫米 14 式南部手枪

式等，与南部本人已经没有什么关系，与南部手枪的原型也相去甚远。仍称为"南部"，是由于它们仍然发射 8×21 毫米南部手枪弹。

专家认为南部式手枪设计结构不合理，制作粗劣，为第二次世界大战期间世界上最差的手枪。

↑ 奥地利 9 毫米斯太尔 GB 式手枪

奥地利 9 毫米斯太尔 GB 式手枪

9 毫米斯太尔 GB 式手枪由奥地利斯太尔公司研制生产，是从目前 pi 18 式手枪改进而来的，装备奥地利军队。

GB 式手枪口径为 9 毫米，发射 9 毫米帕拉贝鲁姆手枪弹。全枪重 0.962 千克（带空弹匣），全枪长 216 毫米。采用半自动、双动击发的射击方式和 18 发弹匣供弹，有效射程为 50 米。它采用多边形膛线的固定枪管，自由枪机，气体延迟开锁。刃形准星后面和方形照门两侧，都嵌有夜光圆点，便于夜间瞄准射击。

捷克 9 毫米 M75 式手枪

M75 式手枪是第二次世界大战以来捷克的最佳手枪，它是在汲取国内外同类手枪优点的基础上设计而成的。

该枪自动方式为枪管短后坐式，枪管固定在套筒上。套筒和套筒座是压铸件，枪管是锻钢的，握把是核桃木或塑料的。套筒卡榫、保险杆和弹匣卡榫皆安放在套筒座的左侧。瞄准具有表尺固定式或

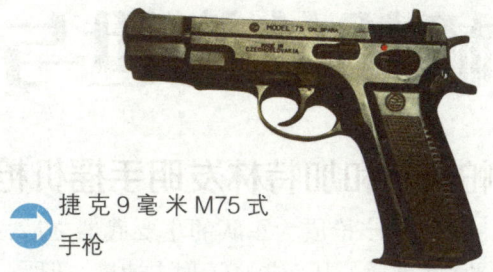

→ 捷克 9 毫米 M75 式手枪

可调风偏的燕尾槽式。手枪的一大特点是双列供弹。手枪的惰性击针直至发射时才与弹底相接触，在混凝土上多次跌落试验时，高度为 2 米，枪口向下，皆不开火。由于是双动击发机构，因此在膛内有弹时携带安全。使用枪弹为 9 毫米帕拉贝鲁姆手枪弹，闭锁方式为枪管偏移式，供弹具为 15 发弹匣，全枪重 0.98 千克（不带弹匣），全枪长 203 毫米。

以色列 9 毫米"沙漠之鹰"手枪

以色列 9 毫米"沙漠之鹰"（Desert Eagle）手枪，原先是为比赛用枪设计的一种枪型，由于其在实际使用上具有极高的可靠性，所以被军方看中，并被采用。因此，"沙漠之鹰"手枪也被作为正式的军用手枪。

"沙漠之鹰"手枪的不同寻常之处，是采用导气式和回转式枪机。其自动方式为导气式、半自动、单动击发，供弹具为 9 发弹匣。沙漠之鹰手枪全枪重为 1.76 千克（不带弹匣），全枪长为 260 毫米。

↑ 装有红外瞄准镜的"沙漠之鹰"手枪

机枪的问世与发展

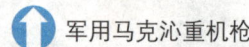

帕克尔和加特林发明手摇机枪

　　自从步枪成为军队的主要武器之后，步枪的装弹方式大为改善，从而提高了射击速度。但是，枪械的射击速度仍然不能满足战争的需要。为了提高枪械的发射速度，19世纪80年代前，许多国家都研制过连发枪械。英国人J.帕克尔发明的单管手摇机枪，1718年在英国取得专利。由于枪身太重，装弹困难，未引起普遍重视。一些国家尝试着将许多支枪管平行或环形排列，进行齐射或连射。

　　1862年，美国人R.J.加特林发明的手摇式机枪，将6支口径为14.7毫米的枪管安放在枪架上，射手转动曲柄，6支枪管依次发射，因而解决了射速问题，在紧张操作时每分钟可发射枪弹300～350发。该枪于1862年取得专利，曾在美国1861～1865年的南北战争中起了很大的作用。

马克沁重机枪和麦德森轻机枪

　　世界上第一支以火药燃气为能源的机枪，是英籍美国人H.S.马克沁发明的，1883年他试验成功了枪管短后坐自动原理，1884年应用这种原理的机枪取得了专利，这是枪械发展史上的一项重大技术突破。这种机枪的理

军用马克沁重机枪

论射速约为600发/分，全枪重27.2千克，后人称为马克沁重机枪。

　　在第一次世界大战的索姆河会战中，1916年7月1日，英军向德军发起进攻，德军用马克沁重机枪向密集队形的英军进行猛烈持续地射击，英军一天之中伤亡了近6万人，人们真正认识到了这种自动发射的重型机枪的巨大威力。

马克沁与他发明的机枪

早期的手摇机枪。一人从上面用弹夹装弹，一人手摇连续发射。

马克沁重机枪发明后，各国纷纷仿制或开发研制各种新型重机枪，并且开始研制能随步兵机动作战的轻型机枪。1902年，丹麦人 W.O.H.麦德森设计了一种有两脚架带枪托可抵肩发射的机枪，全枪重9.98 千克，最大射程为 2000 米，称为轻机枪。从此，以马克沁重机枪和麦德森轻机枪作为自动机枪的母型，开始出现大量新式的大口径机枪，并开始装备飞机、坦克和战船，成为仅次于火炮的压制性武器。

诺登飞发明多管排列式机枪

1878 年，美国的诺登飞发明了多管排列式机枪，其构造为 5 支枪管一字排列，固定不动。这种机枪后坐和复进都是由扳动侧方的机柄来完成的，弹匣垂直安装在枪上，弹匣内的枪弹借自身的重量而下降。发射时，5 支枪管同时发射。在自动武器的发展中，多管排列式机枪起到了很大推动作用。自动武器的主要机构与多管排列式机枪很相似，不同的是，自动武器是利用发射时火药气体所产生的能量来转动机构进行连射。

机枪的改进和发展

机枪一出现，首先装备舰艇，作为舰艇用压制性武器。第一次世界大战爆发后，军用飞机和坦克的问世要求步兵有相应的防空和反装甲能力，于是出现了大口

1917 年 11 月 20 日，英国军队的重机枪手在与德军作战的阵地上休息。他们的武器是马克沁机枪。

第一次世界大战中的印度机枪队正守卫在阵地上。

第一次世界大战中俄军正在使用 7.62 毫米机枪

第一次世界大战中，英军机枪手在开火。

装有三脚架的 MG08 马克沁重机枪

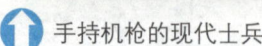 第一次世界大战中比利时的一支狗拉重机枪队

奥德怀尔发明号称"金属风暴"的射速最快的机枪

1995年底，澳大利亚人迈克·奥德怀尔发明的称为"金属风暴"的机枪，射速比世界上现有的射速最快的机枪高出20倍，这种机枪可能给武器技术带来革命。在测试过程中，每分钟可以向目标发射13.5万发子弹，其射速很快，甚至可以用来拦截由激光制导的"智能"炸弹。澳大利亚高级官员说，尽管他们对这种新武器的评估工作尚未结束，但它有可能是一种非常重要的武器。自从阿根廷人在1982年的马尔维纳斯群岛（英国称福克兰群岛）战争中使用"贴近海面飞行的"飞鱼式舰对舰导弹击中英国的"谢菲尔德"号军舰以后，军舰设计人员就在军舰上布满了诸如美国制造的每分钟能发射3000发弹的"密集阵"近防武器系统，对拦截弹道导弹和巡航导弹具有重要的作用。

"金属风暴"的机枪发明人奥德怀尔在研制过程中，采用的是公元14世纪火器刚刚诞生时的原理，即让武器

径机枪。1918年，德军首先装备了13.2毫米苏罗通机枪。随后英国装备了12.7毫米维克斯机枪。军用飞机和坦克上也相应装备了航空机枪和坦克机枪。第一次世界大战前与大战中，德国设计了MG34式和MG42式通用机枪，MG34式枪身带两脚架，全枪重12千克，1934年装备部队，配备弹鼓和两脚架可作轻机枪使用，配备弹链和三脚架可作重机枪用。第二次世界大战后，各国研制的新型通用机枪相继出现，如美国的M60式机枪，苏联的PKM/PKMS机枪，中国的1967-2式机枪等。它们全枪重一般在20千克左右。枪身轻重两用，枪架一般可高平两用，并能改装在坦克、步兵战车、直升机或舰艇上使用。这些机枪在美越战争、朝鲜战争和战后世界各地的局部战争中都发挥过巨大作用。

手持机枪的现代士兵　　美军12.7毫米M2勃朗宁重机枪

20世纪70年代抗击苏军的阿富汗游击队重机枪阵地

第一次世界大战中奥地利军中的机枪阵地

装有两脚架的 MG08"马克沁"机枪

能比"现有技术投掷出更多的子弹"。其原理极为简单，而且不需要活动的部件。专门为澳大利亚奥林匹克射击队制造枪支的 MAB 工程公司已经制造出这种速射机枪的样品，其研制费用为 72.3 万美元，与大多数武器研制费用相比，这个研制费用是微不足道的。尽管常规的美制加特林速射机枪是多管机枪，但每个枪管发射一

发子弹之后要重新装填子弹。"金属风暴"的机枪却能够把多发子弹依次排列在枪管内，最新的样品每个枪管能储存 90 发子弹。照这样计算，一挺 6 管机枪可以非常快速地发射 540 发子弹。

各国机枪

英国 7.62 毫米布伦轻机枪

7.62 毫米布伦轻机枪是世界上有名的轻机枪之一。1937 年，由英国恩菲尔德兵工厂根据捷克 ZB26 式轻机枪研制而成，主要有 Mk1 式、Mk2 式、Mk3 式和 Mk4 式 4 种类型。其口径为 7.62 毫米，发射 7.62 毫米 Mk7 枪弹，全枪重为 10.05 千克，全枪长为 1156 毫米，可单发、连发转换射击，使用 30 发弹匣供弹。布伦轻机枪理论射速为 500 发 / 分，有效射程为 800 米，内部结构和动作原理与 ZB26 轻机枪基本相同。1953 年英国对布伦轻机枪加以改进，以适应北约组织确立的 7.62 毫米北约弹。布伦轻机枪因此变成了 L4 式系列，有 L4A1 式、L4A2 式、L4A3 式、L4A4 式、L4A5 式、L4A6 式、L4A7 式、L4A8 式、L4A9 式等，在几十个国家先后装备过此枪。20 世纪 40 年代，中国将布伦轻机枪口径改为 7.92 毫米，称为勃然式轻机枪，装备军队使用。

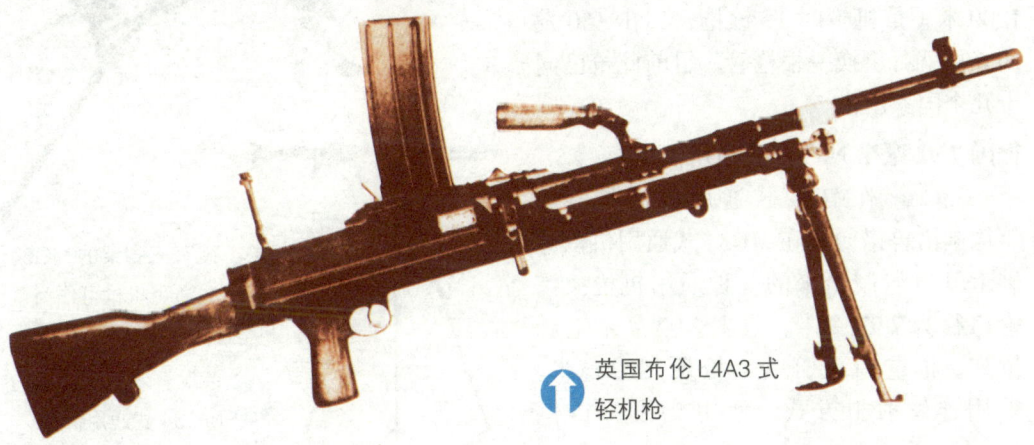

英国布伦 L4A3 式轻机枪

德国 MG42 式通用机枪

德国 7.62 毫米 MG3 式通用机枪

德国 7.62 毫米 MG3 式通用机枪

7.62 毫米 MG3 式通用机枪是德国的一种通用机枪。该型机枪是 1968 年由联邦德国在 MG42 式通用机枪基础上开发研制出来的一种通用机枪。1959 年，联邦德国改进 MG42 型机枪，由使用 7.92 毫米毛瑟枪弹改为发射 7.62 毫米北约弹，并命名为 MG42/59 型机枪，又称 MG1 型机枪。以后又有 MG1A1 型机枪、MG1A2 型机枪、MG2A3 型机枪等多种改型枪。MG3 型机枪口径为 7.62 毫米，发射 7.62 毫米北约制式枪弹。枪身重为 11.5 千克，全枪长为 1225 毫米（带枪托），采用连发射击方式，使用弹链供弹，而且可通用德国的 DM1、DM6 或美国的 M13 型弹链供弹。战斗射速为 250 发 / 分，可以预先调定射速，有效射程为 800 米（轻机枪时）或 1200 米（重机枪时）。该枪每射击 150 发用 6 秒就可更换一根枪管。目前此枪已向十几个国家出售。

德国 7.92 毫米 MG42 式通用机枪

7.92 毫米 MG42 式通用机枪是 1942 年德国格鲁诺博士在 MG34 式通用机枪基础上开发研制出来的一种通用机枪。该枪口径为 7.92 毫米，发射 7.92 毫米毛瑟枪弹。枪重 11.05 千克，枪长 1219 毫米。采用连发射击方式。使用 50 发弹链供弹。理论射速达 1200 发 / 分，有效射程为 800 米（轻机枪时）或 1000 米（重机枪时）。MG42 式仍采用枪管短后坐的自动方式，机构动作可靠，既能平射，又能高射。MG42 式在第二次世界大战中名声显赫，而且对后来通用机枪的发展产生了重要影响。

德国 7.92 毫米 MG34 式通用机枪

7.92 毫米 MG34 式机枪是 1934 年由德国毛瑟兵工厂设计师 L. 施坦格研制的世界上第一种通用机枪。该枪设计时参照了瑞士 M30 式苏洛通机枪的构造原理，可做轻机枪或重机枪用，还可改装成高射机枪、坦克机枪或机载机枪用。其口径为 7.92 毫米，发射 7.92 毫米毛瑟 98 式步枪弹，枪身重 12 千克，枪身长 1224 毫米。

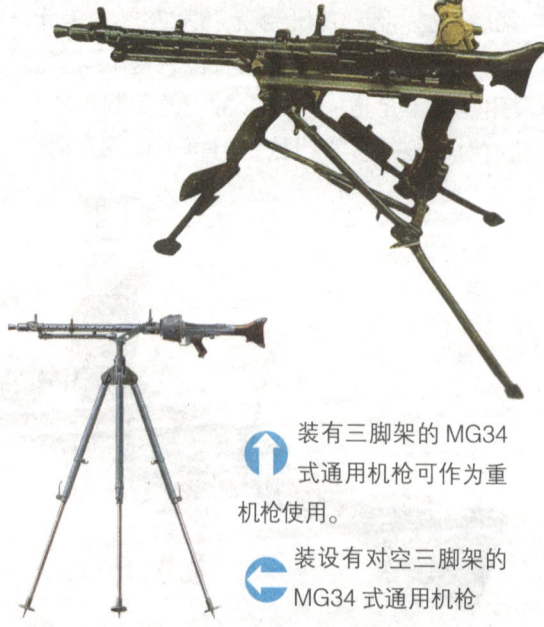

装有三脚架的 MG34 式通用机枪可作为重机枪使用。

装设有对空三脚架的 MG34 式通用机枪

可单发、连发转换射击，使用50发不散弹链或75发弹鼓供弹，战斗射速连发时为200发/分，有效射程为800米（轻机枪时）或1000米（重机枪时）。该枪可左右两侧供弹，故可以并联成双管或多管机枪使用。而且枪管可以迅速更换，各部件间用销钉结合。

MG34式通用机枪对世界通用机枪的发展产生了重要的影响。世界许多机枪都是在此基础上或参照该机枪的设计思想设计出来的。

美国 7.62 毫米勃朗宁 M1917 式重机枪

7.62毫米勃朗宁M1917式重机枪是1917年由美军设计并装备美军的一种水冷式重机枪。该型机枪作为美军的主要机枪，在两次世界大战中都发挥过重要作用。1936年改型为M1917A1型机枪。它在美军中的位置直到20世纪50年代才被M60式机枪取代。

勃朗宁M1917式重机枪的口径为7.62毫米，发射7.62毫米M1式或M2式重尖弹。全枪重为18.64千克（带水时），枪身长为981毫米，连发射击，用250发帆布弹带供弹。该枪理论射速为450~600发/分，有效射程为1000米。该枪枪尾有可单手发射的握把。采用水冷结构，在高寒及无水地区不便使用。因此，该枪后来又发展出一款气冷式改进型——M1919A4式重机枪。

↑ 第二次世界大战中美国使用的勃朗宁 M1917 式重机枪

美国 7.62 毫米勃朗宁 M1919A4 式重机枪

7.62毫米勃朗宁M1919A4式重机枪是在美国勃朗宁M1917式重机枪基础上改进而成的重机枪。主要改进是枪管由水冷改为气冷。其口径仍为7.62毫米，发射7.62毫米M1式或M2式枪弹，枪身重14.06千克，M2三脚架重6.35千克，枪身长1044毫米，只可连发射击，使用250发弹带或可散弹链供弹，理论射速为400~550发/分，有效射程为1000米。该枪在第二次世界大战时曾作为坦克机枪使用，战后也装于步兵战车上使用。如装在M2型三脚架上，可作为连用机枪。全枪的结构与M1917式大致相同。

↑ 美国勃朗宁 M1919A4 式重机枪

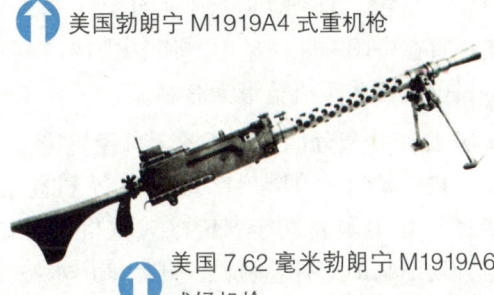
↑ 美国 7.62 毫米勃朗宁 M1919A6 式轻机枪

美国 7.62 毫米勃朗宁 M1919A6 式轻机枪

7.62毫米勃朗宁M1919A6式轻机枪是在美国勃朗宁M1917式重机枪基础上改进而成的。

其口径为7.62毫米，发射7.62毫米M1式或M2式枪弹，全枪重14.7千克（带金属枪托和两脚架时），全枪长826毫米（不带枪托时），只能连发射击，使用可散金属弹链或弹带供弹，有效射程为800米。由水冷改成的气冷枪管可以迅速更换，带两脚架、提把和搭肩枪托。装在 M2 型三脚架上可当重机枪用。

直到 20 世纪 50 年代，该枪才从美军装备中撤出。

美国 11.43 毫米马克沁机枪

马克沁重机枪是由英籍美国人 H.S. 马克沁研制的极为著名的机枪。1884 年，马克沁首先取得了这种机枪的发明专利。这是世界上第一种真正以火药燃气为能源的自动武器。该枪采用枪管短后坐式自动原理，发射 11.43 毫米 M71 式黑火药枪弹，枪身重 27.2 千克，使用容弹 333 发的帆布弹带供弹，水冷枪管，可单发、连发射击。该枪一问世，便因其猛烈的火力受到各国重视。1893 年，英军在罗得西亚战场首先使用此枪，大显神威。此后在日俄战争和第一次世界大战中，马克沁机枪都显示出它极大的威力和作用。德国人在此基础上改进仿制出了 MG08 式马克沁机枪，口径为 7.92 毫米，发射 7.92 毫米 M98 式枪弹，枪身重 26.54 千克，三脚架重 31.98 千克，枪身长 1175 毫米，使用 100 或 250 发弹带供弹，只可连发射击，依靠水套枪管冷却，理论射速为 400 ~ 500 发 / 分，最大射程可达 2000 米。中国 1888 年就仿造了最初的"马克沁"机枪，直到 20 世纪 40 年代，这种重机枪一直在中国军队中使用，其中以 1935 年命名的民国二四式重机枪最为有名。

美国 12.7 毫米勃朗宁 M2 式大口径机枪

12.7 毫米勃朗宁 M2 式大口径机枪是 1921 年在美国勃朗宁 M1917 式重机枪基础上开发出来的一种重机枪。开始采用水冷枪管式，后采用气冷枪管式。1933 年开发出重枪管的 M2HB 型。该型重机枪口径为 12.7 毫米，发射 12.7 毫米 M2 式普通弹，枪身重 382 千克，枪身长 1653 毫米，连发射击方式，使用可散弹链供弹，理论射速为 450 ~ 550 发 / 分，有效射程为 1400 米。该型重机枪开始是用来对付坦克与装甲车的，后来形成了一个包括高射机枪、航空机枪、坦克机枪在内的 M2 式重机枪系列。M2HB 式重机枪目前主要用于高射机枪和车载机枪使用，装在 M3 型三脚架上，也能作为地面机枪使用。

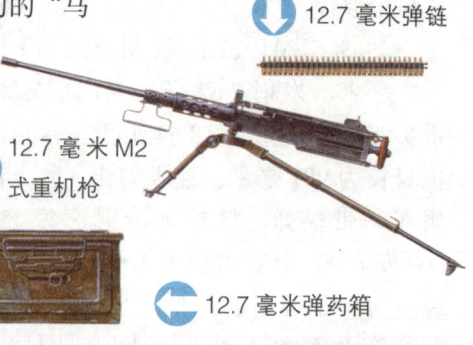

⬇ 12.7 毫米弹链

➡ 12.7 毫米 M2 式重机枪

⬅ 12.7 毫米弹药箱

⬆ 德国 7.92 毫米 MG17 双联高射机枪在对空防御。

⬆ M2 式重机枪。20 世纪 30 年代就已被美军采用，至今仍是美军高效能武器之一。

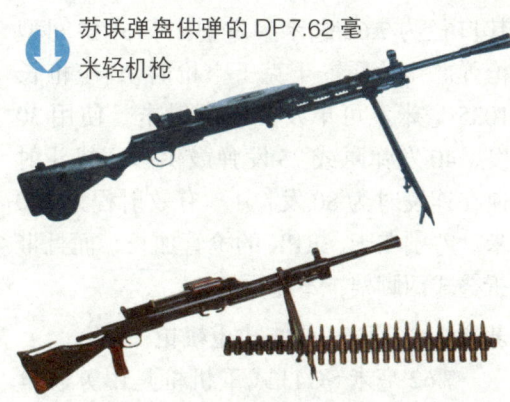

苏联弹盘供弹的 DP7.62 毫米轻机枪

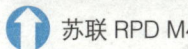

苏联 RPD M4 式轻机枪

苏联弹链供弹的 RP46 机枪

苏联 7.62 毫米 RPD 轻机枪

该枪是 1943 年由苏联枪械设计师捷格加廖夫设计的一种轻机枪。第二次世界大战后正式装备苏军，20 世纪 60 年代撤装。该枪口径为 7.62 毫米，发射 M43 式 7.62×39 毫米中间型枪弹。全枪重 7.1 千克，全枪长 1037 毫米，采用连发射击方式，用不散弹链供弹，战斗射速为 150 发/分，有效射程为 800 米。中国 20 世纪 50 年代仿造此枪，称为 1956 年式 7.62 毫米轻机枪。

苏联 7.62 毫米 DP 轻机枪

7.62 毫米 DP 轻机枪是由苏联枪械设计师捷格加廖夫 1926 年设计定型并装备苏联红军的一种轻机枪，20 世纪 50 年代才撤装。该枪口径为 7.62 毫米，发射 1908 年式 7.62×54 毫米有底缘弹。全枪重 9.1 千克（不带弹盘时），全枪长 1270 毫米，只可连发射击，使用 47 发弹盘（早期为 49 发）供弹，战斗射速为 80~90 发/分，有效射程为 800 米。

1940 年该枪枪管由固定式改为可更换式。全枪共 65 个零件，结构坚实，在风沙等恶劣环境中工作可靠性好。但全枪重量较大，机动性较差。DP 的变型枪有 DA 航空机枪、DA-2 双管航空机枪、DT 坦克机枪及其改进型 DTM 坦克机枪。

中国于 20 世纪 50 年代曾仿造过 DPM 和 RP46 机枪，称为 1953 年式 7.62 毫米轻机枪和 1958 年式 7.62 毫米连用机枪。

苏联 7.62 毫米 RPK 轻机枪

7.62 毫米 RPK 轻机枪是苏联 AKM 自动枪的同族武器，1964 年装备苏军。两枪基本结构完全相同，多数零件可以互换。AKM 自动枪的枪机有 83% 可更换到 RPK 轻机枪上，弹底间隙符合要求，这在战场上的好处是很大的，有利于实战需要。

俄罗斯 RPK-74 式轻机枪

苏联 7.62 毫米 RPK 轻机枪

其口径为 7.62 毫米。发射 M43 式中间型枪弹。全枪重 5 千克（空枪时），全枪长 1035 毫米。可单发、连发射击。使用 30 发、40 发弹匣或 75 发弹鼓供弹。战斗射速在连发时为 80 发 / 分。有效射程为 600 米。差别在于，RPK 的枪管加长，而且带折叠式两脚架，不能更换。

苏联 7.62 毫米 SG43 式重机枪

7.62 毫米 SG43 式重机枪是由苏联枪械设计师郭留诺夫在第二次世界大战中设计出来的一种代替 1910 式马克沁水冷机枪的重机枪。该枪可高射与平射。口径为 7.62 毫米。发射 1908 年式 7.62×54 毫米有底缘弹。枪身重 13.8 千克，枪架重 26.6 千克（轻式架），全枪长 1708 毫米（战斗状态时），连发射击，使用 250 发闭式不散弹链（1 箱），战斗射速为 250 发 / 分，有效射程为 1000 米（平射时）或 500 米（高射时）。该枪采用导气式自动方式，枪管可以迅速更换，枪尾有两个"D"形握把。本枪结构简单，动作可靠，火力猛烈，精度好，但重量大，携行不便。SG43 重机枪有多种改进型，如 SGMT 和 SGM 型，SGMT 是 SGM 的坦克机枪型。中国在 20 世纪 50 年代曾仿造出两种，称为 1953 年式 7.62 毫米重机枪和 1957 年式 7.62 毫米重机枪。

苏联 7.62 毫米 PK/PKS 通用机枪

7.62 毫米 PK/PKS 通用机枪是苏联在 20 世纪 50 年代研制出来的一种通用机枪。1966 年后正式装备苏军，取代了 RP46 连用机枪和 SGM 营属重机枪。PK

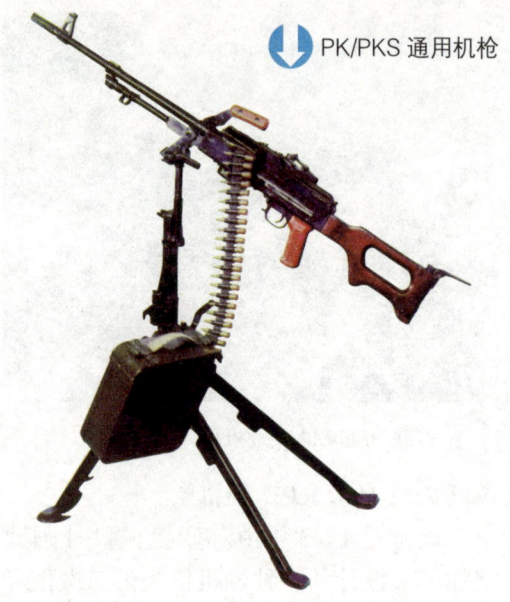
PK/PKS 通用机枪

是做轻机枪用的代号，PKS 是 PK 放在三脚架上当重机枪使用的代号。

该枪口径为 7.62 毫米，发射 1908 年式 7.62 毫米步枪弹，枪身重 9 千克，枪架重 7.5 千克，全枪长 1267 毫米（带三脚架时）。只可连发射击，使用不散弹链或 50 发、100 发、200 发或 250 发弹链箱供弹。战斗射速为 250 发 / 分。

PK/PKS 通用机枪的有效射程为 1000 米。该枪是卡拉什尼科夫枪械系列中的一种。该枪结构简单，重量轻，射击精度好。它的改进型枪为 PKM 通用机枪；它的变型枪有 PKT 坦克机枪和 PKB 装甲运兵车机枪。

捷克 7.92 毫米 ZB26 式轻机枪

7.92 毫米 ZB26 式轻机枪是世界上最著名的轻机枪之一。1924 年由捷克布尔诺武器公司的胡莱克兄弟合作研制并定名为 M24 普拉加机枪，通常称为 ZB26 式，捷克国内称为 M24 式，枪上印记是 Vz26。该枪口径为 7.92 毫米，发射 7.92 毫米德国毛瑟 98 式各种枪弹。全枪重 9.66 千克（装满弹时）。全枪长 1163 毫米。可单

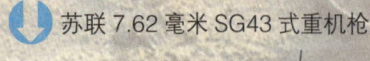
苏联 7.62 毫米 SG43 式重机枪

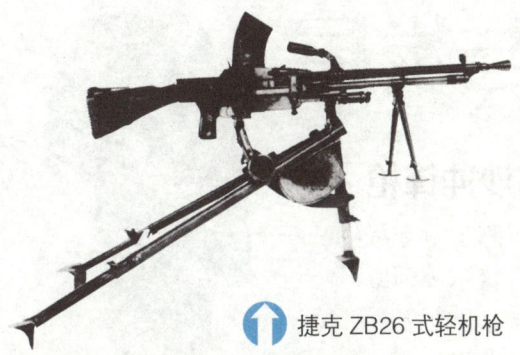

↑ 捷克 ZB26 式轻机枪

↑ 比利时米尼米轻机枪

发、连发射击。使用 20 发弹匣上方供弹。理论射速为 550 发 / 分，有效射程为 900 米。该枪为导气式自动武器，枪机起落式闭锁机构，准星照门偏置于左侧。该枪结构简单，动作可靠，火力较强而机动性又极佳，因而曾被 24 个国家装备。1930 年捷克又改进此枪，出产了改进型 ZB30 式轻机枪。1939 年德军占领捷克，继续生产上面两种机枪，并改称 MG26 式、MG30 式装备德军。1932 年英国生产 ZB26 式，称为布伦轻机枪。捷克后来又出现了发射 7.62 毫米短弹的 Vz52 式和发射 7.62 毫米 M43 式枪弹的 Vz57 式。ZB26 式轻机枪在中国称为捷克轻机枪，曾装备中国军队。

比利时 5.56 毫米米尼米轻机枪

5.56 毫米米尼米轻机枪是 20 世纪 70 年代初由比利时国家兵工厂参考 MAG 通用机枪和 CAL 步枪结构研制而成的一种轻机枪。米尼米轻机枪口径为 5.56 毫米，发射 5.56 毫米北约弹或 M193 式弹。全枪重 6.875 千克，全枪长 1040 毫米（固定托时）。连发射击或 3 发、6 发可控点射。使用 M27 式可散弹链或 M16A1 式步枪弹匣供弹。理论射速为 750 ~ 1000 发 / 分，有效射程为 600 米。米尼米轻机枪还可迅速更换枪管，更换枪管后发射比利时 5.56 毫米 SS109 枪弹，在 1200 米射程上可穿透钢盔。

米尼米轻机枪有固定枪托型、折叠枪托型和安装于战车上的类型。米尼米轻机枪使用灵活，火力较猛，受到各国军事专家的关注，1980 年 9 月被美军选作班用自动武器，其他国家也都购买此枪用于军队的制式装备。

法国 7.5 毫米 M1952 通用机枪

7.5 毫米 M1952 通用机枪是 1952 年由法国圣艾蒂安兵工厂研制生产的一种通用机枪，随后装备法军和非洲法属殖民地国家。该枪口径为 7.5 毫米，发射 1929 年式 7.5 毫米无底缘枪弹。枪身重 9.7 千克（轻枪管时），枪身长 1145 毫米（托伸、轻枪管时），采用连发射击方式，使用 50 发可散弹链供弹，理论射速为 900 发 / 分。有效射程为 800 米（轻机枪时）或 1200 米（重机枪时）。该枪采用轻、重两种枪管，半自由枪机，但工作可靠性差，更换枪管麻烦，机动性也受到限制，影响到该枪的销路。

↑ 法国 7.5 毫米 M1952 通用机枪

冲锋枪的问世与发展

意大利人列维里发明维拉·派洛沙冲锋枪

1915 年，第一次世界大战时期，为适应阵地争夺战和近战、巷战的需要，意大利人阿比尔·贝特尔·列维里设计了发射 9 毫米手枪弹的维拉·派洛沙双管自动枪。9 毫米维拉·派洛沙冲锋枪是世界冲锋枪之鼻祖。阿比尔·贝特尔·列维里取得美国和意大利专利后，该枪由维拉·派洛沙兵工厂生产，命名为 M1915VP 冲锋枪。该枪口径为 9 毫米，发射 9 毫米格里森蒂手枪弹。全枪重 6.5 千克（空枪），全枪长 533 毫米。只能连发射击，射程 50 ~ 400 米。该枪有两个枪身，由两个 25 发弧形弹匣上方供弹，枪身以脚架支撑，无枪托，以双手握持枪尾射击。由于全枪较重，不适于单兵使用，一般装在车船或飞机上射击。这种枪的射速达 3000 发 / 分，精度很差。

MP18I冲锋枪问世了

1918 年，德国人设计的 9 毫米 MP18 冲锋枪问世了。这是德国著名枪械设计师雨果·施迈赛尔设计的，是世界上第一支真正适用并大量装备的冲锋枪。1918 年初的样枪称为 MP18，后经过改进，命名为 MP18I 式，于同年夏季装备前线部队。MP18I 冲锋枪的口径为 9 毫米，发射 9 毫米帕拉贝鲁姆手枪弹。全枪重 4.19 千克（空枪），全枪长 812 毫米。理论射速为 400 发 / 分，有效射程为 200 米。它是第一支开膛待击的自由枪机式武器，结构简单，固定枪托，只能连发，没有专门保险，1920 年以

手持 MP28II 冲锋枪的德国警察

前曾经使用过左侧"蜗牛"式弹鼓供弹，笨重而不便于加工，后改用直弹匣。该枪以极强的火力和可靠的性能在第一次世界大战中威名远扬。它虽然射程近，精度不高，但较适合单兵使用，且具有异常猛烈的火力。为此，战后的《凡尔赛条约》中规定，禁止战败的德国 10 万陆军装备这种冲锋枪。1936 ~ 1939 年西班牙内战时期，

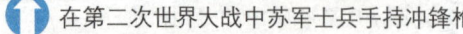

在第二次世界大战中苏军士兵手持冲锋枪。

德国 9 毫米 MP18I 冲锋枪和 MP28II 冲锋枪

交战双方都大量使用了这种火力迅猛的冲锋枪。

各国冲锋枪

德国 5.56 毫米 HK53 冲锋枪

HK53 冲锋枪发射 5.56×45 毫米枪弹，既可用于冲锋枪，又可用于突击步枪。该枪的动作原理与 HK 公司的其他步枪和冲锋枪相似，即采用滚柱闭锁延迟后坐的自动枪机，当火药气体压力充分下降后，才允许整个枪机部件安全后坐。HK53 冲锋枪供弹具为 25 发弹盒，射击方式为半自动或全自动，空枪重 3.05 千克，全枪长 563 毫米（枪托缩回）。

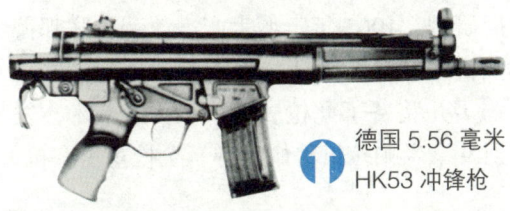

德国 5.56 毫米 HK53 冲锋枪

德国 9 毫米 HK MP5 式冲锋枪

9 毫米 HK MP5 式冲锋枪是联邦德国 HK 公司于 20 世纪 60 年代研制的一种冲锋枪，最初的型号为 HK54，1966 年装备联邦德国治安和警察部队，改称 MP5 式。该枪口径为 9 毫米，发射 9 毫米帕拉贝鲁姆手枪弹。全枪重 MP5 A3 式为 2.55 千克；MP5 SD3 式为 3.4 千克。全枪长（托

德国 9 毫米 HK MP5 A2 式冲锋枪

伸）MP5 A3 式为 660 毫米，MP5 SD3 式为 780 毫米。可单发、连发射击。使用 15 发或 30 发弧形弹匣供弹。有效射程为 200 米（MP5 A3）或 135 米（MP5 SD3）。MP5 式后经多次改进，形成了一个冲锋枪系列，基本型为 MP5 A2 式（固定托）、MP5 A3 式（伸缩托），微声型为 MP5 SD 式，冲锋手枪型为 MP5K。MP5 系列全部采用半自由枪机，1977 年前使用直弹匣，1977 年后改用弧形弹匣，配有轻型榴弹发射具和次口径弹发射组件，备有光学瞄准具。瑞士、荷兰军队也装备了此枪。MP5SD 式分为 3 种：MP5SD1 式（无托）、MP5SD2 式（固定托）和 MP5SD3 式（金属伸缩托），枪管稍短，消声效果较好，深受各国反恐怖突击队员的欢迎，一些国家的武装部队和警察也装备此枪。

德国 9 毫米 HK MP5K 式微型冲锋手枪

9 毫米 HK MP5K 式微型冲锋手枪是

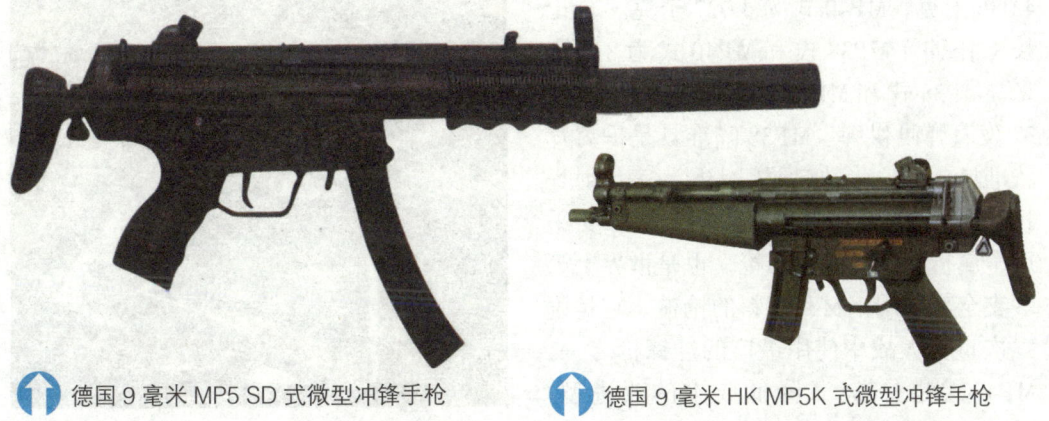

德国 9 毫米 MP5 SD 式微型冲锋手枪

德国 9 毫米 HK MP5K 式微型冲锋手枪

1976年联邦德国的HK公司为特种警察部队和反恐怖队员研制的一种微型冲锋枪。全枪重2千克（空枪），全枪长325毫米。采用单发、连发的射击方式，使用15发或30发可卸弹匣供弹。MP5K式是MP5式冲锋枪系列的成员之一，基本性能和结构与MP5式大体相同，只是枪管长度及其他部分尺寸较小，取消了枪托，并在枪管的前下方增加了小握把。

⬆ 在第二次世界大战中，手持MP40式冲锋枪的德军士兵。

德国9毫米MP38式/40式冲锋枪

9毫米MP38式冲锋枪是德国生产的一种著名的冲锋枪。早在1936年，德国埃尔玛兵工厂就研制出了一种冲锋枪，1938年应德国陆军总部要求进行改进生产，正式装备，命名为MP38式冲锋枪。该枪口径为9毫米。发射9毫米帕拉贝鲁姆手枪弹。全枪重（空枪）MP38式为4.086千克，MP40式为4.027千克。全枪长（托伸）MP38式和MP40式为833毫米。MP38式和MP40式只能连发。使用32发直弹匣供弹。MP38瞄准具是护翼片状准星，"U"形缺口照门表尺，表尺射程100米、200米。该枪是世界上第一支采用金属折叠枪托的冲锋枪，也是世界上第一支全部采用钢材和塑料的枪械。它是第二次世界大战中使用最广的冲锋枪之一。MP40式是MP38式降低成本的改进型。

它大量采用冲压零件和焊、铆等工艺，部分采用塑料件，零件具有良好的互换性，适于大批量生产。为了增加容弹量，曾经改为使用双弹匣和左右滑动弹仓。MP40式在改进中有MP40Ⅰ式和MP40Ⅱ式两种型号。它是德国在第二次世界大战中生产数量最多的一种冲锋枪。此后还有MP41式，由德国亨耐尔兵工厂生产，基本结构同MP40式，但采用固定木托，增加了快慢机，可以进行连发或单发射击，产量很少，未装备德军。

德国9毫米瓦尔特MP－L/K冲锋枪

9毫米瓦尔特MP－L/K冲锋枪由前联邦德国卡尔－瓦尔特－沃芬费布莱克工厂研制，1963年定型生产，曾装备联邦德国警察和海军部队，拉丁美洲一些国家也购买并装备了此枪。其口径为9毫米，发射9毫米帕拉贝鲁姆枪弹。全枪重（空枪）

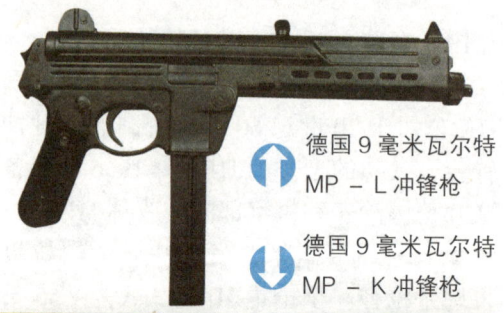

⬆ 德国9毫米瓦尔特MP－L冲锋枪

⬇ 德国9毫米瓦尔特MP－K冲锋枪

MP—L3千克, MP—K2.8千克。全枪长（枪托折叠）MP—L460毫米, MP—K373毫米。可单发、连发射击。使用32发直弹匣供弹，每分钟可发射子弹96发。枪身由高强度钢板冲压而成；枪机套在复进簧导杆上，能减小射击时武器的跳动；快慢机可由机匣两侧操纵，方便左手射手；配有空包弹射击辅助器和枪口消声器。MP—L/K冲锋枪有两种型号：MP—L为长枪管型，MP—K为短枪管型。

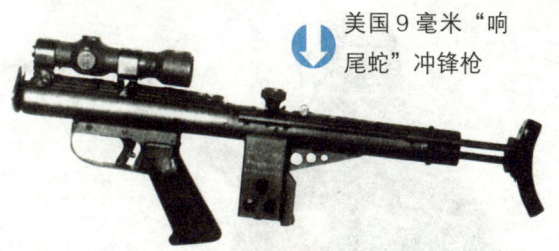

美国9毫米"响尾蛇"冲锋枪

美国5.56毫米ILACO180冲锋枪

美国5.56毫米ILACO180冲锋枪

ILACO180冲锋枪由美国伊利诺斯武器公司（ILACO）制造，在20世纪70年代美式180冲锋枪的基础上改进而成。

该枪可发射5.56毫米LR、5.56毫米SM、5.56毫米WRF或5.56毫米RS多种枪弹，采用165发弹鼓供弹，弹鼓水平安装在机匣的上方。自动方式为自由枪机式，射击方式为半自动或全自动。它是180冲锋枪的基本型，空枪重3.8千克，全枪长876毫米。可通过枪座或支架将该基本型变换为双管式、四管式冲锋枪，还可通过各种安装具将该枪安装在水上飞机、轻型飞机和地面车辆上，扩大了该枪的使用范围。

美国9毫米"响尾蛇"冲锋枪

9毫米"响尾蛇"冲锋枪是由美国机械工人S.J.麦奎因于1966年研制的一种冲锋枪。1979年，他在原来样枪的基础上提出了3种新样枪：SS—Ⅰ、SS—Ⅱ和SS—Ⅲ。SS—Ⅰ的基本特点是枪身由两段圆柱形机匣组成，弹匣仓位于扳机的后方，有伸缩式枪托，发射9毫米帕拉贝鲁姆手枪弹，用扳机一、二、三道火控制武器单发、点射、连发，后期出厂的SS—Ⅰ型冲锋枪上方装有提把式光学瞄准具。全枪重1.19千克（空枪时），全枪长457毫米（带枪托时）。使用32发直弹匣供弹，有效射程为91.4米。SS—Ⅱ发射11.43毫米柯尔特自动手枪弹。SS—Ⅲ采用双头枪机，能分别发射上述两种枪弹。

美国9毫米英格拉姆M10冲锋枪

9毫米英格拉姆M10冲锋枪是美国枪械设计师戈登·英格拉姆于1964年设计的，1969年由军用武器装备有限公司（MAC）开始生产。英格拉姆冲锋枪分别发射9毫米帕拉贝鲁姆手枪弹、11.43毫米柯尔特自动手枪弹、9毫米短弹，它们的结构原理完全一样，只是由于发射弹种不同，尺寸、重量也有所不同，前两种型号统称为M10式，最后一种称为M11式。M10式口径为9毫米，全枪重2.84千克（空枪），全枪长548毫米（枪托打开），可单发、连发射击，使用32发可卸弹匣供弹，有效射程为200米。英格拉姆冲锋枪枪管大部分容纳在机匣内，因而尺寸缩小，带有伸缩式金属枪托，拉机柄在机匣上方，标准的军警用枪枪口都能安装消声

装上消声器的英格拉姆 M10 冲锋枪

美国 11.43 毫米 M3 冲锋枪

器。该枪适合特种兵、保安人员和反恐怖队员使用，许多国家大量购买并装备军警。

美国 11.43 毫米 M3 冲锋枪

11.43 毫米 M3 冲锋枪是生产量和使用量相当大的一种冲锋枪。它由美国兵器设计师乔治·海德和弗里德里克·桑普森总工程师根据 1941 年美国兵工总署技术部轻武器研究发展局提出的指标共同设计，1942 年定型并大量投产。

M3 冲锋枪不使用合金钢，大量使用冲压件，用精锻的方法生产枪管，成本低。此枪只能连发，以防尘盖代替保险，伸缩式钢丝枪托可当通条使用。该枪口径为 11.43 毫米，发射 11.43 毫米柯尔特自动手枪弹。全枪重 3.63 千

克（空枪时），全枪长 579 毫米（不带枪托时），使用 30 发直弹匣供弹，有效射程可达 200 米。

1944 年 12 月，经过改进后生产了 M3A1 型，1945 年它被批准为制式冲锋枪，取消了拉机柄，在枪机上增加了一个扣槽，供射手以手指扣拉枪机向后待击；加大了抛壳窗盖的尺寸；枪口部增加了一个喇叭状消焰器。

英国 9 毫米司登冲锋枪

9 毫米司登（Sten）冲锋枪由英国枪械设计师 R.V. 谢泼德和 H.J. 特宾设计，由恩菲尔德兵工厂生产。1941 年 6 月司登的最初型号 Mk Ⅰ 投产。

司登冲锋枪整个枪身由钢管和冲压件组成，带有木质前握把，枪口喇叭状消焰器起减震作用，金属框架枪托不能折叠，采用自由枪机自动方式，32 发弹匣左侧供弹。1941 年底出现了 Mk Ⅰ 的改进型 Mk Ⅱ，省去了消焰器，取消了前握把，枪管与枪托可以卸下，弹匣仓可以旋转 90° 到机匣下方，前方露出一段枪管，还可以安装刺刀。该枪口径为 9 毫米，发射 9 毫米帕拉贝鲁姆手枪弹。全枪重 2.8 千克（空枪时），全枪长 763 毫米（枪托打开），可单发、连发射击。有效射程为 200 米。Mk Ⅲ 是 Mk Ⅰ 的一种改进型，但其枪管不能卸下。Mk Ⅴ 型

英国司登 Mk Ⅱ 型冲锋枪、刺刀、弹夹

1944 年装备英军，1960 年为斯特林冲锋枪所取代。它由 Mk Ⅱ 型改进而成，装了小握把和固定木托，可以安装刺刀。

9 毫米司登冲锋枪在第二次世界大战中产量达 375 万支，以性能可靠、成本低廉、便于制造而闻名于世。

英国 9 毫米斯特林 L2A3 式冲锋枪

9 毫米斯特林 L2A3 式冲锋枪由英国斯特林武器装备有限公司研制，1953 年被英军正式装备。该枪发射 9 毫米帕拉贝鲁姆手枪弹，全枪重 2.72 千克（空枪时），全枪长 690 毫米（枪托打开时），可单发、连发射击。使用 10 发或 34 发弧形弹匣左侧供弹，有效射程为 200 米。该枪机匣与枪管护筒为一整体，护筒上有散热孔，枪口可装刺刀，采用折叠金属枪托。该枪枪机有 4 条带刃口的肋，可减少运动中被尘沙污垢卡滞的可能。已经大约有 90 个国家使用和购买了这种冲锋枪。

⬆ 英国 9 毫米斯特林 L2A3 式冲锋枪。

⬆ 在手持斯特林 L2A3 式冲锋枪的士兵掩护下，一名英军翻窗进入一间屋中。

⬆ 苏联 7.62 毫米 PPD–1934 式冲锋枪

苏联 7.62 毫米 PPD–1934 式冲锋枪

7.62 毫米 PPD–1934 式冲锋枪由苏联枪械设计师瓦西里·捷格加廖夫设计，1934 年装备苏联军队。

该枪采用枪管散热筒，固定木托。口径为 7.62 毫米，发射 7.62 毫米毛瑟手枪弹。全枪重 3.75 千克，全枪长 777 毫米。可单发、连发射击，使用 25 发弹匣或 71 发弹鼓供弹，有效射程为 200 米。

PPD–1934 式冲锋枪共有 3 种类型，基本结构一致，仅在外观上有小的变化。

苏联 7.62 毫米 PPD–1941 式冲锋枪

7.62 毫米 PPD–1941 式冲锋枪是由苏联枪械设计师斯帕金设计的一种冲锋枪。该枪口径为 7.62 毫米，发射 7.62 毫米托卡列夫手枪弹。全枪重 3.63 千克（空枪），全枪长 843 毫米，采用单发、连发射击方式，使用 35 发弹匣或 71 发弹鼓供弹，有效射程为 200 米。该枪从 1941 年正式装备苏联军队。20 世纪 40 年代共生产了 500 多万支，是苏军在第二次世界大战中使用最多的一种冲锋枪。它的整个机

⬆ 手拿 PPD–1941 式冲锋枪和 DP 式轻机枪的苏联士兵向敌人开火。

匣和枪管散热筒由钢板冲压而成，部件都用焊、铆工艺制成，加工工艺简单可靠。中国曾仿造此枪，称为1950年式7.62毫米冲锋枪，用来装备军队。

意大利9毫米伯莱塔M1938/1949冲锋枪

捷克7.65毫米Vz61"蝎"式冲锋手枪

捷克7.65毫米Vz61"蝎"式冲锋手枪

7.65毫米Vz61"蝎"式冲锋手枪由捷克斯洛伐克米罗斯拉夫·里巴兹设计，基本型号为M61式，发射7.65毫米柯尔特自动手枪弹，主要装备捷克特种部队和保安部队。全枪重1.59千克（不带弹匣），全枪长269毫米（枪托折叠）。有效射程单手射击时为50米，抵肩射击时为200米。该枪发射机构仿美国"伽兰德"M1式步枪，可进行单发、连发射击。每支枪配有1个10发弹匣，4个20发弹匣。该枪配有一具橡皮封闭式消声器，但消声效果较差。该枪制作精良，结构简单坚实，动作可靠，零部件互换性好，具有手枪的小巧灵便和冲锋枪的火力猛烈两种特性，是一支典型的冲锋手枪。M61式还有3种变型枪：M64式（发射9毫米勃朗宁短弹）、M65式（发射9毫米勃朗宁短弹或9毫米马卡洛夫手枪弹）和M68式（发射9毫米帕拉贝鲁姆弹）。

意大利9毫米伯莱塔M1938/1949冲锋枪

9毫米伯莱塔M1938/1949冲锋枪是意大利冲锋枪设计师图利奥·马恩戈尼于1938年初设计的一种冲锋枪，结构简单，射击精度好。后来该枪几经改进设计。M1938/1949是M1938/1944的改进型，有两个扳机，前扳机为单发用，后扳机为连发用。它有固定枪托型和金属折叠枪托型两种。该枪口径为9毫米，发射9毫米帕拉贝鲁姆手枪弹。全枪重25千克（空枪）。全枪长798毫米，可单发、连发射击，使用20发或40发直弹匣供弹，最大射程为200米。

奥地利9毫米斯太尔TMP冲锋枪

该枪在外形上像一支手枪，称为战术冲锋手枪，其实是一支具有全自动射击性能的轻型冲锋枪。TMP冲锋枪口径为9毫米，使用枪弹为9×19毫米帕拉贝鲁姆手枪弹，自动方式为管退式，射击方式为半自动，闭锁方式为刚性闭锁，供弹具为15发或25发弹匣，空枪重1.4千克，全枪长282毫米。

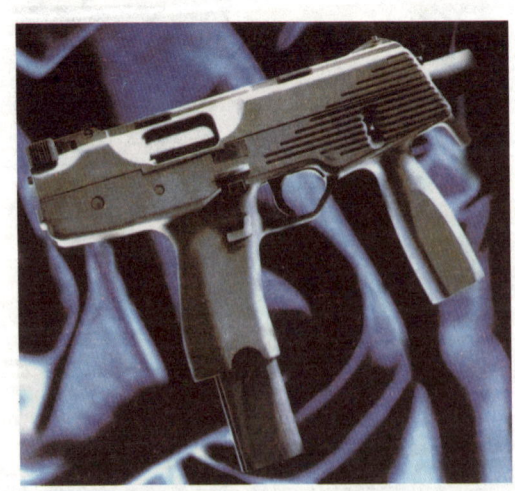

奥地利9毫米斯太尔TMP冲锋枪

火 炮

火炮的问世与发展

早期的滑膛炮

到了公元 10 世纪，抛石机演变到抛射火药包和火药弹，但射程没有多大变化。

公元 13 世纪中叶，中国出现了用竹筒制成的"突火枪"，这是人类第一次利用火药发射弹丸。

公元 13 世纪末，滑膛火炮在中国首先出现，称为火铳。

中国的火药和火器很快就传到了西方，火炮在欧洲得到迅速发展。公元 14 世纪上半叶，欧洲制造出了一种发射石弹的短粗身管火炮，叫作臼炮。臼炮的威力已经很大了，可以在较远的距离大面积杀伤敌人。于是人们又将火炮安装在舰船的两舷，用于海战。但很快，又有一种口径较小的长管炮代替了臼炮，出现了从炮口

公元 17 世纪初军队的火炮，炮身呈 45° 倾角射击。

公元 15 世纪的大炮。从火炮出现到 19 世纪线膛炮出现以前，所有的火炮均为滑膛炮。

从海底打捞上来的公元 15 世纪制造的滑膛炮。这种大炮从炮口装入不能爆炸的实心弹，主要用于海战。

冷兵器和火炮一同使用的时代。火炮用来轰击城门，弓箭手则用来压制突出城门的敌方士兵。

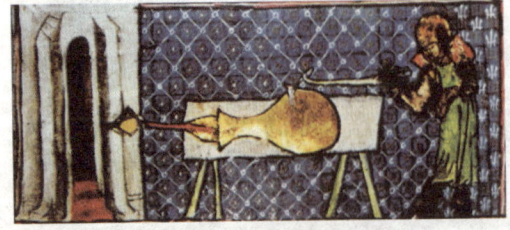

公元 1326 年，英王爱德华三世画的一幅最早的火炮图画。

公元 15 世纪欧洲城堡墙上的滑膛炮

古代攻城图

装进去再发射的球形实心弹和爆炸弹。爆炸弹的出现，让人们真正看到了大炮的威力。战争中谁拥有更多的可以发射爆炸弹的大炮，谁就拥有了主动权。到公元17世纪，火炮已有加农炮和榴弹炮。但是，直到19世纪中叶，火炮基本上都是滑膛前装炮，发射球形弹，射速慢，射程近，因为只靠炮管赋予炮弹飞行的方向，所以，早期这种滑膛炮射击精度差。

火炮的种类

人们通常依据用途、弹道特性、运动方式和炮膛构造来划分火炮的种类。

按照用途，火炮可分为压制火炮、高射炮、反坦克火炮、坦克炮、航空机关炮、舰炮和海岸炮。有些国家把火箭炮也算为压制火炮。反坦克火炮包括反坦克炮和无坐力炮。

按照弹道特性，火炮可分为加农炮、榴弹炮、加农榴弹炮和迫击炮。

按火炮的运动方式，火炮可分为车辆牵引火炮、自行火炮、骡马挽曳火炮、骡马驮载火炮、机载火炮、舰载火炮和便携式火炮。

按火炮的炮膛构造，火炮可分为线膛炮和滑膛炮。

世界上最古老的铜铸火铳

世界上现存最早的两尊火铳是中国元代火铳。一尊是元代至顺三年（公元1332年）铸造的盏口铜铳。它由身管和药室两部分组成，铳口直径105毫米，全长353毫米，重6.94千克。这就是火炮的初始原型。另一尊火铳是元代至正十一年（公元1351年）铸成，重4.75千克，

古代战船上的火炮外视图

 清代"神威大将军"铜炮

中国元代至顺三年（公元1332年）铸造的火铳。

↑ 古代战船中的火炮

长435毫米，铳口直径30毫米，火铳下端刻有"至正辛卯"4个篆字，前端刻有"射穿百札，声动九天"8个篆字。所谓札，即古代武士穿的铠甲上的甲片。该火铳比西方国家最早的两尊"火筒"早29年，因此它是目前世界上已发现的最古老和最大的火铳。

虎蹲炮

虎蹲炮是中国明代抗倭名将戚继光研制和使用的。他研究了当时的几种轻型火炮后，为了克服发射时容易产生后坐造成自伤的缺点，在炮口安装了支撑架，因形似虎蹲而得名。该炮用熟铁制造，长约590毫米，重约21.5千克。炮筒外加5道箍，使用时不易炸裂。发射时前身加铁爪钉，后身加铁绊，将其固定于地。虎蹲炮炮身短，射程不远，但发射散弹，具有较大的杀伤面，而且体轻，机动性好，也可船载作战。公元1598年11月18日夜，中国与朝鲜联军的水军在露梁海峡附近海面对日军的数百艘船只进行突然袭击。中国战船追击日军至釜山南海，战斗激烈。中国船上众多虎蹲大炮连续猛烈地轰击，日军战船纷纷中弹起火，日军大败。在这次海战中，日军伤亡1万多人，战船除逃脱50余艘外，全部葬身海底。此战后，日军全部撤离朝鲜，20年中没敢再侵犯朝鲜。

红夷炮

中国明朝万历四十八年（公元1620年），中国购买了4门西洋新式大炮。到明朝天启三年（公元1623年）时，又购买了26门。中国为其取名为"红夷炮"。红夷炮的口径较大，为80～130毫米。管壁较厚，且从炮口至炮尾逐步加厚，有准星、照门，便于瞄准，中部还增设了炮耳，架炮时可以保持炮身的平稳。这是当时威力最大的火炮。当时明军与清军正在关外交战，努尔哈赤率6万大军攻宁远，宁远守将袁崇焕仅有守军2万，但拒不投降，发炮还击。双方激战3日，明军用炮火击毙清军1.7万

↑ 清代"红衣将军"炮

← 9世纪美国南北战争时期的大炮

余人，清军战败。努尔哈赤也因受伤而死。

明崇祯十五年（公元1642年），清军在皇太极的带领下进攻松山和锦州。此时清军已装备红夷大炮，在大炮的轰击下，明军损失达5.4万余人，战马损失7000余匹。清军攻破松山，俘守将洪承畴，13万明军全军覆没。随后下锦州，攻塔山。在塔山西列红夷炮，将城墙炸垮70米，全歼守军7000人。而后又用红夷炮轰垮杏山城墙83米，破杏山。此后，明军的红夷炮尽皆落入清军之手。清军将红夷炮改名为"红衣炮"。

清天聪五年（公元1631年）正月，清军仿制成功第一门红衣炮，钦定名为"天佑助威大将军"。

↑ 这是一张1850年正在安放大炮的照片，火炮被放置在架子上，炮身的倾角为45°，通过火药的多少决定射程的远近。

↑ 这是1885年英国志愿兵在清洁炮筒的情景。

佛郎机

佛郎机是欧洲公元15世纪末至16世纪初流行的一种火炮。当时正值中国明朝，中国称葡萄牙为"佛郎机"，因而也就把葡萄牙制造的这种大炮叫"佛郎机"。葡萄牙制造的佛郎机大多作为舰炮使用，并采用了子铳与母铳结构，较中国明朝军队的火炮先进。母铳即炮筒，子铳即小火铳。每门母铳配4～9个子铳，发射完一个退出后，再装入另一个，于是大大提高了射击速度。佛郎机还安装了瞄准具，提高了射击精度，增大了射程。明朝正德年间，即公元16世纪初，葡萄牙军舰多次侵犯中国广东沿海，恃佛郎机舰炮逞威，中国军队以岸炮与舰炮还击，进行激烈交战。中国曾缴获葡舰两艘及佛郎机舰炮20余门。

↑ 卡瓦利设想中的用线膛炮发射的卵形弹

线膛炮

19世纪初，人们受到来复枪的启示逐步认识到线膛的作用。不过开始时由于受到冶金技术的限制，还只能在炮膛里刻出直线，起到前装弹丸比较方便的作用。

19世纪中叶，欧洲克里米亚战争时期即将出征的士兵们。他们正在往出征的战舰上装运火炮和炮弹。

此图展示的是19世纪中叶英军在乌克兰塞瓦斯托波尔战役中用大炮攻城的战斗场面。

1846年，意大利少校军官卡瓦利提出了用线膛炮发射卵形弹的设想。他的卵形弹是用铸铁制成的，弹丸侧面有两个斜形凸起，装填时将这两个凸起嵌入火炮的膛线，膛线为螺旋形。发射时，弹丸在向前运动的同时，还会沿膛线产生高速旋转。但由于当时制造炮弹的技术水平很低，卡瓦利的炮弹在射击时因弹丸定心不准而堵在膛内发生爆炸，使火炮被毁。尽管如此，线膛炮还是开始受到重视。

由于线膛炮的问世，出现了锥头柱体长形爆炸弹。螺旋的膛线使弹丸旋转飞行，大大提高了弹丸飞行的稳定性和射击精度，增加了火炮的射程。同时，炮弹实现了后装，发射速度明显提高。稍后，英国机械工程师惠特沃思也造成一门线膛炮，用的是盘旋的六角炮膛代替旋转的来复线。这些改进的基本思想是使炮弹贴紧膛壁，以便增加射程并使炮弹发射后发生旋转以增强炮弹飞行的稳定性。

线膛炮的出现，是火炮发展史上的一项了不起的发明。与当时同口径的滑膛炮相比，线膛炮的射程增加了1～2倍，弹丸重量增大了1.5倍，射击精度提高了4倍。同时，由于不再从炮口装药装弹，而是改为后装，所以线膛炮的发射速度快多了。

炮弹的发明和完善

所有早期的炮弹都不能爆炸，而是靠冲力来破坏或摧毁单个的目标。能爆炸的炮弹大约公元14世纪末才出现，但性能很差。在公元1421年攻克科西嘉的圣博尼法斯的战斗中，使用了安有导爆索的炮弹。使用这种带导爆索的炮弹对炮手来说是极其冒险的：首先要在铜制或铁制的炮弹壳内装上炸药，再安上引线，将其点燃，然后再小心翼翼地放进炮膛内。结果是许多炮筒都爆炸了，炮手也当即丧命。

公元1510年，又出现了铸造的整发弹和球形实心弹。这些炮弹由称作"榴弹炮"的特种火炮发射，弹上装有弹托装置，可以使"弹眼"和引信准确地对准炮膛轴线，朝向炮口。在法国国王路易十四

澳大利亚军队重炮阵地，炮弹整齐地码放在火炮后面，以便随时装填。

时期，开始研究榴霰弹。直到 18 世纪晚期，人们都把炮弹称为"枪榴弹"，这个词原意指"石榴"，因为弹壳内的炸药看起来像无数的石榴籽。

英国人施拉普内尔于 1784 年发明了子母弹，里面装的炸药不多。而在此以前设计的炮弹都装药甚多，因此人们认为是用爆炸力量使弹片向四面八方飞散的。施拉普内尔的想法是只用足够的炸药炸开弹壳，让弹壳内的若干子弹以炮弹原来的速度继续向前飞。子母弹于 1804 年在苏里南的阿姆斯特丹堡首次得到应用，但由于炮弹在离开炮筒时要点燃炸药，给子母弹预点火，所以很难掌握时机。1852 年，博克塞上校改进了这种炮弹，用铁片隔膜把炸药和引信与弹头隔开。他的炮弹在 1864 年开始使用，称为"隔膜弹"。

由于博克塞引进了时间准确的引信，从 1867 年起，标准炮弹有了很大的改进。1882 年，黑色炸药首次为苦味酸所取代，接着梯恩梯又取代了苦味酸。1891 年开始用无烟火药。至此，炮弹已发展成熟了。

炮弹的种类

现代炮弹的种类繁多，达上千种。若按用途分，可分为主用弹、特种弹、辅助弹 3 种。

主用弹即直接杀伤有生力量和摧毁目标的炮弹，如杀伤弹、爆破弹、杀伤爆破弹（这 3 种俗称"榴弹"）以及混凝土破坏弹、穿甲弹、破甲弹、碎甲弹、纵火弹、化学弹、霰弹等。特种弹即完成特定战术任务的炮弹了，如发烟弹、照明弹、宣传弹、曳光弹、干扰弹、电视侦察弹等。辅助弹是部队训练和靶场试验等非战斗使用的炮弹，如训练弹、教练弹、试验弹等。

按装填物的类别，炮弹可分为常规炮弹、原子炮弹、化学炮弹、生物炮弹等。

按配用炮种可分为加农炮弹、榴弹炮

⬆ 英国的一个兵工厂正在制造炮弹。

⬆ 德国列车炮的巨型炮弹

⬆ 早期的火炮和炮弹已成为历史陈迹，供人们观赏。

↑ 各种类型的现代炮弹

弹、坦克炮弹、航空炮弹、高射炮弹、岸（舰）炮弹、迫击炮弹和无坐力炮弹等。

按装填方式可分为定装式炮弹和分装式炮弹。定装式炮弹的弹丸和药筒结合为一个整体，发射药质量固定不变，发射时一次装入炮膛。分装式炮弹根据有无药筒，可分为药筒分装式和药包分装式。药筒分装式炮弹发射时先装弹丸，再装发射装药，射速较慢，但能改变发射药量，以获得不同的初速和射程；药包分装式炮弹没有药筒，发射时将弹丸、发射药包和点具分 3 次装填，依靠炮闩来密闭火药燃气，其射速更慢。

按弹丸稳定方式可分为旋转稳定炮弹和尾翼稳定炮弹两类。旋转稳定炮弹由线膛炮发射，出炮口时获得高速旋转而产生陀螺效应，使弹丸稳定飞行。尾翼稳定炮弹可在滑膛炮或线膛炮上发射，利用其尾翼使气动力压心移到质心后面，形成稳定力矩以保持弹丸飞行稳定。

按弹径与火炮口径的配合可分为适口径炮弹、次口径炮弹和超口径炮弹 3 种。次口径炮弹的弹径小于火炮口径，初速高，有些穿甲弹和杀伤弹为提高威力和射程就采用这种结构。超口径炮弹的弹径大于火炮口径，弹丸露于炮口外，可获得较好的毁伤效果，如迫击炮、长榴弹等。

最早的指挥仪

1909 年，俄国炮兵学家拉乌尼契设计了测远机。这种测远机有两个观察站，相距 1500 ~ 2000 米，由基线（两个观察点之间的连线）两端对目标的角度读数可以测出目标的水平距离。但这种测远机不能连续求出目标的诸元，因而在实际战斗中满足不了对飞机射击的要求。

1922 年，苏联科学家克鲁日创造了一种新仪器，与俄国炮兵学家拉乌尼契发明的测远机相似，但它能够根据目标的运

↑ 美国 M224 式迫击炮弹

↑ 英国炮弹工厂的壮观场面

英国生产的炮兵观测瞄准器，由热成像器和激光测距仪结合在一起。

第二次世界大战末期日本生产的38式150毫米自行火炮

动特点，连续求出火炮的射击诸元。这就是世界上第一台指挥仪。

火炮定位雷达

　　世界上最早的快速火炮定位雷达是美国休斯飞机公司于20世纪70年代研制的AN/TPQ－37雷达。这种雷达专门用于给火箭炮定位。它可设置在敌人炮火的最大射程之外，不易被对方炮火摧毁。它的定位速度很快，只需跟踪飞行中的炮弹几秒钟，就可以测定出火炮的位置。这种雷达能同时跟踪多个目标，甚至在敌人实施拦阻射击时，天空有大量的炮弹或火箭弹飞过时，它也能很快测出各门火炮或火箭炮的位置，并把数据显示出来，以便迅速组织火力进行反击。这种雷达还能为友军的火炮进行校射。AN/TPQ－37雷达是一种机动式雷达。天线装在拖车上，由一辆卡车牵引，卡车还载有一台4000赫兹、6万瓦的发电机组。雷达操作组由8～12人组成。雷达采用相控阵体制，波束水平快速扫过一个90°的扇形区，就会触发目标识别波束，并进行自动跟踪。测炮位时，雷达采取对敌工作方式，只跟踪距离越来越近的炮弹；作校射时，雷达采取对友工作方式，只跟踪距离越来越远的炮弹。雷达的工作方式和工作程序都由计算机控制。

自行火炮

　　1914年，俄国制造出了世界上第一门安装在卡车底盘上的不需外力牵引而自行运动的76毫米高射炮。第二次世界大战中，苏联在3年时间内生产的31000

英国桑恩公司生产的迫击炮定位雷达

第二次世界大战中美军的自行榴弹炮

⬆ 巴西 EE-18 "苏库利"式 105 毫米自行反坦克炮

⬇ 苏联 SU-152 式自行榴弹炮

辆自行反坦克炮，在战争中发挥了重要作用。战后，自行火炮有取代牵引火炮的趋势。

自行火炮按行驶方式可分为轮式和履带式两种，按装甲防护程度可分为全装甲式、半装甲式和敞开式三种。其最突出特点之一是机动性好。一般的自行火炮最大时速达 30～70 千米，最大行程可达到 700 千米，具有极好的越野能力，能协同坦克和机械化部队高速机动作战，可执行防空、反坦克和远、中、近程对地面目标攻击等任务。二是火力强大。使用数辆自行火炮便可迅速形成防空、反坦克和对地面攻击的合理而有效的火力配备系统，可根据目标的不同，最大限度地发扬综合性火力。三是防护力强。自行火炮吸收了坦克装甲防护好的优点，特别是现代自行火炮大都采用坦克、装甲车底盘，履带驱动，车体装甲厚度达 10～50 毫米，而自身又较坦克轻便灵活，所以可以安装比同样底盘的坦克更大口径的火炮，构成高度机动、火力强大而自身保护能力较强的一

种火炮，在战争中起到过去的牵引式火炮无法起到的作用。

"巴黎大炮"

1918 年 3 月 23 日清晨，法国巴黎突然响起了巨大的爆炸声。每隔 15 分钟，就有一次震耳欲聋的爆炸。这一天，巴黎遭到了 21 次重炮的轰击。这些炮弹是德国的一门巨炮发射的，这门巨炮因轰击巴黎而被人们称为"巴黎大炮"。

从 3 月 23 日至 8 月 9 日，德国从不同方向断断续续向巴黎分射了 300 多发炮弹，其中 180 发落在市中心，140 发落在郊外，导致巴黎市民伤亡 1000 余人。

"巴黎大炮"的射程达到了 120 千米之遥。它的炮弹主要在同温层中飞行，射角是 53°，初速为 1700 米/秒，最大弹道高达 4 万米。当炮弹进入同温层时，它还有 1000 米/秒的速度，这时弹道切线与水平线的夹角恰在 45°左右。炮弹在同温层中飞行约 100 千米，然后重新进入对流层落到地面，击中 120 千米以外的巴黎。"巴黎大炮"的口径为 210 毫米，炮身长 37 米，若把炮身竖立起来，它的炮口要高过 10 层大厦的楼顶。这样长的炮身，用一般的炮架是支持不住的，炮身的重量就足以使其变形。因此炮身后半部加了一个支架，用很粗的钢杆通过支架拉着

⬆ "巴黎大炮"正在发射。

炮身的前半部，同时又与后面的炮身尾部相连。该炮的炮弹重达120千克，具有远射程弹丸外形。弹丸后部有两排突起，使它沿着火炮的膛线运动。为了使炮弹能得到1700米/秒的初速，每发炮弹的发射药就需200千克。由于膛压很高，火炮发射时的后坐力很大，所以要求有重而坚固的炮架。因此"巴黎大炮"非常笨重，它的全部重量约达750吨。德国人把它从工厂运到德法边界的库垒堡森林地区，装了近50节火车车皮。

由于弹重、初速和膛压都很大，发射时炮管膛线磨损很厉害，因此一个炮管打不了100发炮弹。发射一二十发后，射击精度就明显降低。这种炮的寿命不到普通火炮的1%。

由于"巴黎大炮"存在上述一些致命的弱点，加之当时第一次世界大战已经接近尾声，因此没有得到进一步发展。但是，"巴黎大炮"在人类火炮发展的历史上是空前绝后的，成为历史上著名的火炮。

炮王——多拉火炮

1935年，大力扩军备战的希特勒下令德国克虏伯兵工厂研制口径为700～1000毫米的大炮，作为攻克法国的马其诺防线之用。

克虏伯兵工厂经过长达8年的研制，到1942年初终于制成了一门世界上最大的巨炮。这门炮的口径为800毫米，炮膛内可蹲下一名士兵。德军炮兵给它起了个名字叫"多拉火炮"。1942年3月，希特勒在多名元帅和将军的陪同下观看了这门火炮的试射。火炮先是发射了1枚7吨重的炮弹，随后又发射了1枚4.8吨重的炮弹。

多拉火炮是个超级庞然大物，身管长达32.48米，身管重400吨。火炮全长42.9米，高11米，总重量达1329吨。运

德国克虏伯兵工厂制造的轨道巨炮——多拉火炮

输时需将身管、炮尾、炮闩等部件拆卸下来，分车装送。装运整个火炮需要60节车皮。安装则必须使用大型龙门吊车，安装好一门炮需要1500人工作30天左右。多拉炮班的编制多达1420人，由一名陆军少将指挥。加上另外进行空中掩护的2门高炮，以及其他维修和警卫人员，总共需要4120人为它服务。

多拉火炮曾在东征苏联及波兰的战斗中使用过，曾向塞瓦斯托尔市区的7个目标发射了48发炮弹。在斯大林格勒战役中和莫洛托夫城的战斗中，则分别向两个城市发射了18发炮弹。在大战快结束时，还参与镇压过华沙起义。大战结束后，该炮被盟军解体，化为一堆废钢铁。

榴弹炮

榴弹炮是一种身管较短，弹道弯曲，适合于打击隐蔽目标和地面目标的野战炮。早在17世纪，欧洲就把这种射角很大的炮称为榴弹炮，并且将它作为地面炮兵的主炮种，用于大面积轰击敌人的阵地和进攻部队。19世纪，榴弹炮开始采用变装药，炮身长为口径的7～10倍。以后，随着线膛炮技术的出现，榴弹炮也发展成为线膛炮。第一次世界大战中，由于野战工事增多，各国军队竞相装备榴弹炮，新型的榴弹炮不断出现。当时榴弹炮的炮

身长为口径的 15 ~ 22 倍，最大射程可达 14200 米，最大射角一般为 45°。德国军队攻击比利时要塞时，曾使用口径为 420 毫米 M 型榴弹炮。第二次世界大战中的榴弹炮最大射程达 18.1 千米。20 世纪 60 年代以来，榴弹炮已发展到炮身长为口径的 30 ~ 44 倍，初速可达 800 米 / 秒以上，最大射角可达 75°，能够完成同口径加农炮的任务，因而有些国家已用榴弹炮代替加农炮。新型榴弹炮通过加长炮身、增大膛压、提高初速和配用底部喷气弹、火箭增程弹等技术，射程大幅度提高。现代 105 ~ 203 毫米榴弹炮的最大射程已达到 17.5 ~ 39 千米，可更有效地打击敌纵深目标。

现代的榴弹炮可以在短时间内发射出更多的炮弹，有的实现了装弹和射击操作的自动化，大大提高了射速。如法国 1979 年装备的 GCT 型 155 毫米自行榴弹炮，射速达每分钟 8 发，一个炮兵团的 50 多门炮，1 分钟就能发射 20 吨炮弹。

现代榴弹炮配用的弹种空前多样化，除了高威力的杀伤爆破榴弹之外，还有反坦克布雷弹、反坦克子母弹、末制导炮弹以及化学炮弹和核炮弹。随着微电子技术和精确制导技术的发展，制导炮弹和具有自动寻的能力的炮弹大量装备使用，大大提高了榴弹炮的命中精度，使之具有导弹的特点，而在破甲、杀伤等方面又优于导弹。如美国的 M198 式 155 毫米榴弹炮使用激光半主动制导炮弹"铜斑蛇"对 20 千米外坦克射击，命中概率高达

↑ 德军 210 毫米榴弹炮

↓ 奥地利炮兵在校调一门 325 毫米榴弹炮。

↑ 美国 M119 式 105 毫米榴弹炮

← 俄罗斯 M1932 式 203 毫米自行榴弹炮

80% ~ 90%，相当于 2500 发常规炮弹的命中率。用 203 毫米榴弹炮发射的美国的"萨达姆"遥感反装甲炮弹，可分离出 3 个子弹头，具有毫米波自动搜索、识别、判断和攻击的能力，能击穿 70 毫米以上的坦克顶装甲。现代榴弹炮已经做到了一炮多用，几乎可以对付地面战场上的任何目标。

⬆ 射击中的 UFH 式榴弹炮

⬆ 美国 M101 式 105 毫米榴弹炮

⬆ 射击准备中的美国 M101 式榴弹炮

⬇ 德军 305 毫米大口径榴弹炮

⬇ 美国 M12 式 155 毫米自行榴弹炮

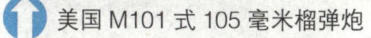

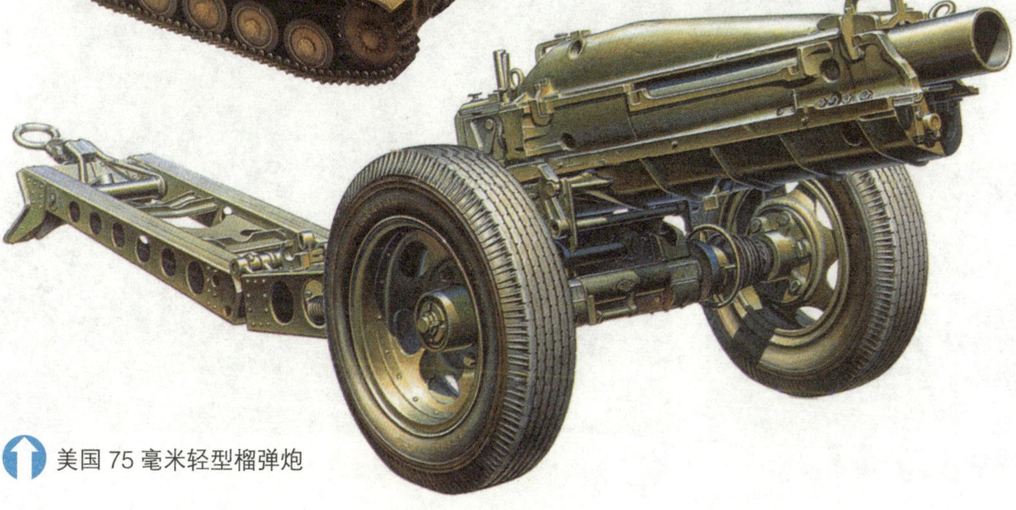

⬆ 美国 75 毫米轻型榴弹炮

⬆ 法国 MKF3 式 155 毫米自
行榴弹炮

⬆ 海湾战争中的美国 M–102
式榴弹炮

⬆ 1941 年 9 月，德军在第二
次世界大战中使用 M18
式 210 毫米榴弹炮轰击苏军。

⬆ 德军榴弹炮轰击苏军。

⬇ 美国 M2 火炮

⬇ 英、德、意 SP70 式
155 毫米自行榴弹炮

⬆ 英国、德国、意大利三国共同研制的 FH–7D 式 155 毫米榴
弹炮，1978 年开始装备部队。

⬆ 美国 M109A1 式自行榴弹炮

加农炮

加农炮是一种身管较长、弹道平直低伸的野战炮，它最早于公元14世纪出现并应用于战争中。公元16世纪时，人们把这种身管较长的炮称为加农炮。第二次世界大战前后，口径在105～108毫米的加农炮得以迅速发展，最大射程可以达到30千米。20世纪60年代，一些新型加农炮最大射程达35千米。60年代以后，加农炮不再受到各国重视，只有苏联研制出几种新型号，但性能没有太大的发展和提高。

加农炮按口径可分为：70毫米以下的小口径加农炮；76～130毫米的中口径加农炮；130毫米以上大口径加农炮。按运动方式可分为：牵引式、自运式、自行式和装载到坦克、飞机、舰艇上的载运式4种。反坦克炮、舰炮、海岸炮均属加农炮。

加农炮射程较其他类型火炮都远，特别适合于远距离攻击纵深目标、装甲目标和垂直目标，也可作岸炮对海上目标轰击。

加农榴弹炮

加农榴弹炮即兼有加农炮和榴弹炮的弹道特性的火炮，简称为"加榴炮"。用

▼ 俄罗斯406毫米原子加农炮

▲ 俄罗斯M-46式130毫米加农炮

▼ 俄罗斯M-46式130毫米加农炮仰视图。

▲ 俄罗斯D-20式152毫米加榴炮

▼ 南非G5式155毫米加榴炮

▲ 奥地利GHN45式155毫米加榴炮

大号装药和小射角射击时，其弹道低伸，接近加农炮的性能，可完成加农炮的射击任务；用小号装药和大射角射击时，其弹道弯曲，接近榴弹炮的性能，可完成榴弹炮的射击任务。

第一次世界大战中，由于有堑壕体系的筑垒阵地防御战的发展，交战各国都需要增加平射火炮和曲射火炮。为了适应战术上的这种要求，一些国家开始研制造把加农炮和榴弹炮合为一体的加农榴弹炮。加榴炮最早于1915年在德国进行了试验，第一次世界大战后在其他国家军队中出现。1937年，苏联研制成 M—20 式 V2 毫米加榴炮，炮身长为口径的32.3 倍，初速 655 米/秒，最大射程 17230 米，装药号数多达 13 个，战斗全重 7.1 吨。

由于加榴炮具有平射和曲射两种性能，其战术上的适应性明显优于其他火炮，因此，它产生后受到了各国军队的重视，成为炮兵部队的重要装备。

各国榴弹炮与加农炮

美国 M109 式 155 毫米榴弹炮

M109 式榴弹炮是美国研制的口径 155 毫米的自行榴弹炮，它有 6 种型号，分别为 M109A1 ~ M109A6 式。M109 式于 1963 年开始装备美军师属炮兵部队，该炮此后多次改进并装备部队，是当前世界上装备使用国家最多的火炮。

美国 M109 系列 155 毫米自行榴弹炮

美国 M109A5 式 155 毫米自行榴弹炮

M109 式榴弹炮安装 24 倍口径长的 M126 式身管。发射 M107 式榴弹时最大初速为 562.2 米/秒，最大射程为 14.6 千米。高低射界 — 3°~ + 75°，方向射界 360°。射速为 3 发/分。身管寿命为 5000 发。车体为焊接的铝结构。炮塔顶部装有 1 挺 M2HB 式 12.7 毫米高射机枪。

M109 式榴弹炮战斗全重 23.7 吨。行军状态长 6121 毫米，宽 3100 毫米，高 3280 毫米。携弹量为 28 发。M109 式榴弹炮可发射反坦克炮弹。

M109A1 式榴弹炮换装 39 倍口径长的 M185 式身管，采用 M119 式发射药，发射 M107 式榴弹，最大射程达 24 千米。身管寿命提高到 6000 发。

M109A2 式榴弹炮在 M109A1 式基础上换装改进的 M178 式炮架。新设计了弹药架，使携弹量由 28 发增加到 36 发，其中 22 发为新式弹药，两发为"铜斑蛇"激光制导炮弹。M109A2 式榴弹炮战斗全重为 25.1 吨，最大公路时速为 56.3 千米，公路行程为 349 千米，涉水深 1 米，爬坡度 31°，通过垂直障碍高 531 毫米，越壕宽 1830 毫米。该炮在 1991 年海湾战争中曾大量使用。

M109A3 式榴弹炮主要改进了送弹器、反后坐装置与炮手安全装置等。

M109A4 式榴弹炮装有三防系统，从

↑ 美国 M109 式自行榴弹炮

↑ 美国 M114 式榴弹炮

而提高了半自主作战能力。炮上的地面导向系统与射击指挥系统合为一体，可为火炮和周视瞄准镜定位、定向。自动连测系统可自动显示火炮、地形与目标的位置关系。

M109A5 式榴弹炮发射普通弹的射程增大到 24 千米，发射火箭增程弹的射程增大到 30 千米。采用半自动装填系统，使爆发射速达 12 发 / 分，持续射速达 8 发 / 分。该榴弹炮能在舱门全部封闭状态下发射，具有较高的生存能力。

M109A6 式榴弹炮与原型比加长了身管，增大了射程，采用半自动装填机构，增加弹药携行量。配有自动火控计算机和车辆定位定向装置，可独立实施射击。系统反应能力、生存能力、系统可靠性和弹药的终点效应均比原型有大幅度提高。

美国 M114 式 155 毫米榴弹炮

M114 式榴弹炮是美国于 20 世纪 40 年代初生产的一种 155 毫米牵引榴弹炮，1942 年开始装备美军炮兵部队。1979 年开始由 M198 式 155 毫米榴弹炮替换，但阿根廷、伊朗、以色列和日本等 36 个国家仍装备使用，而荷兰和比利时已将其改进为 M114/39 式。该炮可配用 M107 式榴弹、子母弹及照明弹、化学弹、核炮弹等。

M114 式榴弹炮最大膛压 256.6 兆帕，初速 563.9 米 / 秒，最大射程 14.6 千米。最大射速 4 发 / 分，持续射速 40 发 / 时。

高低射界 − 2° ~ + 63°，方向射界左 24°、右 25°。战斗全重 5.7 吨。行军状态长 7315 毫米，车体宽 2438 毫米，车体高 1803 毫米，火线高 1676 毫米，最低点离地高 229 毫米，轮距 2070 毫米。炮班 11 人。

美国 M198 式 155 毫米榴弹炮

M198 式榴弹炮是美国研制的一种口径 155 毫米的牵引榴弹炮，1979 年装备美军炮兵部队，现装备美军步兵师、空降师、空中机动师及部分军属炮兵，在 1991 年海湾战争中曾广泛使用。

该炮主要优点是：射程远，威力大；配用激光制导炮弹等新式特种弹，反坦克命中精度高；由于大量采用铝合金，重量较轻，可用直升机吊运，机动性强；配有氙照明装置，便于夜间射击。缺点是射速比较低。该炮的主要组成部分是炮身、反后坐装置、摇架、上架、高低机、方向机、平衡机、下架、座盘、大架、炮轮和瞄准装置等。它配用的 M137 式周视瞄准镜，放大倍率为 4，视界 10°；M138 式直接瞄准镜，放大倍率为 8，视界 6°。此外还配有 M17 式与 M18 式象限仪。火炮口径 155 毫米，最大膛压 335.5 兆帕，初速 826 米 / 秒，最大射程分别为 18.15 千米（M107 式榴弹）及 22 千米（M483A1 式双用途子母弹）、30 千米（M549A1 式火

↑ 美国 M198 式榴弹炮发射瞬间

箭增程弹），最大射速 4 发 / 分，高低射界 — 5°～＋72°，方向射界左右各 22.5°，战斗全重 7.1 吨，行军状态长（炮身折叠在大架上）7440 毫米，宽 2794 毫米，高 2900 毫米，最低点离地高 330 毫米，轴距 2362 毫米。炮班 11 人。配用榴弹、火箭增程弹、子母弹、布雷弹、激光制导炮弹、发烟弹、照明弹、核炮弹和化学炮弹等十余个弹种。

美国 "十字军战士" 155 毫米榴弹炮

1985 年美国提出 "先进野战火炮系统发展计划"，该计划对新式火炮提出了严格的要求，要求在目标毁伤能力、快速反应能力和战场生存能力等方面，都有明显提高。具体要求是：1. 它的最大射程必须超过 21 世纪初期同类武器所能达到的水平，至少达到 40 千米，争取达到 50 千米；2. 发射炮弹速度要尽量快，每分钟达

12～16 发，并具有 4～8 发同时弹着的能力；3. 停车后 15 秒内应发射出第 1 发炮弹；4. 射击命中精度要比 M109A6 式高 50%，25 千米的圆周概率误差为 80 米，只是 M109A6 式的一半；5. 高机动性，越野时速达到 39～48 千米 / 时；6. 具有良好的防护能力和最小发射痕迹；7. 具有自主诊断与检测故障和自动修复能力等。

"十字军战士" 榴弹炮应运而生。该炮是一种双车系统，一门为 XM2001 式自行榴弹炮，另一辆为 XM2002 式 "未来的装甲补给车"。两车采用同一底盘，有 60% 的通用部件。54 倍口径长的 XM297E2 式身管采用整体式中壁制冷。火箭增程弹最大射程 40～50 千米，榴弹炮射速 10～12 发 / 分。供弹车上装有 60 个弹丸和 60 个装药，可在 12 分钟内通过遥控向火炮供应 60 发炮弹。越野时速 39～48 千米，公路行驶时速 67～78 千米，完全可以伴随主战坦克行进。有 3 名炮手，炮重 50 多吨。1996 年中期，"十字军战士" 榴弹转入初步计划阶段，2000

↑ 上图为美国 "十字军战士" 155 毫米自行榴弹炮。下图为 "十字军战士" 自行榴弹炮俯仰范围。

年初转入工程制造和发展阶段，同年 8 月制造出首门样炮，2002 年制造出 10 门样炮和 10 辆车，2005 年开始装备部队。

美国 M110 式 203 毫米榴弹炮

M110 式榴弹炮是美国研制的口径 203 毫米的自行榴弹炮。它有 3 种型号：M110 为原型，1963 年开始装备美军炮兵部队，1986 年开始退出现役。M110A1 式于 1977 年装备使用；M110A2 式于 1980 年装备使用。该炮在 1991 年海湾战争中曾广泛使用。

M110 系列榴弹炮由炮身、反后坐装置、炮架、瞄准装置和底盘等主要部分组成。

M110 式配用 M115 间接瞄准镜，放大倍率为 4，视界 10°。还配用 M116C 直接瞄准镜，放大倍率为 3，视界 13°。此外还配有 M15 式高低瞄准象限仪与 M1A1 式炮手用象限仪等。M110A1 式配用 M139 式直接瞄准镜，镜上装有数字显示装置。3 种型号采用与 M107 式加农炮相同的底盘。车体为焊接的高强度合金钢结构。发动机功率为 298 千瓦。该炮装有红外夜视设备，无三防和两栖能力。底盘后部装有装弹输弹装置与大型驻锄。火炮射程为 16.8 千米。身管长 25.3（37）倍口径。最大射速 2 发 / 分，持续射速 1 发 / 分。高低射界 -2° ~ +65°，方向射界左右各 30°。战斗全重 26.5 吨。最大公路时速 56 千米，最大公路行程 725 千米，涉水深 1066 毫米，爬坡度 31°，通过垂直障碍高 1016 毫米，越壕宽 2362 毫米。携弹量 2 发。乘员 5 人。另有 8 名炮手乘坐在随行的 M548 式履带弹药车上。配用榴弹、核炮弹、化学炮弹、火箭增程弹和子母弹等。

英国 L118 式 105 毫米榴弹炮

L118 式榴弹炮是英国研制的口径 105 毫米的牵引榴弹炮，1975 年开始装备英国陆军野战炮兵团。由于火炮重量轻，因此行军战斗转换程序简单，能迅速投入战斗和撤离战场。该炮配用菲斯野战炮兵计算机、奥达茨火炮诸元传输器和埃米茨自动气象探测装置等射击指挥系统，以提高射击精度。

火炮初速 712 米 / 秒，最大射程 17.2 千米，最小射程 2.5 千米。高低射界 -5.5° ~ +70°，方向射界不用底盘时为左右各 5.5°，使用底盘时为 360°。最大射速 8 发 / 分，持续射速 3 发 / 分。战斗全重 1.8 吨。行军状态长 6324 毫米（炮身向前）、4876 毫米（炮身向后）、宽 1778 毫米，高 2630 毫米（炮身向前）、1370 毫米（炮身向后）；战斗状态长

美国 M110 式 203 毫米自行榴弹炮

英国 L118 式榴弹炮

7010 毫米，高 1778 毫米。炮班 6 人。该炮配用榴弹、照明弹、底部排气子母弹和碎甲弹、发烟弹。在 1982 年英阿马岛战争中，英国广泛使用了 L118 式榴弹炮。这些火炮经常以高射速进行长时间射击。实战证明，该炮在严寒、尘土、直升机反复吊运和长时间射击等条件下，都具有较高的可靠性。

英国 L119 式榴弹炮

英国 L119 式 105 毫米榴弹炮

L119 式榴弹炮由英国皇家军械厂生产。

火炮身管长 3170 毫米，采用双室炮口制退器，立楔式炮闩，高效率液压气动式反后坐装置，空心钢管焊接而成的闭脚式大架。该炮全重 1.86 吨。高低射界 −5.5° ～ +70°，方向射界 360°。初速 732 米 / 秒，最大射程为 19.5 千米（火箭增程弹）。最大射速为 8 发 / 秒（可发射 3 分钟），持续射速 3 发 / 分。行军状态长 4900 毫米（炮身向后），宽 1800 毫米，战斗状态长 6 人。炮班 7 人。配用榴弹、发烟弹、照明弹、碎甲弹和子母弹等。分装式弹药，弹丸重 15 千克。子母弹有效杀伤范围为 250 ～ 500 米。

英 / 德 / 意 FH70 式 155 毫米榴弹炮

FH70 式榴弹炮是由英国、前联邦德国和意大利三国共同研制的一种口径 155 毫米的牵引榴弹炮，1978 年开始装备三国陆军。

该炮的主要特点是射程远，杀伤力大，配用新式弹药，能发射北约 155 毫米制式弹与核弹，可攻击坦克装甲目标，具有爆发射击能力和持续高射速，机动性强，可短途自行、越野和用中型运输机空运。

FH70 式榴弹炮由炮身、反后坐装置、摇架、装填系统、座盘、辅助推进装置和瞄准装置等主要部件组成。辅助推进装置安装在炮架前部，它可使火炮以每小时 16 千米的速度自行，涉水深 750 毫米。同时可用于驱动炮轮，为转向、起落炮轮与架尾轮提供动力。行军时，炮身可转 180° 固定在大架上，用牵引车牵引最大时速 100 千米，涉水深 1.5 米。也可用 C—130 运输机空运。

火炮初速 827 米 / 秒，最大射程 24 千米（榴弹）及 30 千米（火箭增程弹），最小射程 2.5 千米。最大膛压 340 兆帕，弹丸重 43.5 千克，后坐长 1 ～ 1.4 米。正常射速 6 发 / 分。高低射界 −5.5° ～ +70°，方向射界 55°。战斗全重 9.3 吨。行军状态长 9800 毫米，宽 2204 毫米，高 2560

英 / 德 / 意 FH70 式 155 毫米榴弹炮

↑ 英/德/意合作的 FH70 式 155 毫米榴弹炮

↑ 英国 AS90 式自行榴弹炮

毫米，火线高 1525 毫米，最低点离地高 300 毫米，转向半径 9 米。配用专用弹药，包括榴弹、照明弹和发烟弹。可发射北约使用的各种 155 毫米弹药（包括美国的"铜斑蛇"激光制导炮弹）。精度为距离公算偏差 0.3% ~ 0.4%。炮班 8 人。

英国 AS90 式 155 毫米榴弹炮

AS90 式榴弹炮是英国研制的一种口径 155 毫米的自行榴弹炮，是新型的 20 世纪 90 年代火炮系统，1992 年初开始装备部队。

AS90 式火炮系统由履带式底盘、155 毫米火炮炮身和火控设备组成。该炮射程远，机动性高，具有独立作战能力。火炮采用 39 倍口径长的单筒自紧身管。自动装填系统由摆动式输弹机、炮弹传送臂和弹丸架组成，可在任何射角下装填弹药。炮塔上装有 1 挺 M2 式 12.7 毫米机枪。火炮采用自主式导航与火炮瞄准系统，包括惯性动态参考装置、炮塔控制计算机、瞄准手显示装置和火炮显示装置等。可发射各种北约 155 毫米制式弹药。

火炮最大射程分别为 24.7 千米（制式榴弹）及 30 千米（火箭增程弹），最大射速 6 发/分，持续射速 2 发/分，供弹方式为自动，高低射界－5° ~ ＋70°，方向射界 360°，最大公路行驶时速 53 千米，爬坡度 31°，通过垂直墙高 0.75 米，越壕宽 2.8 米，涉水深 1.5 米，最大行程 420 千米，战斗全重 42 吨，乘员 5 人。

该炮的特点是轮廓低，不易暴露，战斗室面积大，炮手操作条件好，射速高，精度好，机动性强，维修保养简便，可向机动作战部队提供及时而有力的火力支援。

法国 TR 式 155 毫米榴弹炮

TR 式榴弹炮是法国制造的一种口径 155 毫米的新式牵引榴弹炮，1984 年装备法军炮兵部队，主要用来为步兵师提供直接和间接火力支援。火炮由炮身、炮架、反后坐装置、自动装填机、座盘、辅助动力装置、瞄准装置和炮轮等主要部分组成。由于配有自动装填机，使该炮射速较高。辅助动力装置可使火炮以每小时 10 千米的速度自行，爬坡度 31°，涉水深 1 米。火炮进入战斗状态需 2 分钟。由于有液压起重机帮助拔出驻锄，撤出战斗只需 1.5

法国 TR 式 155 毫米榴弹炮

分钟。瞄准手的位置在炮架左侧，由液压进行瞄准控制。火炮配有 GA81 式测角仪、直瞄和间瞄用瞄准镜。行军时，炮身可回转 180°，固定在大架上，由 TRM1000（6×6）式卡车牵引。牵引车上可坐 8 名炮手，载运 48 发弹药。最大公路牵引时速 80 千米，行程 600 千米。火炮初速 830 米/秒，发射 F1 式底凹榴弹时，最大射程 24 千米；发射 H2 式底部排气弹时，最大射程 29.5 千米；发射 H3 式火箭增程弹时，最大射程 32.5 千米。爆发射速 10 发/分，持续射速 6 发/分。高低射界 −5°～+66°，方向射界左 27°、右 38°。战斗全重 10.65 吨。行军状态长 8750 毫米，宽 3090 毫米，高 1650 毫米，最低点离地高 500 毫米。

法国 GCT 式 155 毫米榴弹炮

GCT 式榴弹炮是法国研制的一种 155 毫米自行榴弹炮，1980 年装备部队。

GCT 式榴弹炮由炮身、摇架、反后坐装置、自动装弹系统、火控系统和车体等主要部分组成。自动装弹系统由弹药架和自动装弹机构组成。弹药架分为弹丸架和药筒架两部分，它们的结构形状与大小都相同。自动装弹机构由弹丸选择器、药筒选择器与液压输弹机组成。通过选择器可自动选择所需的弹种和装药号。液压输弹机位于炮塔顶部，由两个平行导轨组成，其中一个输送弹丸，另一个输送药筒。该自动装弹系统可保证火炮处于任意角度均能实施高速射击。火控系统是一种全新的系统，由火炮控制装置、测角仪和显示台组成。火控系统可与炮兵连计算机相通，所要求的射击诸元可自动输入火炮计算机，从而可避免由于指挥口令的失误所产生的误差，又能将连部射击命令迅速送给火炮。

GCT 式自行榴弹炮采用改进的 AMX30 式主战坦克底盘，装有新式炮塔。车内有炮长、瞄准手、装填手和驾驶员各 1 人。

发射 OFF1 式榴弹时最大射程 24 千米；发射 OE − DTC 式底凹弹时最大射程 28.5 千米；发射 OE − PAD 式火箭增程弹时最大射程 31.5 千米。最大后坐长 950 毫米，高低射界 − 4°～+66°，方向射界 360°。最大射速 8 发/分，持续射速 2～3 发/分。方向瞄速 0.01°～10°/秒，

法国 GCTSP 式自行榴弹炮

法国 GCT 式 155 毫米自行榴弹炮

高低瞄速 0.01°～5°／秒。战斗全重 43.5 吨，行军重 40.5 吨。最大公路时速 60 千米，最大行程 450 千米（以 40 千米的时速计）。涉水深 2100 毫米，最大爬坡度 31°，最大侧倾坡度 15.5°，通过垂直障碍高 930 毫米，越壕宽 1900 毫米。可发射炮弹、2050 发 7.62 毫米枪弹或 800 发 12.7 毫米枪弹，烟幕施放装置在炮塔前两侧，每侧 2 个。

法国"恺撒"155 毫米榴弹炮

法国地面武器工业集团针对 20 世纪 90 年代在发展中国家发生的中、低强度局部战争以及他们的购买能力，推出了一种低成本的"恺撒"式 155 毫米自行榴弹炮。火炮采用了 52 倍口径长的身管，使发射远程全膛弹底排气弹时，最大射程达到 42 千米；炮架采用法军现役 TRF1 式 155 毫米牵引榴弹炮的炮架。火炮装在车体后部，炮身左侧储存 18 发弹丸，右侧为 18 发装药。由于采用了新设计的快速送弹装置，使开始射击的 15 秒内发射 3 发弹，然后以 6 发／分的速度持续射击。火炮的方向射界左右各 17°，高低射界为 +17°～+66°。"恺撒"的运载车由德国奔驰 U2450L 型 6 轮式卡车改装而成。战斗全重 18.5 吨，可以方便地驶入 C－130 型运输机的后部货舱，进行长途战略运输，快速投入使用。

法国"恺撒"式 155 毫米自行榴弹炮

⬆ 德国 PzH2000 式榴弹炮发射炮弹。

德国 PzH2000 式 155 毫米自行装甲榴弹炮

1996 年初，德国开始正式采用第一批国产 155 毫米自行火炮。这种自行火炮被称为 PzH2000 式自行装甲榴弹炮，它的 155 毫米炮弹、自动装填结构、高级射击控制装置代表了火炮界最新的潮流。车体前方左部为发动机室，右部为驾驶室，车体后部为战斗室，并装有巨型炮塔。这种布局能够获得宽大的空间。乘员包括 1 名车长、1 名炮手、2 名弹药手以及 1 名驾驶员，共 5 人。战斗全重 55 吨。

PzH2000 式装有专为 155 毫米榴弹炮研制的模式推进装药系统，使用普通炮弹最大射程为 30 千米，推进装药温度在升高至 52℃时，炮弹的最大射程达 34 千米。20 发炮弹的最短发射时间为 2 分 30 秒。自动装填装置使用电动系统，操作人员只要按动控制电钮，就可以自动装填炮弹。弹药舱内装有 60 发炮弹，自动装填装置的弹匣中装有 32 发供随时发射的炮弹。车载弹道计算机对弹药数据、目标数据以及射击数据进行自动管理。自行火炮车体采用了与坦克相同的防弹钢板全焊接结构，并在炮塔上面新增加了装甲组合板，由厚度为20厘米左右的几十个装甲钢板组成，以保护炮塔内的乘员和弹药舱免受炮弹和反坦克导弹的攻击。最高时速为60千米，最大行程可达420千米，具备了主战坦克级的机动能力。它的自卫装备包括安装在炮塔上面的7.62毫米机枪和炮塔前后的烟幕发射装置。装有主战坦克级的战斗瞄准系统，能够在夜间作战。它的155毫米炮弹的重量为45千克，初速每秒达900米。使用这种炮弹，只需一发命中，就可以将M1A1坦克摧毁。

苏联 M1987 式 152 毫米加农炮

M1987式加农炮是为取代20世纪50年代中期装备的D—20式152毫米加农榴弹炮而研制的一种新型牵引式加农炮，北约称为80年代中期装备。炮口装有双室制退器，采用半自动楔式炮闩，反后坐装置为液压气体式。大架为开脚式结构，每个大架只有1个用于开关大架且有利于行军状态与战斗状态转换的滚轮。炮架前下部装有液压控制的圆形发射座盘。可发射2S19式152毫米自行榴弹和绝大多数现役火炮使用的弹药。发射杀伤爆破弹初速810米/秒，最大射程24.7千米。最大射速7发/分，持续射速2发/分，高低射界—3.5°～＋70°，方向射界左右各27°，战斗全重7吨。

苏联 2S19 式 152 毫米榴弹炮

2S19式榴弹炮于20世纪80年代研制，1989年装备苏军炮兵师和集团军炮兵旅。

2S19式榴弹炮的底盘是基于主战坦克上的，如悬挂和传动装置采用T—80主战坦克上的，动力装置则采用T—72主战坦克的动力装置。榴弹炮根据2A65式152毫米榴弹炮改进而成的2A64式长身管152毫米火炮，带

三室炮口制退器和抽烟装置，反后坐装置为液压气动式，采用半自动立楔式炮闩，高低瞄准自动化，方向瞄准半自动化。火炮采用自动装填机，并配有半自动装药装填装置，这样既可以8发/分的射速发射车内携带的弹药，又可以6～7发/分的射速，发射车外供给的弹药。炮塔顶部右前侧有指挥塔。该炮发射杀伤爆破弹、底排弹、发烟弹、子母弹、电子干扰弹和激光制导炮弹。初速810米/秒（杀伤爆破弹），最大射程24.7千米（杀伤爆破弹），身管长9米，高低射界—3°～＋68°，方向射界360°，战斗全重42吨。

苏联 2S7 式 203 毫米加农炮

2S7式加农炮是苏联研制的一种203毫米自行加农炮，1975年开始装备方面军所属重炮旅。该炮的主要特点是体积大，无装甲防护，射程远。大型底盘是专门为该炮设计的。密闭式驾驶员与乘员室在车体前部，面积较大，可容纳2～4名乘员。发动机置于驾驶室后下方，传动装置位于驾驶室前下方。行动部分有7对负重轮，主动轮在前而诱导轮在后，

苏联2S19式152毫米自行榴弹炮

苏联 2S7 式 203 毫米自行加农炮

低射界 0°～＋60°。战斗全重 46 吨。车体长 12800 毫米，宽 3500 毫米，高 3500 毫米。发动机功率 330.98 千瓦。配用弹药为榴弹与核弹。

意大利 155/39TM 式 155 毫米榴弹炮

155/39TM 式榴弹炮是意大利生产的一种口径 155 毫米的牵引式榴弹炮。1987 年，意大利奥托·梅莱拉公司对美国的 M114 式 155 毫米榴弹炮进行改进，用新的 39 倍口径身管替代原先的 23 倍口径身管，并相应地做了其他一些改动，从而形成了 155/39TM 式榴弹炮。

155/39TM 式榴弹炮的火炮最大射程为 24 千米（榴弹），高低射界 0°～＋60°，方向射界左 24°，右 25°（射角 0°～45° 时）。

新加坡 FH88 式 155 毫米榴弹炮

FH88 式榴弹炮是新加坡新研制的一种 155 毫米牵引榴弹炮。由于它价格比较便宜，又能使用北约的 155 毫米弹药，因此可以向美国、墨西哥、非洲和拉丁美洲出口。该炮在 1988 年亚洲宇航展览会上首次展出。它采用液压弹射式送弹机装填弹药，射速高，装有辅助推进装置，战术机动性比较强；同时配用火控计算机和电子瞄准系统等先进射击指挥系统，具有符合现代火炮作战要求的所有特点。它由炮身、炮架、反后坐装置、液压弹射式送弹机、炮轮和辅助推进装置等主要部分组成。火炮发射远程全膛弹时最大射程 30 千米，爆发射速 3 发 /15 秒，战斗全重 13.2 吨。使用辅助推进装置时越野时速 8 千米。行军时由 6×6 式汽车牵引，炮身向后回转 180°，以缩短行军长度，降低行军高度。炮班 6 人。

意大利 155/39TM 式榴弹炮另有两对托带轮。

火炮安装在车体后部。装有自动装填装置，可在任意射角装填弹药。装药和装定引信等弹药准备工作在火炮后右侧进行。车体后部装有一大型液驻锄，火炮射击时放下驻锄以支承火炮的后坐力。

车上携带少量弹药，供随时射击使用。另有一辆随伴弹药车运载炮手和大部分弹药。

火炮发射榴弹时，射程 10～37.7 千米；发射增程弹时，射程 50 千米。高

新加坡 FH88 式榴弹炮

火箭筒

最早的火箭筒——"巴祖卡"

1940 年，美国军官斯克纳上校和厄尔中尉经过大约 1 年的时间，研制成功了一种独具一格的肩射式火箭。这种火箭的发射器是一个圆筒，火箭装有折叠式尾翼。作为一种反坦克武器来说，它的缺点是战斗部威力太小，难以摧毁敌方坦克的装甲。

1942 年春，斯克纳参考 M10 型枪榴弹的设计，从而解决了火箭弹的威力问题。斯克纳又把 M10 型枪榴弹的结构用在火箭弹的战斗部上，并把火箭筒的直径扩大到 60 毫米。随后又制作了整体式的发射筒，安装了肩托、手柄和一个采用手电筒电池的电击发机构。这就是 M1 型反坦克火箭筒。

由于持这种武器射击时的姿态与当时美国著名喜剧演员鲍勃·彭斯吹奏自制管乐器"巴祖卡"时很相似，于是射手们就给这种火箭筒取了一个名字叫"巴祖卡"。

第二次世界大战中的美国火箭筒炮兵

各国火箭筒

美国 M72 式 66 毫米火箭筒

M72 式火箭筒是美国陆军和海军陆战队步兵分队使用的一种轻型反坦克武器，1962 年开始批量生产，1964 年开始装备美军部队，用以取代原装备的 M20 式火箭筒。火箭筒筒重 1.16 千克，行军状态长 638 毫米，战斗状态长 883 毫米。火箭弹直径 66 毫米，筒长 508 毫米，弹重 1 千克，奥克托尔炸药重 0.34 千克。初速为 152 米／秒，最大射程为 1000 米，表尺射程为 325 米。有效射程对固定目标为 300 米，对活动目标为 150 米，直射距离 180 米。垂直破甲厚度为 305 毫米。

美军在第二次世界大战中使用的"巴祖卡"火箭筒

美国 M20 式 88.9 毫米火箭筒

M20 式 88.9 毫米火箭筒是美国在第二次世界大战后研制的步兵反坦克武器，又称"超巴祖卡"火

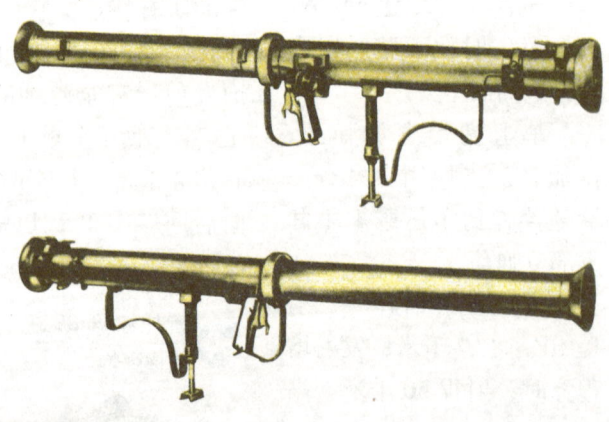

美国 M20 式火箭筒，用于朝鲜战争。

箭筒。M20 式火箭筒由发射筒、发射机构、瞄准镜、火箭弹等部分组成，一般由两名士兵共同操作。

M20 式火箭筒由空心装药战斗部、火箭发动机、引信、尾翼等部分组成。M20 式火箭筒的战斗全重 9.45 千克，携行状态长 803 毫米，战斗状态长 1549 毫米。初速为 104 米 / 秒，最大射程为 1200 米，有效射程为 200 米，反坦克战距离为 110 米，破甲厚度为 280 毫米，最大射速为 8 发 / 分。

这种火箭筒在 20 世纪五六十年代曾广泛使用。美军在朝鲜战场和越南战场上曾用它来攻击轻型装甲车和障碍物。该火箭筒射程近，威力不足，在美国现已由 M72 式火箭筒取代，但在某些国家中仍有少量装备或仿制品。

苏联 RPG － 7 式 40 毫米火箭筒

RPG － 7 火箭筒是苏联步兵分队的制式反坦克武器，20 世纪 60 年代初开始装备苏联和华约国家军队的步兵班，用以攻击装甲车、自行火炮、坦克等装甲目标和小型防御工事内的有生力量。目前俄罗斯军队仍普遍装备使用。火箭弹为超口径空心装药破甲弹，由战斗部、火箭发动机、引信、尾翼等组成。火箭筒行军状态长 990 毫米，筒重 6.3 千克。火箭弹直径 85 毫米，长 925 毫米，重 2.25 千克。最大飞行速度 300 米 / 秒，最大射程 500 米。垂直破甲厚度为 320 毫米。

苏联 RPG － 7 式火箭筒战斗状态

一名手持苏式 RPG － 7 式火箭筒的士兵

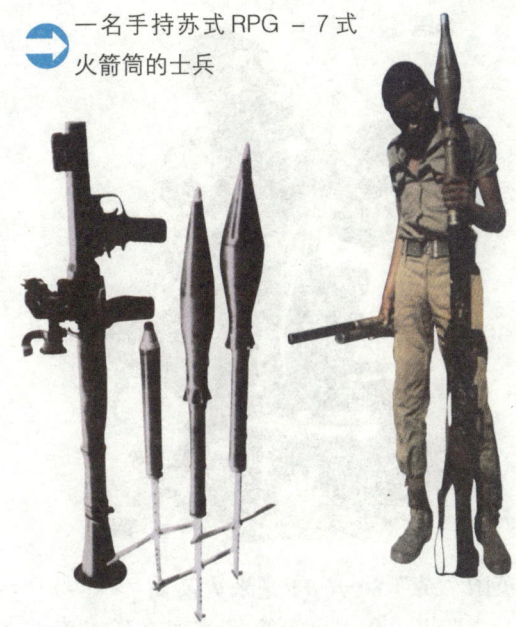

苏联 RPG － 7 式火箭筒

苏联 RPG － 16 式 58.3 毫米火箭筒

RPG － 16 式火箭筒是苏联制造的一种便携式反坦克武器，约于 20 世纪 70 年代末期开始装备苏军步兵分队，供单兵防御轻型装甲武器时使用。目前俄罗斯部队仍在广泛使用。

火箭筒筒长 1.1 米，筒重约 10 千克。火箭弹重 1.66 千克，初速 130 米 / 秒，最大飞行速度 350 米 / 秒，实际射程约 500 米。破甲厚度为 375 毫米。瞄准装置为光学瞄准镜或红外线夜间瞄准镜。

苏联特种士兵携带的火箭筒发射器

⬇ 英国"劳"80式火箭筒

⬆ 法国 ACL-APX 式火箭筒

英国"劳"80式94毫米火箭筒

"劳"80式火箭筒是英国亨廷工程有限公司于20世纪70年代后期至80年代初研制的一种一次性使用的火箭筒。1987年起正式装备英国陆军步兵分队。"劳"80式火箭筒由发射筒、火箭弹、瞄准装置等部分组成。发射筒用涂有环氧树脂的凯夫拉纤维绕制而成。共有内外两个套筒,平时套在一起,筒内装有火箭弹,通过垫圈固定在待发位置。进入战斗状态时将内筒向后拉出,长度由1米增至1.5米。外筒上装有击发机构、握把、肩托、背带,上部装有简易瞄准具。瞄准镜用透明塑料制成,放大倍率为1,便于射手用双眼瞄准。

"劳"80式火箭筒行军状态长1000毫米,战斗状态长1500毫米,战斗全重9.5千克,初速约320米/秒,最大射程500米,有效射程300米。火箭弹直径94毫米,筒长约720毫米,筒重4千克。破甲厚度大于700毫米。

法国 ACL-APX 式 80 毫米火箭筒

80毫米 ACL-APX 火箭筒是法国 GIAT 公司研制的一种轻型反坦克武器,1976年开始批量生产,同年装备法国陆军。

这种反坦克火箭弹主要由空心装药战斗部、压电引信、火箭发动机、尾翼等组成。发射时先将火箭弹送入筒内,点燃发动机将射弹推出筒外,这时6片尾翼就会自动张开,以保持火箭弹飞行的稳定性。同时位于火箭弹前部的推进器被点燃,使其以高速度继续飞行。击中目标时,压电引信引爆空心装药战斗部。火箭筒初速400米/秒,45°射角时最大射程1500～2000米。光学瞄准具作用距离200～1600米。火箭弹直径80毫米,弹长530毫米,炸药重0.55千克。除反坦克火箭弹外,还配有杀伤火箭弹、照明弹和发烟弹。

法国"达尔德"120式120毫米火箭筒

"达尔德"120式火箭筒是法国研制的一种大威力步兵反坦克武器,由法国欧洲发动机公司于1979年开始研制,是为对付20世纪90年代坦克威胁而研制的便携式肩射型反坦克武器。火箭筒筒长1.1米,筒重约5千克,初速280米/秒,有效射程300米。火箭弹直径120毫米,弹

⬆ 法国"达尔德"120式火箭筒

长约 1.2 米，弹重 8.9 千克。翼展约 236 毫米，破甲厚度约为 820 毫米（一说 756 毫米）。

意大利"霹雳"80 毫米火箭筒

"霹雳"火箭筒是意大利生产的一种由两人操作的新式反坦克武器，1986 年开始装备意大利地面部队。

"霹雳"武器系统由发射筒、火箭弹、脚架、测距和瞄准装置等组成。一般情况下由 2 人操作，必要时也可由 1 人携带和操作。它可以在占领阵地后的最初 2 分钟内连续发射 8 枚火箭弹，但在用最大射速进行射击后，需待发热的火箭筒冷却后才能继续射击。火箭筒筒长 1.85 米，带双脚架时重 18.9 千克，带三脚架和光电瞄准系统时重 27 千克，初速 380 米 / 秒，最大飞行速度 500 米 / 秒，弹全重 5.2 千克，战斗部炸药重 1.75 千克，发射药重 1 千克。最小射程 50 米，最大射程 4500 米。双脚架型有效射程 500 米；三脚架型配用激光测距机，有效射程 1000 米。垂直破甲厚度 400 毫米。

德国 PZF44 - 2A1 44 毫米火箭筒

PZF44 - 2A1 44 毫米火箭筒是前联邦德国研制的单兵反坦克武器，1973 年起装备地面部队。它在原来 PZF44 式反坦克火箭筒基础上，采用了新式 DM32 式火箭增程弹和改进型光学瞄准镜。它由发射筒、火箭弹等组成。该火箭筒行军状态长 0.88 米，战斗状态长 1.16 米，筒重 7.8 千克（带望远镜）。战斗全重 10.3 千克，初速 168 米 / 秒，火箭弹最大飞行速度 210 米 / 秒。对活动目标有效射程 300 米，对固定目标有效射程 400 米。武器使用寿命为发射 2000 次以上。火箭弹战斗部直径 67 毫米，弹长 0.55 米，重 1.5 千克。发射药直径 44 毫米，弹长 538 毫米，重 1 千克。破甲厚度 370 毫米。

瑞典"卡尔·古斯塔夫"M2 式 84 毫米火箭筒

"卡尔·古斯塔夫"M2 式火箭筒是瑞典研制的一种步兵排用反坦克武器。该武

🔼 瑞典"卡尔·古斯塔夫"M2 式火箭筒

🔼 意大利"霹雳"火箭筒

🔼 德国 PZF44-2A1 火箭筒

器由两人操作使用，采用无坐力炮原理发射反坦克破甲弹。全套武器由发射筒、双脚架、机械瞄准具、光学瞄准镜和火箭弹几个部分组成。火箭筒行军状态长1130毫米，战斗全重15.4千克。初速为310米／秒。最大射程（照明弹）2300米，有效射程分别为500米（反坦克破甲弹，对固定目标）和400米（对活动目标）。爆破杀伤弹射程1000米。发烟弹射程1300米。反坦克破甲弹直径84毫米，全重2.6千克。破甲厚度大于400毫米。

西班牙 C－90-C 式 90 毫米火箭筒

C－90-C式火箭筒是西班牙研制的一种便携式轻型反坦克武器，于20世纪80年代前期制成并投产，装备西班牙陆军。

火箭弹由空心装药战斗部、火箭发动机、弹体、瞬发引信和折叠式尾翼等几部分组成。引信位于战斗部后方。战斗部任何部位击中目标都可引爆。

火箭筒行军状态840毫米。火箭弹战斗部直径90毫米，弹重2.35千克。武器系统全重3.9千克。初速185米／秒。有效射程分别为250米（对活动目标）和400米（对固定目标）。破甲厚度大于460毫米。

比利时 RL－83 式 83 毫米火箭筒

RL－83火箭筒是比利时制造的一种步兵反坦克武器，由比利时麦卡公司于20世纪50年代末期研制成功并大量生产。RL－83式火箭筒采用了折叠式发射筒，平时折叠成两个圆筒后，可使长度缩短将近一半。作战时打开呈战斗状态。

火箭筒行军状态长920毫米，战斗状态长1700毫米。带辅助光学瞄准镜重8.4千克。初速120米／秒，最大飞行速度300米／秒，有效射程500米。破甲厚度为300毫米，对混凝土穿透深度为1米。

火箭筒可配用空心装药破甲弹、杀伤榴弹、破甲／杀伤双用途弹、照明弹、发烟弹和燃烧弹等。

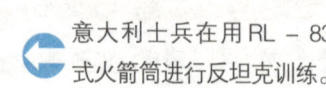 美国海军陆战队装备的多功能肩射突击武器 WMAW 可发射 83 毫米火箭弹，射程 400 米。

意大利士兵在用 RL－83 式火箭筒进行反坦克训练。

迫击炮

迫击炮是一种用座钣金属承受后坐力、发射尾翼炮弹的曲射火炮。特点是射角大，弹道弯曲，最小射程近，适于对近距离遮蔽物后的目标和反斜面上的目标射击，杀伤效果好，操作方便，可以伴随步兵迅速隐蔽地行动。主要配备杀伤爆破榴弹，还配有烟幕弹、照明弹和宣传弹等，可完成多种战斗任务。

美国士兵在操作 107 毫米重迫击炮。

世界上第一门迫击炮

1904 年 9 月至 10 月，俄军建造了世界上第一门迫击炮。它的发明者是炮兵中将戈比亚托·列昂尼德·尼古拉耶维奇。

戈比亚托·列昂尼德·尼古拉耶维奇毕业于炮兵学院。在 1904 ~ 1905 年的日俄旅顺口战役中，他根据当时的实地情况，在旅顺口防御战中，把海军炮装在一种带车轮的炮架上，以大仰角发射超口径长尾形炮弹，有效地杀伤了躲在堑壕里的日军。这就是世界上第一门迫击炮。这门炮使用长形 47 毫米口径迫击炮弹，弹重为 11.5 千克，射程为 50 ~ 400 米，炮身射角为 45° ~ 46°。它是杀伤开阔地上和掩体内敌军的有生力量和军事技术装备，破坏各种野战工事的威力强大的火器。从此，世界各国竞相发展这种火炮。

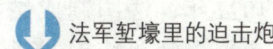
法军堑壕里的迫击炮

迫击炮的发展

在 1904 年的日俄战争中，俄军发明了世界上第一门迫击炮。

第一次世界大战初期，由于堑壕战的发展，各国开始重视迫击炮的发展和使用。第一次世界大战末期，英国已经研制出 1918 式"斯托克斯"型 81 毫米迫击炮，它将性能优异的炮弹和附加药包一起从炮口装填，借炮弹自重滑向火炮膛

苏联 M38 迫击炮

↓ 自行迫击炮内部剖面图

底，触及膛底击针后点燃发射药包，将炮弹射离炮口。此后出现的迫击炮，基本上都以这种发射方式来发射炮弹。

1927年，法国制成结构更加完善的斯托克斯·勃兰特81毫米迫击炮，发射同口径水滴状带尾翼的迫击炮弹，并在炮身与脚架间安装了缓冲器，使迫击密度显著提高。1931年，中国制造的82毫米迫击炮，全重68千克，弹重38千克，最大射程2850米，最小射程100米。

第二次世界大战中，自行迫击炮开始装备部队。

20世纪60年代以来，由于采用了新结构、新材料、新技术及配用火箭增程弹，迫击炮性能不断提高。现代迫击炮

↑ 1944年5月14日前后，盟军进攻意大利古斯塔夫防线时，第8集团军装备的口径为4.2英寸重型迫击炮发射炮弹时产生震耳欲聋的轰鸣声。

的射速一般为每20～30发/分，苏联的"瓦里西克"82毫米自动迫击炮，持续射速可达40～60发/分。法国的MO-120-RT—61式120毫米迫击炮配有火箭增程弹，射程可达17.5千米。中国曾先后研制出1953年式82毫米迫击炮、1963年式60毫米迫击炮和1967年式82毫米迫击炮等并大量装备部队。

美军目前主要装备的迫击炮是M224式60毫米迫击炮、XM252式81毫米迫击炮。苏联主要有M37式82毫米迫击炮、M240自行式240毫米迫击炮等。1963年英国装备的L1A1式81毫米迫击炮，采用耐高温的高强度合金钢锻制身管，增加了射程，减轻了重量，并配有手持式计算机，2秒内可精确计算出射击诸元，缩短了反应时间。

迫击炮由过去的人背马驮，逐步发展为牵引、自行和车载，机动性和近程攻击力大大提高。此外，后装炮弹式和线膛迫击炮也相继出现并装备部队。

大口径迫击炮

大口径迫击炮，主要有140、160和240毫米三种口径，代表型有：苏联的M240式自行迫击炮，口径240毫米，射程9.7～12.5千米，战斗全重4.1吨，射速1发/分，1980年起装备重炮旅，可发射核炮弹；以色列的M66式，口径160毫米，射程9600米，弹重40千克，战斗全重1.7吨。

 240毫米2C4大口径迫击炮侧视图

法军在战斗中使用的大口径迫击炮清晰可见。

第二次世界大战中，德军空降兵在使用80毫米迫击炮

中小口径迫击炮

中口径迫击炮主要有81、82、100、107和120毫米等口径，代表型有：苏联M37式改进型，口径82毫米，射程3千米；美国XM252式81毫米口径迫击炮，射程5600米，英国L16式81毫米口径迫击炮，射程5600千米，弹重4.27千克，战斗全重35.4千克。法国的RT—61式120毫米迫击炮，采用线膛身管，发射18.7千克带预刻膛线的炮弹，射程达8140米，使用火箭增程弹，射程可达13000米；德国的"迫击炮90"型新120毫米反坦克迫击炮，发射末制导炮弹，用于反坦克作战，命中精度大大提高。

小口径迫击炮主要有51、60、75毫米等口径，代表型有：法国远程迫击炮，口径60毫米，射程5000米，战斗全重23千克，弹重2.2千克；芬兰C—06迫击炮，口径60毫米，射程4000米，战斗全重18千克，弹重1.84千克；美国的M224式，口径60毫米，射程3500米，弹重1.7千克，普通型战斗全重20.7千克，用于单兵手提式机动和发射型只有7.7千克。

第一次世界大战中的英军迫击炮阵地，可见其所用的迫击炮口径很大。

3F5式240毫米激光制导爆破迫击炮弹

德国 76 毫米迫击炮

英国 81 毫米迫击炮

俄罗斯 2B8 式 240 毫米迫击炮

英国 51 毫米单兵迫击炮

法国 MO-120-RT-61 式 120 毫米迫击炮

英国 81 毫米迫击炮使用的"莫林"灵巧迫击炮弹

南斯拉夫 M68 式 81 毫米迫击炮

法国"突击队员"60 毫米迫击炮，最大射程 1050 米，射速 20 发 / 分。

各国迫击炮

美国 M19 式 60 毫米迫击炮

M19 式迫击炮是美国于 20 世纪 40 年代初研制的一种 60 毫米迫击炮，它是 1942 年在 M2 式迫击炮的基础上改进而成的，曾在第二次世界大战和越南战争中广泛使用。它有两种型号。一种是双脚架结构，由炮身、双脚炮架、方形座钣和瞄准具组成。身管由钢管制成，长约 762 毫米，滑膛身管，炮口装填，炮全重 20.46 千克。初速 157 米/秒，最小射程 45 米，最大射程 1814 米。最大射速 30 发/分，持续射速 18 发/分。方向射界左右各 7°，高低射界 45°～85°。另一种为手提型，由 M19 式炮身和 M1 式槽型小座钣组成，取消了双脚炮架，而改用拉发/迫击两用炮尾，从而减轻了重量，提高了机动性。配用 M1 式座钣时战斗全重 9.3 千克，炮全长 819 毫米。由 1 名士兵即可携带和操作使用。

美国 M224 式 60 毫米迫击炮

M224 式迫击炮是美国研制的口径 60 毫米的便携式滑膛迫击炮，1979 年起装备美军步兵连、空中机动连和空降步兵连，曾在 1983 年格林纳达战斗中使用。全套装备由炮身、炮架、座钣和瞄准具组成，战斗全重 20.8 千克。行军时可以由 2 名士兵携带。另有一种手提式迫击炮，采用 M8 式矩形小座钣，战斗全重仅 7.8 千克，仅用 1 名士兵即可携带和操作使用。两种型号均配用 M720 式榴弹和 M722 式发烟弹，均采用 M734 式新型多用途引信。这种引信可选择近炸、近地面炸、着发和延期 4 种装定方式，从而提高了使用的灵活性和炮弹的杀伤效果。此外，还配备了 AN/GVS－5 型手持式激光测距机和 M23 式迫击炮弹道计算器，使对远距离目标射击的精确度大大提高。火炮初速 237.7 米/秒，最小射程 50 米，最大射程 3500 米，最大射速 30 发/分，持续射速 15 发/分。M720 式榴弹重 1.7 千克。

美国 M252 式 81 毫米迫击炮

M252 式迫击炮是美国生产的一种 81 毫米迫击炮。它是引进英国皇家军械厂的 L16 式 81 毫米迫击炮而制造的，1978 年鉴定试验，1984 年定型。M252 式由炮身、炮架、座钣和瞄准具等主要部分组成。炮身采用镍钼钒高强度的合金钢整体锻造制成，重量轻，耐磨损，耐烧蚀。炮架为特殊钢制的 K 形炮架，座钣采用美国的 M3 式铝合金锻制的圆形座钣，瞄准具是配用美国 M64 式瞄准具。初速 250 米/秒，最小射程 180 米，最大射程 6575 米。高低射界 45°～85°，方向射界（不移动炮架）左右各 5.62°，最大射速 30 发/分，持续射速 15 发/分，炮身长 1277 毫米，战斗全重 36.48 千克。行军时可分为 3 件，由士兵背负。配用英国榴弹、美国照明弹和发烟弹。此外，还配用美国 M374 式多种作用引信和 M23 式迫击炮计算器。从 1985 年开始装备美军步兵营、空中机动营和空降营。

↑ 美国 M224 式 60 毫米迫击炮

↑ 美国 M30 式 107 毫米迫击炮

美国 M30 式 107 毫米迫击炮

M30 式迫击炮是美国研制的一种 107 毫米的线膛迫击炮，1951 年开始装备部队，主要在空降部队中装备使用，每营 4 门。M30 式是一种发射旋转稳定弹的线膛迫击炮，其结构较复杂，由炮身、炮架、连接桥、回转器、座钣和瞄准具等 6 个主要部分组成。炮口装填，迫击发射。炮身长 1524 毫米。火炮初速 308 米 / 秒，最大射程 6800 米，最小射程 770 米，高低射界 40°～65°，方向射界左右各 7°（不移动炮架），最大射速 18 发 / 分，持续射速 3 发 / 分，战斗全重 290.39 千克，需炮手 7 人操作使用。机动方式为履带车载，短距离可分解为 5 件，由士兵背负。可配用 10 余种不同型号的榴弹、发烟弹、照明弹和

化学弹，有化学迫击炮之称。美军已为该炮研制了火箭增程弹，以进一步增加其射程。同时还研制了二元化学弹。

英国 L16 式 81 毫米迫击炮

L16 式迫击炮是英国研制的一种 81 毫米迫击炮，由皇家军械研究与发展局在 20 世纪 50 年代中期设计，皇家军械厂生产。

L16 式迫击炮由炮身、炮架、座钣和瞄准具组成。炮架与普通迫击炮的双脚架不同，它采用两条架腿不一样长的 K 形脚架，由钢和轻合金制造，重量轻，行军时可折叠。

火炮最大初速 297 米 / 秒，最小射程 166 米，最大射程 5650 米，高低射界 45°～80°，方向射界（不移动炮架）左右各 5.6°，最大射速 30 发 / 分，持续射速 15 发 / 分。

L16 式迫击炮炮身长 1280 毫米，战斗全重 37.85 千克。行军时可以分解为 3 件，由士兵背负，也可以用轻型汽车载运，还可以装在 FV432 履带式装甲输送车上发射。

在英阿马岛之战中，L16 式迫击炮曾经被使用过。由于它具有重量轻、携带方便、射程远、精度高、炮弹威力大等优点，因而作战效果很好。

英国 R0120 式 120 毫米自行迫击炮

R0120 式自行迫击炮是英国制造的 120 毫米自行迫

→ 英国 LI6 式 81 毫米迫击炮正在瞄准。

← 英国 LI6 式 81 毫米迫击炮正在装弹。

英国 R0120 式 120 毫米自行迫击炮，出口埃及的为 R2003 型。

击炮。英国诺丁汉皇家兵工厂 1985 年 10 月开始研制，该炮为滑膛结构，后膛装填，机械击发。炮塔全密闭，可 360° 旋转，炮塔上装有 1 挺 7.62 毫米链式机枪。采用履带式或轮式装甲车底盘。

最大射程 9000 米，高低射界 40° ~ 85°，方向射界 360°。

苏联"瓦西里克"82 毫米自动迫击炮

"瓦西里克"迫击炮是苏联研制的一种新式 82 毫米自动迫击炮。该炮结构特殊之处在于没有座钣，炮身装在双轮开脚大架上，装有反后坐装置。后膛装填。配有自动装弹箱，每次可装弹 4 发，持续射速可达 40 ~ 60 发 / 分，是人工操作、从炮口装填的迫击炮发射速度的 2 ~ 3 倍。

"瓦西里克"迫击炮也可装在步兵战车或汽车上，发射时从车上自动卸下，在地面发射，射击完毕即用机械装置装到车上，迅速转移至另一发射阵地。战斗全重 800 千克，最大射程 5000 米，高低射界 0° ~ 80°，方向射界左右各 10°。配用榴弹和空心装药反坦克弹。

该炮于 1971 年开始装备苏军摩托化步兵营。它既可用于普通迫击炮，又可完成直接瞄准任务或用于反坦克武器。在阿富汗战场上使用的是装在履带式空降战车上的自行式。

法国 MO-120-RT-61 式 120 毫米迫击炮

MO-120-RT-61 式迫击炮是法国研制的一种 120 毫米线膛迫击炮，20 世纪 70 年代中期装备法军空降师属炮兵团，用以取代 105 毫米榴弹炮。

该炮是世界上设计比较独特而结构较为复杂的现代迫击炮，杀伤效率高，进入和撤出阵地快，主要由炮身、炮架、座钣和瞄准具等部件组成。炮身长 2080 毫米，火炮战斗全重 565 千克，行军全重 582 千克。高低射界 28° ~ 85°，方向射界（不移动

法国驻波黑维和部队装备的 MO-120-RT-61 式 120 毫米迫击炮

苏联"瓦西里克"82 毫米自动迫击炮

法国 MO-120-RT-61 式 120 毫米迫击炮战斗状态

法国 MO-120-RT-61 式 120 毫米迫击炮准备装弹。

比利时 NR493 式 60 毫米迫击炮

炮架）左右各 14°，炮口装填弹药，采用撞击和拉火两种方式击发，最大射速 18 发／分，正常射速 6 发／分。行军时可用轻型汽车或履带车牵引，或以直升机吊运、空运或空投。最小射程 1100 米，最大射程 8135 米，对人员的杀伤效果可与 155 毫米榴弹炮的榴弹相比。

比利时 NR493 式 60 毫米迫击炮

NR493 式迫击炮是比利时研制的一种 60 毫米的迫击炮，为陆军部队装备使用。

该炮由炮身、炮架、座钣和瞄准具等主要部分组成。身管为滑膛式，由特种钢制造。炮口装填，炮尾装有固定击针撞击发射，炮身长 780 毫米。炮架为两脚支架，炮架上装有高低机、方向机、缓冲机和瞄准具架。座钣为圆盘形。该炮一般由 3 名炮手背负使用，在紧急情况下 1 人也可以背负使用。火炮发射 NR431 式榴弹的最大射程为 1800 米，方向射界（不移动炮架）左右各 7.6°，炮全重 22.1 千克。NR431 式榴弹重 1.37 千克，杀伤半径 13.5 米。

比利时 NR475A1 式 81 毫米迫击炮

NR475A1 式迫击炮是比利时研制的 81 毫米迫击炮，为陆军部队装备使用。该炮既可发射美国的炮弹，又可发射 PRB 工厂生产的炮弹，特别是能发射杀伤效力高的 NR436 式远程榴弹。它由炮身、炮架、座钣和瞄准具等组成。身管为滑膛，炮口装填。行军时可分为 3 件由士兵背负，也可车载或由直升机空投。火炮最小射程 300 米，最大射程 5820 米，射速 15～20 发／分，高低射界 39.4°～85°，方向射界（不移动炮架）左右各 7.9°，炮身长 1350 毫米，战斗全重 43 千克，配用 NR436 式远程榴弹、榴弹、发烟弹和照明弹。NR436 式远程榴弹装有塑料闭气环，以密闭火药气体提高射程，弹重 4.2 千克，最大射程 5820 米，杀伤半径平均 25 米，配瞬发引信。

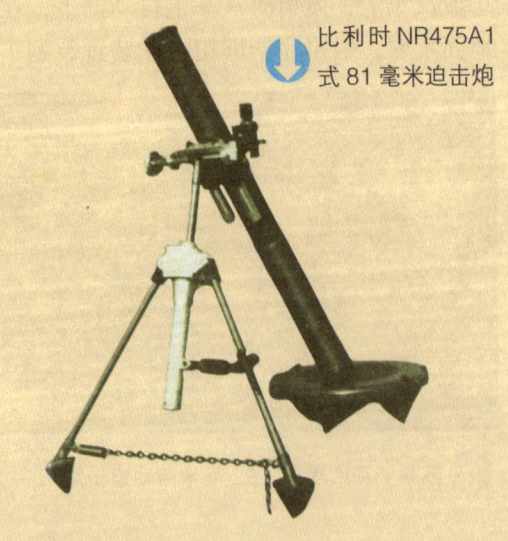

比利时 NR475A1 式 81 毫米迫击炮

意大利"布雷达"81毫米迫击炮

意大利"布雷达"81毫米迫击炮

"布雷达"迫击炮是意大利研制的一种新式81毫米迫击炮，用它来替换旧式迫击炮。

该炮主要特点是采用加长身管的方法，而不是采用特制炮弹或改进发射药的办法来提高射程。它采用从炮尾拔出击针的办法取出不发火弹，而不是采用危险的倒弹方法，从而大大提高了使用安全性。该炮由炮身、炮架、座钣和瞄准具组成。身管为滑膛式，炮口装填，炮架由铝合金制成。圆形座钣。行军时可分为3件由士兵背负。此外，还为该炮研制了CMB8迫击炮计算机，它能存储9～12个迫击炮炮位，30个目标，30个观察员和已知点，10个己方部队阵地，大大提高了射击的可靠性、准确性和快速性。

火炮最小射程75米，最大射程5000米，高低射界35°～85°，方向射界（移动炮架）360°，最大射速20发/分，炮身长1455毫米，战斗全重43千克。

芬兰TAM18式60毫米迫击炮

TAM18式迫击炮是芬兰研制的一种60毫米迫击炮由泰普勒公司制造。在泰普勒迫击炮系列中，它是最轻的一种，通常在连一级装备使用，用于支援在丛林地区作战的部队。由于它重量轻，一个由3

芬兰TAM18式60毫米迫击炮

人组成的巡逻小组即使在无公路的条件下也能背负步行。由于该炮火力强、射程远、精度高，因而可用来完成各种不同的战术任务。该炮由炮身、双脚炮架和圆形座钣组成。最大射程4000米，射速25发/分，战斗全重18千克。配用TAM18式泰普勒榴弹，弹重1.8千克。

葡萄牙HP式81毫米迫击炮

HP式迫击炮是葡萄牙研制的一种81毫米迫击炮，1979年开始批量生产。

火炮发射美制M43A1B1式榴弹时，最小射程75米，最大射程4200米。炮身重量有15千克（短身管）和18.5千克（长身管）两种，炮架重13.5千克；座钣重13千克（小座钣2.8千克），瞄准具重0.85千克，战斗全重42.35千克（短身管）和45.85千克（长身管），炮身长为1155毫米（短身管）和1455毫米（长身管）。榴弹重3.25千克。

葡萄牙HP式81毫米迫击炮

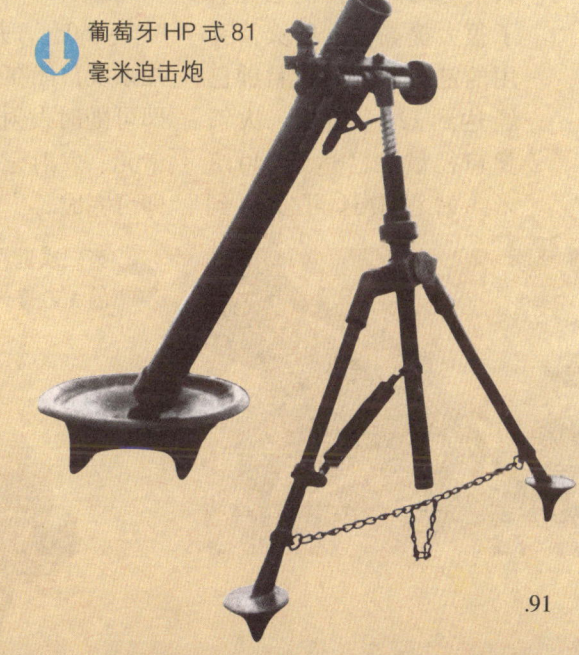

火箭炮

火箭炮

  火箭炮是利用火箭发射架（或管）发射火箭弹的一种大威力杀伤性武器系统。火箭弹靠自身携带的发动机为动力向前飞行，能够有效地对付暴露的集群目标，能够迅速、突然、猛烈地以饱和火力打击敌人。

  早在18～19世纪，在一些国家的军队里就曾出现过火箭分队，成为火箭炮兵的前身。1827年4月，第一支火箭分队——火箭连在俄国组建。火箭连装备6部6弹式和12部单弹式火药火箭发射架。

战后先进的火箭炮

  第二次世界大战后，火箭炮的战术性能已经有了很大提高，发射火箭弹用的定向器装弹数目前已经达到12～40枚，火箭弹口径最大已达到240毫米，射程最远可以达到

↑ 俄罗斯BM-24式240毫米火箭炮弹

45千米，高低射界能够达到0°～60°，方向射界可达360°，再装填时间最短的只有半分钟。

  20世纪60年代以后，各国装备的火箭炮均为多管联装自行式。主要型号有苏联的BM—21和BM—27、美国的MLRS、前联邦德国的SF110等。这些火箭炮火力极为猛烈，1个18门制的122毫米40管火箭炮营，20秒内可发射720枚火箭弹；而1个18门制的122毫米榴弹炮营，20秒内则只能发射48～72发炮弹。

  美国的MLRS火箭炮被公认为20世纪80年代最高水平的代表，一次齐射12发M77式双用途子母弹，可释放出7728颗子弹，饱和杀伤区域达202350平方米。6门MLRS火箭炮的瞬时火力效果，是1个6门制203毫米自行榴弹炮连的22倍。这种火箭炮采用M2履带式步兵战车底盘，越野能力强，火箭炮能360°环射，高低射界为0°～60°，并有三防能力。该火箭炮配有非常先进的火控系统，能在任何时间和地点，不用预先准备发射阵地，即可随时发射，从确定自身位置、目标方向、计算射击诸元、发射完12发火箭弹到撤离发射阵位，只需3分钟即可完成。

◀ 第二次世界大战时德军的150毫米6管火箭炮

▼ 俄罗斯BM-24式240毫米火箭炮

火箭炮适于对集团目标进行覆盖性轰击，而对小面积的目标射击精度较差，这是它不及榴弹炮和加农炮的地方。

各国火箭炮

美国 M270 式 277 毫米多管火箭炮

M270 式火箭炮是美国研制的 277 毫米 12 管新式自行火箭炮，1983 年投产并开始装备美陆军。军一级编有 1 个营，装备 27 门；装甲师和机械化师每师编 1 个连，装备 9 门。1991 年海湾战争中，美军曾大量使用该炮来攻击伊拉克的炮兵阵地、坦克集群和各种防御工事。

M270 式火箭炮由发射装置、火箭弹、火控系统、运载车、弹药车、电源与通信器材等部分组成。

M270 式火箭炮发射管数为 12 个。发射双用途子母弹时最大射程为 32 千米；发射反坦克布雷子母弹时最大射程为 40 千米；发射末制导反坦克子母弹时最大射程为 45 千米，发射速度 12 发 / 分。发射方式可单发、连发或齐射。高低射界 0°～60°，方向射界 360°，填充一次的时间为 5 分钟，战斗行军转换时间 2 分钟。战斗全重 25 吨。行军状态长 6972 毫米，宽 2972 毫米，高 2617 毫米。最大时速 64 千米，行程 483 千米。涉水深 1010 毫米，通过垂直障碍高 914 毫米，越壕

美国 M270 式 227 毫米火箭炮

宽 2290 毫米，爬坡度 60°，爬侧倾坡度 40°。火箭弹采用固体火箭发动机，弹上有 4 个导向销和 4 个折叠尾翼，配用 XM447 型遥控电子时间引信。

苏联"喀秋莎"火箭炮

1939 年，苏联制成 BM—13 型火箭炮，即俗称的"喀秋莎"火箭炮。

"喀秋莎"火箭炮采用多轨式定向器，一次齐射可以发射 16 枚 132 毫米弹径的火箭弹。这种火箭弹的最大速度为

苏联年轻人结婚时在"喀秋莎"前留影，以示对卫国战争功勋的怀念。

美国 M270 式 277 毫米多管火箭炮发射瞬间

美国 M270 式 277 毫米 12 管火箭炮

355米/秒，最大射程8600米，能在7～10秒内将16枚火箭弹全部发射出去，再装填一次大约需要5～10分钟。1个由18门BM—13型火箭炮组成的炮兵营，一次齐射便可以发射288枚火箭弹，能有效地杀伤敌人。

1941年7月14日，苏军首次在战场上使用了这种大威力杀伤性武器。

苏联BM—21式122毫米多管火箭炮

BM—21式火箭炮是苏联研制的一种122毫米40管自行火箭炮，1964年开始装备陆军炮兵部队。每个摩托化步兵师和坦克师属炮兵团均编有1个BM—21火箭炮营，装备该炮24门。

BM—21式火箭炮由定向管、摇架、回转盘、高低机、方向机、平衡机、瞄准装置和车体等主要部分组成。定向管分4层排列，每层10个。车体为乌拉尔375D，其越野性和机动性好。炮班6人。

火箭炮发射管数为40个。可发射长、短两种基本型号的尾翼稳定火箭弹，发射长火箭弹的最大射程为20.38千米，发射短火箭弹的最大射程为11千米。长火箭弹重77千克，长3.23米。短火箭弹重45.8千克，长1.095米。战斗射速为在18～20秒的时间内可以发射40发，间隔时间为0.5秒。高低射界0°～55°，方向射界左120°、右60°。战斗全重13吨。行

军状态长7350毫米，宽2690毫米，高2850毫米。车底距地高410毫米，轮距2米。涉水深1米，爬坡度31°，通过垂直障碍高650毫米，越壕宽875毫米。最大时速75千米，行程405千米。弹药基数120发。单发弹破片对装甲输送车、步兵战车和自行火炮等的有效杀伤半径分别为1米、0.5米和0.75米。1个营一次齐射化学弹，在2平方千米以上范围内可构成致死毒区。

以色列MAR290式290毫米多管火箭炮

MAR290式火箭炮是以色列研制的290毫米4管自行火箭炮，研制工作从1965年开始，供陆军部队装备使用。

MAR290式火箭炮由装有4发火箭弹的发射框架与舍曼坦克底盘两部分联合组成，射程25千米。

以色列在20世纪80年代初期研制了一种装在逊丘伦坦克车体上的新发射系统，即逊丘伦车载火箭炮。它仍配用MAR290式火箭炮的火箭弹，只是发射装置改为4个发射管。发射管内径为700毫米，以便容纳翼展为570毫米的尾翼火箭弹。发射管长6米。4个发射管安装在原炮塔圈上的新构架上。方向射界360°，高低射界0°～60°。射速为4发/10秒。射击完毕即转移至预定地点并重新装填火箭弹，再装填时间大约10分钟。

 BM-21式122毫米多管火箭炮（中国改进型）

以色列MAR290式290毫米多管火箭炮

逊丘伦车载火箭炮高 3.6 米，重 50.8 吨，车上乘员有 1 名炮长、1 名驾驶员和 2 名火控操纵员。发射时，4 人都进入车体内部。瞄准和再装填均通过液压传动装置进行。

MAR290 式火箭炮与逊丘伦车载火箭炮配用的火箭弹长为 5450 毫米，发射重量为 600 千克，战斗部重 320 千克，射程为 25 千米。

意大利"菲洛斯"25 式 122 毫米多管火箭炮

"菲洛斯"25 式火箭炮是意大利研制的 122 毫米 40 管自行火箭炮，由 BPD 公司于 1976 年开始研制。

火箭炮由发射架、击发装置、火控系统、瞄准装置和车体等几大件组成。发射架由两个箱式框架组成，每个框架装火箭发射管 20 个，共 40 个。

火箭炮发射常规火箭弹时，最大射程 25 千米；发射子母火箭弹时最大射程 22 千米，射速 40 发 /20 秒，间隔时间 0.5 秒。发射管长 3.7 米。高低射界 0°～ 60°，方向射界左右各 105°。发射架长 3755 毫米，宽 825 毫米，高 695 毫米，净重 400 千克。火箭炮单炮放列时间 5 分钟，1 门炮齐射时间为 16 秒，火箭炮连（6 门）

意大利"菲洛斯"25 式 122 毫米多管火箭炮正在进行装载作业。

放列时间 10 分钟，收炮时间 1 分钟，再装填时间为 5 分钟。

德国"拉尔斯"Ⅱ式 110 毫米多管火箭炮

"拉尔斯"Ⅱ式火箭炮是前联邦德国研制的一种 110 毫米 36 管自行火箭炮，1983 年开始装备陆军所属炮兵团的火箭炮营，每营有两个火箭炮连，每连 2 个排，每个排装备 4 门，共 16 门。该火箭炮由发射箱、平衡机、高低机、方向机、瞄准装置、运载车和射击指挥系统等主要部分组成。每个发射箱内有 18 个发射管。火箭炮发射管数 36 个。发射普通火箭弹时的最大射程为 14 千米，发射新研制 H 火箭弹时最大射程为 20 千米，最小射程 6 千米。发射方式可单发、连射或齐射，连射间隔时间为半秒，射速为 36 发 /17.5 秒。高低射界 0°～ 55°，方向射界左右各 95°，战斗全重 17.4 吨。行军状态长 8280 毫米，宽 2500 毫米，高 2990 毫米。公路时速 90 千米，最大行程 700 千米，最大爬坡度 31°，炮班 3 人。

意大利"菲洛斯"6 式 51 毫米火箭炮

德国"拉尔斯"Ⅱ式 110 毫米火箭炮运载车

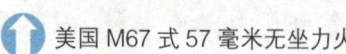

无坐力炮和反坦克炮

无坐力炮

　　无坐力炮是利用发射时炮尾向后喷射产生的反作用力,使炮身不后坐的火炮,也叫无后坐炮。特点是体积小、重量轻、结构简单、操作方便,是轻巧的步兵伴随武器。由于无后坐力,故不需要炮架,因此它的重量只相当于其他同口径火炮的十分之一左右。但这种炮发射时后喷火焰大,配用的是定装式空心装药破甲弹,用于摧毁近距离的敌方坦克、装甲车、野战工事等,是步兵分队反坦克的主要武器之一。无坐力炮按身管结构分为线膛和滑膛两种,按运动方式分为便携式、驮载式、车载式、牵引式、自行式等,按弹药装填方式分为前装式和后装式,按消除后坐方式分为喷管型、戴维斯型和弩箭型。这种

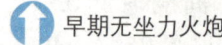

⬆ 美国 M67 式 57 毫米无坐力火炮

口径一般为 57 ～ 120 毫米,反坦克直射距离 400 ～ 800 米。

⬆ 早期无坐力火炮

⬇ 日本 60 式 106 毫米自行无坐力炮于 1960 年装备日本自卫队。

反坦克炮

　　反坦克炮过去叫战防炮，是一种直接瞄准，对坦克和装甲目标进行攻击的火炮。主要用于对付 2000 米以内的装甲目标。它具有身管长、射速快、火线高度低等特点。反坦克炮属于重型火炮，按机动方式分为牵引式和自行式，按炮管结构分为滑膛炮和线膛炮。

　　自行反坦克炮是一种车炮结合，能够自行机动和发射的反坦克炮。可分为履带式、半履带式、轮式和轮履合一式等；按防护程度，又可分为全装甲式和半装甲式自行反坦克炮。

🔵 英军士兵正在为英制 120 毫米反坦克炮装炮弹。

➡ 意大利 B1 式 105 毫米自行反坦克炮

🔵 德国 37 毫米反坦克炮战斗状态

.97

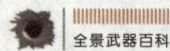
⬆ 120 毫米自行反坦克炮轻便、迅速，许多国家都在使用这种武器。

⬆ 俄罗斯 D-44 式 85 毫米反坦克炮

⬇ 德国 75 毫米自行反坦克炮

⬆ 德军 47 毫米 M1937-181 反坦克炮

⬅ 美国 M50 "昂图斯" 式 106 毫米 6 管自行无坐力炮

⬆ 德国 JPZ4-5 "美洲豹" 式 90 毫米自行反坦克炮

⬆ 德军 37 毫米 V237 式反坦克炮

⬅ 英国 105 毫米低后坐力炮

各国无坐力炮和反坦克炮

美国 M40 式 106 毫米无坐力炮

M40 式无坐力炮是美国的一种步兵反坦克武器，于 20 世纪 50 年代中期开始生产并装备美军步兵营，同时出口日本、西班牙等 32 个国家，从 70 年代初开始退出美军现役。

M40 式无坐力炮被认为是"最成功的 106 毫米无坐力炮之一"。身管由合金钢制成。通过方向机可使火炮进行 360°旋转。身管上方有 M8C 式试射枪。瞄准镜观察距离为 2200 米。射击时打开炮闩装进炮弹，通过瞄准镜和试射枪可概略测定目标距离，这时即可发射炮弹。该炮身管长 2.7 米，全长 3.4 米，重 709.5 千克，高 1.12 米，宽 1.52 米，最大射程 7700 米，有效射程 1100 米，持续射速 1 发 /分，高低射界 — 17°～ + 65°，方向射界 360°。火炮采用整装式炮弹，主要配用空心装药破甲弹和曳光爆破榴弹。试射枪配用试射曳光弹，命中时可产生白色烟团以显示弹着点。

苏联 B－10 式 82 毫米无坐力炮

该炮是苏联的一种旧式反坦克武器，20 世纪 50～60 年代开始生产，并装备苏军摩托化步兵营无坐力炮排。该炮由身管、击发机构、瞄准装置、轮式炮架和三脚架组成。身管前端有拖拽用握把和小滑

美国 M40 式 106 毫米无坐力炮

轮，后部为燃烧室和炮闩，内壁为滑膛。行军时装在轮式炮架上牵引。射击时炮架折向身管下方，改用三脚架支撑。瞄准时用光学瞄准镜。身管长 1.91 米，最大膛压 62 兆帕，初速 320 米 / 秒，最大射程 4470 米，有效射程 500 米。破甲厚度 240 毫米。射速 6～7 发 / 分。高低射界 –20°～ ＋ 30°，方向射界 360°。行军状态 87.6 千克，战斗全重 85.5 千克。火炮发射 0－881A 式尾翼稳定破甲弹。破甲弹重 4.9 千克，弹丸重 3.6 千克。弹药基数 60 发。可车载或人力拖拽。

苏联 D-44 式 85 毫米反坦克炮

苏联 D－44 式 85 毫米反坦克炮

D－44 式反坦克炮是苏联生产的一种旧式反坦克武器，因为该炮是在第二次世界大战末期定型的，因此又叫 M1945 式反坦克炮。另外还有一种 SD－44 式反坦克炮，它和 D－44 式的主要区别是装有辅助推进装置。

该炮由身管、炮架、反后坐装置、瞄准装置、轮式炮架组成。配用弹药有曳光

苏联 B-10 式 82 毫米无坐力炮

穿甲弹、高速穿甲弹、榴弹等。火炮战斗全重1.7吨。高低射界—7°～+35°，方向射界54°。初速分别为1030米/秒（高速穿甲弹）和792米/秒（曳光穿甲弹）。

↑ 意大利"弗格里"80毫米无后坐炮

意大利"弗格里"80毫米无后坐炮

"弗格里"无后坐炮是意大利研制的80毫米无后坐炮。该炮1974年开始研制，目前仍在生产。

该炮的主要特点是采用无后坐炮技术与火箭增程技术相结合，有双脚架型和三脚架型两种，前者采用简易光学瞄准镜，后者采用带有光学测距仪和提前量测定装置的光电瞄准镜，由两人操作。

该炮使用的火箭增程弹由弹丸和多孔药筒组成，弹丸包括空心装药战斗部、火箭发动机和尾翼。火炮最大射程4500米，有效射程分别为500米（双脚架型）及1000米（三脚架型）。

瑞典PV－1110式90毫米无坐力炮

PV－1110式无坐力炮是瑞典研制的一种步兵用反坦克武器。目前该炮已停止生产。

该炮由身管、击发机构、瞄准装置和轮式炮架等主要部分组成，身管上方有修正用试射枪，行军时用拖车牵引或用轻型轮式车运载。

该炮的身管长为3.7米，战斗状态重260千克，初速为650米/秒，有效射程大约900米，高低射界—10°～+15°，方向射界75°～115°，射速6发/分，弹重3.1千克，破甲厚度为550毫米。

德国JPZ4－5式90毫米反坦克炮

JPZ4－5式反坦克炮是前联邦德国研制的一种90毫米自行反坦克炮。它是前联邦德国和瑞士于20世纪50年代末合作的项目，1967年起开始大量生产，装备机械化步兵旅和反坦克歼击旅。

该炮的特点是采用了暗炮塔结构，火炮位于车体前部，因此显著降低了火线高度，战斗中便于隐蔽。身管采用M1966式90毫米反坦克炮身管。战斗舱右后侧有1挺7.62毫米高射机枪。车顶上装有8管发烟器。

火炮炮身长3663毫米，车体尺寸为6.29米×2.98米×2.1米，战斗全重27.5吨，初速为930米/秒，最大射程为15千米，有效射程为1800米，射速为12发/分，方向射界为30°，高低射界—8°～+15°，最大行程为400千米。最大运动速度70千米/时。火炮配有超速穿甲弹、穿甲弹、破甲弹、碎甲弹等多种反坦克弹药，还可发射M47式或M48式坦克使用的炮弹。

← 瑞典PV-1110式90毫米无坐力炮

→ 德国JPZ4-5式90毫米反坦克炮

高射炮

高射炮的出现

高射炮是从地面对空中目标进行射击的火炮（有时简称为"高炮"）。其特点是炮身长、初速大、射界大、射速快、射击精度高。也可用于对地面或水上目标进行射击。

1906年，德国的爱哈尔特公司在原来汽球炮的基础上研制出了世界上第一门高射炮，专门用来对付飞艇。到第一次世界大战爆发之前，工业技术先进的国家相继造出了高射炮。第一次世界大战中，参战国主要装备的有75毫米、76.2毫米和105毫米高射炮，并出现了自行高射炮。这一时期，高射炮初速为6000～8000米/秒，炮上装有简易的瞄准装置，并编制了射表，装填和发射由人工操作。

20世纪30年代，军用飞机性能有了明显提高，高射炮也得到了较大改进。小口径高射炮配装上了自动瞄准具，瞄准发射精度高，发射速度为150～400发/分，最大射高6000米。中口径高射炮配用射击指挥仪，炮上装有手摇瞄准系统，发射速度20～25发/分，最大射高

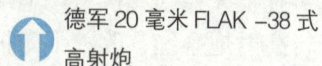
德军20毫米 FLAK –38 式高射炮

为10000～13000米。第二次世界大战中，随着飞机飞行高度的提高，出现了120毫米和128毫米等大口径高射炮。还配备了炮瞄雷达和火炮随动装置，可以发射嵌有1000个钢珠的榴弹、穿甲弹、穿甲燃烧弹、破片燃烧脱壳穿甲弹等，并配有近炸、延时等多种引信，可击毁装甲防护的直升机和没有装甲防护的飞机。使射击精度和毁伤率进一步提高。

德军车拉高射炮开火。

在第一次世界大战中，攻占青岛的日军使用了当时最新试制的高射炮。

现代自行高射炮系统

　　20世纪50年代出现了防空导弹综合系统，中大口径高射炮的地位开始下降，60年代，有些国家用地空导弹逐步取代了大中口径高射炮。但由于地空导弹在低空存在射击盲区，故小口径高射炮仍得到发展，出现了炮瞄雷达、光电跟踪和测距装置、火控计算机与火炮结合为一体的自行高射炮系统，改善了防护性能，提高了机动性和射击效果。

　　各国现装备的小口径高炮近70种，多数是火炮、雷达和指挥仪组成的三位一体自行高射炮系统，有效射程2000～6000米，有效射高1000～3000米。可360°旋转射击，还可以－10°俯射。多为双管，有的采用4管或6管联装，射速一般在每分钟1000发以上。

　　美国的"火神"M163式6管自行高射炮，射速高达每分钟3000发，可形成密集的杀伤弹幕。自行高射炮系统配有由

⬆ 美国"鹰"35毫米双管自行高射炮

雷达、光电跟踪和测距装置、数字火控计算机组成的先进火控系统，可自动搜索、跟踪和瞄准目标，根据不同性质的目标自动装定所需的引信。这种高炮对空射击反应时间为4～6秒，行进间射击的毁歼概率也能达到28%。瑞典的"特里尼迪"40毫米单管自行高射炮，射速每分钟333发，其火控雷达极为先进，对距离6000米的飞机、直升机射击，10发点射的杀伤概率可达50%，是世界上射击精度最高的高射炮。

⬆ 德国RH202式20毫米高射炮

⬆ 美国"火神"20毫米6管自行高射炮　　⬆ 德国RH202式20毫米双管高射炮

美国"火神"M163式20毫米6管自行高射炮

美国 M42 式 40 毫米双管自行高射炮

各国高射炮

美国"火神"M163式20毫米自行高射炮

"火神"M163式高射炮是美国研制的一种20毫米自行高射炮系统。1967年开始生产，1968年8月起服役，主要装备美军机械化步兵师和装甲师属混合防空炮兵营，与"小槲树"防空导弹配合使用。该系统由M168式自动炮、无弹链供弹系统、雷达火控系统和M741式装甲车底盘组成。

"火神"M163式高射炮射程较近，威力不足，不具备全天候作战能力。有效射程1650米，有效射高900米，管数6，火控设备为测距雷达和光学瞄准具。乘员4人。

美国 M42 式 40 毫米双管自行高射炮

M42式高射炮是美国生产的一种40毫米双管自行高射炮，20世纪50年代初开始设计，1953年起装备美军，曾在越南战争中广泛使用，1969年以后被"火神"高射炮取代。

M42式高射炮的武器系统由双管M2A1式40毫米高射炮和M41式轻型坦克车体组合而成。车体为全焊接式结构，前部为驾驶和指挥舱，中部为敞开炮塔，后部装发动机。指挥舱内有M13式潜望镜。火炮可采用单发射击或全自动射击。

火炮管数2，炮身长2.4米，最大射程9475米，最大射高5000米，有效射

主要用于前沿阵地打击低空目标的美国 M42 式 40 毫米双管自行高射炮

高 1640 米。方向射界 360°，高低射界 − 3°~ + 85°，方向瞄准速度 40°/秒，高低瞄准速度 25°/秒，最大射速 2 × 120 发/分。战斗全重 22 吨。最大行程 161 千米，最大行驶速度 72 千米/时。最大爬坡度 31°。越壕宽 1.83 米，涉水深 1.02 米，通过垂直墙高 0.71 米。车体前装甲厚度 25.4 毫米，炮塔装甲厚度 9.52 ~ 15.87 毫米。乘员 6 人。

英国"神枪手"双管 35 毫米自行高射炮

"神枪手"高射炮是英国于 1983 年研制的一种 35 毫米双管自行高射炮系统。该系统由瑞士厄利空公司的 KDA 式 35 毫米高射炮及弹药、搜索和跟踪雷达、固定式或陀螺稳定式光学瞄准具及数字式火控计算机组成，具有反应迅速、机动性强以及全天候作战能力等特点。该炮炮塔的适应性很强，借助连接环可安装在多种坦克底盘上。火炮有效射程 4000 米，有效射高 3000 米，高低射界 − 10°~ + 85°，方向射界 360°，乘员 3 人。

▲ 英国"神枪手"双管 35 毫米自行高射炮

苏联 2C6 式弹炮结合防空系统

2C6 式弹炮结合防空系统是苏联制造的一种高射炮与地空导弹结合的防空武器系统。1987 年初开始装备部队。

该系统是世界上第一种正式装备的弹炮一体化防空武器，使用新的 MT − C 式装

▲ 苏联 2C6 式弹炮结合防空系统

甲输送车的改进型底盘，配装两管 2A42 式 30 毫米自动炮和两部双联装萨姆 − 19 式防空导弹发射装置以及搜索和火控雷达。两管自动炮分别安装在炮塔外部两侧，两部双联装萨姆 –19 式防空导弹发射装置设置在火炮的两侧，能独立进行俯仰运动，不受火炮的影响。火控设备配用北约称之为"快车"的雷达系统，它包括两部独立的分别安装在炮塔前、后部的雷达，其中前部是火控雷达，后部是搜索雷达，作用距离分别为 5 千米和 15 千米。火炮有效射程 3800 米，理论射速 1000 发/分。

苏联 ZSU − 23 − 4 式 23 毫米 4 管高射炮

ZSU − 23 − 4 式高射炮是苏联研制的一种 23 毫米 4 管自行高射炮，1965 年面世，装备苏军摩托化步兵团和坦克团。该炮还向叙利亚、阿富汗、伊拉克、印度、古巴和越南等 30 多个国家出口。在 1973 年第四次中东战争中，由该炮击毁的以色列飞机占以方飞机损失总数的 1/3。1991 年海湾战争中曾使用。

该炮由 AZP − 23 机关炮、改进的 PT − 76 轻型两栖坦克车体、密封式炮塔与火控系统等主要部分组成。火控系统由 B − 76 炮盘炮瞄雷达、光学瞄准装

⬆ 苏联 ZSU-23-4 式 23 毫米 4 管自行高射炮

⬆ 法国 M3-VDA 式双管 20 毫米自行高射炮

置、计算机和火炮稳定装置组成。最大射程 7000 米，有效射程 2500 米，直射距离 900 米。最大射高 5100 米，有效射高 1500 米。理论射速 4×（850～1000）发 / 分，战斗射速 4×200 发 / 分。高低射界 -4°～+85°，方向射界 360°。高低瞄准速度 60°/ 秒，方向瞄准速度 70°/ 秒。毁歼概率：停止间 33%，行进间 28%。系统反应时间 14 秒，行军战斗转换时间 5 秒。该炮战斗全重 19 吨。长 6540 毫米，宽 3125 毫米，高 3576 毫米。最大时速 44 千米，最大行程 260 千米。涉水深 1070 毫米，爬坡度 60°，侧倾度 30°，通过垂直障碍高 1100 毫米，越壕宽 2800 毫米。装甲厚度 10～15 毫米。车上携弹量 2000 发。乘员 4 人。配用杀伤爆破燃烧弹和曳光穿甲燃烧弹。

法国 M3 - VDA 式双管 20 毫米自行高射炮

　　M3 - VDA 式高射炮是法国研制的一种 20 毫米双管自行高射炮系统。1975 年开始批量生产，主要供出口。该系统由 TA - 20 式炮塔、RA - 20 型脉冲多普勒搜索雷达、R56T 式光电计算瞄准装置和改进的 M3 - VTT 轮式装甲车底盘组成。火控系统主要包括 RA - 20 目标搜索雷达、P56T 式光电计算瞄准装置和辅助光学瞄准具。有效射程 1800 米，有效射高

800 米，理论射速 2000 发 / 分，高低射界 -5°～+85°，方向射界 360°，携弹量 6000 发，最大行驶速度 90 千米 / 时，爬坡度 60°，通过垂直墙高 0.3 米，越壕宽 0.8 米，战斗全重 7.2 吨，乘员 3 人。

法国"塞伯拉"双管 20 毫米牵引式高射炮

　　"塞伯拉"高射炮是法国研制的一种双管 20 毫米牵引式高射炮，装备法国空军部队。武器系统与前联邦德国 PH202 式双管高射炮类似，但炮管改用法国设计的 M693（F2）式炮管。在火控系统方面，可用警戒雷达或采用 DALDO 式目标指示装置的指挥仪进行自动控制。

　　火炮战斗全重 1.51 吨，行军全重约 2 吨。行军状态长 5.05 米，宽 2.39 米，高 2.07 米。方向射界 360°，高低射界 -5°～+83°。最大射速 2×900 发 / 分，实际射程 2000 米。机动方式为用卡车牵引。

⬆ 法国"塞伯拉"式双管 20 毫米牵引式高射炮

↓ 法国 53T4 式
双管 20 毫米
高射炮

法国 53T4 式双管 20 毫米高射炮

53T4 式高射炮是法国研制的一种双管 20 毫米牵引式高射炮，在 1983 年的萨托里兵器展览会上首次展出。武器系统由双管 20 毫米机关炮、方向机、高低机、瞄准装置、供弹机、反后坐装置和轮式炮架等主要部分组成。射击时由电动控制开关进行控制，对空射击时使用放大倍率为 1 的高炮瞄准镜，镜内有补偿目标飞行速度的偏差分划。对地面目标射击时使用放大倍率为 5.2 的望远镜。供弹机为两个装有 150 发杀伤爆破弹的弹箱，通过弹带送弹。炮架上还备有 50 发穿甲弹。火炮方向射界 360°，高低射界—8°～＋83°，最大射速 900 发／分，战斗全重 2 吨，弹药携行量为 350 发。

德国 Rh202 式双管 20 毫米高射炮

Rh202 式高射炮是德国制造的一种双管 20 毫米牵引式高射炮，20 世纪 70 年代研制成功，生产了 1500 门，装备德国部队并向希腊、印度尼西亚、阿根廷等国出口。该炮特点是射速高，环境适应能力强，方向瞄准和高低瞄准速度快。它由两门 Rh202 式 20 毫米高射炮、反后坐装置、方向机、高低机、供弹机、上架、下架、火控系统和轮式拖车组成。火炮管数 2，身管长 2.61 米，初速 1150 米／秒，有效射程 2000 米。方向射界 360°，高低射界在液压操纵时—3.5°～＋81.6°。最大射速 2×1000 发／分。战斗全重 1.64 吨，行军全重 2.16 吨。行军状态长 5.03 米，

宽 2.36 米，高 2.07 米。机动方式为卡车牵引或直升机吊运。

德国"野猫"双管 30 毫米自行高射炮

"野猫"高射炮是德国制造的一种新式双管 30 毫米自行高射炮，由克劳斯公司自 1977 年开始研究设计，于 1981 年首次展出样品。它是一种现代化近程防空武器，主要作用是对低空飞行目标进行防御，也可用于掩护机场、发电厂、指挥所等重要目标，还可用于攻击地面轻型装甲目标。

"野猫"高射炮的武器系统由 MK30F 式双管 30 毫米机关炮、雷达、光电火控系统、计算机和轻便式 6 轮装甲车体组合而成。

火炮管数 2，身管长 2.46 米，初速 1040 米／秒。最大射程 6500 米，有效射程 3000 米。最大射高 4800 米，有效射高 2500 米。方向射界 360°，高低射界—5°～＋85°。方向瞄准速度 90°／秒，高低瞄准速度 70°／秒，理论射速 2×800 发／分。战斗全重 18.5 吨，弹药携行量 540 发。配用的贫铀穿甲燃烧弹可穿透 M48 式或 T62 式坦克的装甲。最大速度 80 千米／时。最大行程 600 千米，涉水深 1 米。

↑ 德国"野猫"双管 30 毫米自行高射炮

德国"猎豹"双管35毫米自行高射炮

瑞士 GAI-DO1 式双管 20 毫米高射炮

德国"猎豹"双管35毫米自行高射炮

"猎豹"自行高射炮是前联邦德国研制的一种双管35毫米自行高射炮，由前联邦德国西门子公司和瑞士厄利空公司于20世纪60年代初开始联合研制，1976年起装备前联邦德国陆军师属防空团。后进行了多次改进。

"猎豹"高射炮是一种机动式近程防空武器，主要用于对低空飞行目标的防御，可随装甲部队快速机动。全套系统由KDA式机关炮、雷达、光电火控系统和"豹"Ⅰ式坦克底盘组成。

火炮管数2，身管长3.15米，初速1175米/秒。最大射程12.8千米，有效射程4000米，最大射高6000米，有效射高3000米。方向射界360°，高低射界－5°～＋85°。理论射速2×550发/分。战斗全重46.3吨，弹药携行量680发。

瑞士 GAI－DO1 式双管 20 毫米高射炮

GAI－DO1式高射炮是瑞士研制的双管20毫米高射炮，20世纪70年代中期研制成功，1978年起少量生产供应出口。它由双管 KAD－13－3 式20毫米高射炮和GAI－DOL式炮架组成。火炮采用液压式传动装置控制方向和高低转动，也可手工操作。每个弹仓可装120发炮弹，通过弹链将炮弹送入炮膛。

火炮管数2，身管长1.9米，初速1050米/秒，有效射程2000米，最大射速2×1000发/分，方向射界360°，高低射界－3°～＋81°，方向瞄准速度80°/秒，高低瞄准速度48°/秒。行军状态长4.59米，宽1.86米，高2.34米，战斗全重1.33吨。

瑞士 GAI－BO1 式 20 毫米高射炮

GAI－BO1式高射炮是瑞士制造的一种轻便型20毫米的轻型高射炮，20世纪50～70年代曾广泛装备西方国家，现已停止生产。

该炮由 KAB－001 式20毫米机关炮和三脚式炮架组成，主要用于防御低空飞机的袭击，必要时也可攻击地面轻型装甲目标。

火炮身管长2.44米，初速为1100～1200米/秒，最大射程约7000米，有效射

瑞士 GAI-BO1 式 20 毫米高射炮

程为2000米，理论射速1000发/分，方向射界360°，高低射界—4°～+85°，战斗全重约400千克。行军状态长3.85米，宽1.55米，高2.5米。

南斯拉夫M55A3B1式3管20毫米高射炮

M55A3B1式高射炮是南斯拉夫研制的一种3管20毫米高射炮，装备南斯拉夫地面部队。

M55A3B1式高射炮配用的PANS—20/3式瞄准具是一种光学与机械结合的自动瞄准装置，既可用于空中目标，也可用于地面目标。射手概略计算目标飞行速度、航向和距离后，把数据输入瞄准具，即可自动计算出目标提前量。瞄准具可对飞行速度为1000千米/时、距离为1500米的目标进行瞄准。火炮管数3，身管长1.4米，最大射程5500米，实际射程1200米，最大射高4000米。方向射界360°，高低射界—5°～+83°。方向瞄准速度70°/秒，高低瞄准速度50°/秒。射速3×700发/分。战斗全重约1.15吨，弹仓重28.5千克（装60发弹）。

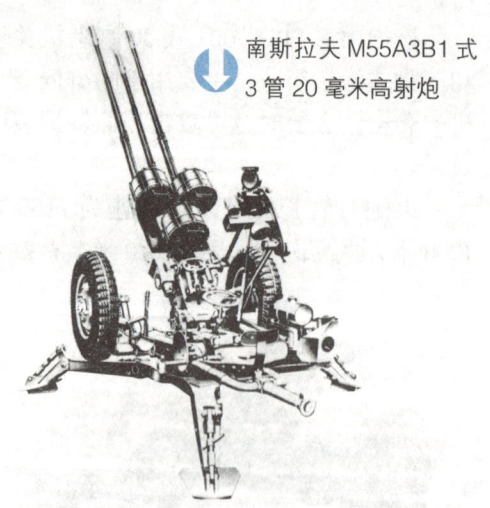

⬇ 南斯拉夫M55A3B1式3管20毫米高射炮

瑞典"博菲"40毫米高射炮

"博菲"高射炮是瑞典生产的一种40毫米牵引式防空武器，由博福斯公司于20世纪70年代开始研制，70年代后期出口欧、亚一些国家。它不同于传统的雷达火控系统，采用了全新的光电火控系统，具有准备战斗时间短、射击精度高、抗干扰能力强等优点。全套武器系统由L/70式40毫米高射炮、光学瞄准具、激光测距机和计算机组成。

火炮身管长2.8米。行军状态长6.32米，宽2.23米，高3.25米。高低瞄准速度90°/秒，方向瞄准速度120°/秒。战斗全重5.3吨。理论射速300发/分。最大射程12.5千米，有效射程3700米。最大射高8700米，有效射高2300米。高低射界—4°～+90°，方向射界360°。机动方式为用卡车牵引。弹药携行量122发。配用弹药为穿甲曳光弹、预制破片榴弹等。炮手4人。

瑞典L/60式40毫米高射炮

L/60式高射炮是瑞典的一种旧式40毫米高射炮，第二次世界大战中曾广泛使用，并有多种改进型号。由炮身、高低机、方向机、瞄准具、供弹机构和轮式炮架组成。炮身后部有光学瞄准具和立楔式炮闩，高低瞄准、方向瞄准和弹夹供弹均由炮手操作，由两名装填手在炮盘两侧将装有4发炮弹的弹夹轮流插入导板。火炮其中一种身管长2.24米（56倍口径），另一种长2.4米（60倍口径）。最大射程10.1千米，有效射程2500米，最大射高

4600 米，有效射高 2500 米，高低射界为 — 5°～＋90°。方向射界 360°。最大射速 120 发／分。行军状态长 6.38 米，宽 1.72 米，高 2 米。机动方式为用 2.5 吨（6×6）卡车牵引。

以色列 TCM－30G 式 30 毫米高射炮

TCM－30G 式高射炮是以色列生产的一种 30 毫米双管牵引式高射炮。以色列飞机工业有限公司于 1981 年在 TCM－30 式舰炮基础上研制而成。

火炮采用双管"厄利空"KCB 式 30 毫米自动炮，火炮安装在炮塔式炮架上，由 4 轮炮车牵引。通常情况下 6 门火炮同时由"蜘蛛"—Ⅱ式火控中心控制，包括火控操作台、战术控制操作台、搜索雷达、跟踪指挥仪和处理装置。

意大利"奥托·梅莱拉"4 管 25 毫米自行高射炮

该炮是意大利奥托·梅莱拉公司研制的一种 4 管 25 毫米自行高射炮，20 世纪 70 年代末开始设计试制，1983 年制成样炮。武器系统由 KBA－BO2 式 25 毫米机关炮与 M113 式装甲人员输送车底盘两部分组成。4 管高射炮与小型炮塔一起装在装甲车顶部，可以方便地进行 360°

意大利"奥托·梅莱拉"4 管 25 毫米自行高射炮

旋转，因此可实施全方位射击。火炮管数 4，身管长 2.17 米，初速 1325 米／秒。最大射程 7000 米，有效射程 2000 米，有效射高 1000 米。方向射界 360°，高低射界 — 5°～＋87°。方向瞄准速度 80°～120°／秒，高低瞄准速度 100°／秒。理论射速 4×570 发／分。战斗全重 12.5 吨，弹药携行量 1400 发。

意大利"布雷达"L70 式双管 40 毫米高射炮

"布雷达"L70 式高射炮是意大利生产的一种双管 40 毫米牵引高射炮，由意大利布雷达机械公司研制。它主要用于击毁低空飞机和导弹。

该炮系由舰载双联装 40 毫米高射炮发展而来，主要优点是全自动，无须炮手直接在炮上操作，射速高。由炮身、摇架、反后坐装置、自动供弹机、炮塔、炮架、油机和火控系统等组成。

高炮管数 2，身管长 2.8 米（70 倍口径）。初速 1025 米／秒，最大射程 12.5 米，有效射程 4000 米。最大射高 8700 米，有效射高 1000～3000 米。理论射速 600 发／分，反应时间 4 秒。高低射界 — 5°～＋85°，方向射界 360°。高低瞄准速度 60°／秒，方向瞄准速度 100°／秒。行军全重 11.5 吨。行军状态长 8.05 米，宽 3.2 米，高 3.65 米。行军时由菲亚特 6605（6×6）型卡车牵引。配用穿甲弹、预制破片弹和曳光榴弹。

意大利"布雷达"L70 式双管 40 毫米高射炮

舰 炮

舰炮

　　舰炮是装备在舰艇上的海军炮。按口径分为大、中、小口径舰炮，按管数分为单管、双管和多管联装舰炮，按防护结构分为炮塔舰炮、护板舰炮和敞开式舰炮，按自动化程度分为全自动舰炮、半自动舰炮和非自动舰炮，按射击对象分为平射舰炮和平高两用舰炮，按战斗使命和任务分为主炮和副炮。

　　舰炮结构由基座、起落部分、旋回部分、瞄准装置、拖动系统、弹药输送系统、电气系统等构成。舰炮及其弹药和火控系统组成舰炮武器系统。现代舰炮的口径一般在 20 ～ 130 毫米间，一般初速 1000 米 / 秒左右，射速 10 ～ 100 发 / 分，最大射高 3 ～ 15 千米，最大射程 4 ～ 20 千米。通常是采用加农炮，自重平衡，多管联装，具有重量轻、结构紧凑、射界大、射速快、操纵灵活、瞄准快速、命中

英国皇家海军"罗迪尼"号战列舰在诺曼底登陆中提供炮火支援。

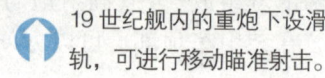
19 世纪舰内的重炮下设滑轨，可进行移动瞄准射击。

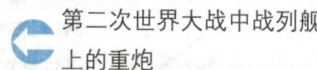
第二次世界大战中战列舰上的重炮

率高和弹丸破坏威力大等特点。使用弹药有穿甲弹、爆破弹、杀伤弹、空炸榴弹和特种弹，用于射击水面、空中和岸上目标。

　　公元 14 世纪出现火炮后，舰炮也出现了。最初的舰炮是臼炮。直到 18 世纪末，其结构和陆炮一样，都是用生铁、铜和青铜铸

↑ 美国"艾奥瓦"号战列舰主炮

↑ 美国"北卡罗来纳"号战列舰的前主炮

造的滑膛炮，配置在多层甲板的两舷，故称为舷炮。1861 年，北美首先建造了有旋转炮塔的甲板炮。随着后装线膛炮的发展，无烟火药和高能炸药的采用，舰炮口径不断增大，结构和性能不断改进，加之装备了光学测距仪、炮瞄雷达和射击指挥仪等，舰炮的射程、发射率、命中率和弹丸破坏力都有了提高。

20 世纪 60 年代，精确制导反舰武器的出现使舰炮的地位发生了显著变化。但舰炮仍是水面战斗舰艇不可缺少的武器。

主炮、副炮和炮塔炮

主炮是某一军舰为完成其基本任务（如与相同舰种的敌舰进行炮战）而装备的口径最大的舰炮。到第二次世界大战末期，战列舰的主炮口径已达 457 毫米，数量约 6～12 门，安装在双联装、三联装或四联装的炮塔中。战后，由于舰炮任务发生变化（舰炮通常是高平两用炮，既能摧毁空中目标，又能摧毁岸上和海上目标），大型军舰的火炮口径已经减小。现代巡洋舰主炮口径为 203 毫米，驱逐舰的为 130 毫米，护航舰的为 127 毫米。它们装在单炮炮塔、双联装炮塔和三联装炮塔内。

副炮是舰艇上除主炮以外的其他火炮。炮塔炮是用装甲封闭的、装有 1～4

门火炮、可做水平旋转的舰炮或转台岸炮。炮身经前装甲的炮眼伸出，顶部和两侧有供瞄准装置和光学测距仪或雷达测距仪用的开口，开口上装有装甲罩。19 世纪中期，舰上出现了炮塔炮。现代舰用炮塔炮由炮室、炮塔底室和转运室组成。炮室内装火炮、高低机和射击指挥仪。炮塔底室装有方向机、操纵台和送弹装置。转运室将炮塔同弹头舱、装药舱隔开。现代水面舰艇上炮塔炮的特点是：瞄准、送弹与装弹高度自动化；装甲防护完全密闭，外形椭圆；防护装甲与法线之间的夹角较大。小口径炮塔炮已完全自动化。由于采用自动化装置，中、大口径炮塔炮的操纵人员减少。

↑ 1943 年，美国"艾奥瓦"号战列舰首的主炮群和 20 毫米高射机枪。

位于航空母舰机库上的 76 毫米速射炮，射速 120 发 / 分，最大射程 16 千米。

第二次世界大战中，苏联北海舰队的驱逐舰舰尾火炮。

1943 年 8 月，第二次世界大战时期的日本战舰，上面的大口径舰炮清晰可见。

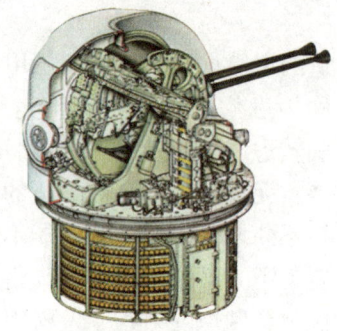

意大利 40L70 式舰炮结构示意图

第二次世界大战中美国巡洋舰"阿拉斯加"号上的右舷后部对空火炮群。

6 管 30 毫米舰炮，主要用于近程防御，射速 3000 发 / 分，射程 2000 米。

1944 年 6 月 5 日，英国巡洋舰"渥斯派德"号在诺曼底登陆战役中主炮发射的瞬间。

美国舰载 127 毫米 Mk45MOD 2 式舰炮正在发射炮弹。

各国舰炮

美国 Mk45 式 127 毫米舰炮

Mk45 式舰炮是美国研制的一种单管 127 毫米舰炮。20 世纪 70 年代初开始生产，1974 年正式装备使用。1984 年开始生产改进型 Mk45 MOD 1 式 127 毫米舰炮。

该炮系全自动火炮系统，结构紧凑，重量轻，自动化程度高，反应快，精度高，可靠性高，具有三防能力，能全天候作战。该炮的瞄准、装填、射击、退壳及退出瞎火炮弹全部实现自动化。火炮采用的

Mk86 型火控系统是美国海军的第一种数字式火力控制系统，它由两部雷达、两套光学探测系统、1 台 Mk152 型通用计算机以及操作控制台组成。雷达与光学探测装置相结合，探测技术先进，抗干扰能力强，能对多个目标进行跟踪。该炮用于对付空中、海上和岸上目标，也用于火力支援。

火炮最大射程 23.7 千米，最大射高 13.6 千米，高低射界 － 15°～＋ 65°，方向射界左右各 170°。炮手 6 人。

英国 DS30B 式 30 毫米舰炮

DS30B 式舰炮是英国研制的单管 30 毫米舰炮。1980 年研制而成，装备英国皇家海军。DS30B 式舰炮系统是英国新一代多用途舰炮系统，火炮与火控系统两位一体，结构紧凑，重量轻，采用动力驱动。该系统采用瑞士厄利空公司的 KCB 式 30 毫米自动炮，火炮实施炮位控制，如果需要，也可遥控。选用双目和瞄准装置瞄准。火炮有效射程 3000 米，高低射界 － 20°～＋ 65°，方向射界左右各

美国 127 毫米 Mk45MOD 4 式舰炮构想图

英国 DS30B 式 30 毫米舰炮

165°，高低瞄准速度 55°／秒，方向瞄准速度 55°／秒。

瑞典"博福斯"L170 式 40 毫米舰炮

"博福斯"L170 式舰炮是瑞典博福斯公司研制的单管 40 毫米舰炮。该炮为 20 世纪 50 年代产品，现已不再生产，但仍在世界上广泛使用。

火炮工作可靠，结构简单，采用炮身短后坐工作原理，配用布雷达 144 式供弹机，用弹夹供弹。遥控时由舰上的火控设备控制。火炮上配有带航速显示瞄准环的反射式瞄准具，在炮位控制时使用此瞄准具瞄准。

"博福斯"L170 式舰炮的有效射程为 4000 米，高低射界－10°～＋90°，方向射界 360°，高低瞄准速度 45°／秒，方向瞄准速度 85°／秒。该炮配用的弹种有曳光榴弹、近炸引信预制破片榴弹、穿甲弹等。

意大利"奥托"紧凑型 76 毫米舰炮

"奥托"紧凑型舰炮是意大利奥托·梅莱拉公司研制的单管 76 毫米舰炮。1969 年 3 月首批生产并装备部队，目前共有 37 个国家的海军装备此炮。该炮为结构紧凑、重量较轻的全自动中口径舰炮，适于安装在各种型号和吨级的舰艇上使用。全炮由两部分组成，甲板以上为炮塔部分，甲板以下是包括扬弹机和旋转弹仓在内的供弹系统。火控设备为电视摄像机火控系统。火炮最大射程 16.3 米，高低瞄准速度 35°／秒，方向瞄准速度 60°／秒。

意大利"奥托"紧凑型 127 毫米舰炮

"奥托"紧凑型舰炮是意大利奥托·梅莱拉公司研制的单管 127 毫米舰炮。20 世纪 70 年代初正式生产和装备。该炮是适用于驱逐舰和护卫舰的高平两用主炮。火炮由两部分组成，甲板以上是炮塔部分，甲板以下是弹仓和装填及供弹系统。配用包括 RTN－10X 型火控雷达的意大利 NA－10 Ⅱ 型火控系统，从目标探测到火炮发射，各项操作均通过控制台自动完成。最大射程 23.68 千米，高低射界－15°～＋85°，方向射界左右各 165°，高低瞄准速度 30°／秒，方向瞄准速度 40°／秒，炮班 3 人。

法国 100 毫米紧凑型舰炮

100 毫米紧凑型舰炮是法国 20 世纪 70 年代中期在原有 100 毫米舰炮基础上改进和发展的舰炮，1984 年完成研制工作，用于攻击海上目标和防空，也可反导弹和执行对岸轰击任务。

该炮采用活动身管炮身，炮闩为倒立楔式。初速 870 米／秒，身管长 5500 毫米，射速 10～90 发／分。对海上目标最大射程 6000 米。炮重 17 吨。具有结构紧凑、重量轻、射速高、反应时间短等特点。

 法国 100 毫米紧凑型舰炮

舰 船

从木制战船到铁甲舰

战争推动了军舰的发展

战争检验着武器的性能，同时也不断刺激人们去从事新的发明和创造。海战和战船的关系正是如此。在西方，距今3000多年前，生活在地中海沿岸的腓尼基人，在大规模的海上贸易和征战中，发明了最早的海上战船，这种战船有两层划桨手，并备有辅助风帆。腓尼基人还发明和制造了第一艘带有撞角船首的战船，可以在海战中冲撞敌人的船只。当时，发生在地中海和爱琴海上的海战，主要依靠人力划桨木船。腓尼基人发明的撞角战船被希腊人学了去，雅典人制造了三层高的桨帆战船，船首有一个3米长的金属撞角，像一根巨刺，在海战中可以将敌人的船拦腰撞伤。

当时的海战，主要靠接舷战，就是战船上载着受过海战训练的士兵，先用包裹着铁甲的船头将敌船撞伤，然后水兵用铁钩等兵器钩住敌人的战船船舷，手持利刃的士兵迅速跳到敌船上展开白刃格斗，直到把敌人赶尽杀绝，夺取对方的战船为止。

古代战船形式多样，但多为木制战船。

公元前256年，罗马帝国约330艘舰船组成的庞大舰队出征非洲，在西西里附近的海域，与由350艘舰船组成的迦太基舰队展开了激烈的战斗。罗马舰队以"V"字形布阵，迦太基舰队则排成一字形的横宽队形，在海战中，罗马舰队采取惯用的接舷战术，取得了击沉敌船30艘，俘获64艘的辉煌战绩。

到了公元16世纪，火炮开始在挂满风帆的战船上应用，揭开了热兵器在海战中大显神威的历史，船与船之间的战斗也因为火炮的使用而拉开了战斗的距离。此后300多年的海战中，作战形式都是以风为动力的帆船远远地摆开阵式，舷侧对舷侧地用炮打个你死我活。随着工业革命的到来，蒸汽机、螺旋桨、铁甲、爆破弹、旋转炮塔迅速在战船上出现和应用。木制战船发展成为用钢铁作装甲的铁甲舰，1860年英国建造了世界上第一艘铁壳装甲舰"勇士"号，标志着钢铁战舰时代的到来。

20世纪初，世界进入大舰巨炮时代，各海上大国竞相建造超过万吨以上的巨型战列舰。但很快，由于潜艇和飞机对舰攻击能力的迅速增强，鱼雷和空投炸弹成了战列舰的克星。到第二次世界大战结束时，潜艇和航空母舰取得了真正的海上霸主地位。

腓尼基平底战船

古代地中海沿岸的腓尼基人发明的平底战船，是世界上最早的有记载的用于海战的战船。这种由用于航海贸易的商船改造而成的木制战船，至少在公元前2600年

时就已经出现了，它是以桨为动力的船。

托里列姆战船

托里列姆战船是一种在腓尼基人的木制平底战船基础上加以改进的古希腊战船，出现于公元前 7 世纪左右，船为尖底，尖头，长约 40 米，船上设有 70 支桨，分三组排列在船的两侧，船上设单桅帆。托里列姆战船航行起来轻捷快速，而且船体坚固，既可由船内的士兵用弓箭射击敌人，也可用装有金属的船头撞击敌船。

火炮搬上木制战船，成为海上堡垒

在人类两三千年的海战中，战船上的主要武器和作战方式，是船上的士兵手持刀剑，在与敌船接触进攻时，跳到敌船上去肉搏厮杀，以决胜负。

后来由中国人发明的火药传入欧洲，西方各国迅速

公元 1571 年的雷班托海战，是地中海最激烈的大海战之一，也是地中海中世纪的最后一场海战。

发明了可用火药发射弹药的火炮，并很快用于海战。

首先是意大利的威尼斯制造了一种名为加里的战船。这种船的船首安装了 5 ~ 8 门火炮，用于攻击敌船上的人员。加里战船长约 45 米，最宽处 6 米，由 54 支桨推进，每边各 27 支，每支桨由 3 ~ 4 名桨手划动，全船共有 400 人左右。

公元 1571 年的雷班托海战，是古希腊罗马木制战船的最后一次大规模海战。交战双方军舰的船首都装上了前所未有的大炮。使基督教国家夺得胜利的是 6 艘威尼斯三桅加里亚斯大型桨帆战船。这是一种半桨半帆式推进的重型战船，每艘船上装有 30 ~ 50 门大炮。土耳其舰队的战船虽也装有火炮，但火力较小，在对方舰队的猛烈攻击下，陷入一片混乱之中，木船在火炮轰击下纷纷起火，士兵大批落水。很快土耳其战船一艘一艘地沉入大海之中。土耳其舰队损失了 150 艘战船，

画家笔下萨拉米斯海战的壮观景象

2500 名士兵战死，5000 名士兵被俘。这一仗给欧洲带来了很大的变化，人们发现，自萨拉米斯海战以来的 2000 年间，一直统治着海洋的古希腊、古罗马的没有火炮的木制战船已经过时了，装备了舷侧火炮的新型战船已经登场。

地中海上的古代主力战船和萨拉米斯海战

据历史记载，2300 多年前的地中海沿岸各国，由于贸易纷争经常发生海战。它们普遍使用一种长形的、外形装饰华丽典雅的长桨帆船，由几十名桨手划动。在船头装有尖利的金属撞角，这是海战的主要武器，可用于对敌人船只的冲撞。

早期的这种木制战船只有单层桨座，为了增加速度和机动性，埃及、腓尼基和希腊的海军制造出双层桨座战船和三层桨座战船。作战时，每一把桨由一人划动，同时船上有人吹笛或击鼓，统一指挥几十甚至上百名桨手的操桨动作。战船行进主要靠桨手们划动，同时也依靠风帆作辅助动力。靠一侧桨手倒划水，可使船环形急转。机动性比现在人们的想象要好得多。

公元前 480 年，希腊与波斯帝国在爱琴海上的萨拉米斯岛附近进行了一场海上大战，波斯、希腊双方都使用这种靠人力划桨的三层桨座战船。当波斯大军的战船驶进雅典附近的狭湾时，风把波斯海军的后续战船吹进海湾，800 艘战船挤作一堆，这时，一支小型的希

古希腊时期的战船都是木制战舰。

腊海军舰队，趁机用三层桨战船的撞角对波斯战船横冲直撞，一艘一艘地将之撞沉。希腊战舰左冲右突，使数量上占绝对优势的波斯舰队遭到惨败。此次海战，希腊舰队损失 40 艘战船，而波斯舰队则损失近 200 艘战船，其余船只被迫退回出发地。这次海战彻底改变了历史的进程，波斯帝国最终丧失了海上优势，而希腊确立了其对海洋的控制权。

但这种三层桨座战船舷高 2.4 米，吃水只有 0.9 米，稳定性较差，所以不适于远洋航海。另外，船上缺乏就寝和贮存空间，基本没有续航能力。夜间或气候不良时，人们习惯将它拖到岸边。

战船行进主要靠桨手们划动，同时也依靠风帆作辅助动力。

公元 1588 年的西班牙"无敌舰队"在海战中派出了大小战舰 130 余艘，却大部分被英国舰队击溃。

图在英国舰队对其中央战船进攻时，用两翼战船包抄夹击的战术，将英国舰队击溃。但经验丰富的英国海军统帅霍华德和德雷克，指挥英国舰队分成两列，分别攻击西班牙舰队的两个侧翼。在激烈的战斗中，大批西班牙战船连同那些无用武之地的士兵被英国战船的炮火击中，很快沉入大海。

这次海战，西班牙"无敌舰队"损失惨重，130 余艘战船只剩下 65 艘，西班牙人的海上霸主地位被英国人取代。这也是一次单凭舰炮攻击取胜的海战，它改变了 2000 多年的海战方式。

大胜西班牙"无敌舰队"的英国舰队

公元 16 世纪初，以桨为动力的桨帆并用战船仍在称霸地中海时，大西洋沿岸的国家开始用风帆作为战船的主要动力。风帆取代了人力划桨，使战船成为远洋探险、贸易和海上抢劫的性能优异的工具。公元 1520 年，英国国王亨利七世建造了世界上第一艘四桅风帆战船"伟大的亨利"号，该船配有 80 门火炮，分别布置在船首、船尾和两层火炮甲板上。该船有 4 根桅杆，满载排水量达 1500 吨，是公元 16 世纪最大的战船之一。当时的另一个海上强国西班牙，也紧随英国的脚步，建造了一种西班牙式的大桅帆战船。该船长约 30 米，宽 9 米，船身狭长，船首仍保留了一个金属尖角，用于撞击敌船，船上也安装了许多火炮，可在远距离对敌人发动攻击。

公元 1588 年，英国与西班牙因争夺海上霸权而爆发了一场大规模的海战。西班牙组织了一支庞大的"无敌舰队"，有大小战船 130 余艘，整个舰队共有 3 万名士兵，但西班牙的"无敌舰队"所用的战船，仍沿用射程较近的大炮和靠士兵跳船格斗作战的古老战术。战争开始前，英国女王伊丽莎白的海军统帅和海军事务高参约翰·霍金斯就发现，过去那种跳船格斗的战术，已经不如远程大炮适于海战，他花了 10 年时间把皇家军舰改装为快速舰队，配备远程重炮，可发射 4000 ~ 8000 克重的圆形铜炮弹，命中率高，有些射程超过 2000 米。交战一开始，西班牙舰队摆开新月形阵式，试

英国舰队与法国和西班牙联合舰队展开的特拉法尔加大海战，是木制战船最后一次大规模交战。

↑ 英国纳尔逊将军的旗舰"胜利"号。其5层甲板上共有大炮104门。

特拉法尔加大海战和英国风帆战列舰"胜利"号

1804年底，西班牙与法国联合对英国宣战。1805年，英国与法国之间的特拉法尔加海战爆发了，英国的杰出海军将领霍雷肖·纳尔逊，率领英国舰队一举击败了法国、西班牙联合舰队。因此，纳尔逊被英国视为伟大的民族英雄。

特拉法尔加海战时，以军舰当炮台的观念已经把木制战船发展到了顶峰。在一艘巨型军舰上，5层甲板上分别排列着上百门大炮，远远望去，战船俨然是一座火炮构筑的城池，具有威猛异常的火力。但是，这种船需炮手和帆缆手不下900人。为了防止致命的变形，船体必须装置厚重结实的纵肋骨，肋骨之间必须增加铁肘材和交叉牵条。纳尔逊的旗舰"胜利"号就是这样的战列舰。该舰于公元1759年开始建造，公元1765年下水，全长68.9米，宽15.5米，排水量3500吨，整个舰的建造共用了2500根橡树。"胜利"号上有3层火炮甲板，共装备了102门铁铸加农炮，另外还有两门巨型短炮，可发射30千克的炮弹。"胜利"号战列舰服役后一直是英国地中海舰队的旗舰。纳尔逊就是在这艘战列舰上指挥英国舰队最后打败了法国和西班牙的联合舰队。

特拉法尔加海战是木制战船最后一次大规模的海战。人们看到，除了在船上安装许多性能优良、火力巨大的大炮外，木制的战船已经不能适应未来海战的需要了。

英国人发明的海上纵列战术和战列舰

火炮在战船上的应用，虽然使战船的威力大增，但在公元17世纪以前，由于无法解决火炮的后坐力问题，致使当时舰炮的装弹和射击十分笨拙。到公元17世纪初，在舰炮的射击技术上解决了火炮的后坐力问题，装填炮弹变得简单了。这使舰炮的火力大大提高。公元17世纪英国与荷兰进行了三次大规模海战，在海战中善于总结经验的英国海军将领罗伯特·布莱克，首次提出和确立了舰队纵列的海战队形，并据此第一次提出了舰队作战队形的战术原则。英国海军首次制定了《航行

↑ 公元13世纪，欧洲的多桅帆船。

中舰队良好队形教范》和《战斗中舰队良好队形教范》，以及《舰队队列条令》和《舰队战斗条令》。根据条令规定，作战时所有战舰以一定间隔排成一个纵队，战斗时每一艘战舰用舷侧炮向敌射击，其余各舰装填弹药。一艘舰射击完毕后，第二艘舰接着进行射击，依次进行下去。这种战术改变了以往海战无战斗队形的混战局面。与此同时，采用纵列队形进行作战的主力战舰开始被称为"战列舰"，因为，只有这些较大的战舰，才有能力坚持在战斗队列上。当时的英国战船按舰炮的数量分成了6个等级，一级舰90门炮以上，二级舰80～90门炮，三级舰50～80门炮，四级舰38～50门炮，五级舰18～38门炮，六级舰18门炮以下。前三级舰被称为战列舰，第四级舰是快速舰或巡航舰，即是巡洋舰的前身。

世界第一艘铁壳装甲蒸汽动力铁甲舰

1859年，英国海军开始建造铁甲蒸汽动力战舰"勇士"号，1860年建成下水。最高航速可达14.5节，如果机帆并用，可以使战船航行的速度达到17节，是当时世界上最快的战舰。

"勇士"号战舰上总共安装了各式火炮40门，其中有当时最先进的后装线膛炮和前装滑膛炮，能分别发射49.5千克炮弹和30.6千克炮弹。

由于建造匆忙，还存在许多技术上的不足，因此未能在英国海军的序列里占据主力的位置，很快便受到冷落。

1987年6月，英国对这艘百年前的老舰重新进行了整修，并在英国的朴次茅斯作为一艘游览船向游人开放，向人们展示早期铁甲舰的雄姿。

蒸汽机作动力的铁甲战船

1765年，英国的詹姆斯·瓦特发明了蒸汽机，为舰船采用蒸汽动力创造了条件。19世纪初，军舰开始采用蒸汽机，这标志着舰船动力的第一次重大革命。1807年，美国人罗伯特·富尔顿设计并建成了第一艘明轮蒸汽舰"克莱蒙特"号，它使用木头和煤作燃料，时速可达8千米。1815年，富尔顿为美国建造了第一艘蒸汽动力战舰"德莫洛戈斯"号，1819年，美国的蒸汽船"萨凡纳"号首次横渡了大西洋。1820年，第一艘铁壳蒸汽船建成。

1829年，奥地利人约瑟夫·莱塞尔发明了可用于船舶的螺旋桨，随后，瑞典工程师约翰·埃里克森又对其进行改进，使之能与蒸汽机相连，这就使蒸汽机可以安装在舰船的吃水线以下的舱室里。螺旋桨发明并装舰使用后，把航速从几节提高到十几节，使军舰第一次具备高速和良好的机动能力，可不受风向、风速、潮流的影响而进行远洋作战。

1849年，法国建造了第一艘螺旋桨推进器的战列舰"拿破仑"号，该船的蒸汽发动机有440千瓦，船上装备了100门火炮。由于此时的火炮炮膛已经应用了来复线，炮弹也改为杀伤力更大的爆破弹，舰船的战斗力大大提高，炮弹的发射距离

俄国在19世纪70年代设计的圆形铁甲舰已经使用蒸汽机作为动力，但航速仍很慢。

已经达到了 7650 米左右，设计精度也大为提高，这也迫使战舰的设计更多地要考虑采用装甲来保护自己，这就加速了钢铁战舰的出现和发展。

美国南北战争中的蒸汽动力铁甲舰

1861 年，美国爆发了南北战争，南军海军部长为了迅速装备自己的海军，于 1862 年 3 月将北军丢弃的一艘木质螺旋桨蒸汽驱逐舰"麦利玛克"号打捞起来，以英国的"勇士"号装甲舰为样板，进行了大规模改装，使之成为一艘装甲舰，并重新命名为"弗吉尼亚"号。南军的这艘包铁甲战舰，排水量达 3500 吨，乘员 320 人，首任舰长是富兰克林·布坎南上校。南军建成了自己的铁甲舰。

1862 年 3 月 8 日，南北两军的战舰在汉普顿锚地附近海域遭遇，并展开激战。"弗吉尼亚"号企图突破北军军舰的封锁线，用新装大炮的爆炸弹击沉了两艘北军的木质帆舰"坎伯兰"号和"国会"号。北军用大炮轰击该船，但并不能击穿船体包着的铁甲，第二天，双方展开历时

4 小时的炮战，虽然双方都没能用大炮击穿对方战船上的铁甲，但击中后爆炸的爆炸弹却使北军战船上的士兵受到巨大威胁。另一方面，北军战船上装的可以旋转的炮塔使大炮在船体的任何角度都能实施炮击。

蒸汽动力装甲战舰的首次大规模海战——甲午海战

1894 年 7 月，日本海军与中国清政府的北洋水师在黄海的丰岛海域附近遭遇，日舰"吉野"号首先向北洋水师舰队突然开炮，挑起了中日甲午海战的战火。

战前，清政府的海军在北洋大臣李鸿章的主持下，于 1885 年向德国订购了世界上较先进的 7335 吨级钢铁装甲舰"定远"号、"镇远"号和排水量 2300 吨的"济远"号，这在远东是威力最大的战列舰。1887 ~ 1888 年，清政府向英、德订购的 4 艘性能更为先进的战列舰"致远"号、"靖远"号、"经远"号和"来远"号抵华并编入现役，至此北洋水师舰队拥有主力战舰 20 余艘。日本对中国的新型钢铁装甲战列舰十分恐惧，为在未来海战中与中国抗衡，日本投入巨资赶建了一批铁甲战列舰。

甲午海战的丰岛海战开始时，日方共有装甲巡洋舰两艘，轻巡洋舰 1 艘，中方有"济远"号装甲巡洋舰和中国自制的钢壳炮舰"广乙"号，由于日舰航速快，火力猛，又是有备来犯，经过激烈交战，中方"广乙"号被重创退出战斗，"济远"号也受伤，被迫撤出退往威海。日舰在追击途中还击沉

① 北洋舰队部分官兵

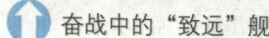
奋战中的"致远"舰

"致远"舰管带邓世昌

中方一艘运兵船，俘走一艘木制炮艇。中国海军首战失利。

1894 年 9 月 17 日，中日海军在黄海大东沟海域附近再次交战，北洋水师的 10 艘战舰与日本联合舰队的 12 艘战舰投入战斗。北洋水师尽管在吨位与航速上与对方相差不大，但在火炮的口径和射速上却远逊于日方，加之战场指挥混乱失误，经过 5 个小时的激烈战斗，北洋水师被击沉 5 艘战舰，其他军舰也大都受伤，而日舰虽有 5 艘遭重创，但却无一沉没。北洋水师在海战中几乎丧失了主动权。由于清政府和北洋水师的软弱无能，1895 年 2 月，北洋水师的 30 余艘战舰，在威海港内，被日本联合舰队全部击沉或俘虏，至此，清政府苦心经营的北洋舰队全军覆没。

甲午海战是世界装甲战舰在舰队规模上的第一次大海战，它表明了大口径火炮和厚重装甲战舰的作战优势，也显示了速射炮和集中炮火进行攻击的优越性。因此，各国海军纷纷借鉴经验，开始建造大型铁甲战舰，拉开了大舰与巨炮称雄海上的序幕。

装甲炮塔铁甲舰

"致远"舰

日舰"吉野"号

战列舰

战列舰的兴衰

　　战列舰是以大口径舰炮为主要武器、具有很强的装甲防护和较强的突击能力、能在远洋作战的大型水面军舰，亦称战斗舰。战列舰在历史上曾作为舰队的主力舰，在海战中通常是由多艘列成单纵队战列进行炮战，因而得名。

　　战列舰经历了风帆战列舰和蒸汽战列舰两个阶段。风帆战列舰出现于17世纪后期，是帆船舰队中最大的战舰。其满载排水量为1000吨左右，至19世纪中期发展到4000吨左右。风帆战列舰的舰炮，19世纪初期以前是发射实心弹的前膛炮，装有数十门到上百门；19世纪初期以后，改为发射爆炸弹的后膛炮，多达120～130门。蒸汽战列舰出现于19世纪中期。1849年，法国建造了第一艘以蒸汽机为主动力装置的战列舰——"拿破仑"号，装有舰炮100门，是蒸汽战列舰的先驱。1853～1856年的克里木战争推动了蒸汽战列舰的发展。以后，蒸汽战列舰装备了有螺旋膛线的舰炮和能旋转360°的装甲炮塔，装甲

正在进行舾装的德国战列舰"克隆普利茨"号，模仿英国皇家海军建造庞大昂贵的主力舰的战略后来证明并非十分成功。

在英国战列舰"沃尔斯派"号上，可以看到早期的对抗措施。锯齿形的帆布条挂在烟囱上，用以伪装外形，并迷惑敌人，使其测距仪难以准确测定其目标的位置和路线。

第一次世界大战时的美国战列舰

↑ 第一次世界大战中，英国战列舰"索文瑞"号的口径为 381 毫米的大炮正在发射。

↑ 1919 年 6 月 21 日，投降的德国战列舰在斯卡帕湾被击沉。

↑ 第一次世界大战时的德国战列舰

↑ 日本"长门"号战列舰

↑ 第二次世界大战中，美国战列舰"西弗吉尼亚"号停靠珍珠港。

↑ 德国"柯宁"号战列舰

↓ 美国"阿拉巴马"号战列舰

↑ 英国"纳尔逊"与"罗德尼"号战列舰

↓ 意大利"利托里奥"号战列舰

厚度大，突击威力和防护能力得到不断提高。20世纪初，英国建造了"无畏"级战列舰，战列舰成为海上霸主。在两次世界大战期间，战列舰有了很大发展，其满载排水量由两万吨增大到7万吨，最大航速由25节提高到30节以上；主炮口径由280～381毫米增大到280～457毫米；重要部位的装甲厚度达483毫米。在第二次世界大战中，由于舰载航空兵和潜艇的广泛使用，战列舰成为海、空袭击的有利目标。在参战的约60艘战列舰中，约有1/3被击沉或击毁。战后，各国尚有的战列舰均先后退役，并不再建造新的战列舰，战列舰独霸海上的辉煌时代画上了句号。

战列舰称雄海上的时代

早期的战列舰也称铁甲舰、装甲舰等。在航空母舰出现以前，战列舰成为主宰海洋的巨型战船达数百年之久。

17～19世纪中期，是风帆战列舰主宰海战的阶段。战船为木质船体，最大为三桅帆船，通常设2～3层甲板，带有轮子的火炮置于甲板之上，通过舷侧门进行射击。17世纪，战列舰最大为1750吨，装有80～100门火炮，舰员600～700人。18世纪，排水量增至2000吨以上，设3层甲板，装120～140门火炮。火炮多为固定炮塔的滑膛炮，需从炮口装填实

美国"华盛顿"号战列舰

英国战列舰

心炮弹。19世纪中期，战列舰排水量已达4000～5000吨，装有120～130门从炮尾装填爆炸弹的火炮。由于炮塔不能旋转，所以作战时必须将战列舰一字排开，用舷侧舰炮进行射击。

英国1860年建成世界上第一艘铁壳装甲舰"勇士"号；1873年建成世界上第一艘完全去除风帆、采用蒸汽动力的"蹂躏"号铁壳装甲舰；1892年又建成世界上第一艘钢质装甲舰。至此，战列舰的发展趋于成熟，各国开始向大吨位、猛火力、重装甲、高航速方向发展。

有史以来，战列舰吨位最大的是日本的"大和"号和"武藏"号，达69000吨，航速达27节，续航力为7200海里。装有9门主炮，口径460毫米，射程45千米。此外，还装有12～20门中口径副炮和100门左右小口径副炮；战列舰在水线以上的船舷、甲板、炮塔、指挥塔等部位都装有装甲防护。

第二次世界大战以前，战列舰曾作为海军之魂称雄于世长达200多年，主宰着世界海洋。1941年12月8日，英国当时最新型的战列舰"威尔斯亲王"号和战列巡洋舰"反击"号，在没有空中掩护的情况下驶离新加坡，阻止日军在马来西亚半岛北岸登陆。12月10日，英国这两艘军舰被日本海军岸基轰炸机发现。尽管英国军舰

日本"武藏"号战列舰，排水量高达 69000 吨，为世界之最。

向飞机猛烈开炮扫射，也抵挡不住日本飞机的狂轰滥炸，很快被击沉了。事实证明，用战列舰和巡洋舰夺取制海权的时代已经过去。第二次世界大战后，由于核动力、舰载机、导弹及电子装备的大量装备的使用，使战列舰的优势所剩无几，很快处于从属地位，并被航空母舰取代。

英国开创了"无畏"级巨型战列舰时代

1906 年 2 月 10 日，英国建造的"无畏"号战列舰开始下水服役。该舰是第一艘真正意义上的 20 世纪现代化战列舰。它的排水量为 17900 吨，航速 21 节。武器装备为 305 毫米炮 10 门，分别配置在 5 座炮塔内，其中 3 座在首尾线上，两座在两舷；76 毫米炮 24 门，用来抗击雷击舰的攻击。它的两舷、炮塔和指挥室的装甲厚达 279 毫米，还有 5 具 457 毫米水下鱼雷发射管。该舰首次采用了蒸汽轮机作主机，4 台螺旋桨推进器，是当时世界上

最先进和最庞大的战列舰，而且是第一艘全部装备大口径火炮的军舰。

"无畏"号战列舰与当时其他战列舰的主要区别是：主炮的数量和口径大大增加了，而且没有中口径火炮。这种威力强大的战列舰很快成为各国制造战列舰的榜样。德国获悉英国第一艘"无畏"级战列舰下水后，于 1906 年修改了海军法案，对原计划建造的大型军舰一律改造成与"无畏"级相似的战列舰。1908年，英国制造出"无畏"级战列舰 8 艘，德国建造 7 艘。继之而起的战列舰航速已达 23 ~ 26.6 节，排水量达 3 万吨以上，主炮口径达 380 毫米，从而导致了"大舰巨炮"主义的出现。

英国"狮"级战列舰。日德兰海战的经验表明，这些舰船的防护不够。

日德兰海战，是海军上将琼－杰里科率领的英国总舰队与海军上将谢尔率领的德国高级海军舰队在战争中唯一的一次面对面交战。此次海战意味着英国无法保证其海上利益。图为英国战舰"加拿大"号。

日德兰海战中的战列舰

1916 年，英国与德国之间的北海日德兰大海战，充分显示了"无畏"级战列舰的辉煌，使战列舰的海上威力几乎达到了顶峰。

日德兰大海战是蒸汽动力战列舰第一次进行的大规模海战，也是最后一次以主力舰为首的双方舰队在水面上大规模交锋。此役集结了英德两国海军的精华，双方出动战舰共 254 艘，其中包括 44 艘"无畏"级战列舰。战事历时 12 小时，双方相距远达 18 千米，以强大炮火互相轰击。但是，速度、火力和军舰数目使双方的指挥官来不及观察、联络和有效指挥。尤其是双方的主力舰都不敢进入对方驱逐舰鱼雷的射程。结果是德国宣称胜利，击沉英舰 14 艘，可是本身损失 11 艘，它的舰队始终受到英国舰队的压制。

日德兰之役进一步确立了"大舰巨炮"主义理论，使各国海军更加重视发展以战列舰为核心、以大口径舰炮为主要突击兵器的海上舰队。

美国"依阿华"级战列舰

"依阿华"级战列舰是美国海军的战列舰，是除了航空母舰外，威力和吨位最大的水面战舰。美国在第二次世界大战中建造，于 1943 ~ 1944 年建成服役，共建造 4 艘，即"依阿华"号、"新泽西"号、"密苏里"号和"威斯康星"号。

"依阿华"级战列舰满载排水量58000 吨，动力装置由 8 座锅炉和 4 台蒸汽轮机组成，采用四轴推进方式。其航速可达 33 节，当航速 12 节时续航力为15000 海里。人员编制为 1651 人。本级战列舰的原有武器装备为 3 座三联装 406 毫米主炮、16 座或 20 座双联装 127 毫米副炮，有的舰是 5 座四联装 40 毫米炮，全舰通体有装甲防护，水线处 307 毫米，重要部分达 430 毫米厚，是世界上装甲最厚的水面舰艇，远远超过小型舰艇（不足 10 毫米）和中型舰艇（14 ~ 20 毫米）。它的装甲足以承受 1 吨半重穿甲炮弹的轰击，"飞鱼"导弹击在战列舰的装甲钢板上会弹回去，爆炸冲击波只能划伤装甲。

该级舰于 20 世纪 80 年代以来改装了反舰、防空、反潜武器装备和电子设备。拆除了 4 座双联装 127 毫米副炮，改装了4 座八联装"战斧"巡航导弹发射装置，4座四联装"捕鲸叉"反舰导弹发射装置和3 架"拉姆普斯"轻型多用途直升机，保留 3 座三联装（9 门）406 毫米主炮，6 座双联装（12 门）127 毫米副炮。还计划在后甲板上加设一层飞行甲板和增设机库，可载 12 架 AV－8B"鹞"式垂直起降飞机或"拉姆普斯"轻型直升机。

 美国"依阿华"级战列舰

巡洋舰

巡洋舰

通常来说，巡洋舰应是一种比驱逐舰排水量大、武器多、威力强，在海战中起骨干作用的用于远洋作战的较大型水面舰艇。在没有航空母舰的舰艇编队中，巡洋舰是编队的核心；在航母编队中，巡洋舰负责航母的侧翼掩护，并可担任旗舰。必要时可单舰进行战斗活动。巡洋舰常作为突击兵力用于海上攻防作战、登陆编队和运输船队护航、支援登陆或抗登陆作战等。

在 17～18 世纪的帆船时代，巡洋舰是指那些装备火炮较少、口径较小、一般不直接参与战斗，而主要执行巡逻及护航任务的快速炮船。

19 世纪中期，最好的巡洋舰是英国造的多桅帆船"阿拉巴马"号，该舰装有蒸汽机，用螺旋桨进行辅助推进，排水量 1040 吨。

19 世纪末，巡洋舰主要是装甲巡洋舰和水平装甲巡洋舰。

⬆ 英国巡洋舰

⬆ 英国"黑色王子"号是在日德兰海战中沉没的一艘装甲巡洋舰。

⬆ 日本明治时期的巡洋舰"宗谷"号

⬆ "圣胡安"号轻巡洋舰。排水量 6000 吨，航速 32 节，装有 12 门 127 毫米高平两用舰炮。

⬆ 美国"圣胡安"号轻巡洋舰

⬅ 美国"印第安纳波利斯"号重巡洋舰

↑ 日本"利根"号重巡洋舰

↑ 法国"贞德"号巡洋舰

第一次世界大战时，英国巡
洋舰上的双炮塔。

现代巡洋舰无论是常规动力还是核动力一般都装备对空、对舰和反潜导弹。同时装有中小口径火炮，并载有直升机，电子设备较多，弹药数量大，作战半径较大。因此，巡洋舰有较大的威力。一般公认巡洋舰的排水量在 7000 吨以上。

第一次世界大战前的巡洋舰

第一次世界大战期间，出现了满载排水量 3000 ～ 4000 吨级的巡洋舰，动力装置以燃油蒸汽轮机为主，航速由 25 节增至 30 节，舰炮多为 127 ～ 152 毫米口径，最大达 190 毫米。战争期间用快速商船改装了一批辅助巡洋舰，装备一定数量的舰炮、鱼雷和水雷等，以弥补巡洋舰数量的不足。战后各国建造的大型商船还预留炮座，以备紧急改装成巡洋舰。这一时期，各国的巡洋舰有几种，一种是重巡洋舰，其垂直装甲厚约 76 ～ 203 毫米，水平装甲厚约 51 ～ 127 毫米，排水量 1 万 ～ 2 万吨，航速 32 ～ 34 节，续航力达 12000 海里，能与战列舰、航空母舰在远洋协同作战。它装有 8 ～ 9 门主炮，口径在 203 毫米以上，分装在 3 ～ 4 座炮塔中，射程 37 千米左右，主要用以消灭敌巡洋舰和攻击岸上目标。此外，还装有 10 ～ 16 门副炮，口径在 130 毫米以下，多为高平两用；数十门自动炮，用于抗击小型舰艇和飞机来袭。有的还装有 3 ～ 4 架水上飞机，用以校正舰炮射击和进行侦察。另一种是轻巡洋舰，排水量 5000 ～ 10000 吨，航速 35 节，续航力 10000 海里，装甲厚约 51 ～ 127 毫米。

第一次世界大战中的德国巡
洋舰"德夫里格"号

➡ 英国"曼彻斯特"号轻巡洋舰

↑ 美国"提康德罗加"级第3艘"文森斯"号宙斯盾巡洋舰，上载 SH－60B"拉姆普斯"Ⅲ直升机。

↑ 英国"苏塞克斯"号重巡洋舰

轻巡洋舰主炮口径在152毫米以下，装有6～12门主炮，其作用是攻击轻型舰艇和陆上目标。有的装127～133毫米舰炮，用于对空防御和攻击小艇。有的主炮口径88～127毫米，副炮8～12门，另配几十门小口径炮。此外，还配有鱼雷、水雷和深水炸弹等，一般装两座3～5联装鱼雷发射管，携水雷80～100枚，还可携2～4架水上飞机用于侦察。

↑ 美国"提康德罗加"级巡洋舰编队

第二次世界大战中迅速发展的巡洋舰

1922年，英、美、日、法、意5国签订了《华盛顿海军条约》，对战列舰的威力、吨位和数量等都进行了严格的限制。各海军大国立即转向发展排水量1万吨以下、火炮口径203毫米以下的巡洋舰。1930年，上述5国又在伦敦签署了将《华盛顿海军条约》延期的新条约。为了扩充实力，英国建造的巡洋舰完全按190毫米炮设计，先装152毫米炮使之成为轻巡洋舰，在第二次世界大战前很快就换装了203毫米炮。

大战中，巡洋舰向大吨位、大威力和高航速方向发展。美国建造的"巴尔的摩"级重巡洋舰排水量14000吨，装有3座三联装203毫米主炮；"阿拉斯加"级重巡洋舰排水量则达30000吨，装有3座三联装304毫米大口径舰炮，俨然与战列舰一样成为海上巨型堡垒。

各国为了弥补战船之不足，由快速商船和辅助舰船改装成许多辅助巡洋舰，并有一定数量的自动炮。

现代巡洋舰发展为两大流派

战后，随着核动力、导弹和电子装备的发展，以大口径舰炮为主的高速巡洋舰迅速退出历史舞台，美国重点发展为航母护航的防空型巡洋舰。在其战后建造的8级巡洋舰中，有5级采用了核动力。常规动力的"提康德罗加"级巡洋舰，其前后122枚Mk41导弹垂直发射装置威力强大，而"宙斯盾"相控阵雷达系统更是开一代水面舰艇之先河。

苏联"基洛夫"级核动力导弹巡洋舰是世界上最大的巡洋舰，排水量达28000吨，也是世界上第一艘采用导弹垂直发

英国轻巡洋舰"基德尼"号，1935年开工，1941年服役。

射装置的舰艇。该舰最多可装载500枚防空、反舰和反潜导弹，还可携3架直升机，因而成为世界上火力最猛的一种巡洋舰，被人们称为真正的"武库舰"。

各国巡洋舰

美国"加利福尼亚"级核动力导弹巡洋舰

"加利福尼亚"级共建两艘，首舰"加利福尼亚"号1970年1月开工，1974年2月服役。满载排水量10450吨。长181.7米、宽18.6米、吃水9.6米（含声呐）。动力装置为两座D2G型压水堆和两台蒸汽轮机，总功率52000千瓦，双轴，航速30节。编制603人。

"加利福尼亚"号舰装有：两座四联装"捕鲸叉"反舰导弹发射架；两座Mk13型单臂"标准"中程舰空导弹发射架（配备导弹80枚）；1座Mk16型八联装反潜导弹发射装置和两具Mk32型三联装反潜鱼雷发射管；两座单管127毫米主炮和两座6管20毫米"密集阵"近防武

美国"班布里奇"级核动力导弹巡洋舰"班布里奇"号

器系统。"加利福尼亚"号舰上仅设有直升机起降平台。

美国"班布里奇"级核动力导弹巡洋舰

"班布里奇"级仅造一艘，即"班布里奇"号，1962年服役。它是美国海军继"长滩"号巡洋舰与"企业"号航母后的第3艘核动力水面舰艇。其主要技术性能为：满载排水量为8592吨。长172.3米、宽17.6米、吃水7.7米。动力装置为2座D2G型压水堆和2台蒸汽轮机，航速30节，当全速航行时续航力为15000海里，编制548人。该舰装有：两座四联装"捕

美国"加利福尼亚"级核动力导弹巡洋舰

美国"班布里奇"级核动力导弹巡洋舰

鲸叉"反舰导弹发射架；两座 Mk10 型双联装"标准"中程舰空导弹发射架，配备导弹 80 枚；1 座 Mk16 型 8 管"阿斯洛克"反潜导弹发射装置和两具 Mk32 型三联装反潜鱼雷发射管；两座 6 管 20 毫米"密集阵"近防武器系统。

美国"提康德罗加"级导弹巡洋舰

"提康德罗加"级是美国海军常规动力导弹巡洋舰，首舰"提康德罗加"号（CG—47）于 1983 年 1 月服役。"提康德罗加"号的主要技术性能为：满载排水量 9600 吨左右。长 172.8 米、宽 16.8 米、吃水 9.5 米。动力装置为 4 台 LM-2500 型燃气轮机，双轴，5 叶可调距桨，总功率 64160 千瓦，航速 30 节，续航力 6000 海里 /20 节，编制 358 人。

"提康德罗加"号舰装有：两座四联装"捕鲸叉"反舰导弹发射架；两座双联 Mk26 型导弹发射架，能发射"标准"舰空导弹（备弹 68 ~ 122 枚）和"阿斯洛克"反潜导弹（备弹 20 枚）；两具三联装 Mk32 型鱼雷发射管，可发射 Mk46 型反潜鱼雷；两座单管 127 毫米主炮和两

"提康德罗加"级导弹巡洋舰不仅承担着航母编队的防空任务，在执行近距离反潜任务时也不偷懒。

美国"提康德罗加"级导弹巡洋舰

座 6 管 20 毫米"密集阵"近防武器系统；两架 SH—60B"海鹰"直升机。自"邦克山"号（CG—52）之后的各舰，均加装两座 Mk41 导弹垂直发射装置，每个发射装置备弹 61 枚，可发射"战斧""标准""阿斯洛克"等多型导弹。

美国"弗吉尼亚"级核动力导弹巡洋舰

美国"弗吉尼亚"级核动力导弹巡洋舰

"弗吉尼亚"级共建 4 艘，首舰"弗吉尼亚"号于 1972 年 8 月开工，1976 年 9 月服役，是第一艘装备先进武器指控系统的巡洋舰。

"弗吉尼亚"号的动力装置为两座 D2G 型压水堆和两台蒸汽轮机，总功率 52000 千瓦，双轴，航速 30 节以上。编制 558 ~ 624 人。

该舰装有：两座四联装"战斧"对陆和对舰两用导弹发射架；两座双联装 GMLS Mk26 型对空"标准"舰空导弹 / "阿斯洛克"反潜导弹发射架；两具三联装 Mk32 型反潜鱼雷发射管；两座单管 127 毫米主炮和两座 6 管 20 毫米"密集阵"近防武器系统；两架轻型多用途直升机。

苏联"卡拉"级导弹巡洋舰

"卡拉"级是苏联海军大型平甲板型反潜巡洋舰，首舰"尼古拉耶夫"号于 1969 年开工，

俄罗斯"卡拉"级导弹巡洋舰

1973 年服役，至 1979 年共建成 4 艘服役。

其主要技术性能为：满载排水量 8470 吨。长 173.2 米、宽 18.6 米、吃水 6.3 米。动力装置为 4 台燃气轮机，功率为 4×17410 千瓦；两台燃气轮机，功率为 4×4413 千瓦。双轴，航速 34 节，续航力为 9000 海里 /15 节、3000 海里 /32 节。

"卡拉"级舰装有：两座双联装 SA－N－3 反舰导弹发射装置（在"卡拉"级第 3 艘"亚佐夫"号上是 1 座）；6 座 SA－N－6 垂直导弹发射装置（只有"亚佐夫"号有这种发射装置）；两座双联装 SA－N－4 近程舰空导弹发射装置；两座四联装 SS－N－14 反潜导弹发射装置；两具五联装 533 毫米鱼雷发射管（在"亚佐夫"号上是两座双联）；两座 RBU-6000 型 12 管深水炸弹发射架；两座 6 管 RBU-1000 型深水炸弹发射架；两座双管 76 毫米火炮；4 座 6 管 30 毫米近程炮；1 架卡－25A 直升机。

苏联"肯达"级导弹巡洋舰

"肯达"级是为对付美国海军航母而建造的，是苏联海军第一级导弹巡洋舰。首舰"格罗兹尼"号于 1960 年 6 月开工，1962 年 5 月服役，共建成 4 艘。满载排水量 5550 吨。长 142.7 米、宽 16 米、吃水 5.3 米。动力装置为两台蒸汽轮机和 4 座锅炉，总功率 73500 千瓦，双轴，最大航速 34 节，续航力为 6000 海里 /14.5 节、

苏联"肯达"级导弹巡洋舰在发射导弹。

苏联"肯达"Ⅱ级巡洋舰

1500 海里 /34 节。编制 304 人。"肯达"级舰装有：两座四联装 SS－N－3B 反舰导弹发射架，导弹可以带核弹头；1 座双联装 SA－N－1 舰空导弹发射架；两具三联装 533 毫米鱼雷发射管；两座 12 管 RBU-6000 深水炸弹发射装置；两座双管 76 毫米火炮；4 座 6 管 30 毫米近程炮。尾甲板设有直升机平台，但是没有机库。

俄罗斯"克列斯塔"Ⅱ级导弹巡洋舰

"克列斯塔"Ⅱ级是"克列斯塔"Ⅰ级的改型，以反潜为主要使命，共建 10 艘。首舰"克列斯塔"号于 1966 年开工，1969 年服役。其主要技术性能为：满

载排水量为7850吨。长158.5米、宽16.9米、吃水6米。动力装置、航速、续航力均与"克列斯塔"Ⅰ级相同。Ⅱ级与Ⅰ级的主要区别在武器装备上，Ⅱ级用两座作战性能更好的SA－N－3舰空导弹发射架替代了原来的双联SA－N－1，用两座四联装SS－N－14反潜导弹发射装置取代了Ⅰ级的SS－N－3B。"克列斯塔"Ⅱ级舰可装备两架直升机，但通常只停1架反潜型的荷尔蒙B直升机。

俄罗斯"光荣"级导弹巡洋舰

"光荣"级是水面/反潜两用的巡洋舰，首舰"光荣"号1976年开工，1982年服役编入北海舰队，共建造4艘。其主要技术性能为：满载排水量11300吨。长186米、宽20.8米、吃水8.4米。动力设备为4台燃气轮机，总功率8.49万千瓦；两台燃气轮机，总功率1.47万千瓦。双

轴，航速32节，续航力为2500海里/30节、7500海里/15节。编制485人。

"光荣"级舰装有：8座双联装SS－N－12反舰导弹发射架；8座SA－N－6舰空导弹垂直发射装置；两座双联装SA－N－4舰空导弹发射架；两具五联装533毫米鱼雷发射管；两座12管RBU－6000反潜深水炸弹发射装置；1座双管130毫米炮；6座6管30毫米近程炮；1架卡－27舰载直升机，直升机机库为半沉降式。

法国"科尔贝尔"级导弹巡洋舰

"科尔贝尔"级仅一艘，即"科尔贝尔"号，是法国海军于1953年动工，1959年建成服役的一级巡洋舰。满载排水量11300吨。长180.8米、宽20.2米、吃水7.7米。动力装置为两台蒸汽轮机，总功率63253千瓦，双轴，最大航速31.5节，续航力为4000海里/25节。编制560人。

"科尔贝尔"级舰装有：4座MM38"飞鱼"舰舰导弹发射架；1座双联装"马舒卡"舰空导弹发射架；两座单管100毫米炮；6座双管57毫米炮。

驱逐舰

驱逐舰

驱逐舰是一种以导弹、鱼雷、火炮等为主要武器，具有多种作战能力的中型水面舰艇。现代驱逐舰一般满载排水量3500～9574吨，航速30～38节，续航力4500～14000海里，能适应复杂海况下的作战，有较强的抗打击能力，并配有较完善的三防能力。驱逐舰按任务可分为反潜驱逐舰、防空驱逐舰、对海型驱逐舰和多用途型驱逐舰等。对海型驱逐舰，以舰舰导弹、鱼雷、舰炮为主要武器，用于对水面舰艇和陆上目标进行攻击，支援登陆和抗登陆作战。多用途型驱逐舰，排水量较大，装有舰空导弹、舰舰导弹、反潜导弹、鱼雷、舰炮、深水炸弹等武器系统，具有防空、反舰等多种作战能力。反潜驱逐舰主要任务是攻击潜艇，配有较强的反潜武器和反潜设备，如必备反潜直升机、火箭助飞鱼雷、深水炸弹和先进的声呐等。防空驱逐舰以对空防御为主，装备有较多的防空导弹和对空火炮，主要对付敌方的飞机和导弹，保护己方舰队。

英国驱逐舰"特普瑞"号，于日德兰海战中沉没。

早期专门对付鱼雷艇的驱逐舰

19世纪60年代前，人们发明了一种用水雷作为攻击武器的水雷艇。这种艇将水雷拖曳于艇后，以触及敌舰使之重创或沉没。1868年，世界上第一枚鱼雷问世之后，便很快装艇使用。到1890年，世界主要海军国家已建成800余艘鱼雷艇，对大型军舰形成很大威胁。1893年，英国建成世界上第一批"哈沃克"号和"霍内特"号鱼雷艇驱逐舰，排水量240吨，航速27节，是当时最快的战艇，装有3座鱼雷发射管和4门舰炮。这种专门对付鱼雷艇的战舰当时被称作鱼雷艇驱逐舰，此为驱逐舰的始祖。

早期的驱逐舰以蒸汽机为动力，机动能力很差，1899年被蒸汽轮机取代，航速提高到30节，排水量增至1000多吨，已具备了随舰队远洋作战的能力。在第一次世界大战中，驱逐舰已成为舰队的重要作战力量。第二次世界大战前，驱逐舰排水量

美国"阿利·伯克"级导弹驱逐舰"阿利·伯克"号。该级舰是驱逐舰中最早装备宙斯盾系统的舰只，和原先的导弹驱逐舰相比，对空能力相当强。

增至 2000 吨左右，到大战结束时，已达 3500 吨左右。航速也相应增至 35 ～ 40 节，成为最快的战斗舰艇。驱逐舰的武器配备也逐渐增强，鱼雷发射管由单管发展为双联装，甚至 5 联装，舰炮由 1 ～ 2 门 75 毫米炮增至 3 ～ 6 门 130 毫米炮，作战威力有很大提高。各参战国投入第二次世界大战的驱逐舰总数达 1800 艘之多，使驱逐舰成为参战机会最多的水面战船。

美国"亚当斯"级导弹驱逐舰

各国驱逐舰

美国"基德"级导弹驱逐舰

"基德"级是美国海军以防空为主的多用途导弹驱逐舰。首舰"基德"号于 1978 年 6 月动工，1981 年 6 月建成服役。其主要技术性能为：标准排水量 6950 吨，满载排水量 9574 吨。长 171.7 米、宽 16.8 米、吃水 6.2 米（含声呐）。动力装置为 4 台 LM-2500 燃气轮机，双轴，总功率 64160 千瓦，续航力为 6000 海里 /20 节、3300 海里 /30 节。编制 341 人。

"基德"级舰装有：两座四联装"捕鲸叉"舰舰导弹发射装置，最大射程可以达到 130 海里；两座双联装 Mk26 型"标准"SM － 2MR 舰空导弹和"阿斯洛克"反潜导弹共用发射装置，"标准"备弹 52 枚，"阿斯洛克"备弹 16 枚；两具 Mk32 型三联装 324 毫米鱼雷发射管，备 Mk46 鱼雷 16 枚，作为近、中程反潜武器；两座 Mk45 型 127 毫米炮；两座 Mk15 型 6 管 20 毫米"密集阵"近防武器系统；两架 SH － 2F LAMPS Ⅰ 或 1 架 SH － 60 LAMPS Ⅲ 直升机，作为远程反潜武器。

美国"亚当斯"级导弹驱逐舰

"亚当斯"级是在原福·谢尔曼级驱逐舰的基础上进行改进而成的一级以反潜为主的导弹驱逐舰，1958 ～ 1964 年共建

美国"亚当斯"级导弹驱逐舰在开炮

造 23 艘，1958 年动工，长 133.2 米、宽 14.3 米，动力装置为两台蒸汽轮机，总功率 55100 千瓦，最大航速 30 节，续航力为 6000 海里 /20 节。编制 360 人。

该级舰装有：两座三联装"捕鲸叉"舰舰导弹发射装置；1 座双联装 Mk11 型"鞑靼人"舰空导弹发射装置（后期建造的 10 艘为单联装 Mk13 型），备弹 40 枚左右；1 座八联装"阿斯洛克"反潜导弹发射器；两具 Mk32 型三联装鱼雷发射管；4 座 Mk42 型单管 127 毫米炮。

美国"斯普鲁恩斯"级导弹驱逐舰

"斯普鲁恩斯"级是美国海军最大的、以反潜为主的多用途驱逐舰，1975 年 9 月建成服役。标准排水量 5770 吨，满载排水量 8040 吨。长 171.7 米、宽 16.8 米、续

美国"斯普鲁恩斯"级导弹驱逐舰

美国"阿利·伯克"级导弹驱逐舰

航力 6000 海里 /20 节。编制 319 ～ 339 人。

该级舰装有：两座四联装"捕鲸叉"对舰导弹发射装置（备 8 枚导弹）；1 座八联装 Mk 29"海麻雀"舰空导弹发射装置；在没有装导弹垂直发射装置的舰上装有 1 座八联装"阿斯洛克"反潜导弹发射装置（备弹 24 枚）；两具 Mk32 型三联装 324 毫米反潜鱼雷发射管；两座 Mk45 型单管 127 毫米炮；两座 Mk15 型 6 管 20 毫米"密集阵"近防武器系统；1 架 SH－60BLAMPS 3 或 1 架 SH－2F LAMPS 1 直升机。

美国"阿利·伯克"级导弹驱逐舰

"阿利·伯克"级是世界上第一艘装备"宙斯盾"和导弹垂直发射装置的防空型导弹驱逐舰，其首舰"阿利·伯克"号于 1988 年动工，1991 年 7 月建成服役。用以替换于 20 世纪 90 年代初开始退役的"孔兹"级和"亚当斯"级导弹驱逐舰。其主要技术性能为：满载排水量 8422 ～ 9033 吨。长 153.8 米、宽 20.4 米、最大吃水 9.1 米（含声呐）。动力装置为 4 台 LM-2500 燃气轮机，总功率 78330 千瓦，双轴，可调螺距螺旋桨，最大航速 32 节，续航力为 4400 海里 /20 节。编制 308 人。

该级舰装有：两座四联装"捕鲸叉"反舰导弹发射装置（Ⅲ型舰将取消该装置）；前后两座共 90 个单元（首 29、尾 61）的

Mk41 型导弹垂直发射装置，Ⅲ型舰则增改为 96 个单元（首 32、尾 64），可发射"战斧"巡航导弹、"标准"SM－2MR 舰空导弹、"海麻雀"舰空导弹和"阿斯洛克"反潜导弹等；两具 Mk32 型三联装 324 毫米鱼雷发射管；两座超速散射箔条火箭发射器以及"水精"鱼雷诱饵等装备；1 座单管 127 毫米炮；两座 Mk15 型 6 管 20 毫米"密集阵"近防武器系统，而Ⅲ型舰将由"海麻雀"舰空导弹取代"密集阵"，每个 Mk41 导弹垂直发射单元将能发射 4 枚"海麻雀"舰空导弹，较之"密集阵"将大大增强近程防御能力。Ⅰ、Ⅱ型舰无机库，仅有直升机降落平台和加

美国"阿利·伯克"级双舰编队航行。

油及弹药装填设施,可载 SH — 60B/F 直升机;Ⅲ型舰则增设双直升机库,可载两架 SH — 60B/F 直升机。

苏联"卡辛"级和"卡辛"改进级驱逐舰

"卡辛"级是世界上第一级完全依靠燃气轮机为动力的驱逐舰,其主要技术性能为:满载水量 4510 吨("卡辛"级),4974 吨("卡辛"改进型)。长 144 米或 146.2 米(改进型)、宽 15.8 米,吃水 4.7 米。动力装置为 4 台燃气轮机,总功率 4×13239 千瓦,双轴,航速 35 节,续航力 4000 海里 /20 节、2600 海里 /30 节。编制 280 人。装有:4 座 SS — N — 2C "冥河"舰舰导弹发射装置(改进型);两座双联装 SA — N — 1 "果阿"舰空导弹发射装置,共备弹 32 枚;1 具五联装 533 毫米鱼雷管;两座 12 管 RBU-6000 型反潜火箭发射装置;两座 6 管 RBU-1000 型反潜火箭发射装置(改进型上拆除);两座 76 毫米炮,4 座 30 毫米舰炮(改进型)。在舰尾设有直升机平台。

苏联"无畏"级导弹驱逐舰

"无畏"级是苏联海军以反潜为主的大型导弹驱逐舰,首舰"无畏"号于

↑ 苏联"卡辛"级驱逐舰尾部装备清晰可见。

1977 年动工,1980 年建成服役。截至 1999 年,已有 10 艘服役。

"无畏"级舰的主要技术性能为:标准排水量 6700 吨,满载排水量 8700 吨。长为 163.5 米、宽为 19.3 米、吃水 7.5 米。动力装置采用 COGAG 方式,由 4 台全燃气轮机组成,总功率为 7.35 万千瓦,双轴,航速 30 节,续航力为 2600 海里 /30 节、6000 海里 /20 节。编制 249 人。

"无畏"级舰装有:8 座 SA — N — 9 舰空导弹垂直发射装置;两座四联装 SS — N — 14 反潜 / 反舰导弹发射装置;两具四联装 533 毫米鱼雷发射管;两座 12 管 RBU-6000 型反潜火箭发射装置;两座单

↑ "卡辛"级导弹驱逐舰

↑ 苏联"无畏"级反潜导弹驱逐舰侧视

管 100 毫米全自动炮；4 座 6 管 30 毫米炮；两架卡—27 "蜗牛" A 直升机。

俄罗斯 "现代" 级导弹驱逐舰

"现代" 级，亦称 956 型驱逐舰，是为了补充具有反潜能力的 "无畏" 级而设计的一级大型驱逐舰。首舰 "现代" 号于 1977 年动工，1980 年 8 月建成服役。计划建造 28 艘。其主要技术性能为：标准排水量 6500 吨，满载排水量 7940 吨。长 156 米、宽 17.3 米、吃水 5.99 米。动力装置为两台蒸汽轮机，总功率 7.35 万千瓦，双轴，最大航速 32 节，续航力为 240 海里 /32 节、14000 海里 /14 节。编制 344 人。

"现代" 级舰装有：两座四联装 SS—N—22 "晒斑" 舰舰导弹发射装置；两座 SA—N—7 "牛虻" 舰空导弹发射装置，备弹 44 枚，从第 15 艘 "别斯鲍柯伊尼" 号舰开始，利用同一个发射装置发射 SA—N—17 "灰熊" 舰空导弹；两具双联装 533 毫米鱼雷发射管；两座 6 管 RBU-1000 反潜火箭发射装置；设有可布放 40 枚以上水雷的雷轨；两座双管 130 毫米炮；4 座 6 管 30 毫米炮；1 架卡—27 "蜗牛" 直升机。

英国 "谢菲尔德" 级导弹驱逐舰

"谢菲尔德" 级是英国维克斯公司、坎默·莱尔法有限公司、斯旺·亨特公司等联合建造的防空型驱逐舰，又称 42 型舰，主要是为特混舰队提供区域防空。首舰 "谢菲尔德" 号于 1970 年动工，1975 年 2 月服役。该级舰有三种型号，前 5 艘为 Ⅰ 型，第 6 艘至第 9 艘为 Ⅱ 型，第 10 艘至第 13 艘为 Ⅲ 型。从 1970 到 1985 年，共建有 13 艘。在 1987 至 1989 年，进行了现代化改装。其主要技术性能为：标准排水量 3500 吨，满载排水量 4100 吨（Ⅲ 型为 4675 吨）。长 125 米（Ⅲ 型 141.1 米）、宽 14.3 米（Ⅲ 型 14.9 米）、吃水 4.2 米。动力装置为 4 台燃气轮机，总功率 43800 千瓦，双轴，最大航速 29 节（Ⅲ 型 30 节以上），续航力为 4000 海里 /18 节。编制 253 人（Ⅲ 型为 301 人）。

该级舰装有：1 座双联装 "海标枪" 舰空导弹发射装置（备弹 22 枚）；两具三联装 324 毫米鱼雷发射管；1 座 Mk8 型单

"现代" 级导弹驱逐舰装备的 SS—N—22 反舰导弹，速度超过两马赫，可有效攻击美国航母。

俄罗斯 "现代" 级 956A 型导弹驱逐舰 "别斯鲍柯伊尼" 号

在英阿马岛海战中，被"飞鱼"导弹击中的英国主力驱逐舰"谢菲尔德"号。

日本"初雪"级导弹驱逐舰

管 114 毫米炮；4 座单管 20 毫米炮；两座 Mk15 型 6 管 20 毫米"密集阵"近防武器系统；一架"山猫"HMA3/8 型直升机，载有"海上大鸥"空舰导弹。

英国"布里斯托尔"级驱逐舰

"布里斯托尔"级仅建造一艘，即"布里斯托尔"号，又称 82 型驱逐舰，1967 年动工，1973 年建成服役。其主要技术性能为：标准排水量 6300 吨，满载排水量 7100 吨。长 154.5 米、宽 16.8 米、吃水 5.2 米。动力装置为 COSAG 方式，有蒸汽轮机和燃气轮机各两台，总功率 44100 千瓦，双轴，最大航速 30 节，续航力为 5000 海里 /18 节。编制 397 人。

"布里斯托尔"级舰装有：1 座双联装"海标枪"舰空导弹发射装置（备弹 40 枚）；1 座 MA8 型单管 115 毫米炮；两座双管 30 毫米炮；两座单管 20 毫米炮；1 架"黄蜂"直升机。

日本"初雪"级多用途导弹驱逐舰

"初雪"级首舰"初雪"号于 1979 年动工，1982 年服役。标准排水量 2950 吨（DD 129 号之后为 3050 吨），满载排水量 3700（DD129 号为 3800）吨。长 130 米、宽 13.6 米、吃水 4.2 米。动力装置为 4 台燃气轮机，总功

率 44200 千瓦，双轴，可调螺距螺旋桨，最大航速 30 节。编制 195 人（DD 124 之后为 200 人）。

该级舰装有：两座四联装"捕鲸叉"舰舰导弹发射装置；1 座 Mk29 型"海麻雀"近程舰空导弹发射装置；1 座八联装"阿斯洛克"反潜导弹发射装置；两具 68 型三联装 324 毫米鱼雷发射管；两座单管"奥托·梅莱拉"76 毫米炮；两座 Mk15 型 6 管 20 毫米"密集阵"近防武器系统；1 架 SH — 60J 舰载直升机。

日本"村雨"级多用途导弹驱逐舰

"村雨"级是日本海上自卫队 20 世纪 90 年代末建成的一级多用途导弹驱逐舰，首舰"村雨"号于 1993 年动工，1996 年建成服役。标准排水量 4550 吨，满载排水量 5100 吨。长 150 米、宽 16.4 米、吃水 4.8 米。动力装置为 COGAG 方式，两台 SM-1C 燃气轮机，两台 LM — 2500 燃气轮机。双轴，最大航速 30 节。编制 166 人。

日本"村雨"级导弹驱逐舰

该级舰装有：两座四联 SSM-1B "捕鲸叉" 舰舰导弹发射装置；16 单元 Mk48 型 "海麻雀" 舰空导弹垂直发射装置；16 单元 Mk41 型 "阿斯洛克" 反潜导弹垂直发射装置（携弹 29 枚）；两具 68 型 3 联装 324 毫米鱼雷发射管；1 座 "奥托·梅莱拉" 76 毫米炮（将从第 10 艘 DD110 舰起换装 127 毫米炮），1 座 Mk15 型 6 管 20 毫米 "密集阵" 近防武器系统。尾部设有机库，可搭载 1 架 SH-60J "海鹰" 多用途/反潜直升机。

法国 "乌头" 级反潜导弹驱逐舰

法国 "乌头" 级仅建造了一艘，即 "乌头" 号。1966 年动工，1973 年建成服役，其主要技术性能为：标准排水量 3500 吨，满载排水量 3900 吨。长 127 米、宽 13.4 米、吃水 5.4 米。动力装置为 1 座蒸汽轮机，续航力为 5000 海里/18 节。编制 228 人。

法国 "乌头" 级反潜导弹驱逐舰 C65 型

"乌头" 级舰装有：4 座 MM38 "飞鱼" 舰舰导弹发射装置；1 座 "马拉丰" 反潜导弹发射装置；1 座六联装 305 毫米反潜火箭发射装置；两具 L5 型鱼雷发射管；两座 68 型单管 100 毫米炮。

法国 "乔治·莱格" 级反潜导弹驱逐舰

"乔治·莱格" 级是法国海军首次采用燃气轮机动力装置的军舰，又称 F-70ASW

法国 "乔治·莱格" 级驱逐舰第 6 艘 "拉莫特·毕盖" 号

反潜型。首舰 "乔治·莱格" 号于 1974 年动工，1979 年服役。其主要技术性能为：标准排水量 3830 吨，满载排水量 4300 吨（D640 ~ 643），4580 吨（D644 ~ 646）。长 139 米、宽 14 米、吃水 5.7 米。动力装置为两台燃气轮机和两台柴油机，双轴，航速 30 节，续航力为 8500 海里/18 节。编制 218 人。

"乔治·莱格" 级舰装有：两座 MM38 四联装 "飞鱼" 舰舰导弹发射装置（D642 ~ 646 为 MM40）；1 座八联装 "海响尾蛇" 舰空导弹发射装置；计划用两座双联装 "辛伯达" 舰空导弹发射装置取代 20 毫米炮（D644 ~ D646），两座六联装 "萨德拉尔" 舰空导弹发射装置取代 20 毫米炮（D640 ~ 643），发射 "西北风" 导弹；1 座单管 100 毫米炮；两座 "布莱达" 30 毫米炮（DD640 ~ 643）；两座 "厄利空" 单管 20 毫米炮；两座固定式鱼雷发射管，备 10 枚 ECAN L5 鱼雷；两架 "山猫" Mk4 型直升机。

德国 "吕特晏斯" 级导弹驱逐舰

"吕特晏斯" 级是前联邦德国海军在美国 "亚当斯" 级驱逐舰的基础上改进的，又称 "亚当斯" 级改型，1966 ~ 1970 年共建 3 艘。首舰 "吕特晏斯" 号 1966 年动工，1969 年建成服役。

"吕特晏斯" 级舰的主要技术性能为：

德国"吕特晏斯"级导弹驱逐舰

标准排水量 3370 吨，满载排水量 4500 吨。长 133.2 米、宽 14.3 米、吃水 6.1 米。该级舰的动力装置为两台蒸汽轮机，双轴，最大航速 32 节，续航力为 4500 海里 /20 节。编制 337 人。

"吕特晏斯"级舰装有：1 座单臂 Mk13 舰空导弹发射装置，用于发射"标准"舰空导弹和"捕鲸叉"舰舰导弹；两座 Mk49 型 21 管"拉姆"舰空导弹发射装置；1 座 Mk112 型八联装"阿斯洛克"反潜导弹发射器；两具 Mk32 型三联装 324 毫米鱼雷发射装置；1 座深水炸弹发射装置；两座 Mk42 型单管 127 毫米炮。

德国"汉堡"级导弹驱逐舰

"汉堡"级是前联邦德国建造的首批驱逐舰，在 1959 至 1968 年共建 4 艘。首舰"汉堡"号，1959 年动工，1964 年建成服役。其主要技术性能为：标准排水量 3340 吨，满载排水量 4680 吨。长 133.7 米、宽 13.4 米、吃水 6.2 米。动力装置为两台蒸汽轮机，双轴，总功率 50000 千瓦，最大航速 34 节，续航力为 6000 海里 /13 节。编制 268 人。该级舰装有：两座 MM38 双联装"飞鱼"舰舰导弹发射装置；4 具 533 毫米鱼雷发射管；两座 4 管"博福斯"375 毫米可回转反潜火箭发射装

德国"汉堡"级导弹驱逐舰

置；3 座单管 100 毫米炮；4 座双管 40 毫米炮。

意大利"大胆"级导弹驱逐舰

"大胆"级是"无畏"级舰的改进型，是意大利海军第二代导弹驱逐舰。首舰"大胆"号于 1968 年开工建造，1972 年 11 月建成服役。标准排水量 3600 吨。满载排水量 4400 吨。长 136.6 米、宽 14.2 米、吃水 4.6 米。动力装置为两台蒸汽轮机，最大航速 34 节，续航力 3000 海里 /20 节。编制 380 人。

该级舰装有：4 座双联装"特赛奥"舰舰导弹发射装置；1 座 Mk13"标准"舰空导弹发射装置；两具 Mk32 型三联装 324 毫米鱼雷发射管；1 座"奥托·梅莱拉"127 毫米炮；3 座"奥托·梅莱拉"76 毫米炮；两架 AB212 反潜直升机。

护卫舰

护卫舰

护卫舰主要用于反潜护航以及侦察、警戒、巡逻、布雷、支援登陆、对岸和对舰攻击等任务。乍看起来，护卫舰与驱逐舰所完成的任务和装备都很相似，但护卫舰一般比驱逐舰吨位小、武器弱、航速低，然而因为其机动性好、造价低廉，受到各国海军的青睐，是一种更为普及的舰种。现代护卫舰按排水量大小可分为中型（1000 ~ 3500 吨）和小型（600 ~ 1000 吨）两种；按其作战使命可分为反潜、防空、对海和多用途型护卫舰，这点又与驱逐舰相似。20 世纪 70 年代以来，护卫舰一般都装备了导弹，加强了攻击能力和防卫能力，许多还配备有反潜直升机，并且更新了动力、电子系统和声呐、火控、指挥系统等，能够肩负起驱逐舰的战斗任务。护卫舰的面貌已经今非昔比，甚至在某种程度上，驱逐舰和护卫舰已经很难分得清楚。护卫舰在冷战后的今天显得特别重要，各国护卫舰也因此成为一种最有发展前途的舰种。

各国护卫舰

苏联“格里莎”级护卫舰

苏联黑海、基畏、哈巴罗夫斯克等几家造船厂分别建造的轻型护卫舰。首制舰“格里莎”号 1968 年开工，1971 年建成服役。主要用于中近海和沿岸海区，执行反潜、护航和边防巡逻等任务。因武器配备不同，将其分为Ⅰ型、Ⅱ型、Ⅲ型、Ⅳ型等 4 个型别，共 87 艘。

“格里莎”Ⅰ型，标准排水量 800 吨，满载排水量 900 吨，最大排水量 990 吨。舰长 71.1 米，舰宽 10.3 米，吃水 3.4 为，最大航速 35 节。航速 14 节时，续航力 2700 海里。自给力 9 昼夜。编制舰员 83 名。采用柴－燃联合动力装置，装 2 台柴油机，功率 14710 千瓦；1 台燃气轮机，功率 13239 千瓦，三轴推进。舰上装双联装 SA–N–4“壁虎”舰空导弹发射装置 1 座（备弹 20 枚）、双联装 57 毫米舰炮 1 座（备弹 1100 发）、六联装 30 毫米舰炮 1 座（备弹 2000 发）、双联装 533 毫米鱼雷发射装置两座、12 管 RBU–6000 火箭式深水炸弹发射炮两座（备弹 96 枚）和大型深弹滚放装置两座（备弹 18 枚）。主要电子设备有：对空 / 对海搜索雷达、导弹制导雷达、变深声呐、电子对抗系统等。

“格里莎”Ⅱ型，在保留Ⅰ型舰原有武备的基础上，拆除双联装 SA–N–4“壁虎”舰空导弹发射装置，改双联装 57 毫米舰炮 1 座为两座（备弹从 1100 发增加到 2200 发）、改 12 管 RBU–6000 火箭式深水炸弹发射炮两座为 6 管 RBU–6000 火箭式深水炸弹发射炮 1 座（备弹从 96 枚减少到 48 枚）。

“格里莎”Ⅲ型，在保留Ⅰ型舰原有武备的基础上，改双联装 57 毫米舰炮 1 座为单管 76 毫米舰炮 1 座（备弹 304 发），改

苏联“格里莎”级护卫舰

12 管 RBU-6000 火箭式深水炸弹发射炮两座为 6 管 RBU-6000 火箭式深水炸弹发射炮 1 座（备弹从 96 枚减少到 48 枚），增装 SS-N-8 "小妖精" 舰空导弹发射装置（备弹 8 枚）。

苏联 "纳努契卡" 级轻型导弹护卫舰

苏联彼得洛夫斯基造船厂和太平洋地区船厂建造的轻型护卫舰。代号 1234 型。首制舰 "纳努契卡" 号 1971 年建成。主要用于中近海巡逻、警戒，担负对水面舰艇的攻击任务。至 1987 年共建成 I、II、III、IV 等 4 个型别共 45 艘，各型舰的区别主要在于武器配备不同。除装备苏联海军外，还出口印度（3 艘）、阿尔及利亚（3 艘）、利比亚（4 艘）等国。

"纳努契尔" I 型护卫舰标准排水量 640 吨，满载排水量 730 吨，最大排水量 790 吨，舰长 59.3 米，舰宽 11.8 米，吃水 3.02 米。最大航速 35 节。巡航速度 12 节时，续航力 4000 海里，自给力 10 昼夜。编制舰员 60 名，其中军官 10 名。动力装置为 3 台柴油机，总功率 22065 千瓦，3 轴推进。另有柴油发电机 3 台，总功率 700 千瓦。

舰上装三联装 SS-N-9 "海妖" 海射反舰导弹发射装置两座、双联装 SA-N-4 "壁虎" 舰空导弹发射装置 1 座（备弹 20

枚）、双联装 57 毫米舰炮 1 座（备弹 1100 发）。主要电子设备有：对海/对空搜索雷达、导弹制导雷达、火控雷达、导航雷达、电子战系统等。

从尾部可见 "无畏" 级导弹护卫舰的直升机机库。

俄罗斯 "无畏" 级导弹护卫舰

苏联加里宁格勒扬塔尔造船厂建造的多用途型远洋型护卫舰。又译 "不惧" 级护卫舰。在 "克里瓦克" 级护卫舰的基础上改进而成。首制舰 "无畏" 号 1987 年 3 月开工，1988 年 5 月下水。苏联解体后，俄罗斯继续建造，于 1993 年 1 月建成服役。

标准排水量 3210 吨，满载排水量 4200 吨，舰长 129.6 米，舰宽 15.6 米，吃水 4.26 米。最大航速 30 节。航速 16 节时，续航力 4500 海里；18 节时 3000 海里。自给力 30 昼夜。编制舰员 210 名，其中军官 35 名。装燃气轮机 4 台，总功率 53510 千瓦，双轴推进。舰上设有舰载直升机库，可携带 "卡-27" 反潜直升机 1 架。舰上装有双联装 SS-N-16 舰舰导弹发射装置 8 座（备弹 16 枚）、八联装 SA-N-9 "克里诺克" 舰空导弹垂直发射装置 4 座（备弹 32 枚）、"嘎什坦" 弹炮结合防空武器系统两座（备导弹 64 枚和炮弹 6000 发）、100 毫米舰炮 1 座（备弹 350 发）、12 管 RBU-6000

苏联 "纳努契卡" III 级轻型导弹护卫舰

火箭式深水炸弹发射炮两座（备弹60枚）。主要电子设备有：三坐标对空搜索雷达、对海搜索雷达、导弹制导雷达、火控雷达、导航雷达、舰壳主动声呐、拖曳式声呐、卫星导航系统、电子对抗系统等。

"无畏"级护卫舰是俄罗斯首次采用隐身技术的护卫舰。上层建筑采用倾斜式，并涂有吸收雷达波材料，以减小敌方雷达探测的反射波；烟囱内采用喷气引射装置，以冷却燃气轮机排放的高温废气，降低红外辐射；还设有水幕系统，以降低红外辐射信号，达到隐身目的。

美国"佩里"级导弹护卫舰

"佩里"级是美国海军水面舰艇中性能适中的通用型导弹护卫舰。首舰"佩里"号1975年动工，1977年建成服役。标准排水量3638吨，满载排水量4100吨（FFG－8、15、28、29、32、36～61）。长138.1米、宽13.7米、吃水4.5米（含声呐7.5米）。动力装置为两台LM-2500燃气轮机，单轴，航速29节，续航力为4500海里/20节。编制206人。

该级舰装有：1座单臂Mk13/4型"标准"/"捕鲸叉"导弹两用发射装置，备36枚"标准"中程舰空导弹和4枚"捕鲸叉"舰舰导弹；两座Mk32型三联装324毫米鱼雷发射管；1座"奥托·梅莱拉"76毫米炮；1座Mk15型6管20毫米"密集阵"近防武器系统；2架SH－2GLAMPS 1或两架SH－60B直升机。

美国"佩里"级导弹护卫舰具有较强的反潜、防空能力。

英国"利安德"级导弹护卫舰

英国"利安德"级护卫舰

"利安德"级是英国德文波特海军造船厂建造的多用途型护卫舰。首舰"利安德"号于1963年动工，1966年建成服役。基本型标准排水量2450吨，满载排水量3200吨。长109.7～113.4米、宽13.1米、吃水4.5米。动力装置为两台蒸汽轮机，总功率22000千瓦，双轴，最大航速28节，续航力为4000海里/15节。编制266人。

该级舰装有：两座四联装"海猫"舰空导弹发射装置；两座"乌鸦座"76毫米干扰火箭发射装置；1座Mk6型双管115毫米半自动炮；两座双管40毫米炮；两座双管20毫米炮；1座"林波"Mk10型三联装反潜迫击炮；1架"黄蜂"直升机。反潜型舰，将115毫米首炮换装4座MM38"飞鱼"舰舰导弹发射装置，尾部的"林波"三联装反潜迫击炮换装两座Mk32型三联装鱼雷发射管。

英国"大刀"级反潜导弹护卫舰

"大刀"级是英国亚罗造船公司建造的反潜型护卫舰。该级舰的主要技术性能为：标准排水量：Ⅰ型3500吨，Ⅱ型4100吨，Ⅲ型4200吨；满载排水量：Ⅰ型4400吨，Ⅱ型4800吨，Ⅲ型4900吨。Ⅰ型：长131.2米、宽14.8米、吃水6米。Ⅱ型、Ⅲ型：长146.5米、宽14.8米、吃水6.4米。动力装置：Ⅰ型由两台TM-3B

↑ 英国"大刀"级Ⅲ型护卫舰第2艘"坎伯兰"号

↑ 英国"公爵"级护卫舰尾部的直升机和机库

↑ 法国"里维埃舰长"级护卫舰

型燃气轮机和两台RM1C型燃气轮机组成；Ⅱ型和Ⅲ型由两台SM1A型燃气轮机和两台RM1C型燃气轮机组成。航速30节，续航力为4500海里/18节。编制222人（Ⅰ型），273人（Ⅱ、Ⅲ型）。

该级舰装有：4座单发MM38"飞鱼"舰舰导弹发射装置Ⅰ型，Ⅱ型，Ⅲ型换装两座四联装"捕鲸叉"舰舰导弹发射装置；两座六联装"海狼"近程舰空导弹发射装置；两具Mk46型三联装鱼雷发射管；1座Mk8型单管115毫米炮；1座"守门员"近程武器系统；两座双管30毫米炮（Ⅲ型）；两座单管"博福斯"40毫米炮；两座单管20毫米炮（Ⅰ、Ⅱ型）；两架"山猫"Mk2型反潜直升机（某些舰可能载"海王"或EH-101"默林"直升机）。

英国"公爵"级导弹护卫舰

"公爵"级是英国亚罗造船公司研制建造的反潜护卫舰。首舰"诺福克"号于1985年动工，1990年建成服役。标准排水量3500吨，满载排水量4200吨。长133米、宽16.1米、吃水5.5米（螺旋桨处）。动力装置首创燃气轮机与电力推进联合动力（CODLAG）方式，使安静性、经济性显著提高，续航力较过去提高一倍。由两台斯贝燃气轮机和4台12RPA200CZ柴油机组成，总功率29200千瓦，双轴，航速28节，续航力为7800海里/15节。编制174人。

该级舰装有：两座四联装"捕鲸叉"舰舰导弹发射装置；32单元"海狼"舰空导弹垂直发射装置；两具三联装固定式324毫米鱼雷发射管；1座单管114毫米高平两用炮；两座"厄利空"30毫米炮；1架"山猫"HMA3/8直升机或1架EH-101"默林"直升机。

法国"里维埃舰长"级护卫舰

"里维埃舰长"级是法国海军早期建造的护卫舰，首舰"里维埃舰长"号1957年动工，1962年建成服役。主要技术性能为：标准排水量1750吨，满载排水量为2250吨。长103.0米、宽11.7米、吃水4.8米。动力装置由4台柴油机组成，双轴，航速35节，续航力7500海里/15

节。编制 167 人。

该级舰装有：4 座单发 MM38 "飞鱼"舰舰导弹发射装置；两具三联装 533 毫米鱼雷发射管；1 座四联装 305 毫米增程深弹发射器；两座单管 100 毫米炮；两座单管 30 毫米炮。尾部可停放轻型直升机。

法国"拉法耶特"级导弹护卫舰

"拉法耶特"级是法国海军最新一级轻型护卫舰，首舰"拉法耶特"号于 1990 年动工，1994 年 1 月服役。满载排水量 3600 吨。长 125 米、宽 13.8 米、吃水 4 米。动力装置为 4 台柴油机，总功率 15520 千瓦，双轴，航速 25 节，续航力为 7000 海里 /15 节。编制 164 人。

该级舰装有：两座四联装 MM40 "飞鱼"舰舰导弹发射装置（备导弹 8 枚）；1 座八联装 "响尾蛇" CN2 舰空导弹发射装置，发射 VT1 导弹。第 2 批 3 艘舰将被 SAAM 垂直发射装置取代，该系统带有 16 枚 "紫菀" 15 舰空导弹；1 座单管 100 毫米高平两用炮；两座 "吉亚特" 20 毫米近防炮。舰尾为直升机机库和直升机起降平台，可载 1 架 AS565 MA "黑豹"或 "超黄蜂"直升机，上可携带 AM－39"飞鱼"空舰导弹。

德国"不来梅"级护卫舰

"不来梅"级，是德国不来梅·富坎造船公司建造的具有远洋反潜、对海作战和近程防御能力的多用途护卫舰。首舰"不来梅"号 1979 年动工，1982 年建成服役。其主要技术性能为：标准排水量 2900 吨，满载排水量 3600 吨。长 130 米、宽 14.4 米、吃水 6.5 米。动力装置由两台 LM-2500 燃气轮机和两台 MTU 柴油机组成，双轴，可调螺距螺旋桨，最大航速 30 节。续航力为 4000 海里 /18 节。编制 207 人。

该级舰装有：两座四联装 "捕鲸叉"舰舰导弹发射装置；1 座 Mk29 型八联装 "北约海麻雀"中程舰空导弹发射装置（备弹 16 枚）；两座 "拉姆" 21 单元点防御系统（安装在机库顶部）；两具 Mk32 型双联装 324 毫米鱼雷发射管；1 座 Mk75 型 "奥托·梅莱拉"单管 76 毫米高平两用炮。尾部设有直升机机库，载 2 架 "山猫"反潜直升机。

德国"勃兰登堡"级导弹护卫舰

"勃兰登堡"级护卫舰为德国最新一级导弹护卫舰，又称 123 型，满载排水量 4700 吨。长 138.9 米、宽 16.7 米、吃 水 4.4 米。动力装置采用 CODOG 方式，两台 LM-2500 燃气轮机，两台

法国 20 世纪 90 年代隐形护卫舰——"拉法耶特"级护卫舰

德国"勃兰登堡"级护卫舰首舰"勃兰登堡"号

MTU20V956TB92 柴油机。最大航速 29 节，续航力 4000 海里 /18 节，编制 199 人。

该级舰装有：两座双联装 MM38 型"飞鱼"舰舰导弹发射装置；16 单元 Mk41 型舰空导弹垂直发射装置，用于发射"北约海麻雀"导弹；两座 Mk49 型 21 单元"拉姆"舰空导弹发射装置；两座 Mk32 型双联装 324 毫米鱼雷管，发射 Mk46 反潜鱼雷；1 座"奥托·梅莱拉"76 毫米炮；设有双机库，可载两架 Mk88"海山猫"反潜直升机。

意大利"狼"级导弹护卫舰

"狼"级是意大利海军的中型多用途护卫舰，首舰"狼"号 1974 年 10 月动工，1977 年 9 月建成服役。标准排水量 2208 吨，满载排水量 2525 吨。长 113.2 米、宽 11.3 米、吃水 3.7 米。动力装置为柴燃交替 CODOG 方式，采用两台燃气轮机，两台柴油机，总功率 44600 千瓦。双轴，最大航速 35 节，续航力 4350 海里 /16 节。编制 185 人。

该级舰装有：两座八联装"奥托马特"Ⅱ舰舰导弹发射装置；1 座"海麻雀"中程舰空导弹发射装置；两具 Mk32 型三联装 324 毫米鱼雷发射管；两座 20 管 105 毫米回转式箔条火箭发射装置；1 座单管"奥托·梅莱拉"127 毫米全自动炮；两座双管"布莱达"40 毫米炮；还将加装两座"厄利空"20 毫米炮。设有直升机库，载

1 架 AB212 反潜直升机。

意大利"西北风"级导弹护卫舰

"西北风"级是意大利海军在"狼"级护卫舰基础上设计的一型多用途导弹护卫舰。首舰"西北风"号 1978 年 3 月动工，1982 年 3 月建成服役。标准排水量 2500 吨，满载排水量 3200 吨。长 122.7 米、宽 12.9 米、吃水 4.6 米。动力装置为两台燃气轮机和两台柴油机，总功率 44600 千瓦。双轴，最大航速 32 节，续航力为 6000 海里 /16 节。自持力 30 天，最大可达 50 天。编制 232 人。

该级舰装有：4 座"奥托马特"舰舰导弹发射装置；1 座八联装"信天翁"舰空导弹发射装置，可发射"毒蛇"舰空导弹；两具 Mk32 型三联装 324 毫米鱼雷发射管，可发射 Mk46 鱼雷；尾构架处有两具线导鱼雷发射管；两座 20 管 105 毫米回转式箔条火箭发射装置；1 座单管"奥托·梅莱拉"127 毫米全自动炮；两座双管"布莱达"40 毫米炮，在 1990 ~ 1991 年海湾战争中，加装了"厄利空"20 毫米炮。设有直升机机库，可载两架 AB212 ASW 反潜直升机。

意大利"西北风"级导弹护卫舰。装有先进的声呐设备，具有较强的反潜能力。

航空母舰

航空母舰

　　航空母舰是以舰载机为主要武器、并为舰载机编队提供海上活动基地的大型军舰。航空母舰无疑是一座浮动的海上机场，是海军水面战斗舰艇中最大的舰种。

　　按吨位区分，有大型、中型和小型航空母舰；按战斗使命区分，有攻击航空母舰、反潜航空母舰、护航航空母舰和多用途航空母舰。主要用途是组成远洋舰队，为编队提供各种作战飞机，以攻击敌方水面舰艇、潜艇和运输舰船，袭击海岸设施和陆上目标，夺取作战海区的制空权和制海权。

　　现代大型航空母舰满载排水量在6万～10万吨，载机70～120架；中型航空母舰满载排水量在3万～6万吨；小型航空母舰满载排水量在3万吨以下，载直升机和垂直/短距起降战斗机50架以内。航空母舰还装备有对舰、对潜和对空导弹，水中武器和舰炮等自卫武器。

航空母舰的出现

　　1913年，英国皇家海军改装轻巡洋舰"竞技神"号为水上飞机母舰。第一次世界大战期间，有多艘舰只改装成同类母舰。水上飞机利用浮筒下可脱落的轮子起飞，降落时则落在舰旁海面，再吊回舰上。

　　1915年8月12日，萧特184型水上飞机自英国航空母舰"彭米克利"号上起飞，在土耳其马尔马拉海击沉一艘土耳其补给舰，成为第一架用鱼雷击沉战舰的飞机。

 "乔治·华盛顿"号航空母舰

　　1917年，第一次世界大战后期，英国海军将一艘巡洋舰的前甲板上的主炮塔拆除，以甲板中部建筑为界，铺上木制跑道供飞机起飞用。1917年8月2日，英国皇家海军航空队邓宁中校驾驶飞机降落在"暴怒"号上，成为降落在航行中舰只上的第一人。1918年，拆去后炮塔，加建降落甲板，但中部的舰楼、桅杆和烟囱仍然把飞行甲板分隔为两段，使飞机升降相当危险和不便。这艘改装后的巡洋舰叫"暴怒"号飞机搭载舰，

英国"鹰"号航空母舰

它能装载 20 架飞机，是最早出现的用旧军舰改装成的航空母舰。同年 7 月，从这艘舰上起飞的飞机，轰炸了德国的一个空军基地。

1918 年，英国又把一艘正在建造的客轮"康蒂罗索"号改装成"百眼巨人"号航空母舰。它具有全通式飞行甲板，飞行跑道更长了，起飞和降落极为方便。有一层机库甲板及几部液压升降机，可载机 20 架。

🔵 美国的"艾森豪威尔"号航母

早期航空母舰："兰利"号和"凤翔"号

1922 年，美国利用运煤船改装了一艘直通型飞行甲板的"兰利"号航空母舰。它长 166 米，排水量 11000 吨，航速 15 节，能携载 33 架飞机。舰载机主要是通过机轮滑跑起飞，采用 22 根两端系有沙袋的绳索阻拦降落。

1919 年 9 月 11 日，英舰"竞技神"号下水。其舰楼、桅杆和烟囱移至飞行甲板右侧，即现在常见的舰楼结构，排水量达 10850 吨，时速 25 海里，载机 25 架，1923 年 7 月才全部建成。

1922 年，日本历时 4 年建成一艘"凤翔"号航空母舰，这是世界上第一艘不是用旧船改装，而是专门设计建造的航空母舰。具有全通式飞机甲板，上层建筑很小，位于右舷，排水量 7000 吨，长 160 米，航速 25 节，能携带飞机 21 架，已具有现代航空母舰的基本结构和规模。

飞行甲板

直通式飞行甲板是第二次世界大战中各种航空母舰普遍采用的典型的飞行甲板。战后英国"凯旋"号航空母舰首次采用斜、直两段式飞行甲板。1952 年 8 月，"凯旋"号航空母舰上的舰载机首次从与主甲板倾斜 10° 的斜角飞行甲板上试飞成功。5 月，美国海军"中途岛"号航空母舰也进行了 400 多次试验。1953 年 11 月，美国海军"安提坦"号正式采用这种斜角式飞行甲板。这种甲板长 200 ~ 330 米，宽 70 ~ 90 米。甲板前部直段部分用于舰载机弹射起飞，一般装有 1 ~ 2 部弹射器供弹射飞机使用。斜角甲板一般与舰身中心成 11° ~ 13°，专供舰载机降落时用。上层建筑前

🔵 英国海军未来型航母采用斜、直两段式飞行甲板。

方的三角区用于停机。这种互不干扰又可同时进行的斜、直两段式飞行甲板为目前大、中型航空母舰广泛采用，成为现代航母的标准布局。

拦阻索

英国邓宁中校第一次驾机在战舰上降落时，由于飞机的飞行速度低，一些拴有沙袋的拦阻索便可以让飞机停下来。20 世纪 50 年代以后，超声速喷气式飞机上舰后，飞机着舰的滑跑速度加快，为此，又研制了复杂的液压传动系统，但是仍然在甲板上横放了 3 ~ 5 道拦阻索。这些拦阻索自甲板尾端 60 米处开始，每隔 14 米横设一根直径为 6.35 厘米的粗钢索，高度距甲板平面 50 厘米，索两端通过滑轮与甲板缓冲器相连。飞机着舰时尾钩只要钩住一根拦阻索，在前冲 60 ~ 70 米后即可停下。此外，设有拦阻网，在飞机出现尾钩故障、燃油耗尽或战斗损伤等紧急迫降情况下使用。拦阻网一般设于第三道拦阻索处，高约 4.5 米，网由尼龙带编织而成，飞机撞网后可在 50 米左右距离内安全地停下。

⬆ 俄罗斯海军"库兹涅佐夫"号航母采用了斜角飞行甲板，但前部为直上翘 12° 的滑跃飞行甲板。

各国争相制造航空母舰

日本"凤翔"号航空母舰的建造揭开了航空母舰的发展序幕。

1922 年，美、英、日、法、意五国在华盛顿共同制定了一个关于限制战列舰总吨位的华盛顿海军协议，促进了航空母舰的发展。因为各国并未按协议销毁多建造的战列舰和巡洋舰，而是着手将一部分舰改装成为航空母舰。许多国家还将快速运输船改装成航空母舰。到 1930 年前后，美、英、日、法等国先后改装成一批航空母舰，一般排水量为 1 万 ~ 4 万吨，航速为 20 ~ 34 节，续航力为 5500 ~ 23000 千米，飞行甲板长为 130 ~ 270 米，舰宽 21 ~ 35 米。航空母舰一般能装载飞机 20 ~ 90 架。此时的舰载机重量一般为 1 ~ 6 吨，时速在 15 ~ 500 千米间。所以，航空母舰一般都采用通长甲板形式，并且装有弹射器和阻拦装置。到第二次世界大战前夕，各国已经先后改装和建造了 30 多艘航空母舰，其中美国 8 艘、英国 13 艘、日本 11 艘、法国 1 艘。英国最大的"皇家方舟"号已经达到 28000 吨，载机 60 余架。美国最大的"列克星敦"号已达 36000 吨，载机量超过了 100 架。日本航空母舰最大的"赤城"号也达 36500 吨，可载机 90 余架。

在战争未到来以前，航空母舰已经威胁到战列舰在海上的霸权地位。

⬅ 英国"皇家方舟"号航空母舰

"俾斯麦"号战列舰侧视图。战列舰后被航空母舰所取代，巨型战列舰主宰海洋的时代已经过去。

第二次世界大战使航空母舰成为新的海上霸主

1939年，第二次世界大战在欧洲爆发，此时，在大西洋战场上，拥有7艘航空母舰和15艘战列舰的英国海军实力雄厚。1940年11月11日，英20余架飞机从"光辉"号航母上起飞，突袭意大利塔兰托海军基地，在6个半小时的战斗中就击沉击伤3艘战列舰、两艘巡洋舰、两艘辅助战船，击毁1个水上机场和油库，仅损失两架飞机。1941年5月24日～26日，英两艘航母的舰载机重创德国新造的4万吨级战列舰"俾斯麦"号。航母舰载机击毁重型战列舰的战绩，宣告大舰巨炮主义已被"没有制空权就没有制海权"的新的海战理论所取代。巨型战列舰主宰海洋的时代已经过去了。

为了在大西洋进行反潜护航作战，美国在两年多的时间里紧急动员，用商船改装了100多艘护航航母，为夺取战争的胜利发挥了极为重要的作用。这些改装型航母一般在7000～12000吨，载30余架飞机。作为飞机运载舰时，最多可载60多架飞机。美国当时专门设计和建造的"卡萨布兰卡"级护航航母排水量11000吨，可载机60余架，有一家造船厂在18个月中就突击建造50多艘。

在太平洋战场上，1941年12月7日，日本以6艘航母、423架舰载机、24艘大中型舰艇和3艘潜艇组成海上联合舰队，偷袭美珍珠港海军基地，一个半小时击沉击伤美战列舰7艘、大型舰艇12艘、中小型舰艇20余艘，击毁飞机420余架、毙伤3615人，自己仅损失29架飞机和5艘潜艇。这是海战史上航母编队对陆攻击规模最大、战果最显著的一次。

1942年5月3日～8日，日本以3艘航母、125架飞机和27艘大中型战舰组成海上编队，美国以两艘航母、141架飞机、20艘大中型战舰组成海上编队，在珊瑚海进行了海战史上第一次航空母舰的决战，双方交战距离第一次超出目视距离和大炮射程，所有护航战舰一弹未发，只靠航母舰载机进行海空一体战。结果，日损失1艘轻型航母、1艘驱逐舰、80架飞机和900人；美损失1艘航空母舰、1艘驱逐舰、1艘油轮、66架飞机和543人。

1942年6月3日～7日，日本以5艘航母、11艘战列舰、72艘大中型水面舰艇，美以3艘航母、22艘大中型水面舰艇在中途岛海域展开激战。美以劣势兵力、配以岛／岸基飞机几乎全歼强大的日本舰队，击沉其4艘航母及所携的 280 架舰载机，击毁 50 架飞机，毙伤 3500 人，美损失 1 艘航空母舰、1 艘驱逐舰、150 架飞机、307 人，迫使日本海军转入战略守势。

1944 年 10 月 20 日～26 日，日本以 4 艘航空母舰、约 200 架舰载机、500 架岸基飞机、9 艘战列舰、54 艘大中型水面舰艇、14 艘潜艇；美国以 17 艘航空母舰和 18 艘护航航母、约 1100 架舰载机、400 架岸基飞机、12 艘战列舰、135 艘大中型舰艇、29 艘潜艇，在莱特湾决一死战，结果日本 4 艘航空母舰被击沉，损失大中型舰艇 24 艘，飞机 150 架、1 万余人。日海军航空兵彻底毁灭，缩至本土，顽抗待降。第二次世界大战期间，世界各国航空母舰数量从第一次世界大战结束时的 13 艘一下子猛增到 176 艘，而称霸于世界海洋几百年的战列舰从 140 艘下降到 40 艘，航空母舰和战列舰的比例第一次形成 4∶1 的绝对优势。大战中，有 200 多艘各种舰船被航母击沉。航空母舰由舰队辅助兵力变为主要突击兵力，不仅取代战列舰成为制空制海的主要兵器，也成为海军远洋作战和对陆攻击的重要军事力量。

第二次世界大战后航空母舰的战绩

航空母舰在第二次世界大战中击败了大型战列舰主宰海洋后，成为远洋支援和

美国"美国"号航母自服役以来活动频繁，多次参战。

英国海军"卓越"号轻型航空母舰

攻击的浮动岛屿式的战略基地。1950～1953 年朝鲜战争中，美军以 11 艘航空母舰为核心，配以 200 余艘水面舰艇，第一次使用舰载喷气式飞机和直升机对朝鲜内地和港口进行攻击和封锁，配合登陆作战。1964～1973 年的越南战争中，美军又动用 20 余艘航空母舰、近千架战斗机对越南内陆腹地、港口基地、海上目标进行大规模轰击和海上封锁，仅 1965～1968 年 12 月，航母舰载机就出动 20 万次空袭越南。1982 年 4 月 2 日～6 月 14 日，英国以两艘航空母舰、40 余艘作战舰艇、140 架飞机、2.7 万人，航渡 19 天奔赴 13000 千米之遥的马岛海域参战。阿根廷用 1 艘航空母舰、17 艘舰艇、200 架飞机、1 万余人在距本土 500 千米的战区内作战，英航母夺取制空制海权，封锁海域，支援了登陆作战，大获全胜。1986 年 3 月 23 日～26 日，美以 3 艘航空母舰、

30余艘护航舰艇、250多架飞机、27000余人的兵力向利比亚海岸发起突袭，24小时摧毁2个地对空导弹阵地，击沉击伤2艘导弹艇，自己无一伤亡。4月15日，又以2艘航空母舰、200架舰载机、20余艘舰艇和空军的50多架飞机，在11分钟内摧毁了利比亚境内5个重要军政目标，炸毁其飞机14架、机场两个、雷达站7个，炸死130余人，美军仅损机1架。卡扎菲在轰炸中差点丧命。

拥有航空母舰的国家，从武力配备和作战能力角度来说，和没有航母的国家一下子便拉开了距离，甚至使没有航母的国家俯首称臣，处于被动挨打的地位。1962年10月，美航母编队在公海对向古巴运送导弹的苏联船只强行进行"停船检查"，当时还没有航空母舰的苏联只好开箱受检。1971年12月的印巴战争中，印度用唯一的1艘老航母和33架舰载机封锁了巴基斯坦海域，11天内起飞400架次，袭击了内地港口、基地和海上目标。1983年美航母和两栖攻击舰一起对格林纳达100千米宽的周边海域进行了有效的封锁，7天便占领全岛。

在海湾战争中大出风头的航空母舰

将一艘载有大量战机和战斗人员的航母靠近一个敌对国家，就如同把自己的一部分国土移动到敌人的附近。1990年8月2日～1991年2月28日，在7个月的海湾危机和海湾战争中，美国的航空母舰发挥了极为重要的威慑及实战作用。

海湾危机爆发后，美国"独立"号航空母舰和两艘巡洋舰、1艘驱逐舰、2艘护卫舰和3艘后勤补给舰等9艘舰艇便从印度洋火速驶往阿曼湾，一周之内就有两个航母战斗群和一个水面战斗舰艇编队的25艘作战舰艇到达预定海域，掩护载运海军陆战队3个旅和可供作战1个月使用的武器装备和物资的海上预置船驶达沙特。一个月内，美国海军55艘舰艇及3～4万人，海军陆战队4.5万多人及

1982年，"企业"号完成了现代化改装，电子设备更新，防御能力进一步加强。

① 美国"独立"号航空母舰

主要技术性能为：标准排水量 27100 吨。长 267.2 米（有的为 270.6 米）、宽 28.4 米（最大 45 米）、吃水 7 米，飞行甲板宽 52.4 米。动力装置为 4 台蒸汽轮机和 8 座锅炉，总功率 111900 千瓦，4 轴，最大航速 33 节，续航为 15000 海里 /15 节。编制 3442 人。

该级舰装有：双联装 127 毫米舰炮 4 座，单管 127 毫米炮 4 座，40 毫米舰炮 8 ～ 17 座，20 毫米机关炮多座。两座飞机弹射器和 3 座升降机，至 1945 年携带舰载机为 102 架。

海湾战争结束后的美国"艾森豪威尔"号航空母舰

所有作战物资便部署完毕。然后，美军 5 个航母作战群、1 个由两艘战列舰加强的中东特遣编队和两个两栖作战舰艇编队等 100 余艘作战舰艇对伊拉克海域和相邻的海域进行了海上封锁，切断了伊科海上交通线。500 余架航母舰载机对伊拉克周边 1000 ～ 1500 千米范围内的海空和陆空进行空中封锁，并利用 150 余架舰载机掌握波斯湾，完全夺取了科威特战区的制空权、制海权和制电磁权。

然后，700 多架舰载机对伊拉克本土实施了纵深攻击和轰炸，并且频频发射威力强大的"战斧"式巡航导弹及其他战术导弹，在陆地战尚未开始之前，已经基本上控制了战争的主动权。除了进驻科威特、沙特等国家的地面部队及空军外，航空母舰真正像一块浮动在波斯湾的国土一样，成为盟军战胜伊拉克的一个重要的军事基地。海湾战争再次让人们注意到，强大的航空母舰编队移动，在未来很长一段时间里，仍然是一种影响战争的重要力量。

各国航空母舰

美国"埃塞克斯"级航空母舰

"埃塞克斯"级是美国海军史上建造数量最多的一级攻击型航空母舰，原计划建造 32 艘，实际完成了 24 艘。1991 年，最后一艘"列克星敦"号退出现役。其

美国"埃塞克斯"号航空母舰

美国"中途岛"级航空母舰

"中途岛"级是第二次世界大战期间美国建造的最大战舰。共造 3 艘，"富兰克林 D. 罗斯福"号和"珊瑚海"号分别于 1945 年 10 月、1947 年 11 月建成服役。首舰"中途岛"号于 1943 年动工，1945 年建成服役。1954 年底进行改装，从 1966 年起，"中途岛"号又进行了历时 4 年的第二次现代化改装，飞行甲板加宽 33%，跑道延长 30.5 米，斜角甲板的角度加大到 13°，增加了两部 C － 13 型弹射器，首次在机库甲板上设置有泡沫灭火系统，还扩建了飞机维修车间，在指挥中

美国"中途岛"级航空母舰

美国 10 万吨级的"尼米兹"级核动力航母,采用斜角飞行甲板,设 4 部蒸汽弹射器;左为英国 2 万吨级的"无敌"级轻型航母。

心配备有海军战术数据系统和惯性导航系统。1986 年 4 月,"中途岛"号第三次进行改装,耗资 0.6 亿美元,于 1987 年 1 月重新服役。1990 年底,"中途岛"号还参加了海湾战争。

其主要技术性能为:标准排水量51000 吨,满载排水量为 60000 吨。长295.2 米、宽 41.5 米、吃水 10 米。动力装置为 4 台蒸汽轮机和 8 座锅炉,总功率 158000 千瓦,最大航速 33 节,续航力11520 海里 /15 节。编制 4104 人。

该级舰装有:两座"海麻雀"舰空导弹发射装置,3 座 Mk15 型 6 管 20 毫米"密集阵"近防武器系统。

该级舰可搭载各型飞机约 75 架,装有两台 C13 型蒸汽弹射器,一次可同时起飞 3 架飞机。

美国"尼米兹"级航空母舰

"尼米兹"级是美国海军继"企业"号后建造量最多的一级核动力航空母舰,现已有 8 艘建成并服役。首舰"尼米兹"号(CVN — 68)于 1968 年动工,1975 年服役,主要技术性能为:满载排水量 91487 吨(CVN — 68 ~ 70),96386 吨(CVN — 71),102000 吨(CVN — 72 ~74)。长 332.8 米、宽 40.8 米、吃水 11.3 ~11.9 米。动力装置为 2 座 A4W/A1G 型加压水堆,4 台蒸汽轮机,总功率 194000 千瓦,4 轴,航速 30 节以上。核反应堆加一

"尼米兹"级核动力航母曾在 175 天内环球航行一周,显示其强大的续航力和快速部署能力。

次燃料可工作13～15年，并可一次携带16天的航空燃油。编制6000余人。

该级舰装有：3座Mk29型八联装"海麻雀"舰空导弹发射装置；3座Mk15型6管20毫米"密集阵"近防武器系统；两具Mk32型三联装324毫米鱼雷发射管；4座Mk36型箔条干扰发射器。

飞行甲板长332.9米（斜角甲板长237.7米）、宽76.8米。4部C－13型蒸汽弹射器，4部升降机，每个升降机一次可载装2架飞机，弹射器能在几十米距离内用2.5秒使飞机航速达到373千米/时。可携载战斗机、攻击机、反潜机、电子战飞机、预警机、直升机等90架。

美国"小鹰"级航空母舰

"小鹰"级是美国海军继"福莱斯特"级舰后建造的最后一级，同时也是最大的一级常规动力航母。共建造4艘。首舰"小鹰"号（CV-63）于1956年动工，1961年服役。其主要技术性能为：标准排水量60100～61000吨，满载排水量79724～81773吨。长320.6～326.9米、宽39.6米、吃水11.4米。动力装置为4台蒸汽轮机，8座锅炉，总功率206000千瓦，4轴，最大航速32节，续航力4000海里/30节，12000海里/20节。编制2930

美国"小鹰"级航空母舰停靠樟宜基地大型栈桥。

美国"小鹰"级航空母舰"美国"号

人，其中军官155人；空勤人员2480人，其中军官320人；旗舰人员70名，其中军官25名。

该级舰装有：3座Mk29型八联装"海麻雀"舰空导弹发射装置；3座Mk15型6管20毫米"密集阵"近防武器系统；4座箔条干扰发射器及6管红外曳光弹。

飞行甲板长318.8米、宽76.8米，4座蒸汽弹射器，4部升降机。一般配备20架F－14"雄猫"战斗机，36架F/A－18"大黄蜂"战斗/攻击机，4架EA－6B"徘徊者"电子战飞机，4架E－2C"鹰眼"预警机，8架S－3A/B"北欧海盗"反潜机，4架SH－60F和两架HH－60H"海鹰"直升机。

苏联"戈尔什科夫"号航空母舰

"巴库"号航空母舰是"基辅"级航空母舰的改进型。"巴库"号于1990年10月4日改名为"戈尔什科夫"号，下水后一直没有充分投入使用，1995年以后从未出海航行。

1978年12月开工，1982年4月下水，1987年12月开始服役。其主要技术性能为：标准排水量38000吨，满载排水量45000吨。舰长274米，宽32.6米。飞行甲板长195米。动力装置由8座锅炉和4台蒸汽轮机组成，最大航速31节，续航力 13000 海里 /18 节。

舰上装有两门 100 毫米火炮，12 座 SA-N-13"黄鼠"舰对空导弹发射装置，6 座双联装 SS-N-12"沙箱"舰对舰导弹发射装置，两座 RBU-12000 反潜火箭发射装置，8 座 30 毫米 AK-630 近战火力系统，1 台拖曳式鱼雷诱饵，三维对空搜索雷达，导航雷达，舰壳声呐，变深拖曳声呐，"陷阱门"火力控制系统，两座"鸢鸣"火力控制系统，舰载机 33 架 12 架雅克 -38"锻工"式垂直起 / 降战斗机，18 架卡 -27 直升机，3 架卡 -25 反潜直升机。

俄罗斯"库兹涅佐夫"级航空母舰

"库兹涅佐夫"级是苏联海军建造的第三代航空母舰，也是俄罗斯目前唯一在役的一艘航空母舰。该舰于 1983 年动工，1991 年服役。其主要技术性能为：标准排水量 43000 吨，满载排水量 55000 吨。长 304.5 米、宽 72 米、吃水 10.5 米。动力装置为 4 台蒸汽轮机，8 座锅炉，功率 4×36776 千瓦，4 轴，最大航速 29 节，续航力为 8500 海里 /18 节。编制 1960 人。

该级舰装有：12 单元 SS－N－19"毁灭"远程舰舰导弹垂直发射装置 1 座；6 单元 SA－N－9"长手套"舰空导弹垂直发射装置 4 座，共装弹 192 枚；8 座 CADS－N－1"嘎什坦"导弹 / 火炮合一发射装置，每座装 8 枚 SA－N－11 舰空导弹和双管 30 毫米"格林"炮；两座 RBU-12000 反潜火箭发射装置。

飞行甲板长 304.5 米，宽 72 米。有标准长度的斜角飞行甲板、飞机拦阻装置和 3 台升降机，舰上没有弹射器，但舰首部飞行甲板上翘 12°，可供舰载机滑跃起飞。机库面积约 5500 平方米，估计可容纳 40 余架舰载机。可载 12 架苏－27 战斗机，雅克 -141 攻击机 16 架，24 架卡－27 反潜直升机。

英国"无敌"级航空母舰

"无敌"级是英国建造的可搭载垂直 / 短距起降飞机的轻型航母，共建造 3 艘。首舰"无敌"号于 1973 年动工，1980 年建成服役。其主要技术性能为：满载排水量 20600 吨。长 209.1 米、宽 36 米、吃水 8 米（含螺旋桨）。动力装置为 4 台 RR"奥林帕斯"燃气轮机，总功率 72500 千瓦，双轴，最大航速 28 节，续航力为 7000 海里 /19 节。编制 685 人，空勤人员 366 人。

🔽 "无敌"级航母是世界上第一种搭载垂直 / 短距起降飞机、采用滑跃起飞技术的轻型航空母舰。

🔼 俄罗斯"库兹涅佐夫"级航空母舰

🔵 "无敌"级航母还可以运载 700 名陆战队员，具有较强的登陆作战能力。

该级舰装有：1 座双联装"海标枪"舰空导弹发射装置，备弹 36 枚，无反舰能力；3 座 Mk15 型 6 管 20 毫米"密集阵"近防武器系统；3 座 7 管 30 毫米"守门员"近防炮；两座"厄利空"20 毫米舰炮；8 座 6 管 130 毫米"海蚊"雷达干扰物投放器。

飞行甲板长 167.8 米、宽 13.5 米，可搭载 9 架"海鹞"FA2 战斗机，9 架"海王"HAS6 反潜直升机，3 架"海王"AEW2 预警直升机。

法国"贞德"级直升机母舰

"贞德"级仅建造一艘，即"贞德"号。它是法国第一艘专为装载直升机而设计的载机母舰，"贞德"号于 1964 年服役。

其主要技术性能为：标准排水量 10575 吨，满载排水量 13270 吨。长 182 米、宽 24 米、吃水 7.3 米。动力装置为两台蒸汽轮机、4 座锅炉，总功率 29400 千瓦，双轴，航速 26.5 节，续航力为 6000 海里 /15 节。编制 627 人，另加 150 名军官实习生。

该级舰装有：两座 MM38 型三联装"飞鱼"舰舰导弹发射装置；4 座 DCN 1964 型 100 毫米自动炮；8 管箔条弹发射装置等。飞行甲板长 62 米、宽 21 米，平时搭载 4 架"云雀"Ⅲ 或"海豚"多用途直升机，战时为 8 架"超美洲豹"或"山猫"直升机。

法国"戴高乐"级航空母舰

"戴高乐"级是法国第一艘核动力航空母舰，首舰"戴高乐"号 1989 年动工。主要技术性能为：标准排水量 36600 吨，满载排水量 39680 吨。长 261.5 米、宽 64.4 米、吃水 8.5 米。动力装置为两座

🔵 法国"贞德"级直升机航空母舰

🔵 法国第一艘核动力航空母舰"戴高乐"号

K15 压水堆，300 兆瓦，两台通用电气公司的蒸汽轮机，双轴，航速 27 节。编制 1150 人，航空人员 550 人，旗舰人员 50 名；共有铺位 1950 个，另可增加 800 个海军陆战队临时铺位。

该级舰装有：4 座 8 单元"紫菀"15 舰空导弹垂直发射装置，共装弹 32 枚；两座六联装"马特拉－萨德拉尔"近程舰空导弹发射装置，用以发射用以发射"西北风"舰空导弹；8 座"盖特"20 毫米炮；4 座 10 管"萨盖"箔条弹发射器。飞行甲板长 261.5 米、宽 64.4 米。可搭载 35 ~ 40 架飞机，包括"阵风M""超军旗"、E－2C"鹰眼"预警机和 AS565"黑豹"直升机。

法国"克莱蒙梭"级航空母舰

"克莱蒙梭"级是第二次世界大战后法国自行设计建造的一级中型航空母舰。共建造两艘。首舰"克莱蒙梭"号 1955 年动工，1961 年建成服役，70 年代末曾经改装。其主要技术性能为：标准排水量 24200 吨，满载排水量 32700 吨。长 265 米、宽 51.2 米、吃水 7.5 米。动力装置为两台蒸汽轮机，8 座锅炉，总功率 92610 千瓦，双轴，最大航速 32 节，续航力为 7500 海里 /18 节、4800 海里 /24 节、3500 海里 / 满功率。

编制 1017 人，空勤人员 672 人。

该级舰装有：两座"海响尾蛇"EDIR 八联装舰空导弹发射装置，备弹 36 枚；两座六联装"西北风"舰空导弹发射装置；4 座 DCN 1953 型 100 毫米自动炮；M2 12.7 毫米机枪若干。飞行甲板长 258 米、宽 46 米。可载 18 ~ 23 架"超军旗"攻击机、4 架"军旗"IVP 侦察机、8 架"十字军战士"战斗机、7 架"贸易风"反潜机，两架 SA365F"海豚"直升机。

阿根廷"五月二十五日"号航空母舰

"五月二十五日"号原为英国建造的巨人级"尊敬"号航空母舰，1948 年 5 月为荷兰海军购得，1968 年 10 月转卖给阿根廷，编号 V2。其主要技术性能为：标准排水量 15892 吨，满载排水量 19896 吨。长 211.3 米、宽 24.4 米、吃水 7.6 米。动力装置为两台蒸汽轮机、4 座锅炉，双轴，总功率为 30000 千瓦，最大航速 24 节，续航力为 12000 海里 /14 节。编制 1000 人，空勤人员 500 人。

"五月二十五日"号舰装有：9 座"博福斯"40 毫米炮。飞行甲板长 212.6 米、宽 40.6 米。可携带 11 架"超军旗"攻击机、6 架 S－2E"追踪者"反潜机、4 架 SH－3D"海王"反潜直升机和 1 架 SA319B"云雀"III 直升机。

🔵 阿根廷"五月二十五日"号航空母舰

潜艇

潜艇

潜艇是既能在水面航行，又能潜入水下在一定深度范围内活动和作战的舰艇，亦称潜水艇。它具有良好的隐蔽性、较大的自持力、续航力和较强的突击威力，因而在水中活动不易被发现，给人以神出鬼没之感，并能远离基地独立作战。潜艇主要用于攻击大、中型水面舰船和潜艇，袭击海岸设施和陆上重要目标，以及布雷、侦察、输送侦察小分队登陆等。

现代潜艇按作战任务主要分为战略导弹潜艇；攻击潜艇。按动力分为核动力潜艇和常规动力潜艇；按排水量分为大型潜艇（2000吨以上）、中型潜艇（600～2000吨）、小型潜艇（100～600吨）和袖珍潜艇（100吨以下）；按艇体结构分为双壳体潜艇、个半壳体潜艇、单壳体潜艇和单、双混合壳体潜艇；按艇体线型还可分为水滴型潜艇和"雪茄"型潜艇。

战略导弹潜艇是用于对陆上重要目标进行战略核袭击，平时起核威慑作用，第二次世界大战后才出现。除了苏联早期建造的G级为常规动力潜艇外，其余皆为核动力潜艇。主要武器是潜地导弹，并装备有鱼雷。最新一代战略导弹核潜艇水下排水量7000～48000吨，最大航速20～30节，下潜深度300～400米，自给力60～120昼夜。战略导弹常规动力潜艇的水下排水量在3500吨左右，水下航速14～15节，下潜深度约300米，自持力30～60昼夜。攻击潜艇专门用来攻击水面舰船和潜艇。根据它们使用的攻击武器又可分为鱼雷潜艇和巡航导弹潜艇。按动力分为核动力和常规动力两种。主要武器是鱼雷、水雷和反舰、反潜导弹。攻击型核潜艇的水下排水量1000～14000吨，最大航速20～42节，下潜深度200～600米，有的可达900余米，自持力60～920昼夜。攻击型常规潜艇的水下排水量约600～3000吨，水下航速15～20节，下潜深度200～400米，自给力30～60昼夜。

"霍兰"号潜艇

19世纪90年代，汽油发动机已经使纽约大街上跑满了早期的汽车——无马马车。两个美国发明家约翰·霍兰与西蒙·莱克，都意识到潜艇应采用汽油发动机为动力。虽然这种发动机仍然需要氧气助燃，但可以让潜艇在水下时用电池作动力，当潜艇在水面时，发动机可以带动发

美国"华盛顿"级弹道导弹核潜艇

机——电池动力潜艇"保护者"号也获得成功，他又造了几艘卖给俄国，以后又为奥地利和美国造了几艘。

重要的空气再生装置和净化装置

现代潜艇作战人员呼吸的氧气主要来自四个方面：通气管装置、空调装置、空气再生装置和空气净化装置。

其中，空气再生装置是早期潜艇所不具备的先进制氧装置。这个装置在工作时，风机将舱内污浊的空气抽至二氧化碳吸收装置，消除二氧化碳，再在处理过的空气中加进由制氧装置产生的氧气，然后经过风管送到各个舱室供艇员呼吸。如此循环，以达到空气再生的目的。这种空气再生装置还可以用电解水来制氧，它分解出的氧气可以供 70 ~ 100 人呼吸数小时，但是由于耗电过多，不适于常规潜艇。

另有一些产生氧气的方法可以给潜艇工作舱供氧。再生药板是一种由各种化学物质及填料制成的多孔板，当空气流过时，就能产生化学反应，生成氧气。一般潜艇上带的再生药板，可以使用 500 ~ 1500 小时。液态氧是一种与氧气瓶类似的高压容器，它可供 100 名艇员使用 90 天。氧烛是一种由化学材料等制成的烛状

⬆ 1898 年由美国霍兰设计的装甲鱼雷艇。船体主要部分藏在水中，蒸汽机的通风口和烟囱在水面。

⬆ 1901 年霍兰设计的"富尔顿"号下水，这是 SS1 中最大的一艘，被美国海军拒绝，俄国购买。

电机不断给电池充电。

1900 年，美国海军接受了霍兰的第一艘新型潜艇"霍兰"号。它大大超过以往任何潜艇的航程。接着霍兰为日本设计了 5 艘"霍兰"号潜艇，又为美国建造了 7 艘大型潜艇。1902 年，莱克的汽油发动

⬆ 罗伯特·富尔顿，美国人，他曾设计制造了第一艘实用的蒸汽动力潜艇。

⬆ 俄罗斯Ⅷ级核动力攻击潜艇，在艇首部水面处可看见一列 4 个鱼雷发射口，在其上有两个并列的鱼雷发射口。

可燃物，点燃后即可以制造氧气。一根约30厘米长、直径约7厘米的氧烛所释放出的氧气，可以供40人呼吸1小时。

空气净化装置是将潜艇内空气中的有害气体和杂质控制在允许标准值以下的一种处理装置。常用的有以下四种装置：一是消氢燃烧装置。它主要是用电加热器将流过的空气加温，然后在催化燃烧床的催化作用下使氢、氧发生化学反应，从而生成水蒸气，氢就被燃烧掉了。二是有害气体燃烧装置。三是二氧化碳净化装置。它主要是通过一种特殊药液来吸收二氧化碳。四是活性炭过滤器。它是用活性炭组成的多孔性吸附剂来吸收各种有害气体，进而达到净化空气的目的。

赫尔曼·瓦泽尔发明了不用空气的涡轮发动机

1933年，德国科学家赫尔曼·瓦泽尔想用过氧化氢作为潜艇推进系统的燃料。

1937年，赫尔曼·瓦泽尔向德国海军当局提出了建造一种专门在水下战船使用的高速涡轮发动机。原理是用化学催化剂把过氧化氢分解为水和氧气，释出的氧气随柴油进入燃烧室，柴油以高温在氧气中燃烧，喷入燃烧室的水将正在燃烧的柴油气体加以冷却并转变成高压水蒸气。蒸汽和已燃烧的柴油气体进入涡轮产生推进动力。这样，潜艇的燃料中含有了足够燃烧的氧气，再也不用什么通气呼吸管了。1944年5月，希特勒下令建造100艘UXXVI型装有瓦泽尔式涡轮机的潜艇。潜行时的最高速度达到25节，其超绝的机动性和水下续航能力使盟军的反潜武器无能为力。但是盟军轰炸了造船厂，在新潜艇建成前，第二次世界大战就结束了。

到20世纪50年代，英国海军造成了用瓦泽尔循环发动机推进的两艘实验潜艇，即"探险者"号和"亚瑟王魔剑"号，这两艘潜艇性能极佳。

德国的U型潜艇

1913年初，德国人建造了以柴油机为动力的U型潜艇，并用于第一次世界大战。1914年9月5日，德国U—21号潜艇用一枚鱼雷击沉英国军舰"开路者"号，250名官兵葬身海底。1914年9月22日，德国U—9号潜艇在比利时海外用不到90分钟的时间就击沉3艘12000吨级的英国装甲巡洋舰，舰上近1500人死亡。到1915年末，德国潜艇击沉600余艘协约国商船，到1916年和1917年，被击沉的商船总数已分别达1100艘和2600艘。仅1艘U—35号德国潜艇就独自击沉了226艘舰船，总计达50多万吨。

第一次世界大战中，德国潜艇击沉的

1957年的美国"鳐鱼"号潜艇。采用双壳体设计，艇体为流线型。

德国U-848号潜艇，1943年11月5日被美击沉。

德国 U－552 号潜艇。排水量 769 吨，水下航速 8 节。装有 5 具 533 毫米鱼雷发射管。

商船总数达 5906 艘，总吨位超过 1320 万吨。据统计，战争中用潜艇击沉的各种战斗舰艇共达 192 艘，其中有战列舰 12 艘，巡洋舰 23 艘，驱逐舰 39 艘，潜艇 30 艘。战争中各参战国共建造了 640 余艘潜艇，德国建造的潜艇就有 300 多艘，其中 U 型潜艇以其卓越的作战能力在海上出尽了风头。

第二次世界大战后苏联的常规潜艇

第二次世界大战后，苏联迅速利用德国 XXI 型潜艇的先进设计，于 1950～1958 年建造了 235 艘 W 级潜艇。技术上一是用潜艇发射巡航导弹，如 J 级潜艇，排水量 2200 吨，潜深 300 米，装 8 个鱼雷发射管和 4 座导弹发射装置，可在水面发射"沙道克"巡航导弹，射程 420 千米。二是用潜艇发射弹道导弹，如 G 级潜艇，排水量 2850 吨，除装 10 个鱼雷发射管外，还装有 3 个导弹发射装置，可发射射程 1200 千米的 SS－N－5 核导弹。

第二次世界大战中横行大西洋的德国潜艇

第二次世界大战爆发后，潜艇成为主要的水下战舰。战前，各参战国共有潜艇 496 艘，战争中建造了 1669 艘，潜艇总数达 2100 余艘。战争期间，潜艇击沉的作战舰艇达 395 艘（含战列舰 3 艘、航空母舰 17 艘、巡洋舰 32 艘、驱逐舰 122 艘），击沉的运输舰船达 5000 余艘，2000 余万吨。特别是德国依仗性能先进的 U 型潜艇，在大西洋海域有效地攻击了盟军的商船队和护航船队。指挥德国潜艇的海军上将卡尔·邓尼兹发明了"狼群"战术，用 6～12 艘潜艇组成水下舰队，白天尾随护航队，黄昏时进入攻击阵位，夜晚钻入护航队中用鱼雷实施近程攻击，这种战术极为有效。1940 年 10 月，一个由 12 艘潜艇组成的"狼群"就击沉了 32 艘舰船，而自己安然无恙。到 1941 年，德国用潜艇击沉盟军舰船的总数已达 1150 艘；到 1942 年上升到 1600 艘。1943 年以后，由于盟军加强了反潜护航兵力，并在舰艇、飞机上加装了雷达，使舰船沉没数量降低了 65%，到 1944 年只有 200 艘舰船被击沉。第二次世界大战中，德国共建造潜艇 1131 艘，加上战前造的 57 艘，共 1188 艘。这些潜艇击沉了 3500 艘舰船，造成 45000 人死亡。到战争结束时，德国有 781 艘潜艇被盟军击沉。

日本用于运送飞机的潜水航母

在第二次世界大战中，日本人建成当时世界上最大的潜水航母伊—400 级，艇

日本海军潜水艇伊－16、伊－58。以伊号潜水艇为舰型，其续航力和速度同样都是当时世界上最优越的大型潜水艇。

上装有可容纳3架飞机的机库，机库直径4.2米，长30.5米，飞机靠弹射起飞作战。装在前甲板的弹射器长26米，弹射起飞间隔为4分钟。此外，该艇还装备有1门140毫米甲板炮和7门25毫米高射炮，装有8个鱼雷发射管和20枚鱼雷。1944年底完工的伊—400和1945年初完工的伊—401两艇还未参加实战，日本就已投降了。

第二次世界大战后美国的常规潜艇

第二次世界大战后，美国对战时建造的52艘常规潜艇进行"加皮"改装计划，改进艇体线型，全部加装通气管，拆除甲板炮，水下航速达16节以上。战后至50年代末，美国新建常规潜艇只有21艘，其中长颌须鱼级水下排水量最大2637吨，水下航速最大25节，一般装6个533毫米鱼雷发射管，人员编制最多95人。20世纪60年代以后就不再建造常规类潜艇，而以核潜艇为主。

美国第一艘核动力潜艇"鹦鹉螺"号

1954年1月，世界第一艘核动力潜艇"鹦鹉螺"号在美国建成下水。其主要技术性能为：水下排水量4040吨。长98.6米、宽8.4米、吃水6.7米。主机采用压水堆和蒸汽机组成，总功率11000千瓦。水下最大航速20节，并能一直保持

美国"鹦鹉螺"号攻击型核潜艇。该艇是世界上第一艘核潜艇，于1954年服役。

"鹦鹉螺"号是世界上第一艘核动力潜艇，它和"大青花鱼"号同为现代潜艇的先驱。

这一速度航行。1955年5月，"鹦鹉螺"号在试航中走完从康涅狄格州新伦敦到波多黎各圣胡安之间的航程，只用了84小时，全部在水下行进，打破了历史上所有潜艇的速度、续航力和航程的纪录。1957年，它成为第一艘在北极冰下航行的船。第二年，它载着116名船员，从珍珠港出发，然后向北行驶穿过白令海峡。8月1日，潜艇在阿拉斯加的巴罗岬潜入水下，一直向北驶去。潜艇一直在冰层下面航行，中途只有一次升上潜望镜检查方位。1958年8月3日11时15分，潜艇在大块浮冰下穿过了北极。8月5日，潜艇驶入格陵兰海才浮出水面。8月7日抵达冰岛，结束航行。此次航行在冰下穿越了3704千米，打破了潜艇航行史上的所有纪录，且具有重大战略意义。

装载飞机的潜艇

美国海军于1922～1924年购买了14架小型飞机，计划由潜艇携带。S—1号潜艇在指挥台围壳后安装了一个钢质圆筒，内装一架水上飞机。1923年10～11月，该艇曾携载MS—1型水上飞机进行试验，在狭窄的潜艇甲板上将散装的飞机组装起来就用了4个多小时，最后也未能起飞。

1925年，法国人也在"絮库夫"号潜艇上装设了一个水上飞机机库，进行载

机作战试验。1926 年，美国的 S － 1 号艇又载 XS － 1 型飞机试验，潜艇浮出水面后，从圆筒状机库内取出飞机进行组装，然后潜艇下潜，飞机脱离潜艇后浮在水面再行起飞。组装和起飞用了 12 分钟，收回并将飞机放进机库用了 13 分钟。

这些实例都证明，潜艇载机缺乏实战可靠性，因而并没有引起各国的重视，战后也没有得到任何发展。

原子弹和核动力潜艇

20 世纪 30 年代末，美国人开始研制原子弹前，美国海军研究所的罗斯·根恩博士就曾提出第一个建造核潜艇的建议。

1946 年，同一研究所的菲利普·艾贝尔森博士提出研制动力装置计划。随后，研制工作在海曼·里科弗上校领导下正式开始。核潜艇的心脏是受控制的核分裂，须有一具核反应堆。设计制造能在潜艇内工作的反应堆，是一项最具有创造性和涉及范围极广的研究工作。

艾森豪威尔总统的科学顾问乔治·基斯塔科夫斯基博士形容这种划时代的潜艇是"美国工业技术中一个令人惊异的小天地"。核动力获取的原理大致是：反应堆里受控分裂所产生的热传到密封导管内的水中；由于水处于高压下，它能升到高温而不沸腾。泵把超高热的水抽进蒸汽发生器，在那儿热力传到第二套水处理系统；在这一系统中的水受到的压力低，便沸腾起来。沸水所产生的蒸汽供应机舱带动涡轮。转动的涡轮又带动螺旋桨和开动供应潜艇所需电力的发电机。蒸汽一通过涡轮，温度便降低还原为水，又回到蒸汽发生器第二套系统中。潜艇便在这种完全不需要空气来助燃的动力推动下长时间地在水下运行了。

此外，由于这种持久的动力会带来人所需要的许多东西，于是核潜艇的制造成为可能。

潜艇的造型

1949 年，美国海军船舶局发现，航速超过 20 节时，传统式潜艇的水下控制会发生困难和危险，水的阻力也太高。研究人员用 30 多种模型做过无数次实验以后，选定了一种新式潜艇形状：圆船首，到尾部逐渐尖细，外形像一条小鲸；其长宽比为 7.6：1；单螺旋桨；垂直舵

里科弗，海军"核动力之父"，美国第一艘核动力潜艇（SSN － 571）的设计者。

和位于螺旋桨正前方的水平舵。

1953 年，他们专为流体学研究造了一艘常规动力潜艇"大青花鱼"号，仅用柴油发动机和电池为动力行驶，速度 33 ~ 40 节。它只用 1/4 的动力，就可以轻而易举地达到最快水面舰船的速度，机动性令人吃惊，甚至能像先进战机那样爬升急转。

1958 年 5 月，"鲣鱼"号第一次将"大青花鱼"号的船体和核动力结合起来，速度比历史上任何其他潜艇都更快。和飞机在空中飞行一样，潜艇必须拥有一种特殊的体型以减少水的阻力，使它在水下获得和水面舰船那样的速度，才能适应真正的现代海战。

潜艇通气管

柴油机—电池动力推进装置装上潜艇之后，仍然有一个致命的问题没有解决，这就是必须浮出水面充电。依赖电池在水下航行，即使是容量最大的电池，也只能支持 40 ~ 48 小时。一旦电能用完，潜艇必须浮出水面发动柴油机带动发电机充电，等到充足电才能重新下潜。

1942 年，同盟国巡逻轰炸机装上了先进的雷达侦测仪器。当德国 U 型潜艇浮出水面充电时，极易被雷达发现和遭受攻击。于是德国人发明了一种潜艇通气装置，它源自布什内尔的"海龟"号上使用的呼吸管。这种装置至今还是大多数常规动力潜艇上的标准装置，两根固定空气导管从潜艇的上面伸出，一根吸入新鲜空气，供发动机和船员用，另一根排出发动机的废气，下潜时用活动气阀防止海水进来。这种装置称作通气管，能使潜艇在水底获得氧气，开动柴油发动机行驶或给电池充电。德国 U 型潜艇上使用软橡皮来遮盖"呼吸桅杆"，使潜艇在几英尺的水下行动，再也不用因冒出水面吸气而受到攻击了。20 世纪 40 年代中期的反潜机所使用的雷达还很难测出潜艇的位置。

弹道导弹潜艇

弹道导弹潜艇，又称战略导弹潜艇，是以洲际弹道导弹为主要武器的潜艇。排水量一般为 6000 ~ 30000 吨，载弹量为16 ~ 24 枚，射程达 8000 ~ 11000 千米。冷战时期世界上曾有 150 余艘在役弹道导弹潜艇，以苏联为最多，其次是美、英、法三国。除苏联第一代潜艇为常规动力外，其余均为核动力推进弹道导弹潜艇，其战略性调防、部署和发射权限属于国家最高指挥当局。它平时游弋于水下，对敌

俄罗斯"扬基"级弹道导弹核潜艇

实施战略核威慑；战时，作为具有高生存能力的核反击力量，负责摧毁敌政治经济高度集中的大中城市、交通枢纽和通信设施、大型军事基地、港口等重要战略目标。弹道导弹潜艇与陆基洲际弹道导弹、战略轰炸机一起构成国家三位一体的战略核力量。在未来战争中，这种战略导弹核潜艇将以其无与伦比的攻击能力和自身防护能力，对整个战争局势起到决定性的作用。

美国人最早研制弹道导弹核潜艇

仅有核动力和常规武器的潜艇，并没有增大潜艇的威慑力，潜艇也不具备战略价值。于是，1957 年美国首先开始研制第一代装有远程导弹的核潜艇。研制工作历时 5 年，由美海军特种计划处和威廉·小罗伯恩海军少将负责。研究费用 35 亿美元。5 年后试制成可从水下潜艇发射的北极星 A—1 型导弹。它是世界上第一枚远程固体燃料导弹，重约 15 吨，形状像个香槟瓶。它装上核弹头能飞 2253 千米。发射时利用压缩空气将它从发射管中推出。离开水面时，它的两节火箭发动机点火，使它升入预定弹道，以每小时 1931

千米的高速掠过同温层，然后火箭脱开，导弹射向目标。1958年9月底有5枚导弹发射失败。1959年4月，第6枚掠空而过，直中目标。

与此同时，第一艘设计用以携载导弹的潜艇"乔治·华盛顿"号，1959年6月9日在康涅狄格州的泰晤士河下水。美国人立刻把这种威力巨大的北极星A－1型导弹装上去。1960年7月20日12时39分，这艘潜艇在水下成功地发射了一枚北极星导弹。

从此，美国开始有了在海洋任何地方都可以发射的战略武器。陆上的导弹发射场容易被敌方侦察出来，但极难在来得及反应的时间内找到这种隐蔽的、随时行动的潜艇。这种潜艇分布在世界各地，监视着射程以内的所有陆上目标。它们发射的命中率高，装有核弹头的导弹几乎可以摧毁一切。

⬆ 第一艘水下发射弹道导弹的美国弹道导弹核潜艇"乔治·华盛顿"号（SSBN－598）

各国潜艇

美国"拉斐特"级弹道导弹核潜艇

"拉斐特"级是美国第三代弹道导弹核潜艇，又称"海神"级。首艇"拉斐特"号（SSBN616）于1961年动工，1963年建成服役。后开始大批生产。到1967年共建造31艘。至1993年已全部退出现役。

⬆ 美国"拉斐特"级潜艇

其主要技术性能为：水面排水量7330吨，水下排水量8250吨。长129.5米、宽10.1米、吃水9.6米。动力装置采用1座S5G型压水堆，主推进装置为两台减速蒸汽轮机，单轴，总功率11200千瓦。一次装料可航行40万海里，可连续使用6年。水面最大航速18节，水下最大航速25节，最大下潜深度300米。编制168人。该级艇装有：原装备16枚"北极星"A－2导弹，1970年起改装"海神"导弹。该弹长10.36米，直径1.88米，射程4600千米，每枚导弹有10个分导式弹头，每个分弹头核当量为4万吨。4具533毫米鱼雷发射器，发射Mk37－1和Mk45型线导鱼雷，备用鱼雷12枚。

美国"俄亥俄"级弹道导弹核潜艇

"俄亥俄"级是美国第四代弹道导弹核潜艇。首艇"俄亥俄"号（SSBN 726）于1976年动工，1981年建成服役。共建造18艘。其主要技术性能为：水面排水量16600吨，水下排水量18750吨。长170.7米、宽12.8米、吃水11.1米。动力

↑ 美国"俄亥俄"级弹道导弹核潜艇

装置采用1座S8G型压水堆和两台蒸汽轮机,单轴,总功率44800千瓦。装料一次可使用9年,延长了大修间隔,在航率达到65%~70%,服役年限30年,自持力70天。水面航速20节,水下航速24节,下潜深度400米。编制155人。该级艇装有:24枚"三叉戟"-Ⅰ(C4型)导弹,每枚导弹含8个分导式机动热核弹头,射程7400千米,星体惯性制导。第2次限制战略武器条约限定用4枚。从第9艘(SSBN 734)起,该级艇装备"三叉戟"-Ⅱ(D5型)导弹,每枚导弹含12个分导式机动热核弹头,导弹射程达12000千米。第2次限制战略武器条约规定由8枚减到4枚。该级艇还装备4具Mk68型533毫米鱼雷发射管,用以发射Mk48型线导鱼雷。

美国"长尾鲨"级攻击型核潜艇

"长尾鲨"级是美国海军的攻击型核潜艇。首艇"长尾鲨"号于1959年动工建造,1962年建成服役。其主要技术性能为:水面排水量3750吨,水下排水量4300吨。长84.9米、宽9.6米、吃水8.7米。动力装置由1座S5W压水堆和两台蒸汽轮机组成,单轴,水面航速20节,水下航速30节,下潜深度300米。编制103人。该级艇装有:4具533毫米Mk63型鱼雷发射管,可发射"沙布洛克"反潜导弹、反潜鱼雷和"捕鲸叉"导弹。

美国"白鱼"级攻击型核潜艇

"白鱼"级仅建造一艘,即"白鱼"号,是美国海军早期建造的攻击型核潜艇。1960年建成服役。此后由于"长尾鲨"级潜艇研制成功,此型艇仅建造一艘。

其主要技术性能为:水面排水量2317吨,水下排水量2640吨。长83.2米、宽7.1米。动力装置由1座S2C压水堆和1个汽轮发电机组成,单轴。下潜深度200米。编制56人。该级艇装有:4具533毫米Mk64型鱼雷发射管,可使用反潜鱼雷。

美国"一角鲸"级攻击型核潜艇

"一角鲸"级只建一艘,即"一角鲸"号攻击型核潜艇。1966年动工,1969年6月服役。其主要技术性能为:水面排水量4450吨,水下排水量5350吨。长95.9米、宽11.5米、吃水8.2米。动力装置为1台S5G自然循环压水堆和两台蒸汽轮机,单轴。水面航速20节,水下航速30节,下潜深度300~400米。编制107人。该级艇装有:4具533毫米鱼雷发射管,"沙布

"长尾鲨"号是世界上第一种以反潜为主要任务的攻击型核潜艇。

"一角鲸"号是美国最早的安静型核潜艇。但该艇水下性能不佳，只能采用"守株待兔"的战术。

洛克"反潜导弹和反潜鱼雷。

苏联 D Ⅲ 级弹道导弹核潜艇

苏联 D Ⅲ 级（亦称"德尔塔"Ⅲ型）到 1982 年底共建造 14 艘。其主要技术性能为：水面排水量 10000 吨，水下排水量 11700 吨。长 160 米、宽 12 米、吃水 8.7 米。动力装置同 D Ⅳ级。水面航速 19 节，水下航速 24 节，下潜深度 300 米。编制 130 人。该级艇装有 16 枚 SS－N－18 弹道导弹。该型导弹有三种：Ⅰ型射程 6500 千米，有 3 个分导弹头；Ⅱ型射程 8000 千米；Ⅲ型射程 6500 千米，有 7 个分导弹头。部分艇改装了 SS－N－23 导弹。艇首部装 6 具 533 毫米鱼雷发射管，共携带 18 枚鱼雷。

苏联 D Ⅳ 级弹道导弹核潜艇

D Ⅳ级（亦称"德尔塔"Ⅳ型）是苏联第三代弹道导弹核潜艇的第Ⅳ型，也是最后一型 D 级潜艇。首艇于 1985 年 1 月下水，1985 年 12 月加入苏联北方舰队服役。共建造 7 艘。其主要技术性能为：水面排水量 10750 吨，水下排水量 12150 吨。长 166 米、宽 12 米、吃水 8.7 米。动力装置采用两座压水反应堆、两台蒸汽轮机，双轴。水面航速 19 节，水下航速 24 节，下潜深度 300 米。编制 130 人。该级艇装有：16 枚 SS－N－23 导弹，射程达 8300 千米，有 10 个分导弹头，圆概率误差 500 米，可以在苏联本土海域内攻击美国目标。此外，还装备 4 具 533 毫米和两具 650 毫米鱼雷发射管，携带 18 枚水雷。

苏联 H 级弹道导弹核潜艇

H 级（亦称"旅馆"级）是苏联第一代弹道导弹核潜艇。首艇于 1958 年动工，1960 年建成服役，至 20 世纪 60 年代中期共建造 8 艘。其主要技术性能为：水面排

苏联第一代弹道导弹潜艇"旅馆"级。在这型艇上，苏联海军从水面发射了第一枚弹道导弹。

苏联 D Ⅲ 级核潜艇外观，众多流水孔清晰可见。

水量4750吨，水下排水量5500吨。长115.2米、宽9.1米、吃水7.6米。动力装置为1座核反应堆，两台蒸汽轮机，双轴。水面航速20节，水下航速26节。编制90人。该级艇装有：在指挥台围壳后部，布置有3～6具垂直导弹发射筒；3枚水面发射的SS－N－4弹道导弹，射程350海里。在1962～1967年，有7艘改装水下发射的SS－N－5弹道导弹，射程为700海里。其中一艘还改装了SS－N－8弹道导弹，射程达4200海里，并将导弹数增加到6枚艇。首部另有6具533毫米鱼雷发射管，尾部两具406毫米鱼雷发射管，携带20枚鱼雷。

苏联G级弹道导弹常规动力潜艇

G级（亦称"高尔夫"级）是苏联海军的弹道导弹常规动力潜艇。1958～1962年共建造23艘GI型，装备SS－N－4导弹。1961～1972年共建造13艘G－Ⅱ型，换装SS－N－5导弹。其主要技术性能为：长98.9米（G-Ⅲ型为119米）、宽8.2米、吃水8米。动力装置由3台柴油机和3台电动机组成，该级艇装有：3枚SS－N－5弹道导弹（G－Ⅱ型），6枚SS－N－8弹道导弹（G－Ⅲ型），1枚SS－N－20弹道导弹（AG－V型），6具533毫米鱼雷发射管（首4，尾2），携带12枚鱼雷。

苏联Y级弹道导弹核潜艇

Y级是苏联第二代弹道导弹核潜艇，1968年开始服役，到1975年为止，共建造了34艘。其主要技术性能为：长132米、宽11.6米。动力装置为两座压水堆、两台蒸汽轮机、下潜深度300米，自持力60天。编制120人。该级艇装有16枚SS－N－6导弹，有三种型号：Ⅰ、Ⅱ型为单弹头，射程分别为2400千米和3000千米。Ⅲ型有两个分导式弹头，射

程为3000千米；20艘艇装备Ⅰ型或Ⅲ型，只有一艘装备12枚SS－N－17导弹，射程2100海里。艇首部装6具533毫米鱼雷发射管，共携带18枚鱼雷。

俄罗斯"台风"级弹道导弹核潜艇

"台风"级弹道导弹核潜艇是苏联和俄罗斯海军核威慑的主力，也是迄今为止世界上吨位最大的潜艇，均布置在北方舰队。该艇携载的SS－N－20弹道导弹的射程可达8300千米，可打击世界上任何战略目标，发射间隔仅为15秒。首艇"台风"号于1977年动工，1980年下水，1981年服役。到1982年相继建成了6艘。

其主要技术性能为：水面排水量23200吨，水下排水量26500吨。长171.5米、宽24.6米、吃水13米。动力装置为两座320MW压水堆、两台60MW蒸汽轮机，双轴，总功率73550千瓦。水面航速19节，水下航速26节，下潜深度400米。编制160人。

"台风"级艇装有20枚SS－N－20弹道导弹，每枚导弹具有6～9个100KT当量的分导弹头，射程为8300千米。指挥围壳内配置水面发射防空导弹。艇首部装有：两具533毫米发射管，可发射53型反舰/反潜鱼雷或SS－N－15反潜导弹；4具630毫米鱼雷发射管，可发射65型反舰鱼雷或SS－N－16反潜导弹。共携带36枚鱼雷或反舰导弹。

从"台风"级外观看，许多孔都设有盖板。

俄罗斯ⅤⅢ级攻击型核潜艇

ⅤⅢ级（亦称"维克多"Ⅲ级）是ⅤⅡ级的改进型。首艇于1978年建成服役，直至1992年才停止建造，共建造26艘。其主要技术性能为：水面排水量4780吨，水下排水量7250吨。长107米、宽10.6米、吃水8.0米。动力装置由两座压水堆、两台蒸汽轮机和两台应急推进装置组成，单轴。水面航速18节，水下航速30节，下潜深度600米。编制100人。

ⅤⅢ级艇装有：两具533毫米和4具650毫米鱼雷发射管，可发射53型和65型鱼雷，最多可携带24枚鱼雷，也可用36枚水雷取代鱼雷。533毫米鱼雷发射管也可用于发射SS－N－21远程对陆攻击巡航导弹（仅有一艘作为试验用）、SS－N－15反潜导弹，用650毫米鱼雷发射管发射SS－N－16 A/B反潜导弹。

🔼 俄罗斯ⅤⅢ级攻击型核潜艇

英国"特拉法尔加"级攻击型核潜艇

"特拉法尔加"级是英国皇家海军第四代攻击型核潜艇。首艇"特拉法尔加"号于1979年动工，1983年建成服役。其主要技术性能为：水面排水量4700吨（Ⅱ型为5400吨），水下排水量5208吨（Ⅱ型为5900吨）。长85.4米（Ⅱ型89.4米）、宽9.8米、吃水9.5米。

"特拉法尔加"级艇的动力装置由1座压水堆和两台蒸汽轮机组成，单轴，水下航速为32节，下潜深度超过300米。

🔼 英国"特拉法尔加"级攻击型核潜艇

编制为97人。

该级艇装有从鱼雷管可水下发射潜舰型"捕鲸叉"导弹。首部装有5具533毫米鱼雷发射管，可发射"矛鱼"线导鱼雷、Mk24 Mod 2"虎鱼"鱼雷，携带鱼雷20枚。鱼雷舱亦可改装水雷。

英国"前卫"级弹道导弹核潜艇

"前卫"级潜艇是英国皇家海军第二代弹道导弹核潜艇，也是英国第一级装载"三叉戟"导弹的潜艇，首艇"前卫"号于1986年动工，1993年建成服役。至1999年11月共建造4艘。其主要技术

🔼 英国"前卫"级核潜艇

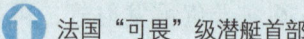

⬆ 英国"前卫"级战略核潜艇即将下水。

⬆ 法国"可畏"级潜艇首部

性能为：水下排水量达15900吨。长150米、宽13米、吃水12米，为当今欧洲最大的核潜艇。动力装置为1座PWR2压水堆与两台蒸汽轮机，单轴，泵喷推进器，水下航速25节。编制135人。

该级艇装有16枚"三叉戟"Ⅱ（D5型）弹道导弹，射程12000千米，战斗部为8个分导式核弹头（最多可载12枚），每枚弹头相当于150千吨梯恩梯当量，圆概率误差小于100米。艇首部还有4具533毫米鱼雷发射管，可发射射程65千米的"矛鱼"重型线导鱼雷。

法国"可畏"级弹道导弹核潜艇

"可畏"级是法国海军第一代弹道导弹核潜艇，也是法国自行研制的第一级核

⬆ 法国"可畏"级弹道导弹核潜艇全貌

潜艇。首艇于1964年动工，1971年建成服役，至1980年5月共建造5艘。

其主要技术性能为：水面排水量8080吨，水下排水量9000吨。长128.7米、宽10.6米、吃水10米。动力装置由1座压水堆、两台蒸汽轮机、两台汽轮交流发电机、1台主推进电动机和两台应急推进柴油发电机组成，主电机功率11768千瓦，单轴，可航行5000海里，水面航速20节，水下航速25节，下潜深度300米，自持力60天。编制135人。该级艇装有：4具533毫米鱼雷发射管，可携带18枚鱼雷或SM-39"飞鱼"巡航导弹；16个导弹发射装置，原来装16枚M-1弹道导弹，后改装M-2导弹及M-20导弹，其射程1500海里，采用核当量为百万吨级的单弹头。

法国"红宝石"级攻击型核潜艇

"红宝石"级是法国海军的攻击型核潜艇，又称SNA72型核潜艇。首艇于1976年动工，1983年建成服役，共建造6艘。其主要技术性能为：水面排水量2385吨（第5艘以前的均为2410吨），水下排水量2670吨。长72.1米（第5艘以

🔵 法国"红宝石"级攻击型核潜艇

10 米。动力装置为 1 座 K—15PWR 型一体化压水堆，两组汽轮发电机组；1 台主推进电动机，采用泵喷推进器，单轴，水面航速 20 节，水下航速 25 节，下潜深度据称可达 500 米。编制 111 人。该级艇装有：16 枚 M45 型弹道导弹（将换装 M—5 型），射程 5300 千米，带 6 个分导式热核弹头，每个弹头威力为 150 千吨梯恩梯当量；4 具 533 毫米鱼雷发射管，可发射 L5 反潜／反舰两用鱼雷和 SM-39 "飞鱼"潜舰导弹。可混装 18 枚鱼雷和导弹。

前的为 73.6 米），宽 7.6 米、吃水 6.4 米。动力装置为 1 座 K-48 型液态金属压水堆；两台蒸汽轮发电机，主推电机 1 台、应急电机 1 台，单轴，水下航速 25 节。自持力为 45 天，下潜深度 300 米。编制 66 人。"红宝石"级艇装有 4 具 533 毫米鱼雷发射管，可混合携带 18 枚鱼雷或导弹，可发射 SM—39 "飞鱼"潜舰导弹和 L5-3 声自导鱼雷、F17 线导鱼雷。鱼雷舱能改装 32 枚 FG 29 水雷。

🔵 德国 212 型潜艇是世界上第一艘不依赖空气系统（AIP）的常规动力潜艇。

法国"凯旋"级弹道导弹核潜艇

"凯旋"级是法国海军第三代弹道导弹核潜艇。首艇"凯旋"号于 1989 年动工，1997 年 3 月建成服役。其主要技术性能为：水面排水量 12640 吨，水下排水量 14120 吨。长 138 米、宽 12.5 米、吃水

德国 212 型常规动力潜艇

212 型是德国海军即将入役的第一型不依赖空气系统（AIP）的常规动力潜艇，采用技术独特的燃料电池作为动力源。首艇 U31，1999 年 11 月开工，2001 年 10 月下水，2003 年 9 月建成服役。

其主要技术性能为：水面排水量 1320 吨，水下排水量 1800 吨。长 53.2 米、宽 6.8 米、吃水 5.8 米。动力装置为霍瓦兹燃料电池 AIP 高能电池系统。柴电推进，MTU16V396 柴油机两台，西门子电机 1

🔵 法国"凯旋"级弹道导弹核潜艇"凯旋"号

意大利海军的"朱利亚诺·普里尼"号常规潜艇，是"萨尔瓦托雷·佩雷希"级潜艇的第2艘，计划建造4艘，水下排水量1662吨，是"纳萨里奥·萨乌罗"级的改型艇，为意大利最新一代潜艇。

台。单轴，水面最大航速12节，水下最大航速21节。编制23人及5名训练人员。

该级艇装有6具533毫米鱼雷发射管，发射"海豹"3或"海梭子鱼"鱼雷。声呐系统包括DBQS—90FTC、FAS—3侧翼阵声呐及TAS—3被动拖曳阵声呐、FMS52主动声呐、DBQS—21DG被动测距侦察声呐。

意大利"纳萨里奥·萨乌罗"级常规动力潜艇

"纳萨里奥·萨乌罗"级是意大利海军的常规动力攻击型潜艇。首艇"纳萨里奥·萨乌罗"号于1974年动工，1980年建成服役，至1982年共建造4艘。其主要技术性能为：水面排水量1456吨，水下排水量1631吨。长63.9米、宽6.8米、吃水5.7米。动力装置由3台柴油发电机组和1台推进电动机组成，单轴，水面

瑞典"西约特兰"级常规动力潜艇。该级艇火力强，声呐设备先进，操纵性好。

航速11节，水下航速19节，其下潜深度250～300米，续航力11000海里/11节，250海里/4节，自持力35天。编制49人。该级艇装有6具533毫米鱼雷发射管，可发射A—184型鱼雷，携带12枚备用鱼雷，计划改装舰舰、舰空导弹。

飞 机

军用飞机的问世与发展

飞机开始用于战争

　　1903 年 12 月 17 日，美国人莱特兄弟在人类历史上首次驾驶自己设计、制造的动力飞机在空中持续飞行成功。6 年后，1909 年，美国陆军便首先装备了世界上第一架军用飞机，准备用它来参与战场侦察。这架飞机上装有一台 22 千瓦的发动机，最大速度可以达到 68 千米 / 时。同年又制成了一架双座"莱特"A 型飞机，用来训练飞行员。没过多久，这种没有装备武器的侦察机受到了一些国家的重视。

　　1911 年，在墨西哥革命战争中，革命军雇用了一名美国民间飞行员埃文兰勃，驾驶一架"寇蒂斯"式飞机与政府军的一架侦察机在空中用手枪互相射击。这成为人类历史上的首次空战。

　　此后，人们开始把机枪安装在飞机上，用于空中战斗和对地扫射。在第一次世界大战中，这种战斗机开始出现在硝烟弥漫的战场上，使地面部队受到来自空中火力的攻击。稍后，人们又在飞机上装上炸药飞临战场，然后由投弹手点燃引信后扔下去。于是，专门用于打击地面目标的轰炸机出现了。1918 年 8 月英国在索姆河的反攻中，1918 年 9 月美国在圣米耶尔的进攻中，又使用强击机对地面部队进行支援。但此时飞机的速度较慢，有的 1 小时只能飞几十千米，最快的也只有 200 千米左右。尽管如此，在第一次世界大战中，用于空战的战斗

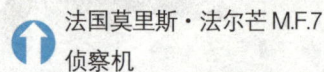

　　法国莫里斯·法尔芒 M.F.7 侦察机

机、用于打击地面目标的轰炸机和用于支援地面部队作战的强击机，以及专门用于侦察的侦察机都出现了。

给飞机装上机枪

　　1914 年 9 月 8 日，俄国的飞行员聂斯切洛夫驾驶飞机在空中与一架奥地利侦察机相遇。俄国飞行员拔出手枪向奥地利飞行员打了两枪。有一枪打在侦察机的机身上，但不影响飞机的操纵。俄国飞行员还想射击，手枪却卡了壳。他驾机朝奥地利飞行

　　1909 年 7 月 30 日，美国陆军购买了一架"莱特"A 型飞机，装有一台"莱特"V-8 发动机，成为世界上第一架用于军事目的的飞机。

　　第一次世界大战时，德国飞机上架着机枪。

↑ 飞机上最早装的重武器是机枪。

员冲了过去，机轮撞在了奥地利侦察机的螺旋桨上。奥地利侦察机顿时朝地面坠落下去。

不久，法国飞行员在自己的飞机上安装了一挺火力很强的"霍奇斯基"机枪。机枪固定在座舱前的机身上，沿飞行方向射击，并由螺旋桨根部的挡铁拨开射出的子弹，以避免子弹打断自己飞机的桨叶。不久，法国人的飞机被德国的防空火力击伤，德国人从迫降的飞机上拆下了机枪装置，并着手仿制。为了让子弹避开旋转的螺旋桨叶片，3名荷兰籍工程师为飞机制造了一种机枪射速协调装置，它依靠凸轮来控制机枪的射击，当桨叶与枪管成一线，桨叶片挡住枪管时，机枪便停止射击。德国人把这种武器安装在福克飞机公司生产的每小时可飞130千米、最高可达300千米的单翼机上。这种装有机枪射速协调装置的福克E型飞机，在空战中击落了多架法国和英国飞机。飞机开始真正进入了空战时代。

↓ 意大利 Z.501 侦察机

航炮取代了机枪

1916年，法国首先在飞机上安装了航炮，1940年，德国航空部于1942年做出规定，20毫米是空战火炮的最小口径。从此，战斗机开始装备20毫米或30毫米口径的航空机炮。这些航炮在第二次世界大战后才成为对地实施扫射和空中格斗的主要武器。

现代航炮主要有单管转膛炮、双管转膛炮和多管旋转炮等。转膛炮射击过程中炮管不转，几个弹膛依次旋转到对准炮管的发射位置进行发射。转管炮弹膛不动而炮管连续不断地旋转。现代航炮口径一般在20～30毫米，射速每管可达400～1200发/分，有效射程2000米左右。而地炮、舰炮的射速仅有100～200发/分。现代航炮一般是雷达、指挥仪和火炮三位一体的紧凑型配置，自动化程度高，反应时间只有3～7秒。航炮可选用穿甲燃烧弹、穿甲弹和爆破弹等，有的航炮炮弹能穿透40～70毫米厚的装甲，有的还装有近炸引信和预制破片，从而使杀伤威力提高。

水上飞机最早的战斗行动

世界上第一架水上飞机，是由法国人弗勃于1910年研制成功的。到1913年时，英、德、俄、美、法等国都开始积极地发

↑ 美国 R3C-2 水上飞机

展海军航空兵，其中包括水上巡逻机和布雷机等。

1914 年 8 月 22 日，一架德国空军侦察机侵入协约国北海岸，协约国立即起飞一架装有机枪的水上飞机追击敌机。当水上飞机上升到 1060 米高度时，无法再升高了，只得看着德国飞机在空中侦察。这次水上飞机的出动虽无战果，但却是水上飞机的第一次空战行动。1915 年 3 月 15 日，俄国在进攻土耳其的战斗中，首次使用了水上飞机运输舰。载有 1 架水上飞机的"金刚石"号辅助巡洋舰和载有 5 架水上飞机的"尼古拉一世"号运输巡洋舰会同其他舰只驶近博斯普鲁斯海峡（今称伊斯坦布尔海峡）。在进行了侦察后，6 架水上飞机编队轰炸了土耳其炮台和岸防工事，重创土军。这是水上飞机最早取得战果的战斗行动。

飞艇

飞艇是由气球发展而来的。早期飞艇的上部是充有氢气的大气囊，下部是吊篮，人坐在吊篮里。蒸汽机发明后，法国人季裴在 1852 年研制了最早的带动力装置的飞艇，形状像一只大橄榄。其吊篮内装有一台蒸汽机，带动一只三叶螺旋桨。早期的飞艇也叫软式飞艇，它的气囊靠充气的压力才能保持外形。后来德国人齐柏林制成了用金属做骨架、外面蒙着胶布的硬式飞艇，尾部装上升降舵和方向舵，使飞艇性能大为改进。在第一次世界大战

1852 年，法国人季裴制造了单人飞艇，飞行员站在平台上，下方悬垂着锚，用于帮助降落。飞艇的发明，使人类的航空事业摆脱了长达千年之久的、简单模仿鸟类进行机械试验的思路，开辟了全新的飞行道路。

时，德国曾利用飞艇多次飞过多佛尔海峡，轰炸英国的伦敦。1937 年，德国制成"兴登堡"号飞艇，长达 245 米，直径超过 41 米，成为世界上最大的飞艇。但在一次着陆时，由于静电火花引起氢气爆炸，巨大的艇体顷刻化为灰烬。美国也制成了"阿可龙"号和"马克"号大型飞艇，长 240 米，重达 200 吨，可载 5 架飞机。这种飞艇被称为空中的"航空母舰"。

第一次世界大战中的战机

早在 1912 年，德国就组建了一支航空兵部队。到 1914 年第一次世界大战爆发前，德国已建立了 40 多个航空兵小队，装备有 232 架军用飞机和 10 多艘军用飞艇。在第一次世界大战期间，德国就对英国进行了 100 多次轰炸。1918 年，德军飞机的数量已增至 3000 架，飞行人员达到 4500 人，并建立了较大规模的航空工业。德国在整个战争期间共生产了 48537 架飞机。

第一次世界大战结束后，德国被禁止生产军用飞机，但希特勒上台后即恢复生产。1934 年德国生产了军用飞机 2000

⬇ 英国 NO.23 飞艇

⬆ 英国索普威斯 F.1 "骆驼" 战斗机

架，1938年增至5200架。1939年德国空军组建了30个轰炸机大队、9个俯冲轰炸机大队、13个战斗机大队。到第二次世界大战爆发前，德国已拥有1万多架飞机，其中作战飞机4000多架。在整个第二次世界大战期间，德国共生产了11.5万架战斗机。

第二次世界大战中的战机

早期飞机的动力装置都是活塞式发动机，靠螺旋桨推进。战斗机多为单座单发动机，轰炸机多为双座或多座，装两部活塞式发动机。到第二次世界大战前夕，单座单发动机歼击机和多座双发动机轰炸机已大量装备部队。第二次世界大战中，由

⬇ 罗·鲁夫贝雷，他是为数不多的在法军担任指挥官的外国人之一，是法美联合空军的最高级王牌飞行员。

于战争的持续和不断升级，各国极力争夺空中优势，飞机得到飞速发展。俯冲轰炸机和鱼雷轰炸机相继出现并广泛使用，还出现了可长时间在高空飞行、有气密驾驶舱和4个发动机的远程轰炸机。英、德、美等国还把雷达装在战斗机上，使飞机第一次具备夜间起飞作战的能力。此外执行电子侦察或电子干扰任务的电子对抗飞机，以及装有预警雷达的预警机也开始使用。到了大战中、后期，有的活塞式战斗机的最大飞行速度已达750千米／时，最大飞行高度约12000米。当各交战国战机的技术性能相近时，新的竞争便开始了，人们都希望获得一种新的动力装置，以使自己的战机飞得更高、更快和更远。

⬆ 1917年4月，英国皇后与空军司令亨恰特将军视察在圣奥默的英国皇家空军战斗机部队。

⬆ 比利·贝克少校，英国皇家空军第28飞行团司令，旁边是他的索普威斯F.1 "骆驼" 战斗机，该机是1917年的产品。

英国"飓风"MkI 战斗机

大不列颠大空战

1940 年 8 月 1 日，希特勒命令"德国空军要使用其拥有的所有兵力尽快打垮英国空军"。德国空军开始对英国本土进行战略轰炸。德国投入的作战飞机约 2400 架，英国防空力量为战斗机 700 架，轰炸机 500 架，处于劣势。

8 月 6 日，德国空军总司令戈林向部队发出 8 月 10 日开始全面出击的"不列颠战役"命令。8 月 13 日，德军开始实施轰炸，突袭目标是英国南部的航空基地、雷达站，并寻机与英国战机进行空战，以消灭英空军主力。8 月 13 日及 8 月 14 日夜，德军共出动飞机 1485 架，8 月 15 日夜至 16 日晨共出动飞机 1786 架，8 月 16 日至 23 日又连续出动飞机，进行了 5 次大规模轰炸，英国空军基地有 12 个被破坏，7 个飞机工厂和一些雷达站、油库、

弹药库被炸坏。从 8 月 24 日～9 月 3 日，德机对英国共进行了 35 次大规模空袭，每天出动 1000 多架次。

9 月 15 日，德国对伦敦的空袭达到高潮。这一天，英国共击落德机 185 架。后来，英国就把 9 月 15 日定为"大不列颠空战节"，以示纪念。

从 9 月 20 日起，德军开始使用 Me.109 改装的战斗机对伦敦狂轰滥炸。在英国战机和高炮联合抗击下，德军飞机损失很大，遂由白天大规模轰炸改为夜间轰炸。到 10 月 31 日德国损失飞机 433 架，英国损失 242 架，德国原来计划在摧毁英国空军主力以后，于 9 月 21 日从海上入侵，由于英军的英勇抵抗，使登陆计划破产。

据法国历史学家统计，从 1940 年 7 月 10 日至 11 月中旬，德国飞机共计被击落 1813 架，英国损失飞机 995 架。

日本偷袭珍珠港

1941 年 9 月，日本海军联合舰队司令山本五十六提出了代号为"Z"的作战计划，准备使用海军舰载飞机，突袭美国夏威夷珍珠港海军基地，摧毁美国的太平洋舰队，消除对日本的威胁，保障日军顺利攻占菲律宾、马来亚、荷属东印度等地。

日本海军联合作战舰队由 6 艘航空母舰"赤城"号、"加贺"号、"苍龙"号、"飞龙"号、"翔鹤"号、"瑞鹤"号及 2

德军轰炸机在伦敦工业区上空盘旋，准备轰炸。

艘战列舰、2艘重巡洋舰、1艘轻巡洋舰、9艘驱逐舰、3艘大型潜艇、8艘油船组成，共31艘舰艇，舰载机432架。南云率领6艘航空母舰组成突击队，三川率领2艘战列舰、2艘重巡洋舰组成支援队。从9月开始，日本海军航空兵部队在与作战地区地形近似的鹿儿岛进行了紧张的轰炸和低空投放鱼雷训练，并针对珍珠港水深仅12米的情况，研制了专门的浅水鱼雷。

11月5日，山本向舰队宣布日本将于12月上旬向英、美、荷开战。11月22日，突击舰队集结于千岛群岛择捉岛的单冠湾。11月25日，山本下令突击队沿偏僻的北航线向夏威夷进发。经过12天，航行6667千米，中途4次加油，采取严格的无线电静默，12月7日晨4时30分，顺利到达珍珠港以北370千米的预定海域。5时30分，舰队派出2架水上飞机进行战前侦察。6时整，舰队航空兵指挥官渊田美智雄中校率第一拨183架飞机由母舰起飞，向珍珠港所在地瓦胡岛飞去。机群包括水平轰炸机49架、鱼雷轰炸机40架、俯冲轰炸机51架、"零"式战斗机43架。岛上美军雷达站发现北方有大编队飞机临近，立即向警报中心报告。值班军官泰勒少尉误认为是由加利福尼亚州转场来的B－17机群，答复说不必担心。7时49分，第一拨开始攻击。俯冲轰炸机由4000米俯冲至1500米攻击机场和航空站；鱼雷轰炸机分两批在15～30米高度低空攻击军舰；随后水平轰炸机由4000米高空单机跟进，再次突击军舰，战斗机也投入攻击地面目标。攻击至8时40分结束。在日机强大

⬆ 珍珠港上空的日本飞机

的攻势中，瓦胡岛的福特机场、希卡姆机场、惠勒机场的一架架重型轰炸机和歼击机几乎全部被炸毁。第二拨170架飞机由岛崎中校率领，计水平轰炸机54架、俯冲轰炸机80架、"零"式战斗机36架，7时15分起飞，8时54分开始攻击。鱼雷机和高空轰炸机对"加利福尼亚"号、"亚利桑那"号、"田纳西"号等战舰进行袭击。"亚利桑那"号被5颗炸弹命中，其中一颗炸弹穿过前甲板钻进了燃料储藏舱，引起大火。后舱储存的1600磅黑色炸药发生爆炸，并且引发了前舱的几百吨无烟火药。"亚利桑那"号犹如火山爆发，几乎蹦离水面，裂成两半。只过了9分钟，这艘3.26万吨的巨型军舰就葬身海底，舰上1500多名官兵无一生还。"内华达"号左舷中了一枚鱼雷，后甲板上中了一颗炸弹，

⬆ 1941年12月7日，美国珍珠港海空军基地受到日本的突然攻击，到处都在爆炸。

船首马上下沉。舰上的官兵纷纷弃舰跳海逃生，大多数惨死在火海中。9时45分攻击结束。

第一拨10时左右，第二拨12时左右，日战机先后返回母舰。参加突击的共353架飞机，另有35架在舰队上空掩护，40架作为预备队。空袭前后历时1小时50分，共投鱼雷50枚、炸弹556颗。美军在港8艘战列舰4沉4伤，4艘巡洋舰1沉3伤，3艘驱逐舰2沉1伤，辅助舰被毁8艘。驻岛飞机370架中被毁188架、伤63架，占70%。人员死亡2403人、伤1178人。日机共损失29架，亡25人；2架水平轰炸机迷航坠海。日军还被击沉大型潜艇1艘、小型潜艇4艘，另1艘小型潜艇触礁被俘。

由于对日军偷袭毫无戒备，美军机场和港口只有少数人员作例行的战斗值班，高射炮阵地的弹药都锁进了中心弹药仓库。珍珠港内各舰上780挺高射机枪有3/4无人值班，陆军的31门高射炮只有4门在阵地上。空袭开始时，美军舰船不能开动，飞机不能起飞，通信指挥中断，一片混乱。岛上高射炮在空袭开始5分钟后才匆忙射击，20分钟后才有30余架美机升空迎战，但因仓促上阵，不是被击毁，就是被自己的高射炮击落，几乎全部殉难。美军3艘航空母舰在外海未归而没有损失。9时45分，渊田在飞机上绕珍珠港一圈，拍下已经斜沉的战列舰和3艘已负重伤的巡洋舰惨况，同时摄下全部被炸毁的美军飞机和机场。然后，向山本五十六发出电报："我奇袭成功"。前后不过2小时，日本海军便夺得西太平洋的主动权，使美太平洋舰队近半年不能作战。日本机群返回母舰后，渊田等建议再次出击，彻底摧毁瓦胡岛上残留目标。但南云认为：攻击已达预期目的，再次攻击必将增大损失。下午1时30分下令舰队沿原航线返航，12月24日返回日本。

沃森·瓦特发明雷达

军用飞机在第一次世界大战中出现后，一些国土面积小、无回旋余地的国家往往来不及下达防空命令，炸弹就已落到头上。英国就是如此。因此，英国开始研制一种远距离发现飞机的仪器。

英国科学家沃森·瓦特从声音传播的回声中得到了启示。他认为电磁波传送出去以后，遇到障碍必定有向回反射的可能性，如果发明一种装置，既能够发射电磁波，又能够接受反射波，就可以在很远的距离上探测到飞机的行动。1919年他研制成第一个雷达装置。1935年又研制成使用1.5厘米波的新式飞机探测雷达装置GH系统。1938年，GH系统正式投入使用，部署在英国的泰晤士河口附近，对飞机的

俄罗斯水面舰艇的锥形塔桅上布满了电子设备，上端的长方形天线为对空搜索雷达；前方的圆锥面天线是火控雷达。

↑ 巨大的"维尔茨堡"雷达反射器，直径 7 米。

探测距离达 250 千米。到 1941 年，英国沿海岸线部署了完整的雷达警戒网。同年英国还研制出超短波雷达，在第二次世界大战中日夜不停地监视着英国周围的海空。在德国空军大规模空袭英国本土和首都伦敦的时候，为英国人提供了足够的隐蔽疏散时间，为英国皇家空军赢得了充足的起飞迎击时间。1944 年德国 V－1 飞弹袭击伦敦时，英国使用了炮瞄雷达，使击落一枚飞弹所需要的炮弹，由过去的上千发降到 50 发。

第二次世界大战中，美、苏、日、德等也都先后研制出雷达并投入战争。海面搜索和舰载雷达也先后诞生在英国和美国。战后，雷达获得更广泛的应用，飞机、舰艇、坦克、火炮和导弹等形形色色的专用雷达相继问世，并具备了侦察、干扰、引导等多种技术功能。

第一个无伞跳落幸存者

1944 年 3 月 23 日，21 岁的阿克美德和他的机组完成空袭德国的任务后返航，快近午夜，他们的飞机受到德国夜袭飞机的攻击，机翼的右翼被撕开，飞机着火了，驾驶员下令立即跳伞。阿克美德来不及去取伞，他望着烈焰熊熊的机舱，只好向舱外茫茫的夜空扑去。只用了一分半钟，他便从 5500 米的高空坠落到地面。他掉在约有 46 厘米厚的松林积雪中。3 个小时以后，阿克美德竟然苏醒过来，恢复了知觉。他不仅活在世上，而且还没有严重损伤，这真是世界航空史上前所未有的奇迹。他是世界上第一个从高空无伞跳落的幸存者。

空降作战

空降兵是以空投方式投入地面作战的兵种。1927 年，苏联军队使用运输机在中亚细亚地区空投部队，一举歼灭了巴士马赤匪徒等叛乱分子，是第一次出现的空降兵。1930 年，苏军空降兵正式建立，不久，便在战术演习中使用了空降兵。此后，德、美、法、日等国也相继组建了空降兵。

在第二次世界大战期间，空降兵被广泛运用，交战双方共进行了 30 多次空降作战。其中规模最大的一次是盟军于 1944 年 9 月 17 日在荷兰实施的 2 万人的空降。在这次空降中使用了运输机 1545 架，滑翔机 478 架，战斗机 1130 架。

第二次世界大战后，航空技术的进一步发展，使空降作战的样式也随之发生了变化。除了过去已有的伞降和滑翔机机降

↑ 一位苏联飞行员从高速飞行中起火爆炸的战斗机舱中弹出来脱离险境。

↑ 苏联苏－19 战斗机

美国 F－86D 型战斗机，其机头装雷达罩。1948 年，美国在 F－86 战斗机上开始采用后掠翼。

外，还出现了直升机机降。这使空降兵不再受地形条件限制，可以随时被空运到指定位置。在未来战争中，空降兵是配合正面进攻部队实施高速度、大纵深、立体攻击的重要力量。

飞机上的敌我识别系统

在作战飞行和攻击防御时，准确地分辨敌我双方的飞机是至关重要的。为此，战机上都装有一种用来识别雷达所发现目标的敌我属性的电子设备。包括应答机和问答机两种类型。它与装备在己方其他飞机、舰艇、坦克和雷达站的询问机或问答机，组成合作式的目标敌我识别系统。应答机在收到己方询问信号时，能自动回答一组编码信号，以供问方识别。问答机除了具有应答机功能外，还能主动向被识别的目标发出询问信号，并根据对方有无回答信号，或回答信号是否与预定密码相同，判断敌我。

飞机敌我识别器是一部机密性很强的无线电设备。要保证顺利识别和不泄密，识别器收到我方规定的询问信号时就回答，否则就不回答；回答的密码要经常变

换，使敌方找不到规律。识别器有一级电路，在平时是闭锁的，只有在我方雷达识别系统询问时，它才开启，尔后应答机才会产生密码回答脉冲信号。

另外，爆炸控制装置有一个惯性接触器，当飞行员跳伞后，随飞机惯性下落，接触爆炸电路后，将密码电路炸毁，以防泄密。

喷气式战机

采用活塞式发动机，靠螺旋桨产生拉力来推动的飞机，在第二次世界大战爆发后不断进行改进，但航速增长不大，最快每小时仅达 750 千米。

1942 年，分属交战双方的德国人和美国人各自研制出了喷气式战斗机。7 月 27 日，德国试飞了一架 Me.262 型喷气式战斗机；10 月 2 日，美国也试飞了一架 XP－59 型喷气式战斗机。但在战时最先投入使用的喷气战斗机是 Me.262 和 1943 年试飞的英国"流星"式。

喷气式发动机和螺旋桨活塞式发动机不同，它是靠空气和煤油燃烧所产生的大量高温高压气体，向后喷射而推动飞机前进的。所以，一般在机身前面和侧面都开有专门的进气口，机身后部留有喷口。喷气式发动机可获得较高的推重比，因而使飞机获得较高的飞行速度、高度和机动性能。

喷气式飞机的出现，使战机进入了一个崭新的时代。到 1949 年，有些国家已

↑ 英国"吸血鬼"喷气战斗轰炸机

拥有相当数量的喷气式战斗机。著名的喷气式战斗机有苏联的米格－15、美国的F－86和英国的"吸血鬼"；著名的喷气式轰炸机有苏联的伊尔－28和英国的"坎培拉"等。

垂直起落军用机

一般的喷气式飞机必须具备供它起降的上千米乃至几千米的跑道，但在军舰上修建这样长的跑道是难以办到的，尽管人们通过改造军舰跑道和采取了飞机降落拖绊方式，但没有上百米的跑道仍难以保证飞机的升空和降落。于是在第二次世界大战后，各国开始研究短距离起落飞机和不需要跑道的垂直起落飞机。

1954年，美国的飞机设计者们想让飞机起飞前垂直竖立起来，飞离地面或甲板后再改变成水平飞行。1954年8月1日，造出了一架XFY－1型飞机，称为推力拉力换向飞机，并且试飞成功，从此诞生了垂直起落飞机。

早在1946年，法国人韦博设想，把飞机的喷射引擎喷口转向下方，飞机就能够垂直升降；把喷口转向后方，飞机又可以正常飞行。1957年，这位聪明的法国人向布里斯托航空引擎公司公开了他的构想，该公司很快研制出"飞马"引擎，并于1959年试车。此后，英国霍克飞机公司为"飞马"引擎设计了一种代号为

⬆ 苏联的雅克－38舰载垂直起落战斗机

P1127的飞机，1961年在索瑞的登斯福德机场试飞成功，成为飞行史上一项重大突破。1966年，这家工厂又在P1127基础上试制出"鹞"式飞机，功率强大，性能优越。美国海军陆战队、英国海空军和西班牙海军都已采用这种飞机。

近年来又出现了雅克－141和美国的V－22。"鹞"式飞机以及它的派生型"海鹞"都是采用推力转向发动机实现垂直起落的，即起落时喷口朝下，平飞时喷口朝后。雅克－36、雅克－38和雅克－141均采用两种发动机，主发动机可推力转向，前面还装了两台专供起落用的升力发动机。V－22与前者不同，采用了可以转向的螺旋桨发动机，垂直起落时发动机朝上提供向上的拉力，平飞时发动机朝前提供水平拉力。

"里海怪物"——神秘的俄罗斯"地效飞行器"

美国的间谍飞机在20世纪80年代初就已注意到一个奇怪的飞行体，它以令人难以置信的速度、在任何雷达都探测不到的低空飞行于里海之上。美国军事专家给这个飞行体起了一个名字"里海怪物"。

人们把这种飞行体称为"地效飞行器"或"地屏飞行器"。从结构上说它是飞机，但却贴着地面。它利用地面效应，

⬆ 美国的V－22"鱼鹰"垂直起落旋翼机

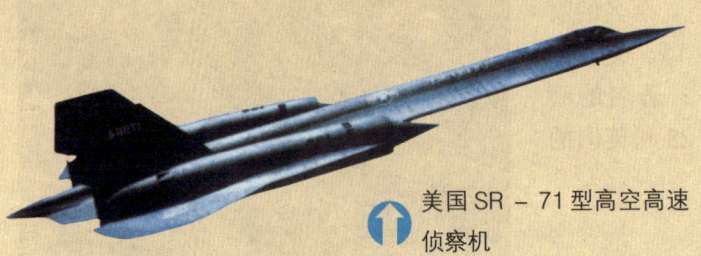

⬆ 美国 SR－71 型高空高速侦察机

在机体下形成一个空气垫，它随着飞机运动。通过三角形的相应承载面，这种效应更为加强。由于在"空气垫"上的滑行作用，在起飞重量相同的条件下，移动的效率比常规飞机足足高出 40%。巨大的喷气发动机在前头将吸入的空气斜射到支承面下，从而加强这种飞行器的作用。

"地效飞行器"不仅能够在水面上飞行、随地降落和重新起飞，而且能够越过结冰的苔原，不受波浪、潮汐甚至地雷区的干扰。俄罗斯已经造出了多种型号，不仅能够在 10 米高度上运动，而且在需要时可以达到 3000 米以上的高空。

"地效飞行器"装备着有核弹头的巡航导弹或者火箭。航程 7500 千米，能够以 800 千米的时速将 850 名士兵运送到世界各地，而且不会被任何雷达发现。德国联邦情报局早在 1975 年就已经知道，有一种型号的"里海怪物"起飞重量为 500 吨，翼展 50 米，能够加载约 200 吨。现在，俄罗斯已经证实了这些数字，并且向人们展示了该飞行器的影片。

民用"地效飞行器"本来也是为军事目的建造的。但上方的火箭管和内部军用仪器已取消。这种飞行器足有 100 米长，尾翼有足球场那么宽，它的总重量要达到 400 吨。推进器是 8 部喷气发动机。这是俄罗斯飞机制造工业所能够提供的最大喷气发动机。

头盔瞄准具

20 世纪 60 年代，美国卷入越南战争后，大量投入直升机参战。为了解决直升机瞄准射击的问题，提出了头盔瞄准具的方案。1967 年，一批头盔瞄准具被安装在"眼镜蛇"武装直升机上，被称作"目视精确火力控制设备"。随后，美国海军又在战斗机上装设了另一种头盔瞄准具——目视目标截获系统。该系统主要用来控制机载

导弹导引头和雷达截获目标，从而简化截获过程。1972 ~ 1973 年，美国空军又试制了一种简易导引系统，采用头盔瞄准具进行空对空和空对地目标截获、武器投放、大角度制导、侦察和导航等。

头盔瞄准具是利用人眼搜索跟踪目标的。由于人眼搜索跟踪目标快捷可靠、范围广泛，缩短了武器瞄准发射的时间，增加了攻击目标的机会，所以优点很多。驾驶员只需通过目视就可以跟踪瞄准目标，操作过程简便，减轻了驾驶员的负担，同时还可以监视座舱内外的其他情况。

⬆ 1967 年，一批头盔瞄准具被安装在"眼镜蛇"武装直升机上，被称作"目视精确火力控制设备"。

战斗机的发展

美国 P-12E 战斗机

战斗机

　　战斗机又称歼击机，主要任务是与敌方的战斗机进行空中格斗，夺取制空权；其次是拦击敌方轰炸机、强击机、侦察机和巡航导弹，也能执行对地攻击任务。战斗机通常可以分为制空战斗机、截击战斗机、战斗轰炸机和舰载战斗机等。

苏联苏－27UB 多用途战斗教练机

　　战斗机于第一次世界大战中问世，称为驱逐机，到第一次世界大战结束时，战斗机的最大飞行速度已经达到 200 千米／时，升限高度达 6000 米，重量约达 1 吨，活塞式发动机武器为 7.62 毫米机枪。

美国 F3H-2 "恶魔" 战斗机

　　第二次世界大战期间，战斗机的最大飞行速度已经达到 700 千米／时，飞行高度为 11 千米，重量达 6 吨，发动机功率接近 1470 千瓦，有了配备陀螺光学瞄准具的 20 毫米机关炮和火箭弹。

　　第二次世界大战后，战斗机迅速向喷气式和后掠翼布局发展，至 60 年代中期，其飞行速度已超过 3 马赫，作战高度可以达到 23 千米，飞机重量超过 30 吨，机载武器发展为空空导弹。现在，战斗机已经发展了四代，并且正在向第五代发展。

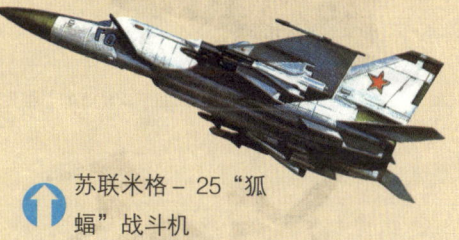

苏联米格－25 "狐蝠" 战斗机

　　现代战斗机已经发展成为一种喷气式超声速全天候导弹载机，其特点是：采用推力大、重量轻的加力涡轮风扇发动机，采用带前缘边条的后掠式或三角形薄机翼，采用数字式电传操纵的飞机操纵系统及主动控制技术，突出中、低空跨声速机动性，使用大口径机炮、高性能导弹、集束式火箭弹和制导炸弹等。

美国海军航母上的 F/A－18 "大黄蜂" 战斗机

战后第一代战斗机

　　第二次世界大战后至 60 年代初是第一代战斗机的时代，其主要技术特征是亚声速，最大飞行马赫数为 0.9 ~ 1.3，开始采用后掠机翼和涡喷发动机，武器配备以机关炮和火箭弹为主，并开始装备第一代空空导弹、光学瞄准器和第一代雷达。

第一代战斗机的代表型有美国的 F－80、F－89、F－86、F－100，苏联的米格—15、米格—19。目前第一代战斗机已全部退役。

战后第二代战斗机

20 世纪 60 年代初至 80 年代初，第二代战斗机开始大量装备部队，主要技术特征是超声速，最大飞行马赫数为 2.0～2.5，采用小展弦比机翼和可变后掠翼。武器配备开始装备第二代空空导弹、具有拦射能力的火控系统和第二代雷达。

第二代战斗机的代表型有美国的 F－4、F－104、F－111，苏联的米格—21、米格—23 和法国的"幻影"Ⅲ、"幻影"F－1 等。目前第二代战斗机仍在大量服役。

↑ 美国 F－16 战斗机属第三代战斗机

↑ 美国 F－15"鹰"战斗机

↓ 英、德、意联合研制的"狂风"对地攻击型战斗机。

↑ 美国 F－104A"星"战斗机

↑ 法国"幻影"F－1 战斗机

↑ 美国 F－104"星"战斗机属战后第二代超声速战斗机。

第三代战斗机

20 世纪 80 年代初，第三代战斗机开始大量装备使用，虽然机动性、最大速度仍保持在第二代水平，但采用了翼身融合、隐身等高技术，开始采用第三代中距拦截导弹、近距格斗导弹，并装备了全向、全高度、全天候火力控制系统。其代表型有美国的 F－14、F－15、F－16、F－18、F－117A，苏联的米格—29、米格—31、苏—27，法国的"幻影"2000 和欧洲诸国合研的"狂风"等。

第四代和第五代战斗机

三代半战斗机是 20 世纪 90 年代以后装备部队的新一代战斗机，其典型型号有俄罗斯的苏—37、法国的"阵风"和 EF2000、瑞典的 JAS.39 等。采用几十种新技术，主要有目标定位和攻击技术、隐身技术、短距起落技术、防核生化袭击等，同时将具有超声速巡航能力和高机动飞行能力，并具有较大的航程，起飞滑跑距离可缩短至 425～600 米。第四代战斗机已完成设计的有 F－22 和 F－42 两种。

未来第五代战斗机将采用 X 翼、斜翼、前掠翼及组合式机翼等新概念，并向全隐身方向发展；将采用陶瓷、金属黏结剂等复合材料。此外，还将广泛采用短距起落技术，进一步改进飞机的机动性能，大量改进电子设备，提高自动控制能力。

美国战斗机

美国 CW－21 战斗机

CW－21 战斗机是美国寇蒂斯－莱特联合公司研制的一种单座轻型战斗机，于 1939 年 1 月试飞成功。这是一种下单翼活塞式飞机，起落架可以收入机翼。该机于机头整流罩内，装备两挺 7.62 毫米机枪和两挺 12.7 毫米机枪。

CW－21 战斗机机长 8.28 米，机高达 2.72 米，翼展 10.7 米，总重达 2040 千克，最大飞行速度为 505 千米／时，巡航速度为 454 千米／时，爬升率为 1460 米／分，实用升限可达到 10500 米，航程为 1010 千米。该机在 1940 年 6 月至 12 月用于爪哇之战。

美国 P－40 "战鹰" 战斗机

P－40 "战鹰" 战斗机是美国寇蒂斯飞机公司研制，在 P－36 基础上改型而成。于 1938 年底试飞成功，1940 年 5 月开始装备美国陆军的航空兵。总计生产 13143 架。P－40 战斗机全长 9.68 米，机高 3.76 米，翼展 11.4 米，最大重量 3760

英国 EAP 战斗机

美国 F–14A "雄猫" 战斗机

美国 P–51B "野马" 战斗机

美国 P–12E 战斗机

美国 P－40D 战斗机

美国 P–40 "战鹰" 战斗机

美国 P–36C 战斗机

千克，最大速度达574千米／时，实用升限9000米，爬升率938米／分，最大航程2260千米。单座，装有可收放的后三点式起落架，携带两挺12.7毫米机枪。改型后最多的可装6挺12.7毫米机翼机枪或4挺12.7毫米机翼机枪并外挂1枚227千克重的炸弹。

美国P－47"雷电"战斗机

P－47"雷电"战斗机是美国共和航空公司研制的单座战斗机，1941年5月6日首次试飞，1942年3月交付使用，先后有B、C、D、G、J、K、L、M和N等型号投入生产，总数达15683架，为美国战斗机生产数量最多的机种。

P－47"雷电"战斗机全长10.7米，全高3.87米，翼展12.4米，装1台功率为1470千瓦4叶螺旋桨发动机，最大速度816千米／时，实用升限13700米，爬升率782米／分，最大航程1770千米。改型后速度、实用升限、爬升率等都有所提高，最大航程可达3540千米。该机在机翼内装有8挺12.7毫米机枪，有的型号还可加带10枚127毫米火箭弹或3枚454千克炸弹。

美国P－61"黑寡妇"战斗机

P－61"黑寡妇"战斗机是美国诺斯罗普飞机公司于1940年开始研制的一种夜间战斗机。1943年10月开始交付使用，

↑ 美国P－61E夜间战斗机在飞行。

↑ 美国P－61B"黑寡妇"战斗机

↑ 美国F－80"流星"战斗机

先后有A、B、C等型号投产，共制造742架。

"黑寡妇"以漆黑的外表而得名。该机外形独特，装有机头雷达、双人驾驶舱，装前三点式起落架。机长15.1米，高4.47米，翼展20.2米，总重18300千克，空重10900千克，装两台1960千瓦的活塞式发动机，最大速度690千米／时，实用升限12500米，最大航程4830千米。该机火力较强，在机身腹部装有共带600发炮弹的4门20毫米机炮，在机身顶部炮塔内装共带1600发子弹的4挺12.7毫米机枪，还可挂4枚725千克炸弹。

美国F－80"流星"战斗机

F－80"流星"战斗机是美国洛克希德飞机公司于1943年6月开始研制的一种喷气式战斗机，1945年2月开始交付使用。该机先后有A、B、C型投产，共制造1955架。

F－80"流星"战斗机是美国生产的第一种喷气战斗机，发动机位于飞行员后面，进气道在翼根，排气管位于机心；采用前三点式起落架。该机机长10.5米，机高3.45米，翼展11.85米，总重为7700千克，空重3753千克，装1台应急推力为24.5千牛的喷气发动机，最大速度为

935 千米 / 时，实用升限 13700 米，爬升率为 2100 米 / 分，航程为 2200 千米。机头装有 6 挺 12.7 毫米机枪，装备 1800 发子弹，射速可达 1200 发 / 分，机翼可外挂 10 枚火箭弹或两枚 454 千克炸弹。

美国 F7F "双猫" 舰载战斗机

F7F "双猫" 战斗机是美国格鲁门公司从 1941 年开始研制的一种舰载战斗机，于 1943 年 11 月首次飞行，随后交付使用。F7F 各型共生产 1800 多架。F7F "双猫" 战斗机是世界上第一种双发动机舰载战斗机，机翼为悬臂式梯形中单翼，采用可收放后三点式起落架。装两台功率各为 15431.5 千瓦的活塞螺旋桨发动机。机头装 4 挺 12.7 毫米机枪；翼根内置 4 门 20 毫米机炮。可挂带火箭弹、炸弹和鱼雷。

美国 F7F "双猫" 舰载战斗机

美国 F－16 "战隼" 战斗机

美国 F－16 "战隼" 战斗机，是美国通用动力公司从 1972 年开始研制的单发动机轻型战斗机，1978 年 8 月开始交付使用，相继有 F－16A、B、C、N、R 等型号投入生产，生产总数已达 3000 多架，为美国空军 20 世纪 80～90 年代的主力轻型战斗机，主要用于空战，也可用于近距空中支援。

F－16 机长 15.09 米，机高 5.64 米，翼展 9.45 米，翼面积 27.87 平方米，最大起飞重量 16060 千克，空重 7070 千克，装 1 台加力推力为 131.6 千牛涡轮风扇发动机，最大平飞速度 2 马赫，实用升限

美国 F－16A "战隼" 战斗机

15240 米，最大爬升率 305 米 / 秒，作战半径 925 千米，转场航程 4215 千米。机载主要设备有脉冲多普勒距离和角速度跟踪雷达、仪表着陆系统、惯性导航系统、雷达光电显示器、敌我识别器、飞行控制计算机和中央大气数据计算机等。机载武器有：1 门 20 毫米 6 管航炮，在翼尖、机翼和机身下的 9 个挂架可携带 "响尾蛇" 空空导弹、空地导弹、制导炸弹、常规炸弹和火箭弹等，最大载弹量 6894 千克。

美国 F／A－18 "大黄蜂" 战斗／攻击机

F／A－18 "大黄蜂" 战斗／攻击机是美国麦道公司和诺斯罗普公司从 1975 年开始研制的双发动机舰载战斗／攻击

F／A－18 "大黄蜂" 战斗／攻击机

机，于 1983 年 1 月开始正式交付部队使用。已生产 1600 多架。机身呈流线型，中下部两侧有进气道，机翼外翼段可上折，双垂尾，机长 17.07 米，机高 4.66 米，翼展 11.43 米，最大起飞重量 25401 千克，空重 10455 千克，装两台加力推力各为 78.3 千牛的涡轮风扇发动机；最大平飞速度 1.8 马赫，实用升限 15240 米，爬升率 254 米/秒，作战半径 740 千米（空战）或 1070 千米（攻击），转场航程 3700 千米（空中不加油）。机载主要设备有：全天候着舰系统、惯性导航系统、两台数字式计算机、多模态数字式目标跟踪雷达和多用途座舱显示器等，并带空中加油装置。机上装备的武器包括：1 门 20 毫米 6 管机炮，两翼尖挂两枚"响尾蛇"空空导弹；两外翼下挂两枚"麻雀"或"响尾蛇"空空导弹或各种空地武器；两内翼下挂两个副油箱或空地武器；机身下短舱处挂两枚"麻雀"空空导弹或激光与前视红外跟踪吊舱（攻击型）；机身下挂副油箱或武器；最大外挂弹量 7710 千克。

美国 F—20"虎鲨"战斗机

F—20"虎鲨"战斗机是美国诺斯罗普公司从 1975 年开始在 F—5E 基础上研制的一种单座轻型多用途战斗机，1982 年 8 月首次试飞，是美国专用于出口的战斗机。

F—20 装 1 台加力推力为 76.6 千牛的涡轮风扇发动机，机长 14.17 米，机高 4.22 米，翼展 8.13 米，机翼面积 18.60 平方米；最大起飞重量 12700 千克，空重 5090 千克，最大平飞速度 2 马赫，实用升限 17315 米，最大爬升率 273 米/秒，作战半径 560～710 千米，转场航程 3000 千米。机上载有全综合数字式导航和攻击系统、激光陀螺惯性平台、固态数字式电

⬆ 美国 F—20A"虎鲨"战斗机

子计算机，两门 20 毫米机炮。翼尖、机翼和机身下的 7 个挂点，最大外挂载荷 3770 千克。

美国 F—104"战斗之星"战斗机

F—104"战斗之星"战斗机是美国洛克希德公司于 1958 年交付使用的。该机先后有 A、B、C、D、G、J、S 等型号投产，总共制造了 2536 架。

F—104 机长 16.65 米，机高 4.11 米，翼展 6.68 米，最大起飞重量 13035 千克，空重 6387 千克，装 1 台加力推力为 71.7 千牛的加力式涡轮喷气发动机，最大速度 2.2 马赫，实用升限 17680 米，爬升率 5250 米/分，作战半径 370～1100 千米。

⬇ 美国 F—104A"战斗之星"战斗机

F—104 配备有 1 门 20 毫米 6 管机炮；可加带"麻雀"和"响尾蛇"空空导弹各两枚或加带两枚"小斗犬"空地导弹、火箭弹和普通炸弹或挂 1 颗 900 千克的核弹。

美国 F－105"雷公"战斗机

F—105"雷公"战斗机是美国共和飞机公司从 1951 年开始研制的，1958 年 5 月交付使用；有 B、D、F、G 等型号投产，共生产 833 架。

"雷公"飞机为圆锥形头部，两侧翼根进气，机头有空中加油设备，机长 19.6 米，机高 6 米，翼展 10.65 米，最大起飞重量 23940 千克，空重 12474 千克，装 1 台加力推力为 120.3 千牛的双转子轴流式涡轮喷气发动机，最大平飞速度 2.0 马赫，实用升限 15000 米，最大爬升率 10500 米 / 分，作战半径 386 ~ 1460 千米，最大航程 3700 千米。

武器有：1 门 20 毫米 6 管机炮，1 颗 1000 千克或 4 颗 110 千克的导弹或核弹，机翼和机身下挂架可携带核弹、常规炸弹、4 枚"小斗犬"空地导弹或 4 枚"响尾蛇"空空导弹等，最大载弹量 5900 千克。

 美国 F－105D 战斗机在空中飞行。

美国 F－106"三角标枪"战斗机

F—106"三角标枪"战斗机，是美国通用动力公司康维尔分公司从 1955 年开始研制的一种全天候超声速战斗机，1959 年 7 月交付使用。共制造约 320 架。该机采用三角形机翼，两侧翼根处为进气道，无水平尾翼，机长 21.56 米，机高 6.18 米，翼展 11.67 米，最大起飞重量 17350 千克，空重 10730 千克，装 1 台加力推力为 111 千牛的涡轮喷气发动机，最大平飞速度 2.3 马赫，实用升限 17400 米，爬升率 6100 米 / 分，作战半径 740 ~ 920 千米，最大航程 3700 千米。机上载有自动化程度高的火控系统设备，使 F—106

美国 F－106A"三角标枪"战斗机在飞行。

飞机具有自动攻击多个空中目标的能力。装备武器有：4枚半主动雷达寻的或红外寻的"超级猎鹰"空空导弹、1枚"妖怪"或1枚"超级妖怪"空空核装药导弹，半埋式武器舱内装1门20毫米6管机炮。

🔼 美国F－111战斗轰炸机

美国F－111战斗机

F－111战斗机是美国通用动力公司从1962年开始研制的世界上第一种实用型变后掠翼多用途战斗机，于1967年10月开始交付使用；先后有A、B、C、D、E、F等型号投入生产，共制造562架。

F－111为并列式双座驾驶舱，进气道位于两侧翼根下方，机翼采用悬臂式变后掠上单翼，后掠角16°～72.5°，全后掠时与平尾形成三角翼。机长22.4米，机高5.22米，翼展19.2米（后掠角16°）、9.74米（后掠角72.5°），最大起飞重量45360千克，空重21700千克。装两台加力推力各为95千牛的涡轮风扇发动机，最大平飞速度2.2马赫，实用升限15500米，爬升率8000米／分，作战半径500～2100千米，最大航程10000千米。机载光学瞄准具、敌我识别器、惯性导航

🔼 美国F－111F强击机

仪、塔康导航系统、盲目着陆系统、超高频通信系统、红外搜索警戒系统、雷达寻的警戒系统、防撞雷达、火控雷达和多普勒雷达。

配备的武器为1门备弹2000发的20毫米6管机炮，机身弹舱内挂1颗1360千克炸弹或核弹，翼下8个挂架可选带6枚"猎鹰""不死鸟"空空导弹，"百舌鸟""标准"反辐射导弹，"白星眼"电视制导炸弹，或多枚各种炸弹、核弹和火箭弹，最大载弹量13610千克。

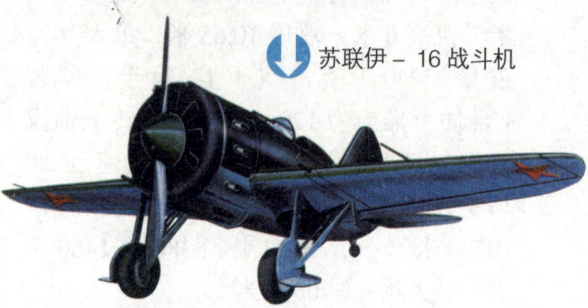

🔽 苏联伊－16战斗机

苏联及俄罗斯战斗机

苏联伊－16战斗机

伊－16战斗机由苏联的波利卡尔波夫于1933年设计，并于该年12月首次试飞，1935年春交付使用。到1940年，共生产7005架，全部装备苏联空军歼击航空兵。

伊－16采用木头、钢管、蒙皮布和少量硬铝做结构材料，单座驾驶舱位于中部，起落架为可收放的后三点式。装1台功率为525.52千瓦的气冷式活塞发动机，后经改装，功率提高到735千瓦。该机全长5.9米，机高2.36米，翼展9米。全机最大起飞重量1420千克，最大平飞速度454千米／时，实用升限9000米，航程810千米。机上配备两挺7.62毫米协调式机枪和两门20毫米机炮或火箭弹；对地强击型携带200千克炸弹。

苏联米格－3战斗机

苏联米格－3战斗机

米格－3战斗机是苏联米高扬—格列维奇飞机设计局于1940年初开始研制，并由米格－1改进而成，同年投入批量生产，共制造3322架。

米格－3以木材和金属为主要结构材料，尖头，单座舱位于中后部，机翼装有自动前缘缝翼，起落架为可收放后三点式。装1台功率为992.23千瓦活塞发动机，全机长8.25米，翼展10.2米，起飞重量3350千克，空重2595千克，飞机最大平飞速度640千米／时，实用升限12000米，航程1250千米。装备两挺7.62毫米机枪和1挺12.7毫米机枪。

苏联米格－17战斗机

米格－17战斗机，是苏联米高扬—格列维奇飞机设计局从1948年开始在米格－15基础上研制的高亚声速战斗机，1949年12月首次试飞，1952年交付使用。共生产9000架左右。米格－17战斗机为全金属结构，机头进气，机尾喷气，机翼后掠角45°，下反角3°，垂尾较大，平尾高居垂尾中部，采用液压收放前三点式起落架。装1台加力推力为33.8千牛的涡轮喷气发动机，全机长11.3米，机高3.8米，翼展9.6米，最大起飞重量6069千克，空重3940千克，最大平飞速度1145千米／时，实用升限16600米，爬升率4548米／分，转场航程2020千米。装备有1门37毫米、两门23毫米机炮，翼下可挂带两颗250千克炸弹或两枚240毫米火箭弹或16枚57毫米火箭弹。

苏联米格－19战斗机

米格－19战斗机，是苏联米高扬—格列维奇飞机设计局1951年开始研制、1953年9月试飞，1955年初交付使用。共生产10000多架。

米格－19战斗机的机身前圆后扁，机头进气，机翼后掠角55°，前三点式起落架。装2台加力推力各为32.5千牛的涡轮喷气发动机，全机长14.64米，机高3.89米，翼展9米，最大起飞重量8830千克，空重5450千克，最大平飞速度1.36马赫，实用升限17900米，最大爬升率185米／秒，最大航程2160千米。米格－19战斗机的机载设备有通信电台、高度表、信标机、无线电罗盘、瞄准具、测距器、敌我识别器和雷达等。它的武器装备有：左右翼根各装1门30毫米机炮，

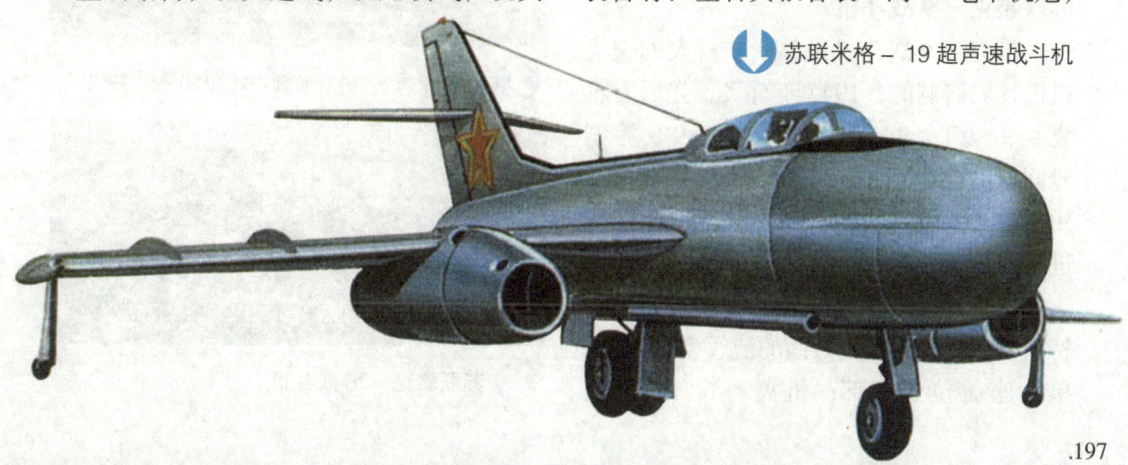
苏联米格－19超声速战斗机

共备弹 140 发；翼下可以挂载 4 枚空空导弹或者 4 组 8 枚 57 毫米火箭弹，也可以挂载 2 枚 250 千克炸弹。

↑ 苏联雅克 - 1 战斗机，重量轻，驾驶容易。

苏联雅克 - 1 战斗机

雅克 - 1 战斗机是苏联雅科夫列夫飞机设计局于 1940 年初设计的，同年投产，共制造 8721 架。雅克 - 1 战斗机为雅克系列战斗机的第一种，以重量轻、驾驶容易为主要优势，装备苏联歼击航空兵。在苏联卫国战争中大量参与对德国飞机的作战。雅克 - 1 战斗机的机身由钢管焊接骨架、外绷蒙布而成，单人座舱位于中部，机翼为全木质结构，起落架是可收放的后三点式。该机装有 1 台功率为 771.75 千瓦的液冷式活塞发动机。雅克 - 1 战斗机全机长 8.45 米，翼展 9.85 米，全机起飞重量 2895 千克，最大平飞速度 580 千米 / 时，航程 850 千米。武器装备是 1 门 20 毫米机炮和两挺 7.62 毫米机枪，炮管通过螺旋桨中央伸出，使其不用同步装置就可射击。

苏联雅克 - 9 战斗机

雅克 - 9 战斗机是苏联雅科夫列夫飞机设计局研制的，1942 年首飞，先后有雅克 - 9、9T、9Д、9ДД、9Р、9Ъ 等型号问世，共生产 16769 架。雅克 - 9 主要用于空战，也可实施对地攻击，P 型还能进行侦察。

雅克 - 9 战斗机的外形和结构的主要特征是：机身为椭圆截面的流线型细长体，单人座舱位于中部；机翼有 6° 的上反

↓ 苏联雅克 -9D 战斗机

角；起落架为全收放后三点式。初装 1 台功率为 911.4 千瓦的活塞发动机，后改装 1 台功率高达 1212.75 千瓦的活塞发动机。

该机机长为 8.5 米，翼展 9.74 米，机高 3 米，最大起飞重量 3080 千克，最大平飞速度 668 千米 / 时，实用升限 11000 米，航程 1000 千米、2200 千米（ДД 型）。装备 1 门 37 毫米或 45 毫米机炮，两挺 12.7 毫米机枪，Ъ 型机可挂 400 千克炸弹。

苏联雅克 - 141 垂直 / 短距起落战斗机

雅克 - 141 垂直 / 短距起落战斗机是由苏联雅科夫列夫飞机设计局研制，1989 年 3 月首次试飞，1991 年在第 39 届巴黎国际航展上首次向公众展示。雅克 - 141 战斗机是世界上第一种超声速垂直 / 短距起落战斗机，主要用于海上防空，曾打算在航空母舰上使用，以取代 1967 年开始在苏联海军航空兵服役的雅克 - 38 战斗

↑ 苏联雅克 - 141 垂直 / 短距起落战斗机

↑ 苏联雅克 -38 战斗机

机，但至今仍未投产。

雅克—141战斗机采用上单翼双垂尾布局，机身较长，26%使用复合材料，装有1台水平加力推力为152千牛的喷气式升力巡航发动机，另有两台推力为23千牛的喷气式升力发动机装于驾驶员座舱的后面，最大起飞重量为19.5吨，最大平飞速度为1800千米/时，实用升限1500米，垂直起飞时航程为1400千米，短距起飞时（带副油箱）航程为2100千米。该机装有1门30毫米机炮，翼下4个挂架可挂导弹和火箭等多种武器，最大载弹量为2600千克。

苏联拉－3战斗机

拉—3战斗机是苏联拉沃奇金飞机设计集团于1939年设计的，1940年投产，共制造6528架，装备苏联空军歼击航空兵，在苏联卫国战争中与德国飞机进行过大规模激烈空战。拉—3歼击机是使用胶压层板的全木制飞机，机身较细长，单人座舱居中，机翼为悬臂式下单翼稍上反，后三点式起落架可收放。装1台功率为771.75千瓦的液冷式活塞发动机，全机起飞重量达3000多千克，最大平飞速度为570千米/时。机载武器装备是1门20毫米航炮和1挺12.7毫米机枪。

苏联拉－5战斗机

拉—5战斗机是苏联拉沃奇金飞机设计集团在拉—3基础上研制的，1942年投产，有拉—5和拉—5ΦН型号问世，总共生产10000架。拉—5以速度高、爬升快、机动性和操纵性好等优势著称于世，在苏联卫国战争中与德国战斗机交战，争夺制空权。拉—5单人座舱位于中部，机翼上反角约6°，采用可收放后三点式起落架。装1台功率为1359.75千瓦的气冷式活塞发动机，翼展9.8米，起飞重量

苏联拉－5FN战斗机，机动性强，操纵性好。

3265千克，最大平飞速度648千米/时，实用升限9450米，航程765千米。装备两门20毫米协调式机炮，位于机头上部，射击时炮弹要从旋转着的三桨叶之间穿过；可载数枚火箭弹或150千克炸弹。

俄罗斯苏－32FN战斗机

1996年初，俄罗斯苏霍伊设计局开始试飞一种双座侦察/攻击机——苏—32FN战斗机，这是俄罗斯正在研制的第四代战斗机。

苏—32FN的机身长度为23.3米，机高6.5米，翼展14.7米，机翼面积62平方米。最大起飞重量为44360千克，标准起飞重量为42000千克。地平面最大速度为1400千米/时，最高马赫数为1.8。苏—32FN的航程在没有外挂油箱的情况下为4000千米。如果采取空中加油，飞机的航程可以超过7000千米。

苏—32FN总共有12处能携带武器，武器的种类大大增加，其中包括寻的和制导空空导弹和空地导弹等武器。武器的总

俄罗斯苏－32FN战斗机，是正在研制的第四代战斗机。

重量为 8000 千克。携带的空空导弹可以根据需要由两枚增加到 4 枚。这种飞机可以在外挂点携带两枚重 4000 千克的反舰导弹，或者 3 枚重 1500 千克的反舰导弹。

俄罗斯苏－35 多用途战斗机

苏－35 多用途战斗机是由俄罗斯苏霍伊设计局研制的。

苏－35 是在苏－27 基础上的新改型，增加一对活动的鸭式前翼并更新电子设备。

苏－35 全机长 21.5 米，翼展 14.5 米，最大起飞重量 34000 千克，最大平飞速度 2500 千米／时，实用升限 17500 米，航程 4000 千米，一次空中加油可达 6500 千米。机载可探测距离为 400 千米的抗干扰雷达，能同时跟踪 15 个目标，并能同时攻击 6 个目标，是有与火控雷达相交联的多功能光电系统，可进行先敌发现和先敌攻击，空中攻击距离 350 千米，能在距地面 120 千米的距离上攻击目标。有 12 个武器挂点，能挂 14 枚空空和空地制导武器，包括主动、半主动雷达制导导弹、红外制导、电视制导和遥控指令制导导弹。各种航弹、集束炸弹、火箭弹等武器载荷可达 8 吨。机上还装有 1 门 30 毫米机炮。

俄罗斯苏－37 战斗机

苏－37 战斗机是由苏霍伊设计局在苏－35 的基础上发展而来的单座双发多用途全天候战斗机，能执行空对空、空对地、空对舰作战任务，被称为"21 世纪上半叶的作战飞机"。1996 年 4 月 2 日，1 架前部有小翼、尾翼上写着"711"号码的苏－37 原型机试飞成功。

苏－37 与苏－35 比，主要改进是：（1）换装加力式推力矢量涡扇发动机，推力提高 12%，据称苏－37 的空战机动能力将比无推力矢量的战斗机提高 8 ~ 10 倍；（2）装备多功能相控阵雷达，功能更强。该型机机长 22.20 米，翼展 14.70 米，机高 6.43 米。主要性能指标：最大速度 2500 千米／时，巡航速度 1100 千米／时，最大爬升率 350 米／秒，实用升限 18800 米。空重 12000 千克，正常起飞重量 26700 千克，最大起飞重量 34000 千克，载油量 5000 千克，载弹量 8500 千克。转场航程 3300 千米，作战半径 1000 千米。苏－37 有 12 个挂架，可挂空空、空地（舰）武器，另有 1 门 30 毫米机炮。机上装有新型多功能相控阵雷达，并装有地形回避和地形跟踪自动装置。

俄罗斯苏－37 超机动性多功能战斗机，被誉为"21 世纪上半叶的作战飞机"。

英国战斗机

英国 F.E.2 战斗机

F.E.2 飞机是英国研制的一种早期战斗侦察机。一般说来，早期的飞机通常都是采用螺旋桨的拉力作为动力方式，但是 F.E.2 战斗侦察机不同，它是依靠螺旋桨的推力作为动力方式的。之所以这样设

第一次世界大战中英国的 F.E.2 战斗侦察机

计，主要是为了解决在飞机的头部安装机枪的问题。F.E.2b 战斗侦察机是一种双翼机，机身简化为数根木制支撑架，三点式起落架集中于飞机的前部。

在第一次世界大战开始后不久，F.E.2 战斗侦察机就投入了战场。最早生产的 2a 型性能不佳，因此到 1915 年末就制造出了它的改进型 2b。2b 共生产了 1939 架，随后又生产了 250 架夜间型 2d。

英国"喷火"战斗机

"喷火"战斗机是英国维克斯—阿姆斯特朗公司休波马林分公司研制的，1936 年 3 月试飞，1938 年装备部队。该机先后有 30 多种改型投入生产，共制造 21767 架。

"喷火"机身较细长，驾驶舱位于中部，悬臂式下单翼略上反，机翼平面呈半椭圆形，后三点式起落架，主轮可收放，尾轮不可收。装 1 台功率为 757.05 千瓦

液冷式活塞发动机，后期改装 1 台功率为 870.98 千瓦的活塞式发动机。全机长 9.1 米，翼展 11.23 米，机高 3.48 米，最大起飞重量 4310 千克，最大速度 585 千米／时，改进后达 657 千米／时，实用升限 13100 米，航程 805 千米。机载武器为 8 挺 7.69 毫米机枪，后期用 4 门 20 毫米机炮；对地攻击时装炸弹、火箭弹等。

英国"蚊蚋"战斗机

"蚊蚋"战斗机是英国霍克·西德利公司 1951 年开始研制的跨声速轻型喷气战斗机，1955 年 7 月试飞，1956 年交付使用。共生产 60 架。"蚊蚋"战斗机为全金属结构，机身短粗，两侧进气，机翼为后掠上单翼，可收放前三点式起落架。装 1 台推力为 20.5 千牛的涡轮喷气发动机，飞机全长 9.06 米，机高 2.69 米，翼展 6.75 米，最大起飞重量 4020 千克，空重 2200 千克，最大平飞速度 0.98 马赫，实用升限 15000 米，作战半径 500 千米。机

英国"喷火"Mk I 战斗机

英国"蚊蚋"轻型战斗机

载设备有导航辅助装置、雷达测距装置和陀螺机炮瞄准具等。有两门30毫米机炮，两枚227千克炸弹或两具装12枚76毫米火箭发射器，载弹量900千克。

英国"鹞"式垂直起降战斗机

1966年，英国霍克·西德利飞机公司研制成功"鹞"式垂直起降飞机，随后装备部队。"鹞"式飞机的发动机设有4个喷口，都在机身两侧，而且可以转动。当喷口向下时，产生的推力可使飞机垂直上升；当喷口向后时，产生的推力可使飞机前进。飞行员调整喷口的方向和角度，便可改变飞机的飞行姿态。这种飞机在一块35米×35米大小的空地便可起降，对作战条件要求较低，适应性特别强。"鹞"式飞机有一个致命弱点就是时速只有1186千米，属高亚声速飞机，无法在空中进行高速格斗作战，而一般作战飞机都达1马赫以上。由于垂直起降飞机受自身重量限制，挂载燃油和武器较少，作战半径100千米左右。为了增大航程和加大挂量，一般采用短距滑跑起飞、垂直降落方式，加挂副油箱，作战半径可增加到300～400千米。

"鹞"式垂直起降战斗机从航母甲板上垂直起飞。

英国"闪电"F.1战斗机

装备于沙特阿拉伯的英国"闪电"战斗机

英国"闪电"战斗机

"闪电"战斗机是英国的第一种喷气式战斗机，英国电器公司1950年研制，1954年4月试飞，1960年7月交付使用。共生产340余架。该机机头进气，切角后掠式中单机翼，液压收放前三点式起落架。装两台加力推力各为74千牛的涡轮喷气发动机。飞机全长16.81米，机高5.97米，翼展10.61米，最大起飞重量22680千克，最大平飞速度2.2马赫，实用升限18300米，最大爬升率254米/秒，作战半径370～830千米，航程2040千米。机上载有火控雷达、自动驾驶仪、塔康导航系统、敌我识别装置和仪表着陆系统等。装备有两门30毫米机炮。腹舱前方武器舱可带两枚"火光"或"红头"空空导弹。外翼下挂架可带两颗454千克炸弹或两具"玛特拉"155火箭弹发射巢。内翼挂架可带1具"玛特拉"155火箭弹发射巢或两具"玛特拉"100火箭弹发射巢。

英国"海鹞"战斗机

"海鹞"战斗机，是英国霍克·西德利公司从1975年5月开始研制的一种舰载垂直/短距起落多用途战斗机，是"鹞"式飞机的派生型。"海鹞"于1978年8月试飞，1979年6月交付使用。

"海鹞"战斗机的机头可折转180°，装1台推力为97.5千牛的推力转向式涡

英国"海鹞"舰载多用途战斗机

轮喷气发动机，两对旋转喷管置于两侧，当喷管向前下方转动98.5°时，可提供垂直起落飞行所需的升力。机翼翼尖可拆换并装有反作用操纵喷嘴，后掠角34°，下反角12°，起落架采用液压收放式。全机长14.5米，机高3.17米，翼展7.7米，最大起飞重量11880千克，空重5780千克，最大平飞速度1.25马赫。主要机载设备有火控雷达导航系统、平视显示器与武器瞄准系统、塔康导航系统、自动测向器、被动式电子监视和警告器等。机身和机翼下7个武器挂架可携带30毫米"阿登"机炮舱、454千米炸弹、19枚装68毫米火箭发射巢、"响尾蛇"空空导弹、"海鹰"或"鱼叉"空地导弹。"海鹞"在执行空中作战巡逻任务时，可携带

4枚空空导弹，作战半径185千米；执行反舰任务时，携两枚"海鹰"空舰导弹，作战半径370千米；执行侦察任务时，一次出动覆盖面积为96000平方千米。

英国"狂风"ADV战斗机

"狂风"ADV战斗机是英国研制的双座双发动机变后掠翼战斗机，1979年10月试飞，1984年交付使用。

机身头部为圆锥形雷达罩，串列双座驾驶舱，中部两侧有矩形口进气道，可空中加油；机翼由固定段和活动段组成，后掠角25°～68°。装两台加力推力各为72.6千牛的涡轮风扇发动机，尾喷管带反推力装置。飞机全长为18.06米，机高5.73米，最大起飞重量为27270千克，空重14090千克，最大平飞速度2.2马赫，实用升限15240米，转场航程3700千米，机载搜索距离185千米的火控雷达及目视增益系统、电子式俯视显示器和雷达警告器等。

武器装备有：1门27毫米机炮，机身下可挂带4枚中距空空导弹，机翼下可挂带2枚"响尾蛇"近距空空导弹。

英国"狂风"F.2战斗机

法国"幻影"Ⅲ
战斗机

法国战斗机

法国"幻影"Ⅲ战斗机

"幻影"Ⅲ战斗机是法国的第一种实用三角翼超声速轻型战斗机，由达索—布雷盖公司1952年开始研制，1956年11月试飞，1960年交付使用，相继有20余个改型问世，各改型总共生产1000多架。

"幻影"Ⅲ战斗机机身细长有蜂腰，圆锥形机头，两侧进气，三角翼，前缘后掠角60°，无水平尾翼，只有单个大后掠垂尾，故又称"无尾飞机"，液压收放前三点式起落架，装1台加力推力为62千牛的涡轮喷气发动机。飞机全长15.07米，机高4.5米，翼展8.22米，最大起飞重量13700千克，空重7050千克，最大平飞速度2.2马赫，实用升限17000米，作战半径660～1200千米，转场航程3330千米。机载多功能火控雷达、双套超高频通信电台、塔康导航系统、导航计算机、轰炸计算机、自动射击瞄准具和磁探仪等。翼根前装两门30毫米机炮，机身与机翼下5个挂架可选带454千克炸弹、火箭弹发射器、空地导弹、"玛特拉"中距和近距空空导弹等。

法国"幻影"F.1战斗机

"幻影"F.1战斗机，是法国达索—布雷盖公司从1964年开始研制的一种单发动机后掠翼轻型战斗机，1966年12月试飞，1973年3月交付使用。

"幻影"F.1战斗机圆锥形机头，两侧半圆形进气道，上单翼，后掠角40°30′，下反角5°，液压收放前三点式双轮起落架，装1台加力推力为72千牛的涡轮喷气发动机。飞机全长15.3米，机高4.5米，翼展8.4米，最大起飞重量15200千克，空重7400千克，最大平飞速度2.2马赫，实用升限为20000米，海平面最大爬升率183米／秒，作战半径600～1400千米，转场航程3300千米。机载多功能火控雷达、塔康导航系统、自动驾驶仪、平视显示器、截击系统、轰炸计算机、导航计算机、位置指示器、激光测距器和敌我识别器等。

该机装备两门30毫米机炮，机身、机翼及翼尖下7个挂点可带空空导弹、空地导弹、反舰导弹、反雷达导弹、火箭弹发射器、250千克炸弹、激光制导炸弹等，最大外挂载弹量4000千克。

法国M.S.406战斗机

法国"幻影"F.1C战斗机

↑ 法国"幻影"2000N 战斗机

↑ 法国"幻影"2000N 战斗机

法国"幻影"2000 战斗机

"幻影"2000 战斗机是法国达索—布雷盖公司 1975 年开始研制的一种三角翼超声速轻型战斗机，1978 年 3 月试飞，1983 年交付使用。"幻影"2000 系世界上第二种采用电传操纵系统的战斗机，圆锥形机头，驾驶舱前有空中受油探管，两侧进气，三角翼，前缘后掠角 58°，无水平尾翼，蒙皮用复合材料，装 1 台加力推力为 90 千牛的涡轮风扇发动机。飞机全长 14.36 米，机高 5.2 米，翼展 9.13 米，最大起飞重量 17000 千克，空重 7400 千克，最大平飞速度 2.3 马赫，实用升限 16460 米，海平面爬升率 250 米/秒，作战半径 740 千米，最大航程 3335 千米。机载设备有数字式脉冲多普勒雷达、中央数字计算机、自动驾驶仪、仪表着陆系统、敌我识别器和电子对抗装置等。武器装备包括两门 30 毫米机炮，机身下 5 个和翼下 4 个挂架，可带"玛特拉"中距和"魔术"近距空空导弹，及各种炸弹、火箭弹、空地导弹和核弹，最大外挂载荷 6000 千克。

法国 EF2000"欧洲"战斗机

1997 年 6 月，在法国布尔歇航空展上，EF2000"欧洲"战斗机首次亮相。这一重达 20 吨的新型战斗机在 2 台推力达 9 吨的发动机驱使下，几秒内便呼啸着钻进了巴黎的天空。

"欧洲"战斗机集所有的先进技术于一身，是最新一代的战斗机。该机外观为三角形，发动机的红外线辐射非常少，因此几乎无法测到它。它还可以自如地打乱自己的电子发射，以逃避敌方的电子跟踪。它具有先进的武器系统，可以准确地击毁目标。

"欧洲"战斗机每飞行 1 小时即需花费 10 万法郎的费用。因此飞行员的训练大多采用模拟的方式进行。在飞行中，驾驶员必须承受各种巨大的过载压力，飞机的电脑可以随时显示战机的飞行状况、武器系统、飞机的位置和敌机的位置。驾驶员在操纵飞机时看着眼前的显示器，双手操纵有 50 种功能的 24 个按钮。该机也可以完全由电脑控制，使飞行员全身心地投入战斗。

↑ 法国 EF2000"欧洲"战斗机

德国战斗机

德国 LFGC Ⅱ 战斗 / 侦察机

德国 LFGC Ⅱ 战斗 / 侦察机于 1915 年 10 月首次试飞，1916 年初服役。

该机最显著的特点是它双翼间的距离完全与机身的厚度相平行，并且简化了翼间支柱。飞行员和射手的头露在机翼上面，因此视界良好。该机共生产了 300 架。

该机有乘员 2 人，装 1 台水冷式活塞发动机。飞机全长 7.7 米，翼展 10.3 米，机翼面积 26 平方米；飞机空重 764 千克，起飞重量 1284 千克；海平面最大飞行速度 165 千米 / 时，实用升限 4000 米，续航能力 5 小时；装备一或二挺 7.92 毫米口径机枪。

德国哈尔勃斯太特 CL 系列战斗机

德国哈尔勃斯太特 CL 系列战斗机，是在第一次世界大战中研制生产的。它是一种双座护航战斗机，其主要型号有 CL.Ⅱ、CL.Ⅳ型。前者于 1917 年开始投入使用，后者在前者基础上有所改进。

CL.Ⅱ 型战斗机乘员 2 人，装 1 台水冷式发动机。飞机全长 7.3 米，翼展 10.77 米，机翼面积 30.7 平方米。飞机空重 953 千克，起飞重量 1133 千克。海平面最大飞行速度 165 千米 / 时，实用升限 5000 米，最大航程 450 千米。可装备二或三挺 7.92 毫米口径的机枪，载 10 千克手掷炸弹。

🔼 德国哈尔勃斯太特 CL 系列战斗机

🔼 德国汉诺沃 CL.3a 战斗机

德国汉诺沃 CL 系列战斗机

德国汉诺沃 CL 系列战斗机是 1917 年应德国空军的要求而设计的，可用于护航和侦察任务。其 CL.2 型有双机翼和双尾翼，尾翼的尺寸较小，以给射手提供更大的射击空间。后来的 CL.3 型、CL.4 型和 CL.5 型，在动力和外形上又做了较大的改进。其中 CL.3a 型可执行护航和对地攻击任务。该机乘员 2 人，装 1 台水冷式发动机。飞机全长 7.58 米，翼展 11.7 米，机翼面积 32.7 平方米。飞机空重 800 千克，起飞重量 1080 千克。在 5000 米高度时最大飞行速度 165 千米 / 时，实用升限 7500 米，最大航程 435 千米。该机装备 7.92 毫米口径机枪两挺，射手还可携带手枪、步枪等。

德国 He.162 喷气战斗机

He.162 喷气战斗机是德国亨克尔公司于第二次世界大战末期研制的一种早期喷气式战斗机。1944 年 12 月首次试飞，1945 年 2 月投入使用。

He.162 喷气战斗机的机背装置 1 台 BMW － 300 涡轮喷气发动机，机身为全金属结构，飞行速度 0.75 马赫，装备两门 30 毫米口径的 Mk130 机炮。到战争结束时，德国共制造完成了 3375 架 He.162 飞机，还有 800 架接近完成。

日本战斗机

日本 A5M 九六式战斗机

A5M 九六式战斗机，是日本三菱重工业公司研制的日本第一种全金属单翼舰载

日本 A5M4 舰载战斗机

日本 N1K2 - J "紫电" 改战斗机

战斗机。该机 1935 年 2 月试飞，1936 年初投产，1937 年装备部队。该机先后有 A5M1、2、3、4 等型号投产，各型共生产 1094 架。A5M 机身短粗，开敞式单座驾驶舱，蜻蜓翅形下单翼，外翼有约 9° 上反角，固定后三点式起落架，装 1 台功率为 576.98 千瓦的气冷式活塞发动机。飞机全长 7.57 米，机高 3.24 米，翼展 11 米，起飞重量 1671 千克，空重 1216 千克，最大平飞速度 435 千米 / 时，实用升限 9800 米，航程 1200 千米。机头装两挺 7.62 毫米机枪，可携 2 颗 30 千克重炸弹。

日本 Ki - 100 战斗机

Ki - 100 战斗机乘员 1 人，装 1 台空冷式星型活塞发动机，翼展 12 米，飞机全长 8.82 米，机翼面积 20 平方米；飞机空重 2525 千克，起飞重量 3495 千克；在 10000 米高空时，最大飞行速度为 590 千米 / 时，实用升限 11500 米，最大航程为 1800 千米；装备两门 20 毫米口径机炮和两挺 12.7 毫米口径机枪。

日本 N1K "紫电" / "紫电" 改战斗机

日本 N1K "强风" 水上型战斗机，是 1940 年按照能够为登陆作战提供保护和支援的要求设计的，但直到 1943 年才开始服役。后来又发展了陆上型 N1K1 - J "紫电" 和 N1K2 - J "紫电" 两种机型。N1K1 型乘员 1 人，装 1 台空冷式星型活塞发动机；翼展 12 米，飞机全长 10.59 米，机翼面积 23.5 平方米；飞机空重 2897 千克，起飞重量 4320 千克；在 5700 米高度时最大飞行

速度 482 千米 / 时，实用升限 12100 米，满负荷飞行时最大航程 1690 千米；装备两门 20 毫米口径机炮，两挺 7.62 毫米口径机枪，可载 60 千克炸弹。

日本 F - 1 战斗机

F - 1 飞机是日本三菱重工业公司 1972 年开始研制的一种超声速喷气战斗机，1977 年交付使用。共生产 77 架。

F - 1 系全金属结构，机身细长呈流线型，圆锥形头部，两侧长方形进气道，机翼后掠，下反角 9°，液压收放前三点式起落架，装两台加力推力各为 32.07 千牛的涡轮风扇发动机。飞机全长 17.85 米，机高 4.45 米，翼展 7.88 米，最大起飞重量 13674 千克，空重 6358 千克，最大平飞速度 1.6 马赫，实用升限 15240 米，海平面最大爬升率 178 米 / 秒，作战半径 280 ~ 560 千米，转场航程 2870 千米。机载两个超高频通信电台、塔康导航装置、雷达火控系统、轰瞄计算装置、平视显示器、惯性导航系统、无线电高度表、大气数据计算机、敌我识别器和雷达警告系统等。座舱左下侧装 1 门 20 毫米 6 管旋转机炮，机身下 1 个和机翼下 4 个挂架，可挂各种炸弹、火箭弹、空空和空地导弹以及副油箱等，最大外挂载荷 2710 千克。

日本 F - 1 战斗机

攻击机

攻击机（强击机）

攻击机是使用战术武器专门从低空和超低空攻击地面、水面目标的军用飞机，又称强击机。它主要用于直接支援地面部队作战，攻击敌方行进中和集结中的纵队；摧毁敌方战役战术纵深的防御工事、坦克、舰艇、地面雷达、炮兵阵地、前线机场和交通枢纽等重要军事目标，属战术军用飞机范畴。

攻击机用于实战始于西班牙内战，但当时的攻击机缺少防护装甲，所用武器仅为炸弹和机枪。第二次世界大战中，攻击机大量投入作战，著名的有苏联的伊尔—2、美国的 A—20"破坏者"和德国的 Ju.87G 等，当时皆为活塞式单翼机，有防护装甲，机载武器多为 20～37 毫米机炮，加载火箭弹与炸弹，最大载弹量在 1000 千克左右。20 世纪 50 年代喷气式攻击机开始问世，如美国的 A—4"空中之鹰"、瑞典的萨伯—32"矛"和意大利的 G.91 等，多装有火控系统、空空和空地导弹。

20 世纪 60 年代出现超声速攻击机，如美国的 A—5"民团团员"和中国的强—5。短距与垂直起落攻击机也开始问世，如英国的"鹞"式。

70～80 年代，攻击机向提高作战能力、加强攻击火力方向发展，出现了美国的 A—10"雷电"、AV—8B，苏联的苏—25、雅克—36，英国与法国的"美洲虎"等。

⬆ 苏联雅克–36MP 多用途攻击机

⬆ 美国 AV–8B 攻击机

法、英合制的"美洲虎"攻击机。

现代攻击机要求具有良好的低空和超低空飞行能力，良好的稳定性和操纵性，优良的下视能力，威力强大的高性能对地（舰）攻击武器，包括机炮、普通炸弹、鱼雷、火箭弹发射器、制导炸弹、反坦克集束炸弹和空地（舰）导弹等，要求可有效提高生存能力的防护装甲，以及完善的通信、导航、火控、警戒和电子对抗等设备，并强调优良的起飞着陆性能或短距与垂直起落能力等。

攻击机的诞生

第一次世界大战爆发后，1916 年 6 月 24 日，英、法空军在一次战役中，首次用飞机执行对德国地面部队的压制和攻击任务，使德国遭到很大的伤亡。德军受到启发，在另一次战役中，将扫射敌方战壕的任务交给了原来担负炮兵弹着点观测任务的双座飞机，并把这些部队改名为"作战飞行小队"，执行低空攻击任务。地面部队集中机枪等火力扫射低空

美国 A – 17A 攻击机

飞行的飞机腹部。击穿机体后，一些飞行员被击伤击毙，发动机被击毁，一大批飞机坠落在战场上。

为了加强对地攻击，德国的飞行设计师设计了一种带有装甲的飞机，机身全部用铝合金制成，飞机装有机腹机枪，飞行员的座舱周围装有 5 毫米厚的钢板，可有效防止地面火力击中飞行员。机上携带集束手榴弹和手掷轻型炸弹。1918 年，这种由容克飞机制造厂生产的飞机正式投入使用，并意味着攻击机的诞生。

同时，美军与波音公司签订了研制攻击机合同。这种攻击机装有 6.4 毫米的装甲，占整架飞机重量的 1/4，装有 1 门航炮、8 挺机枪，还有 10 枚小型杀伤炸弹。但这种飞机的重量和阻力都太大，发动机功率显得不足，以致无法供部队使用。

苏联也很快研制出了一种攻击机，机翼和尾翼用布蒙皮，机身用胶合板蒙皮。它的飞行性能很好，机身腹部装上了防护装甲和火力很强的武器，具有较好的防护功能。

各国攻击机

美国 A – 4 "天鹰" 攻击机

A – 4 "天鹰" 攻击机，是美国道格拉斯公司于 1952 年开始研制的一种喷气式轻型舰载攻击机，1954 年 6 月首飞，1956 年 10 月交付使用。各型共生产 2960 架。

A – 4 系全金属结构，带空中加油装置，座舱有整体防弹装甲，半圆形进气道位于机身两侧，机翼为悬臂式三角形下单翼，装 1 台推力为 50.8 千牛的涡轮喷气发动机。飞机全长 12.29 米，机高 4.62 米，翼展 8.38 米，最大起飞重量 11100 千克，空重 4900 千克，最大平飞速度 1080 千米/时，实用升限 125000 米，爬升率 3140 米/分，作战半径 540 千米，转场航程 3230 千米。机载设备有低空轰炸系统、火控雷达、脉冲多普勒导航系统、塔康导航系统、导航计算机、武器投放系统和敌我识别装置等。装备两门 20 毫米机炮，机翼下 4 个和机身下 1 个挂架，可选带战术核武器、空空和空地导弹、火箭弹、炸弹、鱼雷、机炮和干扰设备吊舱等，最大外挂载重量为 4528 千克。

美国 A–4A "天鹰" 攻击机

美国 A – 1H 攻击机

美国 A – 4 全天候舰载攻击机

⬆ 美国 A－6"入侵者"舰载攻击机

美国 A－6"入侵者"攻击机

A－6"入侵者"攻击机，是美国格鲁门公司于1957年研制的一种全天候重型舰载攻击机。1960年4月试飞，1963年1月交付使用。各型共生产850架。"入侵者"飞机的并列双座驾驶舱有空中加油管，两侧下为进气道，机翼外翼段可收折，装两台推力各为42.4千牛的涡轮喷气发动机。飞机全长16.69米，机高4.93米，翼展16.15米，最大起飞重量27400千克，空重12130千克，最大平飞速度0.85马赫，实用升限12930米，最大爬升率39米/秒，转场航程5230千米。载有实时显示多功能雷达、自动驾驶仪、导航雷达、惯性和多普勒导航系统、多功能显示器等。机身下1个和机翼下4个挂架携带各种炸弹、反雷达空地导弹和鱼叉反舰导弹等，最大载弹量8170千克。

美国 A－7"海盗"攻击机

A－7"海盗"攻击机，是美国沃特公司于1963年研制的一种亚声速轻型攻击机。1965年9月27日原型机首飞，海军舰载型1966年10月交付使用，空军陆基型1968年底装备部队。最大起飞重量19050千克，空重8680千克，最大平飞速度0.9马赫，实用升限14780米，战斗半径370～895千米，转场航程6247千米。载有多功能雷达、导航与武器投放系

统、飞行自动控制系统、平视显示器、大气数据计算机、活动地图系统、塔康导航系统、敌我识别器和电子对抗装置等。装1门20毫米6管机炮，机身下两个和机翼下6个挂架，可选挂空空导弹、反坦克和反雷达导弹、火箭弹、普通炸弹、电视和激光制导炸弹及机炮吊舱等，最大载弹量6800千克。

⬇ 美国 A－7E 攻击机

美国 A－10"雷电"攻击机

A－10"雷电"攻击机，是美国费尔柴尔德公司于1970年开始研制的一种亚声速攻击机。1972年5月试飞，1975年交付使用，1984年3月停产，共生产713架。

机身细长，后机身两侧并排装两台推力各为41.75千牛的涡轮风扇发动机，驾驶舱带盒形厚防护装甲，机翼为悬臂式平直下单翼，外翼上反角7°，尾翼由梯形双垂尾和矩形下平尾组成。飞机全长16.26米，机高4.47米，翼展17.53米，最大起飞重量22680千克，空重11320千克，最大平飞速度706千米/时，实用升限11000米，海平面爬升率35米/秒，作战半径463～1000千米，转场航程3949千米。

机载设备有平视显示器、激光目标识别器、光学瞄准具、导弹发射装置、敌我识别器、塔康导航系统、雷达警戒系统和电子对抗装置等。武器装备包括：机头下方1门30毫米7管速射机炮，备弹1350发；机身下1个和机翼下10个挂架，可选带各种普通炸弹、燃烧弹、集束炸弹、子母弹箱、制导炸弹、火箭弹发射器、

"幼畜"空地导弹和"响尾蛇"空空导弹等，最大外挂弹量7250千克。

美国 AV - 8B "鹞"攻击机

AV - 8B "鹞"攻击机，是美国麦道公司与英国航宇公司联合研制的一种亚声速垂直/短距起落攻击机。1978年试飞，1986年交付使用。AV - 8B 飞机是世界上第一个使用复合材料机翼的作战飞机，机身两侧进气，内装1台推力为97.500千牛的涡轮风扇发动机，带4个转向喷口。飞机全长14.1米，机高3.55米，翼展9.25米，最大起飞重量14061千克，空重5620千克，最大平飞速度0.93马赫、作战半径185～1160千米，转场航程4560千米，短距起飞滑跑距离366米。机载角速度轰炸系统、惯性导航系统、平视显示器、大气数据计算机、全天候着陆系统、雷达告警系统、敌我识别器等。机头装1门30毫米"阿登"机炮和1门25毫米机炮，机身下1个和机翼下6个挂架，可带各种炸弹和空空导弹，最大载弹量为4170千克。该机曾参与海湾战争。

↑ 美国 AV - 8B "鹞"式垂直/短距起落攻击机

美国 F - 117 "夜鹰"攻击机

F - 117 攻击机是美国洛克希德公司从1975年开始研制的一种单座双发动机亚声速隐身攻击机，于1981年6月首次飞行，1982年10月开始交付使用。

F - 117 机身呈扁平多面锥体，平板拼成的长方口屏蔽进气道位于两侧，后接双发动机；机翼为悬臂式后掠下单翼，外翼可上折，尾翼由V形配置的双翼组成，装两台加力推力各为72.6千牛的涡轮风扇发动机。飞机长20.08米，机高3.78米，翼展13.2米，空重13608千克，最大起飞重量23814千克。飞机最大飞行速度小于1马赫，实用升限约13700米，作战半径700～1000千米。

F - 117 采用有利于隐身的内置式武器舱，弹舱长5.18米，宽1.83米，可携带两枚908千克的BLU - 109型激光制导炸弹或战术战斗机使用的各种武器。最大武器载荷可达2270千克。炸弹由机头驾驶舱前下部安装的激光照射器提供目标指示。

为最大可能地达到隐身效果，F - 117 隐身攻击机采用多面体外形设计。由于雷达探测范围一般在飞机水平面上下30°的角度内，因此F - 117的大多数表面与垂直面的夹角均大于30°，可以把雷达波上下偏转出去，避开辐射源。另一方面，飞机的前后缘是雷达波的强反射体，这些反射体确定了雷达波反射的主波束。为使主波束变窄，F - 117 的前后缘被设计得尖锐笔直，机体表面其他边缘设计成与主波束方向一致，达到了使反射集中于水平面内的几个窄波束的目的，对方雷达接收不到连续的信号，难以确定该飞机是一个实在目标还是一种瞬变噪声。

↑ 美国 F - 117 "夜鹰"攻击机

⬆ 法、德联合研制的"阿尔发"攻击机

F－117 机体以铝合金结构为主，整体外表涂满黑色的磁性铁氧体雷达吸波材料，可有效地吸收高频率雷达波或低频率雷达波。它可以在敌防空火力上空任何高度飞行，可以在高空借助激光照射器指示目标并进行轰炸。一般以 7600 米高度接近目标，实施攻击时，下降到 1000 米左右的高度，在水平飞行时进行投弹攻击。

苏联苏－25 攻击机

苏－25 攻击机，是苏联苏霍伊设计局研制的一种亚声速近距支援攻击机。1975 年试飞，1980 年形成战斗力。20 世纪 80 年代初，曾有一个苏－25 中队在阿富汗战场作战。苏－25 是苏联第二次世界大战后研制的唯一专用攻击机，机身短粗，机翼为悬臂式大展弦比梯形平直上单翼，两侧翼根装两台推力各为 51 千牛的涡轮喷气发动机。全机长 15.53 米，机高 4.6 米，翼展 15 米，总重 14500～16400 千克，空重 9500 千克，最大飞行速度 0.85 马赫，实用升限 10000 米，作战半径 300～560 千米，航程 1850 千米。装备有 23 毫米双管机炮，翼下 10 个挂架可携空地导弹、空空导弹、火箭弹发射器、各种炸弹或副油箱，最大挂弹量 4000 千克。

法国／德国"阿尔发"攻击机

"阿尔发"喷气飞机，是法国达索—布雷盖公司和前联邦德国道尼尔公司于 1970 年共同研制的一种双座教练／攻击机。1973 年 10 月试飞，1978 年交付使用。该机有 6 个型号投产，共生产 500 多架。

"阿尔发"喷气飞机为串列双座驾驶舱，两侧进气，装两台推力各为 13.49 千牛的涡轮风扇发动机。飞机全长 13.23 米，机高 4.19 米，翼展 9.11 米，最大起飞重量为 8000 千克，空重 3520 千克，最大平飞速度 0.85 马赫，实用升限 14630 米，最大爬升率 57 米／秒（海平面），作战半径 350～910 千米。机载设备有敌我识别与电码选编识别装置、甚高频无线电全向指向标、塔康导航系统、陀螺平台、武器瞄准计算机、平视显示器、多普勒导航系统、电子对抗装置等。机载 1 门 30 毫米机炮，机身和机翼下 5 个挂架，可以挂各种炸弹、火箭弹发射器、空地导弹、"魔术"等空空导弹以及侦察舱，最大外挂载荷 2500 千克。

⬆ 苏联苏－25 攻击机

轰炸机

轰炸机

　　轰炸机是用炸弹、鱼雷或空地导弹攻击敌方地面和海上目标的军用作战飞机。

　　轰炸机可分为战术轰炸机与战略轰炸机两类；也可分为轻型（近程）轰炸机、中型（中程）轰炸机、重型（远程）轰炸机三类。轻型轰炸机皆为战术轰炸机，配合地面部队对敌方前线阵地、供应线和各种活动目标轰炸，起飞重量多在5吨以下，航程在3000千米以下；中型轰炸机有战术的，也有战略的，起飞重量在5～10吨之间，航程为3000～8000千米；重型轰炸机都是战略轰炸机，用于深入敌后，对军事基地、交通枢纽、经济和政治中心等战略目标进行轰炸，起飞重量多在10吨以上，航程达8000千米以上。

　　轰炸机在第一次世界大战前面世，大战期间用于实战，都是木质结构的双翼机，最大飞行速度不到200千米／时，最大航程小于1000千米，载弹量1000千克左右。第二次世界大战时的轰炸机大都改为金属结构的单翼机，最大速度400～600千米／时，航程1000～7000千米，载弹量1～10吨，增装雷达瞄准具和导航系统等设备，能进行全天候轰炸，著名的有美国的B－17、B－24、B－29，苏联的伊尔－4、别－2、别－8，英国的"蚊"式、"兰开斯特"，德国的He.111、Ju.87、Ju.88、日本的G3M、Ki－21、D3A等。

　　20世纪50年代，喷气式轰炸机相继问世，如苏联的伊尔－28、米亚－4、图－16、图－20，美国的B－47、B－52、B－57，英国的"坎培拉""勇士""胜利者"和"火神"等。这个时期战略轰炸机进展较大，最大起飞重量达200吨以上，载弹量为25～27吨，航程

美国B-29"超级飞行堡垒"重型轰炸机

美国B-2A隐身战略轰炸机

可到16000千米。到60年代，超声速轰炸机开始服役，如美国的B－58、FB－111，苏联的图－22，法国的"幻影"Ⅳ等，多为中型战略轰炸机，速度最大可以达到2.2马赫。70～80年代，苏、美两国继续研制远程超声速轰炸机，有苏联的图－26、图－160和美国的B－1B面世。90年代出现了隐身战略轰炸机，如美国的B－2。

　　现代轰炸机着重朝超声速变后掠翼和隐身方面发展，装有先进的自动导航系统、地形跟踪系统、火控系统和电子对抗设备，以空地导弹和巡航导弹为主要攻击武器，能在复杂的气象和地形条件下隐蔽地进行突防，对战略目标实施远距离袭击。因此，除重型的战略轰炸机外，轻型轰炸机已不再发展，其战术轰炸任务由歼击轰炸机完成，也将逐渐被中型轰炸机取代。

轰炸机的出现

　　第一次世界大战以前，飞机开始投入战争，除了

苏联的苏－24M战斗轰炸机

用机枪对地面目标扫射外，还从飞机上往下投掷手榴弹，这是轰炸机的雏形。1911年11月1日，意大利航空队少尉吉利奥·加沃蒂，从他驾驶的飞机上，向敌方部队扔下4枚各重2000克的炸弹。这些炸弹都放在飞行员的驾驶舱中，仍然需要用手从飞机上往下扔。1914年8月3日，德国派飞机轰炸了法国的一座城市，这是世界上第一次飞机对城市进行轰炸。

1914年，俄国研制成一种装有4台发动机的轰炸机，机上装有挂弹架和自卫武器。专用炸弹挂在特制的机外挂弹架上，不用靠手往下扔了。很快，英国、法国、德国、意大利都生产出了自己的轰炸机。到1918年，轰炸机已经比较成熟了。最快的轰炸机每小时可飞180千米，飞行高度达6000米，最大

的轰炸机可载炸弹2吨。已有了轻型轰炸机和重型轰炸机之分。一些国家开始组建轰炸航空兵部队。1921年，美国部队专门组织了一次轰炸机轰炸试验。一艘第一次世界大战中缴获的德国战舰停在一处海湾中，8架轰炸机在米切尔将军的指挥下，分两批对停泊在海中的那艘德国战舰进行轰炸。轰炸机投弹高度在700米左右，每架轰炸机携带8枚炸弹。尽管只有5枚炸弹命中战舰两侧甲板，这艘战舰还是在25分钟后沉入海底。这次试验使人们认识到了轰炸机的威力，大批轰炸机开始用于战场轰炸和对海面舰船的袭击。

各国轰炸机

美国B－24"解放者"轰炸机

B－24"解放者"轰炸机，是美国康维尔飞机公司于1938年研制的一种单翼四发动机远程重型轰炸机。1939年12月试飞，1941年9月交付使用，共生产18481架。"解放者"机头、机尾和上下左右均有炮塔舱；机翼两侧前缘对称装4台功率各为882千瓦的活塞发动机；尾翼由悬臂式矩形上平尾和双垂尾组成，采用前三点式起落架。飞机全长20.47米，机高5.48米，翼展33.5米，最大起飞重量28125千克，空重16555千克，最大速度483千米/时，实用升限8500米，最大航程5950千米。载有自动驾驶仪和雷达瞄准具。各炮塔共有10挺12.7毫米机枪，可载5800千克的各种炸弹。

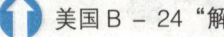
美国B－24"解放者"轰炸机

⬆ 美国 B - 25 "米切尔" 轻型轰炸机

⬆ 美国 B - 26 "劫掠者" 中型轰炸机

美国 B - 25 "米切尔" 轰炸机

B - 25 "米切尔" 轰炸机,是美国的单翼双发动机轻型轰炸机,1940 年 8 月原型机首飞,1941 年投入使用,相继有多个型号问世。

B - 25 "米切尔" 轰炸机的机头光滑呈鲸鱼头形,乘员 5 人,两侧翼下对称置两台功率各为 1249.5 千瓦的气冷式活塞发动机,双垂尾位于平尾端部,可以收放前三点式起落架。

飞机全长 16.13 米,机高 4.8 米,翼展 20.6 米,最大起飞重量 15196 千克,最大平飞速度 442 千米 / 时,实用升限 7250 米,航程 5950 千米。机头左下方装 1 门机炮,右侧和上、下、尾炮塔装 14 挺机枪,机腹弹舱可载 1500 千克炸弹。

美国 B - 26 "劫掠者" 中型轰炸机

美国的 B - 26 "劫掠者" 轰炸机又名 "马丁" 179 轰炸机。该型机于 1939 年开始研制,首架 B - 26 于 1940 年 11 月开始试飞,1941 年交付使用。它采用前三点式起落架,中单翼布局,流线型机身。B - 26 总共生产了 2452 架,先后有 A、B、C、F、G 等型号问世。其中,B - 26B 有乘员 7 人,装两台空冷式星型活塞发动机;翼展 21.64 米,飞机全长 17.75 米,机翼面积 61.13 平方米;飞机空重 10886

千克,最大起飞重量 17340 千克;当飞行高度为 4572 米时最大飞行速度 454 千米 / 时,实用升限 7165 米,满载炸弹时最大航程 1780 千米;装备 12 挺 12.7 毫米口径机枪,机身内可载 1815 千克炸弹,腹下可外挂 1 枚鱼雷。

美国 FB - 111 轰炸机

FB - 111 轰炸机,是美国通用动力公司在 F - 111 重型战斗机的基础上研制的一种变后掠翼中程超声速战略轰炸机,它是世界上第一型采用变后掠翼并具实用水平的飞机。1967 年 7 月试飞,1969 年 10 月交付使用,共生产 76 架,从 1992 年起开始退役。

FB - 111 采用并列双座舱,机身两侧进气,装两台加力推力各为 90.7 千牛的涡轮风扇发动机,机翼由固定翼和活动

⬆ 美军的 F - 111C 战斗轰炸机展示其携带的武器。

翼组成，机翼后掠角可在16°～72.5°之间变化；起飞、着陆及巡航飞行时，机翼保持在16°～26°的小后掠角位置，以产生高升力，缩短起落滑跑距离；突防和作战时，机翼处于70°左右的大后掠角位置，以提高飞行速度。

飞机全长22.4米，机高5.22米，最大起飞重量51845千克，空重21545千克；最大平飞速度2.2马赫，实用升限16800米，作战半径1700千米，转场航程6600千米。

FB－111轰炸机的机载设备有导航与轰炸系统、武器投放计算机、多普勒雷达、攻击雷达、地形跟踪雷达和低空雷达高度表等。机身弹舱内两个和机翼下8个挂架可选带50枚340千克普通炸弹或挂5000千克的核弹或带6枚近距攻击导弹。

苏联伊尔－28轰炸机

伊尔－28轰炸机是苏联伊留申设计局研制的苏联第一代轻型喷气轰炸机，1948年试飞，1950年交付使用。伊尔－28机身前上部有双座驾驶舱，尾部有通信射击舱和旋转炮塔，机翼两侧对称置推力为27千牛的离心式涡轮喷气发动机，推力为15千牛的固体燃料火箭起飞助推器。全长17.65米，机高6米，翼展21.45米，最大起飞重量21200千克，空重12890千克，最大平飞速度900千米／时，实用升限12300米，爬升率900米／分，航程2260千米。机载轰炸雷达、光学瞄准具、敌我识别器和护尾器等。弹舱内携4枚400千克或12枚250千克炸弹或小型战术核武器，翼下8个挂架可挂火箭弹或炸弹，最大载弹量3000千克；机头两侧和机尾炮塔各装两门机炮。

苏联图－16轰炸机

图－16轰炸机是苏联图波列夫设计局于1950年研制的喷气式高亚声速中程轰炸机。1952年试飞，1955年交付使用。共生产2000多架。1966年开始退役。图－16载乘员6人。机身上、下和尾部各有一个活动炮塔。机翼两侧各装1台推力为95千牛的涡轮喷气发动机。飞机全长34.8米，机高10.8米，翼展33米，最大起飞重量75800千克，空重37040千克，最大平飞速度992千米／时，实用升限15000米，作战半径2300千米，最大航程6000千米。机载设备有远距通信电台、应急救生电台、轰炸射击瞄准雷达、盲目着陆系统、敌我识别系统和电子侦察干扰系统等。腹部弹舱可装各种炸弹、核弹、鱼雷或水雷，最大载弹量9000千克；翼下两个挂架可带两枚空地导弹，各炮塔共装7门23毫米机炮。

🔵 苏联伊尔－28轻型轰炸机

侦察机

侦察机的出现

第一次世界大战初期，各参战国投入战争的飞机约 500 架，几乎全用于侦察；战争末期，约有一半的飞机用于战争侦察，并开始使用照相手段。第二次世界大战期间，照相侦察成为主要侦察手段，有些侦察机装有高空航空照相机，可进行垂直或倾斜照相，有的还装有雷达侦察设备。大战末期出现了电子侦察机。美军在朝鲜战争期间，为了策划仁川登陆，派 RT—80 喷气侦察机，4 次从 60～70 米的低空，拍摄了 2000 多张仁川码头附近的立体照片，从而推断出 1950 年 9 月 15 日 17 时 30 分适于登陆，并计算出潮水与码头的相对高度，预制了木头和铝合金的梯子。战后调查表明，此次飞机摄影测量误差不超过 10 厘米。

20 世纪 50 年代，侦察机的飞行速度超过声速，机载侦察设备也有改进。拍摄目标后几十秒就能印出照片，并可用无线电传真传送到地面。还出现了一些专门研制的侦察机，如美国的 U—2 高空侦察机。

60 年代，又研制出 3 马赫的战略侦察机，如美国的 SR—71 和苏联的米格—25P 等。米格—25P 侦察机最高时速 3440 千米，最大升限 30000 米。

80 年代，美国还研制出 TR—1A 侦察机，该侦察机是由美国洛克希德公司用战略侦察机 U—2R 机体改装机载设备而成的一种高空技术侦察机。1981 年 8 月 1 日首次试飞，能不分昼夜、全天候和连续观测对方境内纵深目标，以支持地面和空中部队作战。在海湾战争中，美国曾调用了 TR—1A 侦察机。

🔼 德国 L.V.G. CⅡ 侦察机

美国 U—2 侦察机

U—2 侦察机是美国洛克希德公司于 1953 年研制的一种喷气式高空侦察机，1955 年试飞，1956 年交付使用。该机有 A、C、D、R 等型号问世，用于执行战略或战术的照相和电子侦察任务。U—2 飞机是喷气飞机和滑翔飞机的精彩结合。机身细长，单座驾驶舱，两侧进气，装 1 台推力为 50.8 千牛的涡轮喷气发动机；悬臂式平直梯形中直单翼，翼尖有着陆滑橇，飞机全长 15.11 米，机高 3.96 米，翼展 24.38 米，机体多塑料和层板制作，全身喷成黑色，最大起飞重量 7064 千克，空重 5312 千克，最大平飞速度 804 千米／时，实用升限 25908 米，最大航程约为 7240 千米，续航时间 10 小时。该机装备 8 台能全天候工作的高分辨率全自动照相机、4 部实施电子侦察的雷达信号接收机、无线电通信侦收机、辐射源方位测向机和电磁辐射源磁带记录机等。其摄影设备可在 24384 米的高度拍摄，照片上能区分出步行着的人和骑自行车的人、着军服的人和着便服的人。在 15240 米的高度拍摄时，可以从照片上看出报纸上的大字标题和贴在墙上的广告。在 9144 米的高度拍摄时，从照片上能够看出马路上的香烟头。

🔽 美国 OV—1D 侦察机

预警机

空中预警机

预警机是把地面雷达站装在飞机上，由性能较好的运输机或直升机改装而成，用于搜索、监视空中或海上目标，并可指挥引导己方飞机执行作战任务的飞机。预警机装有先进而复杂的电子设备，包括警戒雷达、情报传递设备和指挥控制系统等，在现代战争中占有极其重要的地位。与地面雷达系统相比，它有三大优势：一、雷达天线高度高，没有低空盲区，加大了探测距离，并可延长预警时间。二、机动性好，相对而言不易被攻击。三、可以靠前部署，力争主动。

一般而言，一架现代空中预警机，其雷达覆盖面积可达50万平方千米，相当于几十部地面雷达；探测距离可达1200千米，预警时间可比地面雷达系统提高3～5倍；而且可以较全面地了解战场上的真实情况，提供准确信息，引导和指挥己方飞机和其他进攻武器对敌空中或地面目标实施攻击。

美国E－3"望楼"预警机

E－3"望楼"预警机，

↑ 美国E－2C预警机正要在"肯尼迪"号航母上着舰。

是美国波音公司于1970年开始在波音707－320B民航机基础上研制的一种远程空中预警和控制飞机。1972年2月试飞，1977年交付使用。

"望楼"系美国第三代预警机，是世界上性能最好的一种全天候、远航程、高空高速预警机，机内有供17名乘员活动的驾驶舱、战术舱和生活舱，机背上支架托装一个旋转的直径为9.14米、厚1.8米、重5300千克的圆盘形雷达天线罩，两翼下对称吊装4台推力各为95.25千牛的涡轮风扇发动机。飞机全长43.68米，机高12.6米，翼展39.27米，最大起飞重量147550千克，最大飞速853千米／时，实用升限12200米，值勤巡航高度9140米，值勤巡航时间6小时，不进行空中加油可续航9～15小时。E－3A型预警机在9000米高空飞行时，雷达发现高空目标的距离为500～600千米，发现低空目标为300～400千米，其监视覆盖面积可达30～65万平方千米。相当于30部地面雷达的作用。此外，它还可搜索600个目标，并能对240个重点目标进行识别、判读、测距，并处理300～400个目标的数据。

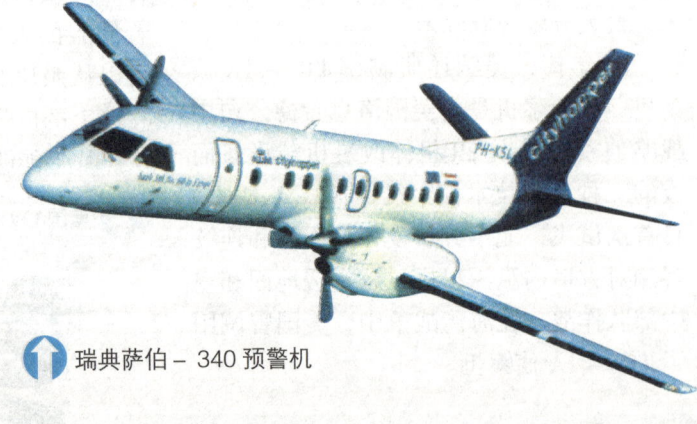

↑ 瑞典萨伯－340预警机

军用直升机

军用直升机

　　军用直升机是用于物资和兵员运输、战场伤员救护、空中对地攻击、机降登陆作战、反潜反舰、扫雷布雷、侦察巡逻、炮兵校射、电子干扰、预警指挥、通信联络以及对空作战等军事目的的直升机。按重量可分为轻型（2～4吨左右）、中型（5～12吨左右）和重型（20吨左右）直升机三种；按用途也可分为武装直升机、多用途直升机和运输直升机等。

　　载人直升机于20世纪30年代中期问世，在战争中使用则始于50年代的朝鲜战争；这时期代表性的是美国贝尔-47和苏联的米—4。主要使用活塞式发动机和钢木混合式桨叶，最大飞行速度约200千米/时。50年代中期至60年代中期，直升机已改装涡轮轴发动机和全金属桨叶，最大飞行速度约250千米/时，如美国的UH—1、CH—46、SH—3、OH—6和"海妖"，苏联的米—6、米—8及卡—25，法国的"云雀"和SA321"超级黄蜂"，英国的"威赛克斯"。

　　越南战争中后期及几次中东战争期间，专用武装直升机参战。专用武装直升

美国AH－64A"阿帕奇"直升机轻盈掠过水面。

机也称"攻击直升机"，是集火力、机动性、装甲防护于一体的空中攻击武器。这种直升机机身较窄，重量轻而灵活，主要有配合陆、海军部队作战，包括用于反坦克作战和支援地面及水面作战的"攻击直升机"，用于空中格斗的"战斗直升机"；用于攻击潜艇的"反潜直升机"。武装直升机的最大飞行速度已达300千米/时左右，较著名的有美国的AH—1、MD530、S—65，苏联的米—24，法国的"海豚"，英国的"海王"等。

　　70年代中期以后，直升机朝武装和多用途方向发展，最大飞行速度在350千米/时左右，出现了美国的AH—64、S—70，苏联的米—28，法国的AS355"松鼠"以及英法合作的SA341"小羚羊"等。

各国军用直升机

美国MH－53"扫雷"直升机

　　MH—53直升机是由美国西科斯基公司研制的三发动机重型海军用直升机，可拖拽大型扫雷设备和进行空中加油。

　　主旋翼直径为24.08米，桨叶由钛合金大梁和复合材料蒙皮结构制成，机身为水密式半硬结构，驾驶舱可以乘载3名空勤人员，机舱内可以乘载55名全副武装

美国HH-60G直升机从舰船上起飞。

↑ 美国 MH-53J 重型直升机

的士兵。

装有 3 台通用电气公司的涡轮轴发动机，机身长为 22.24 米，旋翼和尾梁折叠时为 5.66 米，最大平飞速度为 315 千米／时，巡航时速为 278 千米，最大爬升率 13.96 米／秒，实用升限 5640 米，有效悬停高度为 3520 米，航程 2080 千米。

美国 SH-2F "海妖" 多用途直升机

SH-2F "海妖" 直升机，是美国卡曼公司于 1955 年研制的单旋翼中型军用多用途直升机。

SH-2F "海妖" 直升机在旋翼塔两侧装有两台功率各为 1006 千瓦的涡轮轴发动机，旋翼由钛合金制成，4 片桨叶可折叠，尾桨有 4 片桨叶，采用后三点轮式起落架，机身长 16.08 米，机高 5.30 米，旋翼直径 18.90 米，尾桨直径 3.23 米，最大

起飞重量 6123 千克，最大平飞速度 241 千米／时，巡航速度 222 千米／时，最大爬升率 744 米／分，实用升限 4480 米，悬停高度 5670 米，活动半径 333 千米，转场航程 695 千米。

SH-2F "海妖" 直升机的机载设备有搜索监视雷达、战术导航系统、超高频无线电通信电台、雷达高度表、敌我识别器、磁异探测器和声呐浮标系统等。可装一或二条 Mk46 寻的鱼雷。

美国 S-61 系列直升机

S-61 是美国西科斯基飞机公司研制的双发动机单旋翼带尾桨直升机。S-61 系列的第一种型号为 SH-3A 两栖反潜直升机，1961 年 9 月开始交付使用。

S-61 系列直升机包括 SH-3A 反潜直升机，SH-3D 反潜直升机，SH-3G 通用型，VH-3D 要人专机型，S-61A／B／C 两栖运输型等多种型号。

美国 S-65 直升机

S-65 直升机，是美国西科斯基飞机公司于 1962 年研制的系列单旋翼重型军用多用途直升机。

S-65 直升机身长为 22.35 米，装 3 台功率各为 2756 千瓦的涡轮轴发动机，旋

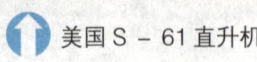

↑ 美国 S-61 直升机

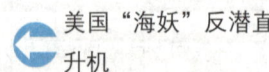

← 美国 "海妖" 反潜直升机

苏联米－8多用途直升机

翼由全铰接式桨毂和7片桨叶构成，可折叠，直径20.08米，尾桨有4片桨叶，直径4.88米；机身下装一对翼梢浮筒，可于海上应急降落和漂浮。最大起飞重量33340千克，最大平飞速度315千米／时，巡航速度278千米／时，最大爬升率762米／分，实用升限5640米，悬停高度3520米，转场航程2075千米。

机载自动飞行控制系统、四通道自动驾驶仪、两台数字式电子计算机、通信和导航系统、近地和导弹报警系统等。最大载重可以达到13600千克，能载运55～64名全副武装的士兵或者导弹、火炮、军车等重型武器装备，可以携带"响尾蛇"空空导弹。

美国 S－70 直升机

S－70 直升机，是美国西科斯基飞机公司于1972年研制的一种单旋翼中型军用多用途直升机。1974年10月试飞，1979年正式交付使用。共生产1500多架。

S－70 装两台功率各为1150千瓦的涡轮轴发动机，旋翼由铰接式桨毂和4片桨叶构成，直径16.36米，可折叠；尾桨有4片复合材料桨叶，直径3.35米；后三点轮式起落架。机身长15.26米，机高5.13米，全机最大起飞重量9185千克，最大速度361千米／时，实用升限5790米，悬停高度3170米，航程600千米。

美国 S－70 直升机

机载设备主要有甚高频和超高频通信电台、多普勒雷达、无线电罗盘、雷达高度表、敌我识别系统、雷达警报器、搜索雷达、磁异探测器和声呐等。S－70直升机装备1～2门机炮，机身外挂"海尔法"反坦克导弹、火箭弹或两条鱼雷，可运送11～14名全副武装的士兵或载运3630千克的武器装备。

苏联米－8 直升机

米－8 直升机，是苏联米里设计局于1960年研制的单旋翼中型多用途军用直升机。1961年6月试飞，1963年交付使用。

米－8 直升机于驾驶舱顶部并装两台功率各为1266千瓦的涡轮轴发动机，旋翼由全铰接式桨毂和5片矩形金属桨叶构成，直径21.3米；尾桨有3片全金属桨叶，直径3.9米。前三点式起落架。机身长 18.4 米，机高 5.65 米，机舱容积 23 立方米；最大起飞重量 12000 千克，最大平飞速度 260 千米／时，实用升限 4500 米，悬停高度 1900 米，航程 465 千米，转场航程 1200 千米。

苏联米 – 28 武装直升机

苏联米 – 28 武装直升机

米—28 直升机，是苏联米里设计局于 20 世纪 70 年代中期研制的单旋翼专用武装直升机。1985 年试飞，1987 年交付使用。

米—28 直升机装有两台功率各为 1103 千瓦的涡轮轴发动机，全机长 17.4 米，机高 3.9 米，旋翼直径 17 米，尾桨直径 3.5 米，短翼翼展 6.4 米，最大起飞重量为 11500 千克，最大平飞速度 282 千米／时，最大爬升率 1080 米／分，悬停高度 3600 米，作战半径 240 千米。

米—28 直升机载有自动导航系统、昼夜目视系统、火控系统、诱骗和干扰系统等。机头下方炮塔装 1 门 23 毫米机炮，短翼下 4 个挂架可以携带 16 枚螺旋反坦克导弹或 8 枚空空导弹或者火箭弹发射器等。该机既可以对地面目标实施攻击，也能空中格斗。

法国 AS332 "超级美洲豹" 直升机

AS332 "超级美洲豹" 直升机，是法国国营航宇工业公司于 1974 年研制的多用途直升机。

该机前部为装有防弹装甲的驾驶舱，后部为可折叠细长尾梁，装两台功率各为 1183 千瓦的涡轮轴发动机，机长 15.53 米，机高 4.92 米，最大允许速度 278 千米／时，最大爬升率 372 米／分，实用升限 4100 米，悬停高度 2700 米，航程 870 千米。可运送 23 ~ 25 名全副武装的士兵或 9 副担架和 3 名坐立人员，可携带 1 门 20 毫米机炮、两挺 7.62 毫米机枪或两具内装 36 枚 68 毫米火箭弹或 19 枚 70 毫米火箭弹的发射器；亦可携带两枚 "飞鱼" 导弹、6 枚 AS15TT 导弹或 1 枚 "飞鱼" 导弹和 3 枚 AS15TT 导弹或两条鱼雷及声呐、声呐浮标和磁异探测器等。

法国 AS332 "超级美洲豹" 多用途直升机

法国 SA341／342 "小羚羊" 直升机

SA341／342 "小羚羊" 直升机，是法国国营航宇工业公司与英国韦斯特兰公司于 1964 年共同研制的单旋翼轻型多用途直升机。机身较短，呈棒槌形，细长尾梁装有大面积垂尾，装 1 台功率为 305 千瓦的涡轮轴发动机，机身长 9.53 米，机高 3.19 米，旋翼直径 10.5 米，尾桨直径 0.695 米；最大起飞重量 2000 千克，最大允许速度 280 千米／时，最大爬升率 468 米／分，实用升限 4100 米，悬停高度 3040 米，航程 710 千米。装备有两个 "布朗特" 68 毫米或 FZ70 毫米火箭弹发射器，两枚 AS.12 空地导弹，4 枚或 6 枚 "霍特"

法国 SA341 / 342 "小羚羊" 多用途直升机

英国 "威赛克斯" 反潜直升机

反坦克导弹, 两挺 7.62 毫米机枪或 1 门 GLAT20 毫米机炮。

法国 "海豚" 直升机

"海豚" 直升机, 是法国国营航宇工业公司于 1968 年研制的单旋翼多用途直升机。"海豚" 机身较短, 呈棒槌形, 装两台功率各为 522 千瓦的涡轮轴发动机, 机身长 12.11 米, 机高 3.99 米, 旋翼直径 13.74 米, 尾桨直径 1.1 米; 最大起飞重量 4100 千克, 最大允许速度 296 千米 / 时, 最大爬升率 390 米 / 分, 实用升限 4575 米, 悬停高度 2150 米, 航程 865 千米。

"海豚" 直升机最大有效外挂载荷达 1600 千克, 反坦克时可带 4 ~ 8 枚 "霍特" 导弹, 反舰时可挂 4 枚 AS15TT 导弹, 反潜时可带两枚自动寻的鱼雷, 近距支援时可装 7.62 毫米机枪、68 或 70 毫米火箭弹、20 毫米机炮, 空战时可携 20 毫米机炮或 4 枚红外制导空空导弹; 可运送

8 ~ 10 名全副武装的士兵。

英国 "威赛克斯" 直升机

"威赛克斯" 直升机, 是英国韦斯特兰直升机公司研制的单旋翼中型反潜直升机。于 1958 年 6 月试飞, 1961 年交付使用。该机装 1 台功率为 1066 千瓦的涡轮轴发动机, 机身长 14.77 米, 旋翼直径 17.07 米, 尾桨直径 2.9 米, 机高 4.93 米, 最大起飞重量 5715 千克, 最大平飞速度 212 千米 / 时, 最大爬升率 475 米 / 分, 实用升限 4300 米, 悬停高度 1800 米, 最大航程 1040 千米。武器包括两条寻的鱼雷或 4 枚有线制导导弹、火箭弹或机枪等, 可载送 16 名全副武装的士兵或 8 名担架伤员或 1814 千克的军用物资。

英国 "山猫" 直升机

"山猫" 直升机, 是英国韦斯特兰直升机公司与法国国营航宇工业公司联合研制, 于 1973 年投产。

"山猫" 直升机装有两台功率各为 834 千瓦的涡轮轴发动机; 机身长 12.06 米, 机高 3.5 米, 旋翼直径 12.8 米, 最大连续巡航速度 259 千米 / 时, 最大爬升率 756 米 / 分, 悬停高度 3230 米, 最大航程 630 千米, 留空时间达 1 小时 36 分。可运

法国 "海豚" 多用途直升机

⬆ 英国"山猫"直升机

送 10 名全副武装的士兵或 910 千克的军用装备，可携带 7.62 毫米机枪、20 毫米机炮、68、70、80 毫米火箭弹发射器和"霍克""陶"式等各种反坦克导弹，可携鱼雷、深水炸弹和空舰导弹等。

英国"黄蜂"直升机

"黄蜂"直升机，是英国韦斯特兰直升机公司研制的单旋翼轻型舰载反潜直升机。1962 年 10 月试飞，1963 年交付使用。"黄蜂"直升机装 1 台功率为 522 千瓦的涡轮轴发动机，机身长 9.24 米，机高 2.72 米，旋翼直径 9.83 米，尾桨直径 2.29 米，最大起飞重量 2495 千克，最大平飞速度 193 千米／时，最大爬升率 439 米／分，悬停高度 3810 米，航程 488 千米。武器为两条 Mk44 鱼雷。

英国"海王"直升机

"海王"直升机，是英国韦斯特兰直升机公司研制的单旋翼中型反潜直升机，1969 年交付使用。曾投入英阿马岛战争和海湾战争。该机装两台功率各为 1091 千瓦的涡轮轴发动机，机身长 17.02 米，悬停高度 1982 米，航程 1482 千米。机载设备有甚高频／超高频无线电通信系统和归航仪、无线电罗盘和高度表、多普勒导航系统、伏尔仪表着陆系统、搜索雷达和应答器等。武器包括鱼雷和"海鹰"远距

反舰导弹等。

意大利 A109A Mk Ⅱ 武装直升机

A109A Mk Ⅱ 武装直升机，是意大利阿古斯特公司研制的系列军用直升机。包括空中侦察型、轻型攻击型、指挥控制型、通用型、"奎宿九星"型、海军型和警用型等。

空中侦察型可装带稳定瞄准系统的 7.62 毫米或 12.7 毫米机枪，两个 XM－157 火箭发射器。轻型攻击型用于攻击坦克和其他坚固的目标，可装"陶"式反坦克导弹系统。攻击软目标的轻型攻击机则用于掩护、火力压制和攻击软目标。可组合配备火箭和机枪。指挥和控制型为直升机攻击部队指示目标和方位。通用型可载 7 名士兵、两副担架和两名医护人员，外部安装营救绞车。"奎宿九星"型可发射和回收两架"奎宿九星"－100 无人驾驶遥控飞机。海军型可执行反海上舰船、电子战、远程导弹制导、侦察和反潜识别等任务。警用型和其他巡逻型用来执行巡逻、侦察、搜索、救援、消防和其他任务。此外，还有电子支援／电子对抗型，A109EOA 型等型号。

⬆ 意大利 A109A Mk Ⅱ 军用型直升机

军用运输机

军用运输机

军用运输机是用于空运武器装备、兵员并能空投大型军事装备和伞兵的飞机。可分为战术运输机和战略运输机两类，前者为起飞重量在100吨以下的中小型飞机，后者为起飞重量在150吨以上的大型飞机。

军用运输机出现于第二次世界大战，多由民用运输机改装而成，主要用来空降伞兵和空投军用物资，如美国的C—47和德国的Ju.52，均是活塞螺旋桨式飞机。到第二次世界大战结束时，已出现起飞重量40～50吨，载全副武装士兵50名、航程3000千米以上的全金属战术运输机。50年代中期，涡轮螺旋桨式军用运输机问世，起飞重量增至60～250吨，最大载重20～80吨，巡航速度500～700千米／时，如美国的C—130和C—133、苏联的安—12和安—22、英国的"大商船"和"贝尔法斯特"、法国的"布雷

↑ 苏联安－124运输机打开货舱。

↑ 美国C－133A"运货霸王"运输机

盖"941和法、德合作的C—160。60年代后期，出现涡轮风扇式军用运输机，最大起飞重量高达140～400吨，最大载重30～120吨，速度900千米／时左右，航程约5000千米，著名的有美国的C—141和C—5A，苏联的伊尔—76和安—124，能大量运送部队和装运大炮、坦克、导弹、直升机等重型军事装备。80年代末，苏联研制出当今世界最大的军用运输机安—225。在现代战争中，军用运输机是提高部队机动性，加强应变能力的重要运输工具，因此一般须具有大容积货舱以便运载大型装备，机身尾部便于大型武器装备和车辆的装卸以及空投和空降，上单翼布局以降低货舱地板接地距离而方便装卸，多轮式起落架和低压轮胎以便于飞机在较松软的跑道上起降和滑行。

各国运输机

美国C－5"银河"运输机

C—5"银河"运输机，是美国洛克希德公司于1963年研制的涡轮风扇式远程重型军用运输机。1968年6月试飞，1970年交付使用。

机身粗长呈"8"字形截面，分上下货舱，抛物面形机头罩可向上开成前舱门，后机身上翘，有大型后舱门，机翼为悬臂式后掠单翼，翼下对称吊装4台推力各为194.96千牛的涡轮风扇发动机，尾翼呈T形配置；采用液压收放五支柱式起落

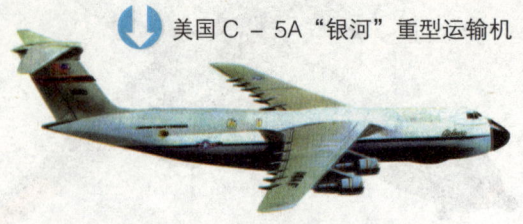

美国 C－5A "银河"重型运输机

架，1个架为4轮并列，4个后主架各为6轮呈三角形排列。飞机全长75.54米，机高19.85米，翼展67.88米，货舱最大总容积1212.69立方米；最大起飞重量379657千克，最大巡航速度908千米/时，最大爬升率525米/分，实用升限10895米，最大载重航程5526千米，最大燃油航程10411千米。可以载运全副武装的士兵350名或两辆M1型坦克或1辆M1型坦克和两辆陆军战车或16辆3～4吨载重卡车或6架AH－64型武装直升机或装载36个标准集装货箱。该机最大有效载重118388千克。

美国 C － 17 运输机

C－17运输机，是美国麦道公司于1981年研制的涡轮风扇式重型战略战术运输机。1991年9月试飞，1992年交付使用，装备美国空军。

C－17大量采用成熟的先进技术，机尾上翘，有大型后舱门，两侧各有1跳伞舱门，机身上部前后各有两个水上降落

应急出口；机翼为悬臂式后掠上单翼，带翼梢小翼，翼下对称吊装4台推力各为185.5千牛的涡轮风扇发动机，带导流式反推力装置，有空中受油设备；呈T形配置。飞机全长53.39米，机高16.79米，翼展50.29米，货舱容积592立方米；全机最大起飞重量250547千克，最大巡航速度0.77马赫，最大载重航程5000千米，转场航程9265千米。可运载重达55吨的M1主战坦克或3架AH－64A攻击直升机或全副武装的伞兵100名或其他重型武器装备。最大有效载重78895千克。

美国 C － 47 运输机

C－47运输机是美国道格拉斯公司研制的一种活塞式军用运输机，由DC－3客机改装而成。1935年12月试飞，1940年装备部队，共生产10123架，为美国第二次世界大战中的主要军用运输机。后机身左侧有一个大舱门；机翼为悬臂式下单翼，两侧各装1台功率为882千瓦的活塞发动机；采用可收放后三点式起落架。

C－47运输机全长19.65米，翼展28.96米，全机起飞重量11794千克，最大有效载重3000千克，最大平飞速度370千米/时，实用升限为7315米，航程2574千米，可载乘员25～30人。

美国 C － 17 战略战术运输机

美国 C － 47B "空中列车"运输机

美国 C － 130 "大力士"运输机

C－130 "大力士"运输机，是美国洛克希德公司于1951年研制的涡桨式中型多用途运输机。1954年8月试飞，1956年12月交付使用。

美国 C－130 "大力士" 运输机

C－130 "大力士" 运输机系全金属结构，机身较粗短，尾部上翘，有大型后舱门；机翼为悬臂式上单翼，翼下对称吊装 4 台功率各为 3355 千瓦的涡轮螺旋桨发动机，还可装 8 枚推力各为 4530 牛的助推火箭；飞机全长 29.79 米，机高 11.66 米，翼展 40.41 米，最大巡航速度 621 千米/时，实用升限 10060 米，最大爬升率 579 米/分，空重 34686 千克，最大起飞重量 70310 千克，航程 4000 千米。标准载运方案是：92 名士兵或 64 名伞兵或 74 名担架伤员和两名护送人员或 1 辆加油车、1 门 155 毫米榴弹炮及其牵引车 1 辆，最大有效载重 19870 千克。

苏联安－26 运输机

安－26 运输机，是苏联安东诺夫设计局研制的涡桨式短距军民两用运输机。1968 年试飞，1969 年服役，共生产 700 多架。

安－26 运输机的尾部上翘，有大型后舱门，机翼为悬臂式平直上单翼，两侧翼下各装 1 台功率为 2072 千瓦的涡轮螺旋桨发动机，右发动机短舱内有 1 台推力为 9 千牛的辅助涡轮喷气发动机。飞机全长 23.8 米，机高 8.58 米，翼展 29.2 米，全机最大起飞重量 24000 千克，最大巡航速度 435 千米/时，海平面最大爬升率 480 米/分，实用升限 8100 米，最大载重航程 900 千米，最大油量航程 2250 千米。安－26 运输机的最大有效载重 5500 千克，可

空运 40 名全副武装的伞兵或 24 名伤员和 1 名护理人员或军用车等军用物资装备。

苏联伊尔－76 运输机

伊尔－76 运输机，是苏联伊留申设计局于 20 世纪 60 年代末研制的涡轮风扇式中远程重型军民两用运输机。1971 年 3 月试飞，1975 年交付使用。飞机全长 46.59 米，机高 14.76 米，翼展 50.5 米，最大起飞重量 170000 千克，最大平飞速度 850 千米/时，最大巡航速度 800 千米/时，绝对升限 15500 米，最大载重航程 5000 千米，最大油量航程 6700 千米。可运载 150 名全副武装士兵或 120 名伞兵或装运各种装甲战车、运兵车、高炮和导弹等重型武器装备，最大有效载重 40000 千克。

法国 C－160 "协同" 运输机

C－160 "协同" 运输机，是法国航宇公司和前联邦德国 MBB 公司于 1959 年联合研制的涡桨式中型军用运输机。1963 年 2 月试飞，1967 年交付使用，共生产 210 架。

飞机全长 32.4 米，机高 11.65 米，翼展 40 米，货舱容积 115 立方米；最大起飞重量 51000 千克，最大平飞速度 513 千米/时，实用升限 8535 米，最大载重航程 1850 千米。最大有效载重 17000 千克，可运送 93 名全副武装的士兵或 81 名伞兵或 62 名担架伤员和 4 名护理人员；可装运装甲车、坦克和牵引车等军事装备。

法国 C－160 "协同" 运输机飞行状态

空中加油机

空中加油机

空中加油机是专门用来给飞行中的飞机补加燃油以增大其续航距离的飞机。空中加油技术源于第一次世界大战后美国航空竞技活动。1949 年，英国和美国研制出实用的空中加油装置。后来苏联也研制出类似插头锥套式的装置。空中加油机多由大型运输机和战略轰炸机改装而成。加油机的加油设备大都装在机身尾部，少数装在机翼下面。有插头锥套式和伸缩杆式两种。

插头锥套式又称作软管式，软管长为 20～30 米，软管的末端有锥套，外形呈漏斗状，内有加油接头。空中加油时，加油机在受油机前方飞行，软管从飞机里自行放出。受油机飞行员调整飞行速度、航向和高度，将受油管插进锥套后，油路自动接通，开始加油。加油完毕后，受油机驾驶员降低飞行速度，在预定拉力下，受油管与锥套脱开。

伸缩杆式即硬管式，是在加油机尾部装有一根与拉杆天线类似的可伸缩半刚性加油杆。当受油机飞到加油机后下方受油位置时，加油机尾部透明舱内的操作员便控制加油杆的伸缩来调整加油杆的位置，使杆末端与受油机驾驶舱后的受油口相接，自动锁定后即开始加油。

各国空中加油机

英国 VC－10K.Mk Ⅱ／Mk Ⅲ加油机

VC－10 是英国航宇公司在 VC－10 运输机基础上发展起来的加油机。1982 年 6 月首飞，K.Mk Ⅱ 于 1983 年 7 月装备部队；K.Mk Ⅲ 于 1984 年 7 月首飞，1985 年 2 月装备部队。该型机机长 54.59 米，翼展 44.55 米，机高 12.04 米。其主要战技性能为：最大速度 940 千米／时，巡航速度 915 千米／时，最大爬升率 9.5 米／秒，实用升限 12800 米。空重 72000 千克，最大起飞重量 152000 千克，最大载油量 73532～80170 千克。加油点数量 3 个，加油方式为软管式，加油半径 4000 千米，转场航程 7600 千米。起飞滑跑距离 2530 米，着陆滑跑距离 2130 米。

美国 KC－135"同温层油船"加油机

KC－135"同温层油船"加油机是由波音 367－80 型试验研究机改型而成，是美国空军的主力加油机，主要为 B－52、C－5A、A－10、F－15 等飞机实施空中加油。该机 1956 年 8 月首飞，1957 年装备部队。

该型机机长 41.53 米，翼展 39.88 米，机高 11.68 米。主要战技性能为：最大速度 965 千米／时，巡航速度 856 千米／时，爬升率 6.55 米／秒，实用升限 15240 米。空重 44663 千克，最大起飞重量 13475 千克，最大载油量 92118 千克，最大供油量 46800 千克。加油点数量 1 个，加油方式为硬管，加油率为 12.68～21.97 千克／秒，加油半径 1850 千米。

反潜巡逻机

反潜巡逻机，指主要用于海上巡逻和反潜作战的飞机。有岸基、水上、两栖和舰载反潜巡逻机之分，岸基居多。特点是航程远，续航时间长，低空性能好，载弹量大。在第二次世界大战之前，没有专用的反潜巡逻机，主要使用水上飞机进行反潜巡逻；搜潜、攻潜手段简单，反潜效能不高。第二次世界大战中，反潜巡逻机已广泛用于反潜作战。装备声呐浮标、反潜鱼雷和深水炸弹的反潜巡逻机已经对潜艇构成很大威胁，在反潜作战中，发挥了很大威力。现代反潜巡逻机大多由民航机、军用运输机或轰炸机改装而成。

各国反潜巡逻机

美国 S – 2 "搜索者" 反潜巡逻机

S – 2 "搜索者" 反潜巡逻机，是美国格鲁门公司研制的活塞式舰载反潜巡逻机。主要担负海上侦察巡逻和反潜任务。原型机 1952 年 12 月首飞，1954 年交付使用。目前已经退役。机身短粗，呈流线型，机翼两侧对称装两台气冷式螺旋桨活塞发动机，飞机全长 13.26 米，翼展 22.13 米，机高 5.06 米，空重 8505 千克，最大起飞重量 13220 千克，最大平飞速度 426 千米／时，巡航速度 241 千米／时，爬升率 7 米／秒，实用升限 6400 米，转场航程 2095 千米，续航时间 9 小时。最大载

美国 S – 2A "搜索者" 反潜巡逻机

弹量 2180 千克，可选带鱼雷、深水炸弹、火箭弹等。乘员 4 人。

美国 S – 3 "北欧海盗" 反潜巡逻机

S – 3 "北欧海盗" 反潜巡逻机，是美国洛克希德公司于 1968 年研制的涡扇式舰载反潜巡逻机。1972 年 1 月试飞，1974 年交付使用。共生产 187 架。

S – 3 "北欧海盗" 反潜巡逻机的机翼两侧下对称吊装两台推力各为 42 千牛的涡轮风扇发动机，外翼可折叠，采用液压收放前三点式起落架，带有舰上弹射起飞杆。飞机全长 16.26 米，机高 6.93 米，翼展 20.9 米，最大起飞重量 19277 千克。

在甲板上的美国 S – 3A 舰载反潜巡逻机

美国 P – 2J 反潜巡逻机

P – 2 反潜巡逻机是美国洛克希德飞机公司研制的岸基反潜巡逻机。P – 2J 是日本引进美国专利生产的反潜巡逻机。1966 年 7 月首飞，1969 年 10 月装备部队。该型机机长 29.23 米，翼展 29.78 米，机高 8.93 米。其主要战技性能为：最大速度 556 千米／时，巡航速度 402 千米／时，最大爬升率 9.2 米／秒。实用升限 9150 米。空重 19277 千克，最大起飞重量 34020 千克。转场航程 4450 千米，作战半径 1482

↑日本海上自卫队的P-2J反潜巡逻机

千米。起飞滑跑距离1100千米，着陆滑跑距离880米。主要反潜设备有：集成数据显示系统，搜索雷达，雷达显示器。反潜武器主要有：4枚Mk34鱼雷或16枚150千克反潜炸弹，8枚127毫米火箭弹。乘员12人。

英国HS.801"猎迷"反潜巡逻机

HS.801"猎迷"反潜巡逻机，是英国航宇公司研制的涡扇式远程岸基反潜巡逻机。1967年5月试飞，1979年服役。

该机头、尾皆为玻璃钢制雷达罩和磁异探测器尾锥，上层为12人的增压空调驾驶舱和战术舱，下层是吊篮式非增压武器舱；机翼装4台推力各为55.1千牛的涡轮风扇发动机；飞机全长38.63米，机高9.08米，翼展35米，最大起飞重量87090千克，最大作战速度926千米/时，标准低空巡航速度370千米/时，作战高度可从超低空至12800米，标准续航时间12小时，最大转场航程8340～9265千米。机载设备有用于导航、雷达和声学装置的3台处理机、武器舱内可挂带9枚鱼雷及炸弹，机翼下挂点可带空舰导弹、火箭弹、机炮吊舱和水雷。

法国"贸易风"反潜巡逻机

"贸易风"反潜巡逻机原是法国布雷盖公司在"秃鹫"舰载攻击机基础上改进而成的舰载反潜巡逻机。机长为13.86

米，翼展15.6米，机高5米。其主要战技性能为：最大速度518千米/时，巡航速度240～370千米/时，爬升率8米/秒，实用升限6100米。空重5700千克，最大起飞重量8200千克。航程2500千米，作战半径850千米。该机装1台螺旋桨发动机，功率为4225千瓦。反潜武器有：鱼雷、空舰导弹，68毫米及127毫米火箭吊舱。乘员3人。

法/德/意"大西洋"反潜巡逻机

"大西洋"反潜巡逻机，是由法国、前联邦德国和意大利等国联合研制的反潜巡逻机。1964年交付使用，共生产110多架。该机机身呈8字形截面，设有12人增压空调的驾驶舱、战术舱、休息舱和生活用舱，下机身有非增压的武器舱和细长尾锥；机翼对称置两台功率各为4572当量千瓦的涡轮螺旋桨发动机。飞机全长32.63米，机高10.89米，翼展37.36米，最大起飞重量46000千克，最大平飞速度648千米/时，最大巡航速度555千米/时，海平面最大爬升率884米/分，实用升限9145米，最大续航时间18小时。武器舱内可装3枚寻的鱼雷和1枚"飞鱼"导弹，机翼下4个挂架可带火箭弹、导弹等，最大挂载3500千克，武器舱后的隔舱内可放100个声呐浮标和照明弹。

↑法/德/意合作"大西洋"反潜巡逻机

坦克与装甲车

坦克的问世与发展

坦克成为坚固而可怕的活动堡垒

坦克不仅具有比碉堡更坚硬的壳体，并且还具有强大的机动能力，在冲锋时能够高速进攻，能在极短的时间内原地作 360° 转弯，还能在高速行进中准确地射击并摧毁目标，因而成为一座活动的钢铁堡垒，具有强大的攻防能力。

现代坦克的主要结构部件有：装甲车体和炮塔、武器系统、动力装置、传动及操纵装置、观察及瞄准仪器、电气和通信设备、灭火和防护装置等。

国外现在装备的主战坦克，炮塔前装甲厚达 200 多毫米，车体前装甲一般达 100 ~ 110 毫米，车体两侧装甲为 70 ~ 80 毫米，底部和顶部装甲厚为 20 ~ 30 毫米。20 世纪 70 年代后，许多国家采用了复合装甲、爆炸式装甲、屏蔽装甲，抗弹能力进一步提高，可以抗阻威力很大的炮火袭击。

坦克还装有火力强大的武器。一般有一门口径为 105 ~ 125 毫米的火炮，配有 40 ~ 60 发炮弹。还装有两挺机枪和一挺高射机枪，用来射击步兵及空中飞机。有的坦克装有战术导弹，可以击毁远距离的装甲目标和武装直升机。20 世纪 70 年代以来装备的主战坦克有以电子计算机为中心的火控系统，包括计算机及传感器、激光测距仪、红外或微光夜视夜瞄仪、火炮双向稳定器等设

⬇ I 型坦克，亦即"大游民"坦克。

备，坦克手能够迅速实施瞄准并且摧毁目标。

此外，坦克一般都装有功率强劲的柴油发动机。20 世纪 70 年代以后各国的主战坦克发动机功率达 515 ~ 1103 千瓦。

履带的发明

1770 年，埃奇沃思发明了一种"可行驶任何马车并跟马车一起移动的铁道或人工道路"，而且在英国获得了专利。他的办法是把若干木制板条连接成一根环状的链，按一定的方式连续地移动，使得始终有一个板条或几个板条跟地面接触。他的目的是要把马车的重量在使用狭窄的车轮时能分散到更宽的地面上，使马车能在崎岖的或松软的地面上行驶。然而埃奇沃思的设计都停留在图纸上。

美国发明家巴特尔于 1888 年获得一项履带的专利。1904 年，霍尔特也获得一项非常实用的履带发明专利，并于 1906 年投入了批量生产，用履带替换了原来的蒸汽拖拉机的后轮，出现了"霍尔特"履带式拖拉机。这就是最早

这种用履带行走的"霍尔特"式拖拉机被改装成了世界上最早的一批坦克。

改制成坦克的那种拖拉机。1904 年，英国的霍恩斯比和桑斯公司，已经按照戴维·罗伯茨的一项复杂得多的设计进行了成功的试制。它的特点是用润滑螺栓连接各个分离的环节。1907 年，第一辆汽油驱动的履带拖拉机就在这样的履带上行驶，并向陆军部作了表演。然而由于军事热情衰减，霍恩斯比 1912 年把他们的专利卖给了霍尔特。

后来，最早的坦克就是在霍尔特拖拉机的基础上改装而成的。

记者斯文顿发明了坦克

坦克是一位名叫 E.D. 斯文顿的英国随军记者在第一次世界大战期间发明的。在战争中，他看到一批批英军由于没有防护设施而在进攻中死去，突然想到可给拖拉机穿上厚厚的钢甲外衣，使它既不怕机枪和炮火的射击，又能进攻敌人阵地。他建议将一种"霍尔特"型履带式拖拉机改装成战车，投入战场。

英国政府于 1915 年采纳了 E.D. 斯文顿的建议，这种攻防两用的武器很快就在英国的工厂里生产出来，这就是世界上第一种坦克。为了保密，英国的研制人员称这种武器为"水柜"（Tank），"水柜"的中文音译就是"坦克"。制造出的第一辆样车被称为"小游民"。由于该车机动能力不

能满足要求，1916 年初又制造了第二辆被称为"大游民"的坦克样车。该车定型投产后被称为 I 型坦克，分"雌""雄"两种。"雌性"坦克装有 5 挺机枪；"雄性"坦克火力强得多，装有两门口径为 57 毫米的火炮和 4 挺机枪。这种坦克装甲厚度为 6～12 毫米，最大时速约为 5 千米，最大行程为 24 千米，越壕宽度约为 4 米。

I 型坦克是由"霍尔特"履带式拖拉机改装的世界上第一批坦克。它采用履带行走，就像给坦克铺了一道无限延长的轨道一样，使之可以在满是沟壑弹坑、泥泞起伏的原野上机动作战。履带的接地长度达 4～6 米，扩大了坦克的接地面积，因此对地面的压强比轮子小一半多，增大了坦克在松软、泥泞路面上的通过能力。坦克发动机工作时，驱动装在车尾部两侧的主动轮旋转，从而带动履带板移动，在诱导轮的支撑下呈四边形形状进行转动，坦克自身重量经负重轮传给履带。履带运动时与地面产生摩擦力，由于履带板上有花纹并有履刺，所以在雨、雪、冰等路面上或上坡能牢牢地抓住地面，不会滑转。又因为诱导轮中心位置高，所以通过壕沟、垂壁的能力较强，一般坦克的越壕宽度可达 2～3 米，可通过 1 米高的垂直墙。履带还可以使坦克过河时在河底软泥中行走，若是浮渡，履带可以像螺旋桨一样产生推进力，驱使车辆前进。

英国"I 型雄性"坦克在 1916 年 9 月索姆河战役中有出色的表现。

第一次世界大战中的新式武器"大游民"坦克。到第一次世界大战结束时，仅法国和英国就投入了2895辆坦克。

德国 PzKpfw Ⅰ 轻型坦克

"大游民"坦克出现在索姆河战场上

1916年9月，在第一次世界大战中的法国索姆河畔的英、德战场上，英国军队集中3000门大炮，发射了250多万发的炮弹，才向前推进了二三千米。

坦克在战场上的卓越表现，使各国大为震惊。第一次世界大战后期，英法联军在康布雷和亚眠两次战役中，分别集中了474辆和604辆坦克，对德军进行攻击，取得了重大的胜利。德军将领说："几天之内，军事形势就被根本改变了……坦克是导致这场战争结局的第一个因素。"

第二次世界大战战前各国纷纷制造坦克

英国最先将坦克投入战争。第一次世界大战后期法国也很快制造出自己的坦克并用于攻防作战。整个第一次世界大战中，英法两国制造了数千辆坦克，主要型号有：英国的Ⅳ型、A型坦克，法国的"圣沙蒙""雷诺"坦克等。其中"雷诺"型坦克生产了3000多辆，因其作战可靠性较好，战后为其他国家所仿效。早期这些坦克，战斗全重7～28吨，火力较差，一般装有1～2门中小

法国"雷诺"FT－17
轻型坦克

口径火炮和数挺机枪，有的只有几挺机枪。坦克最大时速仅6～13千米，最大行程也只有35～64千米。装甲厚度为5～30毫米，抵御早期火炮的袭击还可以。

坦克改变了战争的规模和作战方式，机械化战争时代到来了。到第二次世界大战前夕，各国都已经研制并装备了各种型号的坦克，其中以轻型坦克为最多，也有用履带和车轮互换行驶的"轮—履式"轻型坦克和多炮塔结构的重型坦克。这一时期的坦克型号主要有：英国的"马蒂尔达"步兵坦克、"十字军"巡洋坦克，法国的"雷诺"R—35轻型、"索马"S—35中型坦克，苏联的T—26轻型、T—28中型坦克，德国的PzKpfw Ⅲ轻型和PzKpfw Ⅳ中型坦克等。它们比早期

的坦克先进多了，一般战斗全重 9～28 吨，最大时速可达到 20～43 千米，最大装甲厚度为 25～90 毫米，火炮口径多为 37～47 毫米，德国的 T-IV 型坦克达到 75 毫米，苏联的 T—28 型坦克装有 76 毫米炮，无论技术还是战术性能都有空前的提高，为第二次世界大战中的坦克集团大战做好了准备。

主战坦克

人们习惯按战斗全重和火炮口径将坦克分为重型坦克、中型坦克和轻型坦克 3 类。一般 40～60 吨、装 122 毫米口径火炮的坦克称为重型坦克；20～40 吨、火炮口径最大为 105 毫米的坦克称为中型坦克；10～20 吨、火炮口径不超过 105 毫米的称为轻型坦克。

20 世纪 60 年代，出现了一些新型号的中型坦克，其火力和装甲防护力达到或超过了以往重型坦克的水平，同时克服了重型坦克机动性差的弱点，从而形成了一种具有现代特征的单一战斗坦克，即主战坦克。最著名的有：美国的 M60A1 坦克，苏联的 T—62 坦克，英国的"酋长"式

坦克，法国的 AMX—30 坦克，联邦德国的"豹"Ⅰ坦克，瑞士的 Pz—61 坦克和瑞典的 Strv103B 坦克等。这些主战坦克，其战斗全重 35～54 吨，火炮口径 105～120 毫米，最大时速 48～65 千米，最大行程 300～600 千米。除了瑞典的坦克没有炮塔外，其他坦克一般都保持传统的炮塔式总体结构。此外，这些主战坦克普遍采用了脱壳穿甲弹、空心装药破甲弹和碎甲弹以及火炮双向稳定器、光学测距仪、红外夜视夜瞄仪器、大功率柴油机或多种燃料发动机，安装了激光测距仪和机电模拟式计算机，机动性能和火炮作战性能大为提高。从总体上看，主战坦克都较以前的坦克降低了高度，增厚了装甲，防护能力已非昔日的坦克所能比了。

不断发展的坦克家族

20 世纪 70 年代以后，各国对 60 年代装备的坦克做了改进，出现了美国的 M60A3、前联邦德国的"豹"ⅠA4、英国的"酋长"改进型、法国的 AMX—30B2 等。这些坦克主要改进了弹药和火控系统。

⬇ 德国"豹"Ⅱ A5 主战坦克

美国 M60-A3 坦克

同时，各国还研制生产了一批性能优越的新型坦克。最为典型的有：苏联的 T－72、T－72M、T－72M1、T－80 和 T－90，美国的 M1、M1A1 和 M1A2，德国的"豹"Ⅱ，英国的"挑战者"，法国的"勒克莱尔"，以色列的"梅卡瓦"和日本的 74 式、90 式。这些主战坦克大部分是 20 世纪 80 年代服役的，它们代表了当今世界主战坦克的最高发展水平。

在对坦克进行改进时，苏联强调坦克的火力，坦克火炮口径最大，外形低矮，重量比较轻。美国、德国则更加注重火力、机动、防护的综合性能，重视火控性能的发展，讲求行进间射击和首发命中，发动机功率比较大，较早采用复合装甲。这些主战坦克的战斗全重一般为 40 ～ 60 吨，"挑战者"坦克达 62 吨，是当前世界

上最重的一种坦克。

主战坦克乘员一般为 3 ～ 4 人。武器配备一般采用 105 ～ 125 毫米滑膛或线膛炮。火炮口径最大的是苏联的 T－72 坦克，能够达到 125 毫米。采用的炮弹种类有穿甲弹、破甲弹、碎甲弹和榴弹等，初速一般为 730 ～ 1800 米／秒。初速最高的也是苏联的 T－72 坦克，发射穿甲弹时可以达到 1800 米／秒。这些最先进的主战坦克火炮的直射距离一般在 2100 米以内，弹药基数为 39 ～ 60 发。它们的越野速度为 35 ～ 55 千米／时，最大速度可以达到 46 ～ 72 千米／时。其中德国的"豹"Ⅱ和美国的 M1 坦克速度最快，可以达到 72 千米／时。

坦克的装甲

20 世纪 70 年代以来，为了对付破甲、穿甲和碎甲弹的袭击，复合装甲、爆炸式装甲广泛地应用于现代主战坦克上，显著地增强了坦克的抗弹能力。

复合装甲是由两层或多层性能不同的材料构成的，分为金属复合装甲、金属与非金属复合装甲两类。金属复合装甲有钢与钢、钢与铝以及铝、镁、钛等轻合金之间的复合等几种形式。金属与非金属复

英国"挑战者"Ⅱ 主战坦克

合装甲一般是 3 层，非金属材料夹在外层和内层金属材料当中。非金属材料一般是陶瓷、树脂或增强塑料，陶瓷是高硬度低韧性的材料，抗冲击强度可达钢的 10 倍。树脂和增强塑料是低硬度高韧性材料，可吸收、分散弹头的剩余能力。当破甲弹击中复合装甲时，破甲弹爆炸产生高能金属射流穿透外层钢板，碰到陶瓷层时，陶瓷层能使射流分散、偏转，不能击穿内层钢板，因而降低了破甲弹的破甲能力。

1982 年，黎以战争期间，以色列坦克上附加安装了爆炸式装甲，在实战中首次使用并取得良好的防弹效果，引起全世界的注意。爆炸式装甲是由装有钝感炸药的长方形扁平铁盒子组成的，用螺栓固定在坦克主装甲的外面。当空心装药破甲弹或反坦克导弹打中铁盒子时，钝感炸药发生爆炸，爆炸力对破甲弹或反坦克导弹的高速高温金属射流产生阻扰和改变方向等破坏作用，使其贯穿力降低 75% 左右，从而减弱其破甲威力，保护坦克主装甲。

为了应付大口径火炮和威力强大的导弹攻击，美国研制成功了贫铀装甲，并在 M1A1 坦克上应用。贫铀装甲是用铀的副产品制成的新型坦克装甲，是在钢质装甲里嵌入网状贫铀，经特殊热处理制成。贫铀装甲的密度和硬度均为钢装甲的 2.5 倍，抗弹能力达钢装甲的 5 倍，经得住 135 毫米滑膛炮穿甲弹的攻击。

中子弹研制成功以后，出现了只杀伤坦克内人员，不损坏坦克的情况。个少国家在坦克装甲内增加能有效减弱中子弹杀伤的新材料硼酸聚乙烯，对防中子流有明显的效果。利用碳氢物质对快中子的碰撞衰减作用，以及用硼和铅铁等重金属对热中子和 γ 射线的吸附作用，研制成新型坦克防中子衬层，具有显著防护效用。苏军装备的 T — 72 坦克，内部装有厚约 2～3 厘米的渗铅塑料衬板，就可以防护中子流和电磁波的伤害。

法国 AMX-40 主战坦克所用的弹药

坦克炮弹越来越厉害

20 世纪 70 年代以来，人们对主战坦克的防护性能进行了多方面的改进。与此同时，反坦克武器也不断加以改进，研制出新的反坦克弹药。目前装备坦克的主要有穿甲弹、破甲弹和碎甲弹 3 种。

穿甲弹的弹头一般用高密度的钨合金、贫铀合金等制成，弹头做得很尖，弹体细长，弹心的长径比可达到 18∶1。现代长杆式脱壳穿甲弹，在通常的射击距离内，一般能穿透 250～400 毫米厚的垂直匀质钢装甲。弹心穿透装甲后，仍保持高速度和达 900℃ 的高温，杀伤坦克内乘员，破坏坦克内机件、设备，引燃燃油并引爆坦克内弹药。

破甲弹是靠弹击中坦克的一刹那爆炸而产生的高温高速高压金属射流来穿透坦克装甲的。金属射流以每秒 8～10 千米的高速、4000℃～5000℃ 的高温射出，碰击装甲的压力局部可达数万兆到几十万兆帕斯卡，能够把几百毫米厚的装甲穿一个洞。射流进入坦克后，有上千摄氏度高温，每秒几千米速度，能有效地杀伤坦克内的人员，毁坏设备，引燃油料并且引爆弹药。这种弹又叫空心装药破甲弹。

碎甲弹弹壁较薄，弹丸内装有一种制成一定形状的爆速高的塑性炸药。弹丸击中坦克装甲的瞬间，弹丸内的炸药就会像胶皮糖一样紧贴在装甲表面爆炸，并在装甲上产生高达几万兆帕斯卡的爆炸波。爆炸波经过装甲传到装甲背面，在百余毫米厚的装甲背面撕下的几十块大小不同的装甲金属碎块，在坦克内横飞，杀伤人员，毁坏车内的装备。

未来的隐身坦克

从 20 世纪 80 年代中期开始，美国国防高级研究计划局和陆军战车制造部门，一直秘密进行隐身坦克技术的研究。美国陆军和工业界在隐身坦克技术的研制与试验方面已经获得进展。曾经研制出的一种由高强度 S－2 型玻璃纤维加热固性聚酯树脂压成的复合材料，已于 1989 年 6 月用它制成 M－2 "布雷德利" 步兵战车。这种材料对光波和雷达波反射比金属弱，可制成最佳隐身结构外形，能减弱坦克的热辐射信号，并使车内噪声降低 5～10 分贝。坦克的隐身技术之一是降低坦克红外辐射。主要措施有：采用热损耗较小的发动机；在燃油中加入添加剂，使排气的红外频谱大部分处于大气窗口之外；改进

通风和冷却系统，降低坦克温度等等。二是在坦克表面涂敷迷彩或挂伪装网。迷彩有的兼有吸波作用，可降低坦克的目视发现概率，还可减弱坦克的红外辐射。三是降低坦克噪声。如 M1A1 坦克采用噪声较小的燃气轮发动机，坦克结构设计引入隔音、消音技术等。

在未来的坦克作战性能方面，机动性、装甲防护能力、火力强度固然仍作为坦克的重要指标，但隐身能力对于坦克的自我保护和隐蔽近敌作战，已成为各个国家追求的一个重要目标。

现代机器人坦克

20 世纪 80 年代以来，美、英等国开展了机器人坦克的研究。1983 年美国陆军公布的《装甲战车科学技术规划》，将战车机器人列入发展规划。

军用机器人车辆可以用 6 个轮子，也可以采用履带作为运动装置。这种车辆的行驶有的是采用遥控设备来驾驶车辆，有的是把辖区内的地形图输入电脑。车辆上的摄像机随时把所在地点地形拍摄下来送入电脑，电脑把摄下来的地形与记忆的地形进行比较判断，给出控制指令，使车辆沿要求的道路行驶。车上装有能自动发射的武器系统。若是只想使入侵者丧失战斗力，就用高音喇叭，通过强烈刺耳的噪

法国 AMX-3 改装的隐身坦克

美国 BLOCK3 主战坦克想象图

声使入侵者精神失常；若是想消灭入侵之敌，就可通过枪榴弹、机枪、导弹等将敌人杀死。这种机器人坦克可以完成战场爆破、克服障碍、排雷等特殊任务，特别是在核战、化学战、生物战的条件下，能连续进行战斗。机器人坦克还能自动发现并跟踪目标，在靠近目标时精确瞄准、射击并将目标歼灭。海湾战争结束后，美军动用了由田纳西州遥控技术公司提供的18台机器人来清理战场，这种机器人装有多重履带，可适应各种地形，能爬45°的斜坡，能在狭窄的走廊内进行作业，能够清除炸弹、地雷和排除哑弹。由此可见，现代机器人坦克已经进入实战应用领域。

以色列装备的 M48 坦克

2000 米。有并列机枪、高射机枪和前机枪。战斗全重 46 吨，发动机功率 567 千瓦，公路行驶速度为 48 千米/时，最大行程 130 千米，涉水深 1.219 米，爬坡度 60%。由于该车在实战中故障较多，1953 年停止使用，同时开始生产装备 M48 坦克。M48 坦克战斗全重 44.9 吨，乘员 4 人，装甲厚度 12.7 ~ 120 毫米；车长 6.88 米，宽 3.36 米，高 3.12 米。装 1 台大陆 AV — 1790 — 7V 缸汽油机。公路行驶速度为 48 千米/时，最大行程只有 112 千米。通过垂直墙高 0.91 米，越壕宽 2.6 米，爬壕宽 2.6 米，爬坡度 60%。装 1 门 M41 — 90 毫米火炮、1 挺并列机枪和 1 挺高射机枪。M48 坦克的改型为 M48A1、M48A2、M48A3、M48A5。其中 M48A5 是具有代表性的车型，装有 105 毫米口径的火炮。针对 M48 机动性差、行程短、速度低的缺陷，美军已准备对此进行改装，主要是换装柴油机和大口径火炮。

美国 M46 "巴顿" 中型坦克

各国坦克

美国 M46 "巴顿" 中型坦克

M46 "巴顿" 坦克是美国在第二次世界大战后研制的一种中型坦克。是战后装备的第一种中型坦克，在朝鲜战争中曾大量使用，多被志愿军击毁和缴获。战斗全重 44 吨，乘员 5 人，装有 1 门 90 毫米火炮。主炮左侧安装 1 挺 7.62 毫米或 12.7 毫米的高射机枪。最大速度 48 千米/时。

美国 M47/M48 中型坦克

M47 中型坦克是美国于 20 世纪 50 年代初在 M46A1 坦克的基础上改进而成的，并装备美军。该坦克有 5 名乘员，装 1 门 M36 式 90 毫米火炮，有效反坦克射程是

美国 M103 重型坦克

M103 重型坦克于 20 世纪 50 年代初由美国研制，1954 年开始装备美海军陆战队。该坦克战斗全重 56.7 吨，装甲厚度 12 ~ 178 毫米。乘员 5 人。车长 6.98 米，宽 3.8 米，高 2.88 米。柴油发动机功率为 567 千瓦，公路行驶速度为 34 千米/时，最大行程 129 千米，通过垂直墙

高 0.9 米，越壕宽 2.9 米，爬坡度 60%，涉水深 1.2 米。车体用均质钢铸造而成，底装甲板为焊接结构。装有 1 门 120 毫米火炮，1 挺 7.62 毫米并列机枪，1 挺 12.7 毫米高射机枪，携弹 38 发。有红外夜视仪，主炮上方装有红外探照灯。这种坦克极易损坏，行程太短，性能可靠度低，因此于 1973 年退出美军装备。

美国 M60 系列主战坦克

M60 主战坦克是美国著名的主战坦克之一，是美军于 20 世纪 60 年代和 70 年代装备的主要坦克。该坦克包括 M60、M60A1、M60A2 和 M60A3 等 4 种车型。

M60 主战坦克在 M48 中型坦克基础上改进而成，于 1960 年装备部队，现已全部退役或被改装成其他车型。M60 主战坦克的主要特点是：采用楔形车体及整铸的车体和炮塔；采用 105 毫米火炮，配用脱壳穿甲弹、碎甲弹和破甲弹（尾翼稳定）；有复杂的火控装置，装有光学测距机、弹道计算机和主动式红外夜视装置；装有 525 千瓦柴油发动机，采用 CD850 横式动液机械传动；采用部分轻合金构件。

M60A1 主战坦克由 M60 主战坦克改装而成，于 1962 年装备部队，是 M60 坦克系列中数量最多的一种坦克车型，约占总数的 70% 以上。M60A1 主战坦克的主要改进项目有：对火控装置做了改进，采用了电子式弹道计算机及双向稳定器，提高了首发命中率；改装了新的炮塔，炮塔前方呈尖形，并且采用了细长的防盾；采用了被动式夜视夜瞄装置，装填手配备了观察仪；采用了新式履带，改进了涉水、潜水装具等。

M60A2 主战坦克也由 M60 主战坦克改装而成，于 1974 年定型并相继装备部队，总共生产了 540 辆。M60A2 主战坦克的主要改进项目有：采用 152 毫米口径的短身管两用炮，用以代替 105 毫米坦克炮，配有普通炮弹与橡树棍反坦克导弹，橡树棍导弹用红外线制导系统控制；采用了 AN/VVS－1 激光测距仪；采用了新型 XM19 弹道计算机，改进了夜视瞄准装置；新设计的炮塔类似长方形，乘员的出入口位置较低，指挥塔用动力驱动。M60A2 主战坦克现已全部退役。

M60A3 主战坦克是在 M60A1 坦克的基础上改装而成。1978 年装备部队，1979 年进一步改进（如坦克热成像瞄准镜等）后，型号改为 M60A3（TTS）。美国陆军到 1985 年共装备 M60A3 和 M60A3（TTS）主战坦克 7347 辆。装备或订购 M60A3/M60A3（TTS）主战坦克的国家有：奥地利、埃及、以色列、约旦、摩洛哥、苏丹、突尼斯及沙特阿拉伯等。美军认为，就性能来说，M60A1 主战坦克与苏 T－62 坦克相当，M60A3 主战坦克与苏 T－72 坦克相当。M60A3 主战坦克是 M60 系统中最先进的坦克，其火力、火控、机动性、防护诸方面都有较大提高。

火力方面：M60A3 主战坦克的火炮可发射全钨弹和贫铀弹，增加了射程并提高了穿甲能力。

国 M60A1 主战坦克

火控装置：M60A3 主战坦克采用了第二代激光测距仪，测距范围 200 ～ 5000 米，最大可达 8000 米，精度为 ±10 米，测距次数 30 次 / 分；采用电子模拟式弹道计算机，能对装药温度、炮膛磨损、耳轴倾斜、横风、运动目标提前量等参数进行自动修正；炮长使用热成像瞄准具，昼夜两用，受烟尘、雨雪等因素影响较小，使火炮昼夜射击命中率显著提高，夜战能力加强；此外身管装有热护套，可减小身管横断面受热不均而引起的变形，保证了射击精度。机动性方面：M60A3 主战坦克发动机采用了可靠性高的零件，改进了发电机，沿用了改进过的钢制履带，采用新型悬挂系统，提高了减震性能，增强了防地雷能力、越野性能和车体的稳定性。

美国 M60A2 主战坦克

防护方面：M60A3 主战坦克采用的自动灭火系统，使用了气体灭火剂，效率高，对人无窒息作用，增设了核、生、化探测仪和单兵防毒面具。增装了烟幕筒和发动机热烟幕施放系统，起到自身防护作用。M60A3 主战坦克战斗全重 51.7 吨，乘员 4 人，车长（炮向前）9.44 米，车宽 3.63 米，火炮口径 105 毫米，尾翼稳定脱壳穿甲弹初速为 1500 米 / 秒，弹药基数 63 发，7.62 毫米并列机枪 1 挺，12.7 毫米高射机枪 1 挺，涡轮增压柴油发动机功率为 525 千瓦，最大速度为 48 千米 / 时，最大行程 500 千米，最大爬坡度 60%，克服垂直障碍高 0.91 米，越壕宽 2.6 米，涉水深 1.2 米，潜水深 4 米。

美国 M1/M1A1 主战坦克

M1/M1A1 主战坦克是美国于 1981 年定型的一种著名的主战坦克。1981 年 11 月正式投入全面生产。1982 年元月开始装备驻扎在欧洲的美军。到 1983 年底，总共生产了 1489 辆，装备了 13 个营。美国陆军到 1990 年 5 月共计装备了 7058 辆。M1 主战坦克的单价为 184 万美元。规划的总费用达到 196 亿美元。

M1 主战坦克战斗全重 55.5 吨，车长（炮向前）为 9.76 米，可载员 4 人。驾驶员位于车体前部中央的驾驶室内，行车时以半卧姿势操纵车辆，可以用 3 具潜望镜观察，夜间行驶时，中间 1 具可用微光潜望镜更换。车长、炮长位于主炮右侧，装填手面向右坐在火炮左侧中央。供车长用的有 6 具周视潜望镜和 1 具主瞄准镜；炮长用主、副两具瞄准镜观察战场，瞄准目标。M1 主战坦克性能良好，结构可靠，易于保养，在装甲防护力、机动性以及可靠性、可用性、可维修性和耐用性方面都有显著改进，是美国坦克发展史上一项重要成果。

M1 主战坦克炮塔和车体均采用焊接结构，外附复合装甲。复合装甲由钢、陶瓷和铝合金 3 层构成，用螺钉固定在车体和炮塔上。这种装甲对弹丸的动能有较强的吸收作用，因而可对付反坦克弹药的袭击。

⬇ 美国 M1 主战坦克

M1 主战坦克车内装有隔板，将人员、动力部分、燃料和弹药舱分开，以免坦克中弹后产生的二次效应给乘员造成更大的伤亡。弹药舱设有条板式导气装置，导气板可将爆炸气体排出车外，而保证车内安全。战斗室和发动机舱设有先进的自动灭火系统，此系统带有高灵敏度的红外探测仪，并使用高效气体灭火剂，在极短时间内即可发现并扑灭可能引起爆炸的火灾，灭火后不留痕迹，对人员也不起窒息作用。M1 主战坦克的车内装有三防器材，其中有三防滤清系统，包括化学毒剂侦测仪、放射剂量侦测仪和乘员防毒面具等。车内外还设有消毒装置。车体两侧各有 5 块装甲裙板，对侧装甲和行动部分进行防护。炮塔后部两侧各有多管烟幕施放器，以加强撤退或转移时自身的防御能力。M1 主战坦克同时还装有发动机热烟幕施放装置。

M1 主战坦克是使用燃气轮机作动力的坦克。该燃气轮机由压气机、回热器、燃气涡轮、动力涡轮等部件组成。其优点是结构紧凑、噪声低、排烟少、起动性佳、加速性能好，10 秒内可从静止加速到 48 千米 / 时；寿命长，大修期为 1800 小

时，可行驶 19300 千米；体积小，功率大，有效功率为 1050 千瓦，且具有较大潜力。该机重量轻，易于维修，更换发动机只需 13 分钟。该发动机的主要缺点是耗油量大，耗油量比柴油发动机高 60% ~ 70%，并需要大量空气，给潜渡造成困难。与发动机匹配使用的是一台带闭锁离合器的全自动双流动液综合传动装置。传动装置主要由液力变矩器、传动齿轮组、变速行星排、静液转向系统、汇流行星排和制动器组成。变速、转向、制动均由一液压系统控制，通过各自的操纵系统完成。变速可通过自动装置，也可手动控制。行动部分采用管—杆悬挂系统。扭杆用高强度钢材制作，外部套有铝合金套管。每侧有 7 个小直径铝合金双轮缘负重轮和两个托带轮，第 1、2、7 负重轮装旋转式减震器。管—杆悬挂与旋转式减震器相结合，增强了坦克的抗冲击能力，也使越野机动性和乘坐特性得到了提高。

M1 主战坦克采用大功率的燃气轮机，配有先进的传动装置和行动装置，获得了良好的机动性，成为速度最快的主战坦克之一，其最大速度达 72 千米 / 时，越野

速度为48千米/时。M1主战坦克的主要武器为1门口径为105毫米的线膛炮，它通过陀螺仪和液压随动系统进行方向稳定，借助分析器和液压系统与炮手主瞄准镜连接，其俯仰与主瞄准镜随动，因而它是通过瞄准镜来实现高低稳定的。弹药基数为55发，放置在用装甲板隔开的弹药舱里。采用人工装填，发射全钨弹芯和贫铀弹芯的两种尾翼稳定脱壳穿甲弹，初速为1790米/秒，有效射程为3000米，在1800米距离上能够击穿法线角为65°的120毫米厚装甲板。就其总体性能而言，M1主战坦克的防护性能和机动性能有余而火力不足，与其他国家的120毫米或125毫米火炮相比较，它的105毫米火炮在进攻能力方面（特别是对4000米左右的目标）极为有限。因而美军1985年后用前联邦德国的120毫米火炮代替105毫米火炮。

M1主战坦克采用的热成像夜视装置，安装在炮塔右前侧的长方盒内。坦克的火控系统包括：全解式固态电子弹道计算机、激光测距仪、炮长主瞄准镜和车长主瞄准镜及稳定器等。

全解式固态电子弹道计算机是火控系统的主要部件，它能精确地对运动目标的提前量进行修正，具有本机自检能力。耳轴倾斜、横风速度、目标距离、提前量等数据可自动输入计算机，而炮口基准补偿量、发射药弹道特性、炮膛磨损、空气压力以及装药温度等数据由人工输入。

激光测距仪由炮长操纵，它能够测出8000米距离内的静止目标和运动目标，测距范围为200～7995米。测距数据显示在炮长和车长使用的主瞄准镜上。

炮长主瞄准镜为单目式，视界为22°，有两个放大倍率（3和10），昼夜两用。目标热像显示在阴极射线管上，同时还设有热像外置复示装置。在可见度最低的环境条件下，炮长也可以观察到1200米距离内的目标。

M1主战坦克还装有炮口基准线修正系统和目标探照灯。目前采用的修正系统是炮口反射镜，固定在炮口上，它可以测出炮管的挠曲度，然后经过计算，得出射角失调修正量。

M1主战坦克的辅助武器有安装在主炮左侧的7.62毫米并列机枪1挺，弹药基数为10000发；12.7毫米和7.62毫米高射机枪各1挺，弹基数分别为1000发和1400发，7.62毫米机枪由装填手操纵，12.7毫米机枪由车长操纵。

M1A1（研制型号M1E1）主战坦克于1985年3月投产。它与M1主战坦克的主要区别是：M1A1主战坦克改装了XM256型120毫米滑膛炮（即前联邦德国"豹"Ⅱ坦克的主炮），炮塔正面及防盾挂装了板块式复合装甲，并增装了集体三防设备等。其战斗全重由M1的55.5吨增加到57吨。

M1A1主战坦克乘员4人，车体长7.61米，车宽3.65米，车高2.375米，尾翼稳定脱壳穿甲弹初速为1650米/秒，弹药基数为40发，公路最大速度为66.4千米/时，最大行程为462千米，最大爬坡度60%，

↑ 美国 M1A1 主战坦克

克服垂直障碍高 1.07 米，越壕宽 2.74 米，涉水深 1.2 米。

在 1990 年 8 月至 1991 年 2 月的海湾战争中，大批 M1 主战坦克和 M1A1 主战坦克进驻沙特阿拉伯等地区，在海湾地面战争中发挥了重要作用。

美国 M1A2 主战坦克

M1A2 主战坦克，是美国 M1A1 主战坦克的改进型。1993 年 4 月之前，美国通用动力公司地面系统分公司为美国陆军生产了 62 辆 M1A2 主战坦克，之后转向由 M1 主战坦克改装成 M1A2 主战坦克的改装工作。

M1A2 主战坦克的战斗全重 63.5 吨，乘员 4 人，主要武器是 1 门 120 毫米滑膛炮，配用尾翼稳定脱壳穿甲弹和多用途弹，弹药基数 40 发。火控系统为指挥仪式，包括车长用独立式热像仪、带二氧化碳激光测距仪和热像仪的炮长用

↓ M1A2 坦克

三合一稳像式瞄准镜等。M1A2 主战坦克的动力装置为燃气轮机，最大功率 1100 千瓦，以数字式电子控制装置来控制。M1A2 主战坦克的公路最大速度为 67.6 千米 / 时，最大行程为 412 千米。主要部位采用含网状贫铀合金的复合装甲。M1A2 主战坦克与 M1 主战坦克和 M1A1 主战坦克相比，有许多重大的改进，其中包括：车长用独立式热像仪、车长用综合显示器、车际信息系统、车辆电子控制系统、车辆导航系统、单信道陆空无线电台、先进的装甲和高性能的悬挂装置，另外还有先进的自动变速箱等。

↑ T-55 坦克

苏联 T - 55 中型坦克

T - 55 中型坦克是苏联于 20 世纪 50 年代末在 T - 54C 坦克原型基础上研制的一种中型坦克。

该坦克战斗全重 36 吨，乘员 4 人。采用均质钢装甲防护，炮塔前部装甲厚 175 毫米，两侧装甲厚 160 毫米，防盾装甲厚 200 毫米，车体前装甲厚 100 毫米。坦克全长 9 米，车宽 3.27 米，高 2.4 米。发动机改为 V 型 12 缸功率为 406 千瓦水冷柴油发动机。最大速度 50 千米 / 时，最大行程 500 千米，最大爬坡度 60%，克服垂直墙高 0.8 米，越壕宽 2.7 米，涉水深 1.4 米，潜水深 5 ~ 5.5 米。配备有 1 门口径 100 毫米的线膛炮，可发射穿甲弹、破甲弹和榴弹。穿甲弹直射距离 1000 米，穿甲厚度 185 毫米；破甲弹破甲厚度 380 毫米，弹药基数增加到 43 发。辅助武器为 1 挺口径为 7.62 毫米的并列机枪，弹药基数 3500 发；1 挺 12.7 毫米高射机枪，弹药基数 500 发。

苏联 BMД 空降坦克

BMД 空降坦克是由苏联研制并于1971 年装备苏军的一种伞兵战车。该伞兵战车一般是空运或用降落伞空投到达指定地点。主要作用是随伞兵空降，为空降部队提供机动火力支援，或使伞兵乘车攻击近距离的目标。该伞兵战车可水陆两用，水上靠车后的两个喷水推进器行驶，车上可乘车长、炮手、驾驶员和6名伞兵。BMД 空降坦克装有1门73毫米火炮，由28弹夹供弹。火箭增程的尾翼稳定空心装药破甲弹，有效射程为1000米。火炮方向可回转360°。还有1挺与火炮并列的7.62毫米机枪。车体两侧各配置1挺同样航向机枪，在火炮身管上方装有发射导轨架，可以发射4枚红外制导萨格尔反坦克导弹。BMД 空降坦克战斗全重9吨；车长5.3米，宽2.65米，高1.85米；公路行驶速度55千米/时，水上行驶速度6千米/时；通过垂直墙高0.6米，越壕宽2米，爬坡度为60%。有Ⅰ型、Ⅱ型、Ⅲ型3种改进型。

苏联 PT-76 水陆坦克

PT-76水陆坦克是苏联研制的一种水陆两用坦克。1952年装备部队。该坦克战斗全重14吨，乘员3人，车长7.63米，宽3.14米，高2.2米，装甲厚度最大14毫米，发动机功率168千瓦，公路行驶速度44千米/时，水上行驶速度10千米/时，行程260千米，可通过垂直墙高1.1米，越壕宽2.8米，爬坡度70%。采用了装甲钢全焊接结构，弹药基数1000发。

该坦克安装Р—56T式火炮，身管长为42倍口径，炮全长3.455米，炮重1150千克，最大射速为6~8发/分。该坦克可在水面上靠车体两侧的喷水推进器前进。驾驶员通过潜望镜驾驶。该坦克的

↑ 苏联 PT-76 水陆坦克正从海里驶向岸上。

底盘还通用于许多装甲车辆。

这种坦克除装备过苏军外，还装备过华约各国及非洲、中东一些国家。

苏联 Т-64 主战坦克

Т—64主战坦克是苏联于1960年研制，1961~1962年完成第一批样车，1966年投产，1981年停产。该坦克战斗全重38吨，公路行驶最大速度60千米/时，最大行程500千米，过垂直墙高0.8米，越壕宽2.8米，爬坡度60%。发动机功率为490~532千瓦，为卧式5缸对置活塞二冲程发动机，是原150系列的改型机。首次装备了125毫米滑膛炮，发射半可燃药筒的尾翼稳定脱壳穿甲弹、空心装药破甲弹和榴弹。穿甲弹初速达1800米/秒，可在2000米的距离上击穿150~170毫米/60°的均质甲板。弹药基数40发。有7.62毫米并列机枪和12.7毫米高射机枪各

↓ 苏联 T-64 主战坦克

1 挺。首次采用自动装弹机，能迅速进行弹种选择、装填和抛壳，另配有激光测距仪、弹道计算机、夜视、夜瞄等装置。此外，车内有三防设备、烟幕发生器和潜渡通气管，车体后部携带附加油箱。该坦克缺点是发动机功率过低，机动性差。

苏联 T - 72 主战坦克

T - 72 主战坦克是苏联于 1966 年在 T - 62 坦克基础上研制的，是当时世界最先进的主战坦克之一，1971 年投产，1973 年装备苏军，1977 年 11 月在莫斯科阅兵式上首次亮相。

该坦克战斗全重 41 吨，车体长 6.4 米，宽 3.37 米，高 2.19 米，爬坡度 60%，是各国新型主战坦克中重量最轻、体积最小的主战坦克。车内乘员 3 人。炮塔为整体浇铸结构，车体用轧制钢甲板焊接，首上装甲板为厚 204 毫米的三层复合装甲，对反坦克弹种有较强防御能力。装 1 台新型的多种燃料发动机，功率为 546 千瓦，最大速度 65 千米 / 时，最大行程 500 ~ 600 千米。车上装有潜渡进气筒，可在水下行驶 20 分钟。前下方装一推土铲，用于构筑工事或清除道路障碍。该坦克装有 1 门目前最大口径的 125 毫米滑膛炮，全长 7 米。该炮通过电、液驱动装置调整方向和稳定高低。车中备有尾翼稳定杀伤弹 22 发、脱壳穿甲弹 12 发、空心装药破

苏联 T-72M 主战坦克

甲弹 6 发。全钨弹芯的穿甲弹对 2000 米目标可击穿厚度为 240 毫米的装甲，破甲弹破甲厚度为 450 ~ 500 毫米；榴弹最大射程 9400 米。炮弹采用自动装填，装弹速度 8 发 / 分。炮弹发射后由抛壳机将药筒的不可燃部分抛出车外。火控系统包括炮长用昼夜合一瞄准镜、车长用同步瞄准镜、激光—合像式测距仪和模拟式弹道计算机。当对距离 2000 米，以 10 千米 / 时的速度运动的目标射击时，命中率高达 75%。此外该坦克配装有 1 挺 12.7 毫米的高射机枪和 1 挺 7.62 毫米的并列机枪。T - 72 坦克火炮口径大，命中率高；而且速度快，行程大。缺点是车内容积小，操作灵活性较差，弹药基数较小。T - 72 后来又有了改进型 T - 72M。T - 72M 采用了激光测距仪、复合装甲、整体式屏蔽裙板，加装了防中子辐射层，增装了烟幕弹发射器等。

苏联 T - 80 主战坦克

T - 80 主战坦克是苏联于 20 世纪 70 年代中期在 T - 64 坦克基础上加以改进后，于 70 年代末装备苏军的一种主战坦克。

T - 80 主战坦克战斗全重 45 吨，乘员 3 人。车体长 7.4 米，宽 3.4 米，高 2.2 米，爬坡度 60%。炮塔前装甲厚度增加到 530 毫米，车体首上装甲由 5 层组成，前两层为钢板，第三层是玻璃纤维，第四层是钢板，第五层是含铅的塑料衬层。炮塔和车体正面能经受破甲能力为 600 ~ 650 毫米的破甲弹或穿甲能力为 500 毫米的穿甲弹的攻击。采用改进的 125 毫米高膛压滑膛炮，弹药基数为 40 发。采用钨合金弹芯穿甲弹在 2000 米距离内可以垂直穿甲 400 毫米，直射距离可达 2400 米。采用贫铀合金穿甲弹在 1000 米距离上可以

⬇ T－80 坦克

⬇ T－90 坦克

垂直穿透 660 毫米的钢甲。此外，可发射无线电制导的 AT－8 反坦克导弹，射程3000～4000 米。

俄罗斯 T－90 主战坦克

T－90 主战坦克，是俄罗斯在 20 世纪 90 年代初研制的主战坦克，1995 年装备部队，有 T-90（基本型）、T-90S（出口型）和 T-90SK（指挥型）等型号。

T－90 主战坦克战斗全重约 50 吨，乘员 3 人，主要武器是 1 门 125 毫米滑膛炮，带自动装弹机，可发射尾翼稳定脱壳穿甲弹、破甲弹和杀伤爆破弹，还能发射反坦克炮射导弹，弹药基数 43 发，其中炮射导弹 4 枚。火控系统是 T－80у 主战坦克上的火控系统的改进型，为稳像式火控系统；弹道计算机、炮长测距瞄准镜、火炮稳定器等都做了改进。动力装置为多燃料发动机，最大功率 618 千瓦。T－90 主战坦克最大公路速度约为 60 千米/时。车体和炮塔的主要部位装复合装甲和附加装甲，防护性能比 T－72 主战坦克有较大的提高。炮塔上装有"窗帘"光电干扰系统，由光电干扰系统、激光报警器、防激光烟幕抛射系统及系统控制设备组成，可使来袭的反坦克导弹的命中率降低。

英国"百人队长"中型坦克

"百人队长"中型坦克是英国研制的一种多用途的坦克，1945 年装备英军，其后在使用中不断改型，从 Mk1～Mk13，共有 13 种型号之多。其最早的 Mk1 型战斗全重为 47 吨，装 1 门 76.2 毫米炮。Mk3 型装 83.8 毫米炮。从 Mk7 型开始装 105 毫米炮，并在其他方面也做了改进。

"百人队长"12 型（Mk13）是"百人队长"系列坦克中最新的改进型，装有 1 台四冲程水冷汽油机，最大功率为 455 千瓦，公路最大速度为 35 千米/时，最大行程 185 千米，爬坡度 60%，克服垂直墙高 0.9 米，无准备可涉水 1.4 米，应用围

⬆ 正在开炮的 T-90 坦克

⬆ 英国"百人队长"Mk5 坦克

帐，准备 15 分钟可以浮渡。车体为焊接结构。首上倾斜装甲板厚 118 毫米，下倾斜装甲板厚 76 毫米，两侧装甲板厚 51 毫米。炮塔前部装甲厚 152 毫米。该坦克有供夜间驾驶用的红外夜视仪，装有 1 门 105 毫米线膛炮；弹药基数 64 发，可发射脱壳穿甲弹，有效射程 1800 米；碎甲弹，有效射程 3000 ～ 4000 米；以及榴弹和烟幕弹。辅助武器为 7.62 毫米高射机枪和并列机枪各 1 挺。此外，另配有 1 挺测距机枪。"百人队长" 12 型坦克大量装备中东地区阿拉伯国家军队。

英国 "挑战者" Ⅰ 主战坦克

"挑战者" Ⅰ 主战坦克是英国于 1978 年开始研制的一种主战坦克，1985 年取代 "酋长" 坦克成为 20 世纪 80 年代中期英军的主要装备。该坦克也是世界上性能卓越的主战坦克之一。

"挑战者" Ⅰ 主战坦克战斗全重为 62 吨，是各国主战坦克中最重的坦克。乘员 4 人，车长 11.55 米，车宽 3.42 米，车高 3.04 米。采用功率为 882 千瓦、2300 转 / 分水冷柴油机，采用液气悬挂装置以代替在此之前一直采用的传统的平衡式悬挂装

① 海湾战争中的 "挑战者" Ⅰ 坦克

置，最大公路速度 60 千米 / 时，最大爬坡度 58%，越壕宽 3.15 米，涉水深 1.07 米。坦克采用乔巴姆装甲，对反坦克武器有很高的防护力，是当前世界上防护力最强的坦克之一。该坦克装有 1 门在 "酋长" L11A3 主炮基础上改进而成的 L11A5 型 120 毫米线膛炮，主要弹种有尾翼稳定脱壳穿甲弹、碎甲弹及破甲弹。弹药基数 48 ～ 52 发。尾翼稳定脱壳穿甲弹在 2000 米距离上可穿透北约三层靶板。该车的火控系统是 IFCS 型综合火控系统。IFCS 火控系统工作时，当计算机输入射击提前量使光学瞄准镜视场内的弹道瞄准标记偏离目标后，只需炮长按一下自动瞄准开关，就能自动将射击提前量传送给火炮，并使弹道瞄准标记压住目标。因为此系统中的计算机求出的射击提前量不仅传送给光学瞄准具，而且同时传递给火炮，所以这种火控系统对 2000 ～ 3000 米距离上的静止或运动目标射击时，首发命中率极高，而且从发现目标到开火的反应时间只需 10 秒，对运动目标跟踪时间为 1.2 秒，最长为 5 秒。它具有较好的行进间对运动目标的射击能力，能保证较高的远距离射击精度。

1990 年 8 月 ～ 1991 年 2 月的海湾战争中，"挑战者" Ⅰ 主战坦克进驻沙特阿拉伯等地区，发挥了重要作用。

英国 "挑战者" Ⅱ 主战坦克

英国 "挑战者" Ⅱ 主战坦克在 1990 年生产出 9 辆样车，在 1991 年战胜其竞争对手——"豹" Ⅱ 改进型、M1A1 和 "勒克莱尔"

⬆ 英国"挑战者"Ⅱ主战坦克正视图

装药破甲弹和碎甲弹。弹药基数为 60 发。辅助武器为 1 挺 7.62 毫米高射机枪和 1 挺并列机枪。车体前装甲板厚 70 毫米，车体顶装甲板厚 35 毫米。"豹"Ⅰ式主战坦克的火控系统包括光学测距机、火炮双向稳定器、弹道计算机、主动式红外夜视装置等。此后又有"豹"ⅠA1、"豹"ⅠA2、"豹"ⅠA3、"豹"ⅠA4 等 4 种改进车型。其中 A4 性能最特别，其综合火控系统非常先进。

"豹"ⅠA4 坦克战斗全重 42.5 吨，乘员 4 人。车全长 9.54 米，宽 3.25 米，高 2.64 米。发动机功率 581 千瓦。最大公路速度 65 千米 / 时，越野速度 40 千米 / 时，最大行程 600 千米，最大爬坡度 60%，克服垂直墙高 1.15 米，越壕宽 3 米。无准备涉水深 1.2 米，有准备涉水深 2.25 米，潜水深 4 米。"豹"ⅠA4 坦克造价高达 250 万马克。目前，北欧各国和澳大利亚、加拿大等国均装备了这种坦克。

主战坦克后，被英国陆军所选中，被订购 384 辆。它是在"挑战者"Ⅰ坦克的基础上研制而成的，战斗全重 62.5 吨，乘员 4 人。主要武器为 L30 型 120 毫米线膛炮，配用贫铀穿甲弹，弹药基数 64 发。火控系统包括数字式弹道计算机、带激光测距仪和热像仪的稳定式瞄准镜、火控双向稳定器等。882 千瓦发动机匹配 TN54 型全自动传动装置。行动装置采用液气悬挂装置。"挑战者"Ⅱ主战坦克最大速度为 56 千米 / 时。车体和炮塔采用乔巴姆复合装甲。车内有三防装置和空调装置。

德国"豹"Ⅰ主战坦克

"豹"Ⅰ主战坦克是前联邦德国研制的第一代主战坦克，1965 年装备前联邦德国军队，到 1988 年 1 月，共生产 4744 辆。

"豹"Ⅰ式主战坦克装有英制 105 毫米火炮，配备有脱壳穿甲弹、空心

⬆ "豹"ⅠA4 主战坦克

装甲战车

早期的装甲车

20世纪初，英国首先研制出了装甲汽车，并在英国—布尔战争中使用，这是世界上最早的以钢铁防护的轮式装甲车。装甲汽车的发明，开创了现代装甲车辆的历史。它不但拥有较强的防护力和机动能力，还有一定的战斗能力。在1899～1902年英国—布尔战争中，英国军队的装甲汽车上就装备了机枪，担任战斗中的重要任务。1905年，英国制造出了全履带拖拉机。在第一次世界大战中，快速机动的骑兵已经明显经受不住机枪和火炮的袭击，而步兵也因机动速度缓慢而难以适应纵深攻击战术。于是，英国人在发明了坦克之后，于1918年专门制造了一种在战场上输送步兵的车辆，成为真正的装甲输送车。这种装甲输送车就像一个大铁盒子，装在汽车或拖拉机的底盘上，每次可向前方输送一个班的兵力。车上没有专门的武器，但有的车上留有射孔，步兵可以通过射孔乘车作战。但由于当时人们把注意力集中到坦克上了，装甲车的作用没有受到人们的重视。

第二次世界大战一开始，德军的坦克战专家首先认识到，只有支援坦克的其他兵种具有与坦克相同的行驶速度和越野能力时，坦克才能充分发挥威力。于是德军装甲师的步兵开始装备半履带式装甲输送车。这种装甲车车顶敞开，装甲很薄，但机动性能与当时的坦克差不多，显著地提高了步兵的机动能力。很快，美、英、日和加拿大的军队便装备了大量的装甲输送车辆，在战争中发挥了重要的作用，仅美国生产的半履带式装甲输送车数量就达4万余辆。苏联采用坦克搭载步兵的办法作战，由于得不到防护，步兵损失巨大。战后，世界各国军队竞相装备装甲输送车，使步兵和坦克产生了有效的战术协同作用，装甲步兵师成为军队中最有战斗力的基本战术兵团。

依赖铁路作战的装甲列车

装甲列车也称为铁道炮。最早的装甲列车于1861～1865年美国国内战争期间用来对骑兵作战。1870～1871年普法战争和1899～1902年英国—布尔战争中，大量出现了装甲列车。

装甲列车是一种在铁路沿线对部队进行火力支援和独立作战的装甲铁路车辆，由战斗列车和基地列车组成，一般由1台装甲蒸汽机车、2节以上的装甲车厢或2～4节作掩护用的铁路平板车构成。装甲蒸汽机车位于装甲车厢之间，煤水车朝向敌方，机车上备有通信设备和射击指挥器材。装甲车厢装备1～2门火炮，4～

8挺机枪，位于车厢两侧和旋转炮塔内。各节车辆采用刚性连接，以便于通过轻微损坏的铁路线段。基地列车用于配置司令部，安排人员休息和放置随车储备物资，战斗时在敌人炮火射程以外，于战斗列车之后跟进。

第一次世界大战爆发前，各交战强国均拥有数列简陋的装甲列车。战争中，出现了重型装甲列车，车上装有用以摧毁要塞工事的大威力火炮。第二次世界大战中，航空兵和装甲坦克兵的发展，降低了装甲列车的作用。装甲列车多用于对后方铁路交通线的警戒，普遍装备有高射炮和高射机枪，对掩护大型铁路枢纽和铁路车站免遭敌航空兵的袭击，起过一定作用。战后，各国不再发展这种完全依赖铁路机动的装甲车辆。

第二次世界大战后发展起来的装甲车

第二次世界大战以后，装甲输送车的重要作用被越来越多的国家所认识。

20世纪50年代，苏联以发展轮式装甲输送车为主，美国等西方国家则侧重发展履带式装甲输送车。

20世纪60年代初，美、苏等国基本实现了装甲车的标准化、通用化和系列化。如美军1960年装备的M113履带式装甲输送车和苏军1961年装备的BTP－60Π轮式装甲输送车，全重10吨左右，乘员2人，可载步兵11～14人，最大爬坡度达60%，可越过1.68～2米宽的壕沟，陆上最大时速为64～80千米，水上最大时速为6.5～10千米，最大行程为321～500千米。与早期的装甲车相比，机动能力、装甲厚度和防弹性能大为提高。1967年，苏军又最先装备了标准的 БМΠ 履带式步兵战车，

车上有可以旋转的小炮塔，装有1门73毫米低膛压反坦克炮、1挺7.62毫米并列机枪和1具"萨格尔"反坦克导弹发射架，车体两侧有供步兵射击用的射孔和观察窗，水陆机动能力比Ｔ－62坦克还好，使装甲车不仅有快速运输步兵的能力，同时也具有了突击反坦克和协助坦克纵深作战的能力。装甲步兵战车和输送车进入了新的发展阶段。

现代装甲车

进入20世纪70年代以后，各国的新型步兵战车和装甲输送车开始装备部队。到目前为止，步兵战车和装甲输送车共有数十种之多。

现代装甲车性能比以往所有的装甲车性能空前提高。首先是机动性大为改善，普遍将汽油机改为柴油机，机动能力已经接

俄罗斯BMP－1步兵战车

近甚至高于主战坦克的水平。履带式步兵战车和装甲输送车的陆上最大时速分别为65～75千米和55～70千米，轮式装甲输送车的最大时速可达100千米，而新型主战坦克的最大时速只有72千米。而且装甲车的越野能力极强。履带式装甲车越壕宽1.5～2.5米，过垂直墙高0.6～1米，最大爬坡60%。大多数可直接浮渡，水上时速可达10千米。轮式最大行程可达1000千米，履带式500～600千米，还可以空运或空投到局部战场。

另一方面，现代装甲车火力配备明显改善。现代步兵战车主要用于对付敌方的轻型装甲车辆、步兵反坦克火力点以及低空、超低空飞机。车上安装射速高达每分钟1000发的机关炮，有效射程2000米，用新式穿甲弹能在1000米的距离上穿透75毫米的垂直钢质装甲，击毁各种轻型装甲车辆。装有反坦克导弹的步兵战车，可在100～4000米的距离为击毁最新式的主战坦克。现代装甲输送车一般都装有口径7.62～14.5毫米机枪，个别的还载有单兵防空导弹用于对付低空来袭飞机。

现代步兵战车的车体前部和炮塔，可防1000米距离上发射的20毫米穿甲弹。装甲输送车的装甲也可达到步兵战车侧面装甲的防弹能力。多数步兵战车和装甲输送车也能在核、化条件下作战，这是20世纪60年代以前的装甲车无法比拟的。

↑ 法国Vexrta8×8步兵战车

各国装甲战车

美国"山猫"指挥侦察车

"山猫"指挥侦察车，是1963年美国食品机械和化学品公司为美陆军设计的一种用于指挥和侦察的小型装甲车。

↑ 美国"山猫"指挥侦察车

"山猫"指挥侦察车战斗全重仅为8.5吨，相当轻巧灵便。乘员3人，无须任何器材就能够浮渡。该侦察车采用的是底特律柴油机，功率为151千瓦，最大行驶速度为71千米/时，爬坡度60%。

"山猫"指挥侦察车在车顶指挥塔上配有12.7毫米机枪1挺，车体后舱口装有7.62毫米机枪1挺，可在行进间对后方尾追之敌进行射击。此车向荷兰输出260台。荷兰改装了"厄利空"式炮塔，内装25毫米加农炮，取消了原来的12.7毫米机枪，使火力有所增强。

美国M3履带式侦察战车

M3履带式侦察战车是美国于20世纪70年代末与M2履带式步兵战车同时研制的一种履带式装甲侦察车，与M2统称"布雷德利"战车。该战车乘员5人，战斗全重22.4吨。车长6.453米，车高2.525米，车宽3.2米。装1台功率为367

⬆ 美国 M3 履带式侦察战车

千瓦的涡轮增压柴油机，最大公路速度
66 千米 / 时，最大越野速度 50 千米 / 时，
行程 483 千米，水上速度 7.2 千米 / 时，
爬坡度 60%，越壕宽 2.54 米，可克服垂
直障碍高 0.91 米。M3 履带式侦察战车除
了没有载员舱的射孔外，其他均与 M2 履
带式步兵战车相同。车底前部设有挂装
防地雷的钢装甲板。装 25 毫米火炮 1 门，
射程 2200 米。另配装 7.62 毫米并列机枪
及班用机枪各 1 挺。此外还有双管"陶"
式反坦克导弹发射架 1 个。M3 履带式侦
察战车于 1983 年初正式装备美军部队，
用于装备装甲骑兵营及坦克营和机械化步
兵营的侦察排。曾计划共装备 3300 辆。

美国"突击队员"轮式侦察车

"突击队员" 4×4 轮式侦察车是美国
研制的一种轮式侦察车。1977 年第一次公
开，1983 年开始向印度与埃及出口。车体
是高硬度卡德洛伊装甲钢焊接结构，车体

四面装甲均为倾斜以提高防护性。该车无
三防装置和夜视设备，非水陆两用。战斗
全重 7.24 吨，公路最大速度 96 千米 / 时，
公路最大行程 1287 千米。涉水深 1.168
米，爬坡度 60%，攀垂直墙高 0.609 米，
乘员 1 人，载员 1 ～ 2 人。

美国 M113 履带式装甲输送车族

美国 M113 履带式装甲输送车车族是
美国 FMC 公司军械分部研制的。

M113 系列装甲车是美国现装备的制式
装甲人员输送车，越野机动性能优越，可
以空投空运和水陆两用。1960 年初投产并
装备部队，此后向近 50 个国家和地区出
口，生产的车辆总数有 75000 辆之多，是
西方国家使用最广泛的军用履带式装甲车。

M113 系列装甲车是美国投产的第一
种铝合金装甲车辆，它的铝合金车体能
保护车内人员不受枪弹或弹片的伤害，但
火力较弱，仅有 1 挺装在车长指挥塔上的
12.7 毫米勃朗宁 M2HB 机枪，水平射界
360°，高低射界－ 21°～＋ 53°，没有
瞄准镜和夜视夜瞄装置。车上没有射孔，
载员不能在车上作战。该车可水陆两用，
水上行驶用履带划水。

美国陆军很重视现装备的 M113 车族的
现代化改进，1964 年 M113A1 装甲车定型生
产后，又先后发展了 M113A2 和 M113A3
两种车型，而 M113A1 车目前已停止生产。

⬆ 美国"突击队员"LAV-150 4×4 轮式侦察车

⬆ 美国 M113 装甲输送车

M113基型车战斗全重10.25吨，公路最大速度64.37千米/时，水上最大速度5.6千米/时，最大公路行程321千米。爬坡度60%，攀垂直墙高0.61米，越壕宽1.68米，发动机功率154千瓦，乘员2人，载员11人。

美国M113A2履带式装甲输送车

M113A2履带式装甲输送车是美国在M113A1的基础上改进而成的，1984年开始装备部队。M113A2履带式装甲输送车的车体由铝合金制成，战斗全重仅11.34吨。前装甲厚38毫米，可防14.5毫米枪弹，侧、后装甲可防7.62毫米枪弹和炮弹碎片。该车乘员为2人，载员11人。

M113A2履带式装甲输送车采用新型增压柴油发动机，功率提高到202千瓦。从起动至加速到32千米/时的时间减少到8.1秒，越野速度由每小时26千米提高到33.7千米，陆上最大时速67千米，水上最大时速5.8千米，最大爬坡度60%，最大行程483千米。车上武器为1挺12.7毫米机枪。步兵乘载室无射击孔。

装备防暴装甲的美国M113A2履带式装甲输送车

美国AAV7系列两栖战车

AAV7系列两栖战车是美国FMC公司军械分部研制的。1971年8月首批车辆交付海军陆战队使用。1972年3月该车正式装备部队。

AAV7两栖战车的车体为铝合金装甲

↑美国AAV7A1两栖战车

板整体焊接式全密封结构，能防御轻武器、弹片和光辐射烧伤。该车在浮渡时由装在车体后部两侧的喷水推进器驱动。全封闭炮塔安装在车前右侧，武器为1挺M85式12.7毫米机枪。

AAV7两栖战车战斗全重为22.838吨，公路最大速度为64千米/时，水上最大速度（喷水推进）为13.5千米/时，公路最大行程为482千米，水上最大续航时间为7小时。爬坡度60%，过垂直墙高0.914米。越壕宽2.438米，乘员3人，载员25人。

苏联ВРДМ－2装甲侦察车

ВРДМ－2装甲侦察车，是20世纪60年代初由苏联研制的一种水陆两用装甲侦察车。该车战斗全重7吨，设有一个密闭式的机枪塔，车体为全焊接装甲钢结构，最大装甲厚度为10毫米。乘员4人，车长5.75米，车宽2.35米，车高

↑苏联ВРДМ-2РКХ化学辐射侦察车

2.31 米，汽油发动机功率 84 千瓦，公路行驶速度 100 千米 / 时。在水上用装在车体后部的一个喷水推进器行驶，行驶速度为 10 千米 / 时。陆上最大行程 750 千米；通过垂直墙高 0.4 米，越壕宽 1.25 米，爬坡度 60%。该装甲车在顶部装一个塔顶没有舱口的独特的机枪塔，装有 14.5 毫米和 7.62 毫米机枪各 1 挺，用于自卫。该车在车腹部装有 4 个附加的驱动轮，在通过起伏地时可以降下，着地行驶。驾驶员配备有红外夜视仪，可在夜间条件下使用。ВРДМ－2 装甲侦察车有 4 种变型车：第一种是 ВРДМ－2Y 指挥车；第二种是 ВРДМ－2PKX 化学辐射侦察车；第三种是 ВРДМ－2"萨格尔"反坦克导弹发射车；第四种是 ВРДМ－2"萨姆"地空导弹发射车。

苏联 BMP－2 履带式步兵战车

BMP－2 履带式步兵战车是苏联在 BMP－1 型基础上改进而成的，可以水陆两用，于 1981 年装备苏联部队。

BMP－2 履带式步兵战车战斗全重 14.6 吨，车高只有 2.06 米，乘员 3 人，载员 7 人。采用涡轮增压柴油发动机，功率为 176.5 千瓦，陆上最大速度 65 千米 / 时，水上最大速度 8 千米 / 时，最大爬坡度 60%，最大行程 500 千米。车上主要武器有 1 门 30 毫米自动速射加农炮和 1 挺 7.62 毫米

↓ 苏联 BMP-2 履带式步兵战车

并列机枪，1 具 AT－5 反坦克导弹发射装置。火炮有双向稳定装置，可高平两用，最大射速每分钟可达 500 发。火炮直射距离为 1000 米，使用穿甲弹可在此距离上穿透 50 毫米厚的垂直钢质装甲；对空有效射高 2000 米。AT－5 反坦克导弹射程为 1000 ～ 4000 米，破甲厚度达 700 毫米。

步兵战斗室两侧各开有 3 个射击孔，后门上开有 1 个射击孔，室内装有排除射击火药气体的抽气扇。车上有较完善的三防、灭火装置，并有堵漏设备，可防止浮渡中发生意外时车辆沉没。

↑ 苏联 BMP-3 步兵战车

苏联 BMP－3 步兵战车

苏联的 BMP－3 步兵战车于 1986 年投产，1990 年 5 月 9 日在莫斯科庆祝反法西斯战争胜利 45 周年阅兵式上首次亮相。其战斗全重 18.7 吨，乘员 3 人，载员 7 人。车体和炮塔采用复合装甲、铝合金装甲和钢装甲，全焊接结构，车上开有 5 个射击孔。双人炮塔上装有 100 毫米滑膛炮（可发射炮射导弹）、30 毫米机关炮、7.62 毫米并列机枪，100 毫米炮弹的弹药基数为 40 发，导弹 4 枚，30 毫米机关炮炮弹 500 发，7.62 毫米机枪弹 6000 发。车首两侧还各装 1 挺 7.62 毫米机枪。BMP－3 步兵战车的动力装置为对置活塞式柴油机，最大功率 368 千瓦，配用液力机械式变速

箱。行动部分采用扭杆和液气混合式悬挂装置。车体尾部有喷水式推进器。公路最大速度 70 千米 / 时，水上最大速度 10 千米 / 时。BMP－3 步兵战车在结构上的一个特点是采用了动力—传动装置后置的总体布置方案，这一点和世界上绝大多数步兵战车不同。

俄罗斯 BMP-2 伞兵战车

该车于 1985 年装备部队。主要是用 30 毫米机关炮取代了 73 毫米滑膛炮，可射击地面目标和空中目标；用 AT-4 反坦克导弹取代了 AT-3 反坦克导弹，可有效攻击装甲目标。车上还配备了"箭"2 或"针"式防空导弹。BMP-2 曾参加阿富汗战争、车臣战争。

↑ 俄罗斯 BMP-2 伞兵战车

↑ 德国 TPz-1 履带式装甲输送车侧面图

德国 TPz－1 装甲输送车

TPz－1 轮式装甲输送车是前联邦德国研制的一种轮式装甲人员输送车。1979 年 12 月第一批生产型车辆交付使用。

TPz－1 轮式装甲输送车战斗全重 17 吨，除 3 名乘员外，还可载 10～12 名步兵或 2 吨货物。车体为钢板焊接的硬壳结构，可防枪弹和弹片。动力装置为奔驰公司的 OMA402 型 8 缸 V-90° 夹角水冷涡轮增压柴油机，最大功率 235 千瓦。水上行驶时，靠两个直径为 480 毫米的五叶片螺旋桨驱动。武器可根据任务需要选用，比如可安装 1 挺 MG3 7.62 毫米机枪，俯仰范围为 -15°～+40°，可 360° 旋转；也可安装 1 门 Rh202 式 20 毫米机关炮。该车公路最大速度 105 千米 / 时，水上最大速度 10.5 千米 / 时，公路最大行程 800 千米，爬坡度 70%。

德国"美洲狮"履带式装甲战车族

"美洲狮"履带式装甲战车族是前联邦德国研制的轻型履带装甲车族。该车族第一辆样车命名为"美洲狮"装甲战车，于 1986 年春制成。车上安装的是 KVKA20 毫米机关炮，以后又被装有迪尔公司 120 毫米迫击炮的炮塔所取代。DM11 式 120 毫米标准迫击炮弹的最大射程为 6500 米，远程弹为 8000 米。根据制造公司的设想，该车族将有 20 多种变型车，能为战斗部队和战斗支援部队提供一个高机动性、多功能的装甲战车族。该车族的车体为钢板焊接结构，基型可防 7.62～14.5 毫米枪弹，并在正面 60° 的扇面内可防 20 毫米炮弹。动力装置有两种方案可选择，一种

↑ 德国"美洲狮"履带式装甲战车

256.

↑ 德国"蝎"式抛撒布雷车

↑ 英国"萨拉丁"轮式侦察车

是 324 千瓦的柴油机，另一种是 441 千瓦的柴油机。底盘重 16 吨或 17.1 吨，公路最大速度为 70 千米 / 时，爬坡度 60%。

德国"蝎"式抛撒布雷车

"蝎"式抛撒布雷车为前联邦德国研制，1986 年首批生产型车辆交付前联邦国军队。

"蝎"式抛撒布雷车由 M548GA1 履带式装甲车改进而成，车上旋转平台上装有 6 个可调整的发射雷箱，每个雷箱中有 5 排雷匣，每排雷匣内装 20 枚 A72 地雷。每个雷匣中有 4 根玻璃纤维增强塑料抛射管，每根管中有 5 枚 AT2 反坦克雷，用火箭一次发射抛出。布雷车以规定速度前进时以 5 枚 AT2 反坦克地雷为 1 组向车辆斜后方向抛撒。"蝎"式抛撒布雷车战斗重量 12 吨，最大速度 40 千米 / 时，最大行程 500 千米，布雷间距 0.5 枚 / 米，作业人数 2 人。该车一次可装载 600 个反坦克地雷，在 5 分钟内可设置 1 个宽 150 米、纵深 60 米的反坦克地雷场。

英国"萨拉丁"轮式侦察车

"萨拉丁"轮式侦察车是英国研制的一种轮式侦察车。该车于 1958 年投产，1959 年第一批车辆交付给英国陆军，1972 年停产。

"萨拉丁"轮式侦察车为全焊接钢车体，装备 L5A1 式 76 毫米火炮。有 1 挺 7.62 毫米的并列机枪和 1 挺 7.62 毫米的高射机枪。该车非水陆两用，无三防装置和夜视设备。

"萨拉丁"轮式侦察车战斗全重 11.59 吨，公路最大速度为 72 千米 / 时，最大行程 400 千米，涉水深为 1.07 米（不带涉渡装置）和 2.13 米（带涉渡装置）。爬坡度 46%，越壕宽 1.52 米，乘员 3 人。

英国"突击队员"履带式装甲输送车

"突击队员"履带式装甲输送车，也称"暴风"或"强击者"装甲输送车，是 1978 年由英国军用车辆和工程中心在"蝎"式装甲侦察车基础上研制而成的一种装甲输送车。

"突击队员"履带式装甲输送车战斗全重 11.8 吨，乘员 2 人，可载员 8 人。车长 5.34 米，宽 2.375 米，高 2.388 米。装珀金斯 T6 － 3544 型 6 涡轮增压柴油机，功率为 175 千瓦。最大公路速度 72 千米 / 时，

↑ 英国"突击队员"履带式装甲输送车

最大行程可达 644 千米。水上航速 6 ~ 9 千米/时。最大爬坡度 60%，越壕宽 2.06 米，克服垂直墙高 0.56 米。该车机动性非常好。

"突击队员"履带式装甲输送车采用了"蝎"式坦克系列各车的生产技术和零部件。车体采用铝合金装甲焊接结构，两侧挂甲，能防 14.5 毫米穿甲弹。指挥塔上装有 1 挺 7.62 毫米通用机枪，车长通过昼夜合一瞄准镜瞄准射击。部分车辆装有双人炮塔和 1 门 30 毫米火炮。车后载员舱无射击孔，步兵通过顶部舱口在行进中射击。

英国"武士"机械化步兵战车

"武士"机械化步兵战车是英国研制的一种履带式步兵战车。1980 年开始研制，1986 年 1 月开始批量生产，1987 年 5 月第一批生产型车正式交付英军使用。

"武士"机械化步兵战车采用铝合金焊接结构，炮塔采用动力驱动，紧急情况下也可手动操纵。主要武器为 1 门 30 毫米机关炮，辅助武器为 1 挺 7.62 毫米的 EX－34 机枪。动力装置为 1 台 CV8TCA 柴油机，功率 404 千瓦。该车的标准设备有位于驾驶员左后侧的三防装置和各种夜视仪器。

"武士"机械化步兵战车战斗全重 24.5 吨，公路最大速度为 82 千米/时，公路最大行程为 660 千米，涉水深 1.3 米，爬坡度

60%，攀垂直墙高 0.75 米，越壕宽 2.5 米。

法国 ERC90F4"标枪"装甲车

ERC90F4"标枪"装甲车，是 20 世纪 70 年代中期由法国潘哈德和勒瓦索机械制造公司研制生产的一种装甲车。该车战斗全重 8.1 吨。车长 6.93 米，宽 2.495 米，高 2.302 米。车体和炮塔由装甲钢板焊接而成。装 1 台水冷汽油发动机，功率为 925 千瓦。可在水上行驶。靠轮胎划水前进时，速度为 1 米/秒，靠两个水上推进器前进时，速度 2 米/秒。公路最大速度 100 千米/时，最大越野速度 30 ~ 40 千米/时，最大行程 800 千米。最大爬坡度 60%，克服垂直墙高 0.8 米，涉水深 1.2 米。车内有乘员 3 人。配装 1 门 90 毫米高初速滑膛炮和 1 挺 7.62 毫米并列机枪，炮塔可 360° 旋转，俯仰角度为－8°～＋15°。弹种为尾翼稳定空心装药破甲弹、尾翼稳定榴弹及新式长杆尾翼稳定穿甲弹，长杆尾翼稳定穿甲弹可以在 1500 ~ 1700 米的距离上击穿 3 层分别为 10 毫米、25 毫米和 60 毫米的装甲靶板。火炮人工装填，弹药基数为 20 发。此外还装有潜望镜、探照灯、昼夜合一瞄准装置等。

🔽 法国 ERC90 装甲车

导弹及其他

导弹的问世与发展

V－2导弹

1944年9月8日傍晚，伦敦遭到了更猛烈的空袭，德国使用了威力更强的V－2导弹。这是世界上投入战争的第一枚弹道式导弹。这种采用液体火箭发动机的V－2导弹，重13吨，载有重约1吨普通炸药的弹头，长14米，最大直径1.65米，最大飞行速度达每秒1.7千米，射程320千米，弹道高度80～100千米。在半年之内，德军在战争中共发射V－2导弹4320枚，其中对英国发射了1402枚，落到伦敦市区的有517枚，带来难以估量的灾难。

V－2导弹是德国在第二次世界大战期间研制和使用的单级液体导弹，是世界上首次出现的弹道导弹。1929年末，德军制订了研制大型火箭的计划。瓦尔特·多恩伯格是德国陆军研究火箭的发起人之一。1932年10月，他把冯·布劳恩请到自己的研究所，要他领导对军用火箭的研究工作。布劳恩最初着手研究的是使用液体燃料的A－1火箭，并在柏林郊区库姆梅斯多夫的试验台上进行过地面试验。1934年，在北海的博尔库姆进行了A－2火箭的飞行试验。接着，1937年12月又在波罗的海进行了A－3火箭的发射试验。

1939年，完成了V－2导弹的前身A－4火箭的基础试验。1942年10月3日，从佩内明德向波罗的海首次发射了V－2导弹并获得成功。

第一代导弹

德国在研制V－1和V－2导弹的同时，还研制了用来对付英美轰炸机群、比高射炮更有效的地空导弹，如"龙胆草"和"莱茵女儿"导弹，以及反坦克、反舰导弹等。这些导弹在进入应用阶段之前，战争就结束了。

战后，美、苏等国在V－2导弹的基础上，开始发展战术导弹和战略导弹。第一代导弹是20世纪40年代末至50年代，主要是战略导弹和防空导弹。如美国的"宇宙神""大力神"Ⅰ，苏联的SS－6洲际导弹等。导弹存在的主要问题是：在地面存放和发射，易被来袭导弹击毁；使用液体推进剂，只能在发射前临时加注，发射速度太慢；命中精度低，圆公算偏差为3000～8000米。这一阶段的远程、高空防空导弹有美国的"奈基"Ⅰ、"奈基"Ⅱ和苏联的"萨姆"Ⅰ防空导弹。这些导弹已开始采用固体燃料。第一代目视瞄准、手控有线制导的反坦克导弹。

↑ V－2导弹

↑ 遭V－1导弹袭击后的城市

第二代导弹

第二代导弹是 20 世纪 50 年代末至 60 年代中期。这一代导弹将陆基导弹由地面发射改为地下井发射；潜射导弹由水面发射改为水下发射。美国有陆基洲际导弹"民兵"Ⅱ，水下发射的潜地导弹"北极星"A2。苏联在此期间研发了 SS—9、SS—11、SS—13 陆基洲际导弹和 SS—N—4、SS—N—5 潜地导弹。与此同时，还发展了对付中低空目标的防空导弹。第二代反坦克导弹也提高了命中精度，同时研发了车载、机载反坦克导弹。

第三代导弹和第四代导弹

第三代导弹是在 20 世纪 60 年代至 70 年代。研发了集束式和分导式多弹头。采用了激光、毫米波等制导系统，由导弹自己追踪目标。

第四代导弹是 20 世纪 70 年代初研制的，机动发射的陆基战略弹道导弹。如美国的"潘兴"Ⅱ导弹、苏联的 SS—20 导弹等，都是采用车载机动发射。此外，还加紧机动式多弹头研究。

🔼 "潘兴"Ⅱ地地战术导弹

🔼 美"和平保卫者"地地战略弹道导弹

目前，战略导弹已经成为世界各国用于战争威胁和最后解决事端的打击武器。战术导弹也已成为战场各种武器中射程最远、命中精度最高、杀伤力最大、最难进行有效防御的一种武器。

美苏签订中导条约

1987 年 12 月 8 日，美苏首脑在华盛顿签署了历史上第一个销毁核武器的国际条约——《苏美两国消除中程和中短程导弹条约》。

根据条约规定，在条约生效后 3 年内，苏美两国已部署和未部署的射程在 500 ~ 5500 千米的中程和中短程导弹将全部销毁，以后也不得试验、生产和拥有这些武器。与这些导弹配套的各种设备和设施也同时销毁。

条约规定，苏联应销毁的数为 1752 枚，其中中程导弹 826 枚，中短程导弹 926 枚。美国应销毁的导弹数为 859 枚，其中中程导弹 689 枚，中短程导弹 170 枚。美国部署在前联邦德国的"潘兴"ⅠA 导弹和苏联尚未装备的 SSC—X—4 陆射巡航导弹

也在销毁之列。

在确定要销毁的中程导弹中，苏联的主要型号为：SS－20导弹650枚，SS－4导弹170枚，SS－5导弹6枚。美国的主要型号为："潘兴"Ⅱ导弹120枚，BGM－109G"战斧"陆射巡航导弹569枚。在确定要销毁的中短程导弹中，苏联有SS－12导弹726枚，SS－23导弹200枚。美国只有"潘兴"ⅠA导弹170枚。

苏联应销毁的总数比美国多一倍。1981年10月，苏美开始中程导弹谈判时，美国曾要求苏联把中程导弹和中短程导弹统统销毁，苏联则希望保留亚洲部分用以威慑中国的100枚SS－20导弹，结果还是全部销毁了。美国曾提出销毁过程中双方进行现场核查，还同意到SS－20生产工厂进行现场核查。

中程导弹条约的签订，销毁了美苏核武库总数的3%～4%，消除了欧洲和亚洲交界地区的核威慑，对维护世界和平具有重大意义。

轨道式导弹

轨道式导弹是将弹道式导弹的弹头送入地球卫星运行的轨道上，并控制弹头在目标区上空制动，使其再入大气层以攻击目标。由于弹头运行的轨道通常不足一圈，所以又叫部分轨道武器。轨道导弹和洲际导弹没有多大区别，只是弹头和制导系统更复杂一些。1957年8月21日，苏联的Р－7洲际导弹发射成功。接着又研制成功SS－9洲际导弹。与此同时，1958年11月，美国阿特拉斯导弹，在经过几次失败之后，首次试飞9000千米成功。它重约100吨，速度是声速的15倍。同年12月，又将一颗阿特拉斯导弹送入地球轨道。1959年12月，它的飞行距离达10000千米。此外，美国还研究了大力

由美国和苏联两国导弹专家、政府官员以及记者组成的临时机构，正在监督核查已经拆除的远程弹道核导弹。

神土星和新星等大型导弹。这些大型洲际导弹都可视为轨道式导弹。轨道式导弹可以攻击地球上的任意目标，突防能力很强。因为在制动发动机点火使弹头下降前，反导系统无法判断轨道导弹究竟从哪一点开始下降进行攻击，由于它的轨道比弹道导弹的轨道低得多，从开始下降到击中目标的时间只有几分钟，因而造成对方的反导系统来不及反应就被击中。不足的是，轨道导弹有效载荷小，技术复杂，为使弹头入轨，导弹必须加速到7.9千米/秒，需要较大的运载火箭。另一方面，轨道导弹还要求有技术更为复杂的制导设备，否则就不能准确地控制弹头进入目标区的投放点。

导弹的激光制导

在导弹上应用的激光制导方式主要有三种：半主动式、全主动式、激光驾束式。美国是发展与应用激光制导武器最多的国家，其"幼畜"导弹就是采用半主动式激光制导。英国的"星爆"导弹则是采用激光驾束式制导。全主动式激光制导还在研制之中。在目前的导弹系统中，采用的激光器主要是掺钕钇铝石激光器，用它来照射目标，它工作在1.06微米近红外波段。其缺点是受气象和烟尘的影响较严

重。无论是半主动式还是驾束式制导，在整个导弹作战的制导过程中，都需要由发射人员用激光器对目标进行照射。这样就容易暴露发射人员、发射地点和发射平台，使它们会受到目标方的打击。全主动式激光制导导弹则是一种发射后不管的导弹，可避免上述缺点。激光器不能做得过大或过重，因此激光器的发射功率不大，作用距离也不远。但经过改进和发展，全主动激光器将会应用于导弹中。

导弹的英文代号

表示导弹类别的字母有 A、S、M 等。A 表示空中，S 表示地面和水面，M 代表导弹。字母排列的顺序是：第一个字母表示导弹的发射点，第二个字母表示所攻击的目标，第三个字母表示导弹。如"SSM"即表示地地导弹，"SAM"则表示地空导弹，但有时为了简化，会把"M"省略。表示使用军种的字母有 A、N、G。其中 A 表示空军，N 表示海军，G 表示陆军。其排列时通常是用短线"—"与类别分开。如"SSM — N"表示海军用的地地导弹，"SAM — G"表示陆军用的地空导弹，"ASM — A"表示空军用的空地导弹等。

核导弹的销毁方式

《中导条约》规定了核导弹的三种销毁方法：第一种是用炸药炸毁；第二种是将导弹固定后，点燃发动机烧毁，未烧毁部分用机械方法销毁；第三种是将导弹核弹头拆除后，向指定溅落区发射。但用发射方法销毁的导弹不得超过 100 枚，而且不能借此用以数据测试或者作为靶弹，再次发射的间隔时间不能少于 6 小时。中导条约规定将核装置在销毁之前拆除，这些核装置可以和平利用作为能源和燃料。发射装置与导弹一起或单独炸毁、碾碎或压扁；起竖—发射装置应从发射车底盘处拆除，其部件从非接口处切开，其他辅助设备也要拆除和切开；固定设施等应拆除或炸毁。为保证核导弹的销毁，美苏双方组织 200 名专家和技术人员到现场进行检查，苏方允许现场检查的有 84 个点，美方允许检查的有 34 个点。检查内容是原始资料、销毁情况和工厂停产情况，以确保这些威力强大的核导弹确实从这个世界上彻底消失掉，可解除核武器对人们的威胁。

现代火箭先驱冯·布劳恩

冯·布劳恩，1912 年出生于德国。他 13 岁时就读过德国早期火箭先驱赫尔曼·奥伯特写的《飞向星际的火箭》，从而引起了他对宇宙探索的浓厚兴趣。1932 年他毕业于柏林工学院，后经人介绍成为奥伯特教授的助手，开始从事火箭技术的研究。1937 年，他领导研制了历史上有名的 V — 2 火箭等。第二次世界大战结束后，冯·布劳恩到美国继续从事火箭与导弹的研制工作。他先后研制成功"红石""丘辟特""潘兴"等导弹。1958 年 1 月 31 日，美国用他设计的"丘辟特"C 型火箭成功地发射了第一颗人造卫星"探险者"Ⅰ号。此后，他成为美国国家航空航天局的领导人，负责"阿波罗"登月计划和"土星"号运载火箭的研制工作。1972 年，冯·布劳恩出任费尔柴德公司的副总裁。他一生曾获得过 25 个自然科学的博士头衔，并为人类空间技术的发展做出了卓越贡献。1977 年 6 月 16 日，他因病逝世，终年 65 岁。

地地弹道导弹

战略核导弹

战略导弹是用于毁伤敌方重要战略目标、洲际导弹地下井等设施的现代化武器。战略导弹通常都带有核战斗部，所以也称战略核导弹。它从地面固定的或机动的发射装置、核潜艇上发射。洲际弹道导弹，又分为地地弹道导弹和潜地弹道导弹两类。没有任何一种武器在尺寸、重量上能与战略弹道核导弹相比。一般的地地导弹弹体长 10～30 米，直径 1～3 米，发射重量几十至几百吨。世界上最长的苏联 SS－9 地地导弹达到 37 米，直径达 3.4 米。发射重量最大的 SS－18 导弹已达 220 吨。对潜地导弹来说，一般弹体长不超过 10 米，直径不超过 2 米，发射重量在 12～30 吨之间。世界上最长的苏联 SS－N－23 潜地导弹已达 16.9 米。发射重量最大的苏制 SS－N－20 潜地导弹为 60 吨。弹道导弹通常为圆柱形结构，没有弹翼，发射时靠火箭推力飞行到达目标。

世界上没有任何武器能在射程和速

"宇宙神"弹道导弹于 1961 年 1 月 24 日从美国卡那维拉尔角发射升空。

中国"东风"地地战略导弹

度方面与战略弹道导弹相提并论。中程导弹射程在 1000～4000 千米之间；远程导弹在 4000～8000 千米；洲际导弹射程达 8000 千米以上。

战略弹道导弹由于利用空气稀少的高空和外层空间进行弹道飞行，所以空气阻力几乎没有，飞行速度每秒 7000 米左右，飞行马赫数可达 13～14，甚至能达 20 以上的超高速，这是任何其他武器所无法比拟的。

战略核导弹依靠弹体上的核战斗部来完成战略攻击。核战斗部包括能发生核裂变反应的原子弹战斗部、发生核聚变反应的氢弹战斗部，以及中子弹战斗部。为了对付反弹道导弹的拦截，60 年代又出现了多弹头战略核导弹。它是在一个母弹头内装放几个至十多个小子弹头，当母弹头飞到一定高度后，这一簇子弹头分别打击预定的不同目标。由于弹头多，敌方的反弹道导弹难以同时拦截所有来袭的子弹头，从而提高了突防能力，并可有效地杀伤破坏几个不同目标。

多弹头战略导弹

多弹头战略核导弹有分导式多弹头、散弹式多弹头和机动式多弹头。分导式多弹头在母弹头上装有主发动机和控制发动机，当母弹头与运载火箭分离后，控制发动机开始工作，修正弹道误差，对母弹头的速度和方向进行精细调整，然后投放子弹头。子弹头按惯性飞向目标。散弹式多弹头战略核导弹的母弹头和子弹头都没有制导系统，因而命中精度较低。母弹头在主动段的终端按顺序飞一段距离释放一个子弹头，直到释放完为止。所有弹头投放在前后相距数千米或数十千米的目标上。机动式多弹头战略核导弹的每个子弹头上都装有推进和控制装置，能随时改变弹道作机动飞行，并利用弹头上的导向装置自动瞄准和命中设定的多个目标。优点是可有效地防止被拦截导弹拦截，规避性能优异。不足之处是技术复杂，可靠性较低。

各国地地弹道导弹

美国"宇宙神"导弹

"宇宙神"导弹是美国研制的第一代洲际弹道导弹，导弹代号为SM—65，用途是攻击政治、工业中心等战略目标。1959年9月定型并装备部队，共装备126枚，导弹长25.146米，弹径3.05米，弹尾裙部最大直径为4.88米，起飞重量121吨，射程12070千米，命中精度为1.85～2.77千米。

该导弹采用MA—3型动力装置，由一台主发动机、两台助推发动机和两台游动发动机组成。弹头为Mk—4烧蚀式弹头，重2000千克，核当量为500万吨。发射方式为井下贮存，地面发射，发射时先将导弹提升到井口，然后主发动机和助推发动机点火发射升空。

美国"丘辟特"导弹

"丘辟特"导弹是美国研制的第一代中程弹道导弹，代号SM—78。1959年3月在部队部署，1963年4月退役。"丘辟特"是单级液体导弹，全长18.4米，弹径2.67米，起飞重量48吨，命中精度为8～4千米，射程为2400千米。弹头为单个热核弹头，重1500千克，核当量为100万吨。

美国"大力神"Ⅱ导弹

"大力神"Ⅱ导弹是美国制造的两级液体地地洲际弹道导弹，导弹代号SM—68C，属美国第二代战略导弹，用来攻击敌方地面战略目标。它于1960年6月开始由马丁公司研制，1963年底装备部队，共装备54枚导弹，1984～1987年全部退役。

"大力神"Ⅱ导弹全长33.52米、弹径3.05米、起飞重量149.7吨，起飞推力1912千牛，射程11700千米，命中精度0.93千米，反应时间60秒，发射成功率85.7%。导弹的动力装置由两级发动机组成，使用可贮存液体推进剂（NO加混肼50）。"大力神"Ⅱ导弹采用Mk6、Mk6A单弹头（美国60年代初研制的烧蚀式弹头），弹头重3.5吨，核当量为1000万吨；弹头上有突防舱。"大力神"Ⅱ导弹发射方式为直接从地下井发射，井深44.5米，井直径16.7米。导弹发射后弹上制导系统立即开始工作，根据惯性测量装置得到的信息，制导计算机不断发出指令，导弹通过姿态控制按预定弹道飞行。

↑ 美国"大力神"Ⅱ地对地战略弹道导弹

⬆ 美国"民兵"Ⅱ战略弹道导弹

美国"民兵"Ⅲ导弹

"民兵"Ⅲ导弹是美国的第三代洲际弹道导弹,为美国第一种采用分导式多弹头技术的洲际导弹。1970年6月完成部署。1978年11月停产,共生产830枚。导弹长18.26米、弹径1.67米,裙部直径1.88米,起飞重量35.4吨,起飞推力912千牛,投掷重量907千克,射程9800~13000千米,最大弹道高为1216千米,最大速度为19.7马赫,命中精度为185~450米,反应时间32秒。导弹采用三级固体发动机,推进剂为聚丁二烯丙烯腈。导弹有两种分导式多弹头,Mk12型弹头有3枚核当量为17.5万吨的子弹头,Mk12A型弹头含3枚核当量为33.5万吨的子弹头。Mk12A改进了制导系统软件,使命中精度提高一倍。发射方式通常为地下井发射。1974年从C-5A运输机上成功地进行了民兵导弹的空中发射试验,证实了从空中发射洲际弹道导弹的可能性。

苏联SS-11导弹

SS-11导弹是苏联研制的两级液体洲际弹道导弹,是其第三代战略弹道导弹,1967年后广泛部署,是苏联部署数量最多的一种洲际导弹。

1972年11月在莫斯科红场阅兵式上首次公开露面。有Ⅰ型、Ⅱ型、Ⅲ型和Ⅳ型4种型号。SS-11导弹从1975年起逐步被SS-17和SS-19取代。

SS-11导弹长19.5米,弹径2米,起飞重量50吨,投掷重量700千克,反应时间接近60秒,发射成功率约为70%。射程为10000千米,命中精度1.1千米。动力装置为两级液体火箭发动机,采用可贮存液体推进剂。核当量为100万吨。

苏联SS-24导弹

SS-24导弹是苏联研制的三级固体洲际弹道导弹,是其第四代战略弹道导弹,又称"解剖刀"导弹。1985年装备在SS-11的加固地下井中。1987年8月开始将SS-24导弹部署在列车上,改由列车机动发射。至1994年底,俄罗斯仅有43枚在役。导弹长23.6米,弹径2.4米,起飞重量为104.5吨,投掷重量3600千克,最大射程为10000千米,命中精度为200米,动力装置为三级固体火箭发动机,制导方式为惯性制导。弹头有10个分导式子弹头,每个核当量为35万吨。

法国S-2导弹

S-2导弹是法国研制的地地固体中程弹道导弹,1971年开始装备部队。

导弹长14.8米,弹径15米,起飞重量31.9吨,射程3000千米,命中精度约1千米,反应时间为200秒(紧急时可压缩为71秒),发射方式为地下井发射。导弹平时贮存在抗核加固的地下井内,地下井深30米,导弹的动力装置为欧洲动力公司的902型和903型固体火箭发动机,第一级推力544.5千牛,工作时间72秒;第二级推力445.5千牛,工作时间50秒,用4个喷管来控制推力方向。制导方式为惯性制导,弹头为AN-52型核弹头,核当量为15万吨。

潜地弹道导弹

潜地导弹

潜地导弹是由潜艇在水下发射的导弹，它是战略导弹中生存能力最强的武器系统。潜地导弹可以实施首次核突击，也可以作为战略预备力量进行第二次核打击。现役潜地导弹射程为1600～9100千米，配有单弹头、集束式和分导式多弹头，当量通常为50万～100万吨，采用惯性或卫星制导，命中精度为230～1500米。目前较先进的潜地导弹，有美国的"三叉戟"I，采用三级固体火箭发动机，射程7400千米，携带10个分导式弹头，卫星惯性制导，命中精度为230～500米；俄罗斯的SS－N－20，采用三级固体火箭发动机，射程8300千米，携带12个分导式弹头，命中精度为350米。

潜艇怎样从水下发射导弹

水下发射弹道导弹的潜艇一般在水下30米深度以2节左右的速度航行，导弹置于发射筒内垂直装于潜艇中部。此时发射筒盖承受约3个大气压的水压，用高压气进行筒内增压，便可开启筒盖。为防止海水涌入待发的导弹发射筒，在筒口安装一层水密隔膜。发射时，点燃燃气发生器，高温高压气体从发射筒底部喷入筒内，推动导弹穿透水密隔膜，在第1级火箭的助推下冲出水面并飞行二三十千米后，第2级火箭进行接力助推，按预定弹道飞行后再入大气层对目标实施攻击。最初的水下导弹发射，采用导弹飞离水面15～25米高度时1级火箭开始点火的方式。后来则改为导弹发射离艇后，在水下一个安全距离上点火，保证导弹在出水时有一个巨大的垂直向上运动的推力，以消除导弹出水时水面风浪的影响。重达十几吨的导弹发射离艇后，必须立即向发射筒内灌注海水，弥补部分弹重。同时潜艇均衡水柜也抽水以保持潜艇的稳定性。发射产生的后坐力会使潜艇略微下沉，但不会对潜艇造成危险。水下垂直发射方式对潜艇要求很高，技术也比较复杂，所以一般仍采用鱼雷发射管进行。发射导弹置于一个特制的鱼雷形容器中，容器尾部装一台固体火箭发动机和一个燃气发生器。发射时，潜艇像发射鱼雷那样把容器推出艇外，固体火箭发动机点火推动容器潜航，潜航150～200米后容器以45°角跃出水面并升至20米高度，尾部燃气发生器所产生的燃气将导弹以12°～15°倾角射

↑ 美战略核潜艇曾装载的"三叉戟"I型弹道导弹

↑ 这是早期美国潜艇水面发射"北极星"I导弹的情景。

.267

出，容器脱落，导弹自身的助推器点火，将其推向 32 米高度，随后，弹上主动机点火，导弹降到 15 米左右的高度飞行，直到击中目标。

"北极星" A - 1

1960 年 7 月 18 日，世界上第一艘携载 16 枚 "北极星" A - 1 弹道导弹的美国海军 "乔治·华盛顿" 号核潜艇准备进行世界上第一次潜射导弹试验。7 月 20 日 12 时 39 分，"北极星" A - 1 弹道导弹终于从 "乔治·华盛顿" 号核潜艇上成功地发射出去，导弹冲破海面，顺利升空。15 时 32 分，第二枚导弹也试射成功，射程达 1780 千米。

第一次水下导弹的发射成功，使潜艇真正具有了强大的生存能力和突防能力，特别是促进了战略导弹核潜艇的发展，为核武器储备和实施机动核打击奠定了基础。

"北极星" A - 1 导弹是美国研制的第一代潜地中程弹道导弹，代号为 UGM - 27A，1960 年 11 月装备部队。曾装备 5 艘华盛顿级核潜艇，每艇 16 枚，1965 年全部退

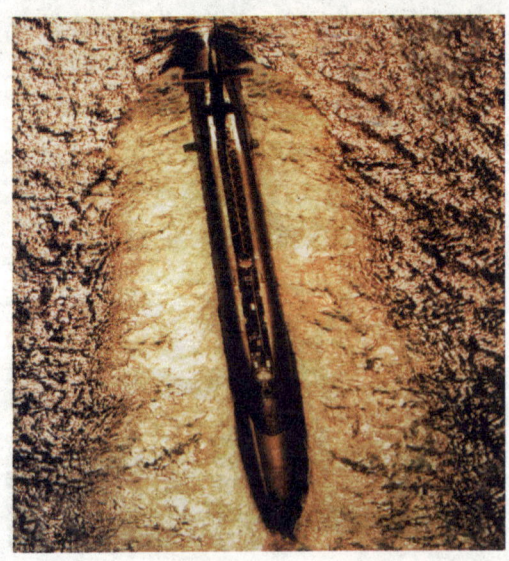

美国 "北极星" A - 1 潜对地战略弹道导弹潜艇

役。每枚导弹单价 75 万美元（1963 年美元值）。

该导弹长 8.69 米，弹径 1.37 米，起飞重量 12.9 吨，起飞推力 311 千牛，投掷重量 454 千克，射程 2200 千米，命中精度为 1850 米。导弹采用两级固体火箭发动机，各有四个固定喷管，靠喷流致偏环来改变推力方向。

美国的潜地战略核导弹

美国从 20 世纪 50 年代中期开始发展潜地弹道导弹，陆续研制成功 "北极星" A - 1、A - 2、A - 3，"海神" C - 3，"三叉戟" Ⅰ C-4、Ⅱ D-5 等共 3 个系列 6 种型号的潜地弹道导弹。1971 年开始装备的 "海神" 导弹主要装备 "拉斐特" 级战略核潜艇。"三叉戟" Ⅰ 型导弹重达 33 吨，射程高达 7400 千米，误差减小到 460 米。主要装备 "俄亥俄" 级战略核潜艇，每艇装 24 枚。1988 年 12 月 17 日，"三叉戟" Ⅱ D-5 型导弹服役，首次装备 "俄亥俄" 级 "田纳西" 号，每艇装 24 枚。

各国潜地弹道导弹

美国 "海神" C - 3 导弹

"海神" C - 3 导弹是美国研制的第二代潜地弹道导弹，代号为 UGM - 73A。它是在 "北极星" 导弹的基础上改进的中程潜地弹道导弹。1971 年 3 月装备部队，1974 年停止生产，共生产 640 枚，每枚导弹价格 540 万美元。1979 年开始退役。导弹长 10.4 米，弹径 1.88 米，起飞重量 29.5 吨，起飞推力 725 千牛，投掷重量 1500 千克，射程 4600 千米，命中精度 450 米。动力装置采用两台 PC3 - 1/LSC3 型固体发动机。第一级发动机长 478 米，直径 1.88 米，重 7.8 吨。两级发动机都采用单个潜入式可动喷管。制导系统为 Mk3

型惯性制导系统。弹头为Mk3分导式多弹头，可带6～10个子弹头，子弹头重91千克，核当量为5万吨。子弹头的纵向分导距离为480～640千米，横向分导距离为240～320千米。

美国"三叉戟"Ⅱ型导弹1987年1月进行陆基发射试验。

美国"三叉戟"Ⅱ导弹

"三叉戟"Ⅱ导弹是美国研制的第三代潜地弹道导弹。它具备攻击包括硬点目标在内的各种目标的能力，是用来摧毁敌方重要战略目标的海基核威慑力量，又称为D－5导弹。1990年开始部署，装备在第9艘"三叉戟"级潜艇上。在20世纪90年代装备了约20艘"俄亥俄"级导弹核潜艇，每艇装24枚导弹。该导弹全长13.4米，弹径2.108米，起飞重量59.1吨，投掷重量2800千克，射程为11000千米，命中精度为90米。弹头为Mk5型分导式核弹头，含8个子弹头，其核当量为47.5万吨。

苏联SS－N－6导弹

SS－N－6导弹是苏联研制的潜地战略弹道导弹，又称为"索弗莱"导弹，其性能与美国的"北极星"A－1和A－2导弹相近。该导弹共有三种型号，Ⅰ型于1968年开始服役，Ⅱ型于1973年开始服役，Ⅲ型于1979年服役。

SS－N－6导弹长9.15米，弹径1.65米，起飞重量19吨，弹头重量720千克。Ⅰ型和Ⅱ型均为单弹头，核当量为100万吨；Ⅲ型为集束式多弹头，核当量为2×（20～35）万吨。

Ⅰ型射程为2400千米，Ⅱ型和Ⅲ型的射程为3000千米。Ⅰ型和Ⅱ型的命中精度为0.9千米，Ⅲ型命中精度为1400米。最佳毁伤面积为85～135平方千米。动力装置为一级可贮液体火箭发动机。制导方式为惯性制导。采用潜艇水下发射方式。

苏联SS－N－4导弹

SS－N－4导弹是苏联研制的第一代单级液体潜地战略弹道导弹，又称为"萨克"导弹，主要用来攻击陆上战略目标。

SS－N－4导弹长11.8米，弹径1.3米，起飞重量为13.7吨，起飞推力为470千牛，射程650千米。命中精度为4千米，最大速度为7马赫。

该导弹的制导方式为惯性制导，采用单弹头，核当量为100万吨，弹头重量680千克。其冲击波超压最佳毁伤半径分别为8.47或4.06千米，最佳毁伤面积分别为22.5或52平方千米。发射方式为潜艇水面发射，即从浮出水面的潜艇上发射导弹。

短程弹道导弹

短程弹道导弹属于地地战术导弹范畴，射程一般在1000千米以下，可携带核弹头或常规弹头，主要用于攻击地面炮兵射程之外的固定及活动目标，如核武器发射阵地、前沿飞机场、坦克集群、部队集结地、固定防空阵地、交通枢纽等。最著名的现役短程地地战术导弹有：苏联的"蛙"7、SS－21、"飞毛腿"B、SS－23、"薄板"、SS－22；美国的"长矛""潘

兴"IA；法国的"哈得斯"等。

各国短程地地弹道导弹

美国"红石"导弹

"红石"导弹是美国研制的一种近程地地弹道导弹，是在 V－2 导弹基础上研制而成的，于1957年9月装备部队。导弹长19.2米，弹径1.78米，翼展3.67米，起飞重量20.4吨，起飞推力284千牛，射程320～480千米，命中精度300米。惯性制导系统由 ST－80 三轴稳定平台和模拟制导计算机组成，利用空气舵和燃气舵进行控制。导弹达到给定速度后，发动机熄火并使导弹前部分离，靠十字弹翼保持稳定。导弹采用 A－6 型再生冷却式液体火箭发动机，重660千克，工作时间145秒，推进剂为酒精加液氧。核战斗部重3吨，核当量35万吨，无防热措施。

美国"潘兴"IA 导弹

"潘兴"IA 导弹是美国研制的一种中程地地战术弹道导弹，是"潘兴"I 的改进型。1969～1971年逐步完成对"潘兴"I 导弹的替换，共装备了108枚。导弹长10.5米，弹径1.01米，翼展2米，起飞重量4.2吨，起飞推力为119千牛。最大射程740千米，最小射程160千米，命中精度为370米，反应时间小于15分钟，可靠性为84%。制导系统为数字化全惯性系统。控制系统采用燃气舵加空气舵。动力装置和"潘兴"I 导弹一样。弹头重570千克，内装 W50 核弹头，核当量为4万吨、6万吨和40万吨。整个导弹系统装在4辆福特公司的5吨 M656 型轮式车上运输发射。该导弹系统在1974年安装了自动定位系统和连续发射转接装置。其中前者的作用是自动确定发射方位，简化发射操作，缩短发射准备时间；

后者的作用是可控制3枚导弹自动发射，每枚弹射后无须重新敷设电缆，因而可以提高射前生存能力和缩短发射时间。

⬆ 美国"潘兴"Ⅱ地地战术弹道导弹

美国"潘兴"Ⅱ 导弹

"潘兴"Ⅱ 导弹是20世纪80年代初美国研制的第四代近中程弹道导弹。它从潘兴 IA 改进而来。可用于打击指挥所、军事基地、武器及燃料仓库等目标。为陆军提供远距离核火力支援。1983年8月～1985年11月完成了在德国的部署，共部署了108枚导弹。导弹长10.5米，弹径1.0米，翼展2米，起飞重量为7.4吨。弹头是核当量1万～2万吨级的空（地）爆核弹头，也可以装5000吨级的钻地弹头和高能炸药弹头。导弹采用两级新型的 TX－174/175 型固体发动机，用车载机动发射，射程1800千米，弹头重量1360千克。最小射程为160千米，最大弹道高为300千米，最大速度为12马赫。采用惯性制导加雷达地形匹配末制导的组合制导方式。命中精度从"潘兴"IA 的370米提高为30米，圆概率误差仅25米，成为世界命中精度最高的弹道导弹。整个武器系统安装在自行运输发射车上，能快速机动（每小时60千米）和反应。它所携带的一枚核弹头核当量虽只有1万吨，但能空中爆炸、地面爆炸和钻地爆炸。

近程地地弹道导弹

各国近程地地弹道导弹

美国"长矛"导弹

"长矛"导弹是美国研制的近程、全天候地地战术导弹，属于美国的第二代地地战术导弹，可空运和浮渡，用来为陆军和海军的军一级提供中距离核火力支援。该弹于1972年7月服役。

"长矛"导弹长6.14米、弹径0.56米、翼展1.4米（带常规弹头时为1.18米），起飞重量1.455吨（带常规弹头时为1.52吨），投掷重量216千克（常规弹头454千克）。弹头有三种：核弹头M234，重211千克，核当量约为1000吨；常规弹头M188，重约454千克，装高能炸药；化学弹头E－27，装有使人瘫痪的毒气。导弹采用两级P8E－6型液体发动机，燃料为预包装可贮液体推进剂，最大推力为20吨，射程为8～115千米，最大速度为3马赫，最大高度为45.7千米（对应最大射程），发射速率为每小时4发。制导系统为简易惯性制导系统。命中精度：射程50千米时为150米；射程75千米时为225米；射程130千米时为375米。

苏联"飞毛腿"导弹

"飞毛腿"导弹是苏联研制的地地战术弹道导弹，有A、B、C、D4个级别：A型于1957年服役；B型是A型的改进型，于1965年装备部队。B型后逐步取代A型，曾在1973年的中东战争中使用过。伊拉克将其引进并自己研制成了"侯赛因"导弹，其射程可达640千米，命中精度为800米，在1991年海湾战争中为伊拉克大量使用。伊拉克向以色列和沙特阿拉伯发射了几十枚"飞毛腿"导弹，其中部分被"爱国者"防空导弹所拦截，从此"飞毛腿"导弹被世人熟知。由于采用常规弹头，其有效杀伤半径太小，作战效果不好。与固体导弹相比，该导弹的缺点

美国"长矛"地地战术弹道导弹在发射时的一刹那

苏联"飞毛腿"A地地战术弹道导弹和建筑物

海湾战争中,以色列被"飞毛腿"导弹击中的建筑物。

是地面设备庞杂,操作不便。

苏联"飞毛腿"B导弹

"飞毛腿"B导弹是苏联1965年装备部队的陆基机动弹道导弹,属第二代地地战术导弹。导弹长11.16米,弹头常规装药时重1000千克,核装药时核当量为1万~100万吨,射程50~300千米,命中精度300米,从瞄准到发射为7分钟,采用惯性制导,发射方式为车载地面发射。它的飞行程序预先在弹上装定,导弹发射后,由弹上惯导系统按预编程序控制导弹飞行。

1973年第四次中东战争爆发,埃及和叙利亚第一次使用了苏制"蛙"7和"飞毛腿"B导弹。

法国"普吕东"导弹

"普吕东"导弹是法国研制的单级固体机动地地战术弹道核导弹。从1974年5月装备第一个导弹团至今已装备了5个"普吕东"战术导弹团,组成法国第一代战术核力量。导弹全长7.64米,弹径为0.65米,尾部有4个稳定尾翼,翼展为1.415米。导弹起飞重量为2.42吨,动力装置采用两级固体火箭发动机(推力为265千牛,助推级工作10秒,主级工作18秒)。最大射程可达120千米,最小射程为10千米。采用AN—51核弹头,其核当量为1.5万~2.5万吨。制导系统为简易捷联式惯性制导系统,由陀螺加速度表和模拟计算机组成,其命中精度为150米。导弹发射车由法国陆军使用的标准型AMX-30坦克底盘改装而成,机动性与防护性较好。从接到发射命令到发射导弹约需30分钟。

印度"大地"导弹

"大地"导弹是印度研制的第一种近程地地弹道导弹。1983年开始研制,1988年2月首次试验,1994年开始装备部队。导弹长9.1米,最大直径1.1米,动力装置为单级液体火箭发动机,但可按不同有效载荷和射程要求,对发动机进行调节。导弹起飞重量为4吨,有效载荷为1吨,可装载核弹头、烈性炸药爆炸弹头或子母弹。制导系统采用捷联式惯导,并有两台微处理机用于监测导弹和弹上测试。导弹安装在轮式运输发射车上,发射时起竖到垂直位置。一车一弹。

 印度"大地"地地战术弹道导弹

地空导弹

第一代地空导弹

　　第二次世界大战时期对付飞机的主要武器是高射炮，其次是高射机枪等。随着战机性能的不断改进，高射炮已经无法阻止战机的袭击了，于是有了地空导弹。地空导弹由地面发射，攻击来袭飞机、导弹等空中目标，是现代防空武器系统中的一个重要组成部分。与高炮相比，它射程远、射高大、单发命中率高；与截击机相比，它反应速度快、火力猛、威力大，不受目标速度和高度限制，可以在高、中、低空及远、中、近程构成一道道严密的防空火力网。第一代地空导弹是战后至20世纪50年代末期研制的，主要研发国是美、苏两家。为了对付高空高速飞机，美、苏重点发展了中高空、中远程导弹，代表型为美国的"波马克"和"奈基"Ⅰ、Ⅱ型号弹，苏联的SA－1和SA－2。第一代地空导弹射程达50千米左右，射高达30千米左右，可对付新出现的喷气式战斗机。但这一代导弹尺寸较大，只能固定发射和对付中高空目标，对低空、超低空突防的飞机作用不大。

第二代地空导弹

　　第二代地空导弹是在20世纪50年代末至60年代末发展起来的。这一代地空导弹机动性能好，反应速度快，能够对中低空、中远程和低空、近程目标进行攻击。中高空、中近程地空导弹有美国的"霍克"和苏联的SA－3、SA－6；低空、近程导弹有美国的"小槲树""红眼睛"，苏联的SA－7等；中高空、中远程导弹有苏联的SA－4、SA－5两型导弹，

英国研发了"警犬"2号中高空、中远程地空导弹。第二代地空导弹有较强的机动发射能力，自动化程度高，可有效对付高、中、低空突袭的战机或巡航式导弹。

第三代地空导弹

　　第三代地空导弹是20世纪60年代末至70年代末发展的。除苏联的SA－11中程导弹外，其余全是低空、超低空防空导弹，特别是携带轻便，随时随地都可以发射的单兵便携式导弹迅速发展。代表型有：美国的"毒刺"，苏联的SA－8、SA－9，英国的"山猫""轻剑""吹管"，法国的"响尾蛇"，法德合作的"罗兰特"及瑞典的RBS－70等各型导弹。

第四代地空导弹

　　第四代地空导弹是20世纪70年代末以后发展起来的。第四代地空导弹主要是考虑对付机动能力大增的战机和弹道导弹，因此重点发展低空导弹并将先进的寻的制导技术及抗干扰技术用于导弹设计。其代表型导弹有：美国的"爱国者""改霍克""罗兰特"，苏联的SA－12、SA－13，美国和瑞士联合研制的"阿达茨"，法国的"西北风"，英国的"轻剑2000""星光"，

 美国 ADATS 地空导弹

① 美国"霍克"地空导弹

德国的"罗兰特"，法国的"夏安"，日本的81式和意大利的"防空卫士"等。这一代导弹能跟踪和攻击多批目标，命中精度和作战效能大大提高。

单兵便携式防空导弹

单兵便携式防空导弹是地空导弹中体积最小、射程最近、射高最小的一种轻型防空武器，主要打击对象是低空、超低空飞行的战斗机、攻击机、轰炸机和武装直升机。

单兵便携式导弹具有轻便灵活，发射隐蔽，难以截击等优点，在局部战场上显示出强大的威力。

单兵便携式防空导弹发展了三代：第一代是美国的"红眼睛"和苏联的SA－7；第二代是美国的"毒刺"、英国的"吹管"和瑞典的RBS－70；第三代是美国的"毒刺"改进型、法国的"西北风"和英国的"标枪""星光"。单兵便携式防空导弹长约1米，最长达1.5米；弹重10千克左右，最重15千克；有效射程为2000～7000米，有效射高为2000～5000米。一般采用专门的发射器进行肩扛发射，发射器为一次使用型。用助推火箭发射，离发射筒数米后固体火箭发动机启动推进弹体飞向目标。

单兵便携式导弹弹体小，无法装设复杂的制导设备，故多采用光学、红外和复合制导方式。如"毒刺"导弹采用光学瞄准和红外寻的，导引头装在导弹前端，探测飞机辐射出的高温热源，然后将目标信息传给电子组件，转变为指令制导，控制伺服系统动作，从而按比例导引法飞向目标。

复合式制导方式是采用指令瞄准线制导，射手只需用眼睛跟踪目标，使之保持在瞄准镜的瞄准线上即可，飞行的弹体由激光波束制导击中目标。

各国地空导弹

美国"斯普林特"导弹

"斯普林特"导弹是美国研制的一种实施低空拦截的近程导弹，用来拦截洲际导弹进攻的再入的弹头。导弹作战半径最大48千米，最小32千米；作战高度最大30千米，最小15千米，杀伤概率75%，由地下井气体弹射。导弹长8.2米，最大弹径1.37米，二级弹径850毫米，发射筒长3.67米，直径1.53米，发射重量4.5吨，最大速度11～12马赫，机动能力150千克，采用无线电指令制导，动力装置为二级固体火箭发动机，采用核战斗部，杀伤半径400米。

美国"霍克"导弹

"霍克"导弹是美国研制的一种全天候中程中低空地空导弹。代号为MIM－23，主要作用是对付飞机、战术弹道导弹和飞航式导弹，担负国土和要地防空。A型于1959年装备部队，B型于1971年投产，大量装备部队。20世纪80年代由"爱国者"地空导弹取代。B型导弹长5.08米，弹体直径0.37米，翼展1.19米，发射重量627.3千克，导弹采用一台双推力固体火箭发动机，起飞推力62千牛，主航推力13千牛。战斗部采用破片杀伤式，装烈性炸药50千克，由近炸引信起爆，也可核装药，当量为100～500吨。B型导弹最大射程40千米，射高0.06～18千米，最大速度2.8马赫，单发命中概率80%，采用全程连续波半主动雷达自动寻的制导系统。世界上约有20个国家和地区装备该导弹。

美国"毒刺"导弹

"毒刺"导弹是美国研制的一种单兵肩射式近程地空导弹武器系统。主要用于战区前沿和要地防空，对付低空、超低空飞机和直升机。1981年2月开始服役。"毒刺"导弹的全武器系统由筒装导弹、发射装置、敌我识别器、程序装置和电源等组成。发射装置由发射筒和多次使用的发射机构组成。射手必须采用立姿发射。"毒刺"导弹作战半径0.2～4.5千米，最大作战高度3.8千米，制导方式采用光学瞄准加红外寻的。导弹长1.52米，发射筒长1.83米，弹径0.7米，发射筒内径0.9米，弹翼0.9米，弹重10.1千克，发射筒重3.5千克，最大速度2.3马赫。采用破片杀伤战斗部，重1千克，触发式引信。动力装置采用两台固体火箭发动机。

🔼 "复仇者"地空导弹

美国"复仇者"导弹

"复仇者"导弹是美国研制的一种近程低空地空导弹武器系统。该导弹具有迎击目标能力，可摧毁近距飞机和直升机。1985年开始批量生产，并陆续装备陆军。"复仇者"导弹的最大作战半径4.8千米，最大作战高度1.48千米，制导方式采用光或前视红外探测加红外被动寻的。它可在行进中发射导弹，最大速度为64千米/时，可由直升机及运输机空运。导弹长1.52米，弹体直径0.07米，翼展0.09米，重量10.12千克，最大速度为2马赫。战斗部采用预成形破片杀伤式战斗部，触发式引信。动力装置为两台固体火箭发动机。

美国"爱国者"导弹

"爱国者"导弹是美国研制的一种全天候多用途地空导弹系统。它属第三代地空导弹，采用多功能相控阵雷达，能同时掌握100多批目标和制导8枚导弹攻击多个目标。整个系统由一辆相控阵雷达车、一辆指挥控制车、一辆电源车和4～8辆四或六联装导弹发射车组成，可以用C—141型运输机和重型直升机空运。

导弹长5.3米，弹体直径0.41米，翼展0.87米，发射重量1000千克，动力装

🔼 美国"毒刺"地空导弹

⬆ "爱国者"导弹发射架

⬆ "爱国者"导弹

置为一台高能固体火箭发动机。战斗部重100千克，装烈性炸药或核装药，当量为3万~5万吨，杀伤半径20千米，杀伤概率大于80%。射程80~100千米，射高0.3~24千米，最大速度6马赫。"爱国者"导弹武器系统由火控和发射架两大部分组成。它的作战过程大致如下：获入侵目标信息后，导弹进入作战准备状态，地面雷达开始搜索，发现目标后立即进行监视、跟踪，指挥控制车进行敌我识别，威胁判断，确定优先攻击的目标和拦截时间，选定发射架，发射前将需要的数据、程序送给导弹；发射导弹，按预定程序飞行，同时雷达搜索、跟踪导弹，并以指令不断修正导弹飞行弹道；当雷达收到目标反射回来的信号后，导弹由指令制导自动转入半主动雷达寻的制导，当导弹与目标间的距离达到杀伤威力半径时，引爆战斗部，摧毁目标。

苏联 SA－9 导弹

SA－9导弹是苏联研制的机动式近程低空地空导弹。又称"萨姆"9导弹。SA－9整个系统装在一辆轮式两栖装甲车上，车长5.5米，有4名乘员，发射装置采用四联装矩形发射筒，平时可收放在车体后部，作战时升起，车上除有4发待发导弹外，还有8发贮备弹。SA－9导弹于20世纪60年代末装备部队，随后进行改进，成为全天候地空导弹系统。导弹长约1.8米，弹体直径约0.12米，动力装置为一台固体火箭发动机。制导方式采用光学瞄准和红外自动寻的。战斗部为破片杀伤式，总重约7千克，装烈性炸药。导弹射程0.9~4.2千米，射高0.030~3.5千米，最大速度约2马赫。

苏联 SA－10 导弹

SA－10导弹是苏联研制的单级全天候中程低空地空导弹。代号C－300，又称"萨姆"10导弹。1980年装备部队。SA－10导弹长7.25米，弹体直径0.508米，最大射程约90千米，最大速度6马赫，动力装置为一台固体火箭发动机。SA－10导弹配用三部雷达，导弹飞行末段采用主动式雷达寻的制导。

苏联 SA－13 导弹

SA－13导弹是苏联研制的机动式近程地空导弹武器系统，又称"萨姆"13导弹。1975年开始服役。

SA－13导弹作战半径0.5~5千米，作战高度最大为3.5千米，最大速度约为1.5马赫，制导体制采用全程红外寻的制导。导弹长2.2米，弹径0.12米，翼展0.4米，弹重55千克，战斗部采用破片杀伤式，重约 6 千克，由近炸引信起爆，动力装置为一台固体火箭发动机，由四联装筒倾斜发射。

SA — 13 导弹的武器系统装在一辆履带运输车上。该车越野性能好，并具有三防能力。载车全重 12.5 吨，公路行驶的最大时速 62 千米，水中行驶最大时速约为 6 千米，载弹量 12 ~ 16 枚。

法国／德国"罗兰特"导弹

"罗兰特"导弹是法国和德国共同研制的双联装自行式近程低空地空导弹系统。用于对付低速飞机，适于野战防空。共有 1 型、2 型和 3 型三种型号。1 型为晴天候型，1977 年装备法国陆军；2 型和 3 型为全天候型，已装备德国和法国陆军。1 型和 2 型的区别在于后者增加了一部跟踪雷达。"罗兰特"导弹系统都装在一辆履带车上，每辆车有 3 名乘员，2 枚待发导弹和 8 枚备份导弹。导弹长 2.4 米，弹体直径 0.16 米，翼展 0.5 米，发射重量 66.5 千克。发射筒长 2.6 米，发射筒口径 0.28 米，发射筒重 12 千克。导弹的

⬆ "罗兰特"地空导弹发射瞬间

动力装置包括一台主航固体火箭发动机和一台起飞固体助推器，起飞推力为 16.7 千牛，主航推力为 20 千牛。导弹射程为 0.5 ~ 6.5 千米，射高 0.015 ~ 4.5 千米，最大速度 1.5 马赫，制导方式 1 型为光学跟踪和无线电指令制导，2 型为雷达或光学跟踪和无线电指令制导。导弹单发命中概率 90%，反应时间 6 秒。

法国／意大利未来防空导弹系列

未来防空导弹系列是以法国和意大利为主并有欧洲其他国家合作研制，以满足 2000 年前后对先进防空导弹武器系统

⬇ 苏联 SA-13 防空导弹

↑ 德/法联合研制的"独眼巨人"反坦克导弹

需求的一系列防空导弹武器的统称。该系统使用"紫菀"15和"紫菀"30两种导弹。陆用防空导弹的作战距离最大12千米（对导弹），30千米（对飞机）；作战高度最大20千米，反应时间4秒，制导采用无线电指令修正的惯性导航与末段主动雷达制导的体制。导弹全长4.2米（"紫菀"15），4.8米（"紫菀"30）；起飞重量350千克（"紫菀"15），450千克（"紫菀"30）；机动能力为50千克；采用破片聚能杀伤爆破战斗部；动力装置为1台固体火箭发动机和1台固体助推器。为满足21世纪的防空作战要求，此系列中的各武器均具有系列化、模块化、技术新、潜力大等特点。

德国/法国"独眼巨人"导弹

"独眼巨人"是德、法联合研制的低空反直升机导弹。它除反直升机外，还可用作空地武器，用于攻击坦克、装甲车等地面目标。导弹作战距离为10千米，作战高度为160米，最大速度为0.4马赫，机动能力为10千克，动力装置为一台涡轮发动机，制导体制采用光纤制导，带有红外导引头。导弹可以装在各种卡车和坦克上由贮箱式发射架发射。"独眼巨人"导弹从1984年开始研制，1987年12月进行首次试验，1988年又进行了多次试验，1991年3月定型。

英国"标枪"导弹

"标枪"导弹是英国研制的一种可以单兵肩射或多种方式发射的近程地空导弹。该导弹于1985年初装备部队。

"标枪"导弹研制了三种发射方式。一是三脚支架式，三联装发射架；二是装甲车载四联装发射架；三是直升机载空对空发射架。导弹最大作战半径5.5千米，最小作战半径0.3千米，作战高度3千米，制导体制采用光学跟踪、无线电指令制导。导弹长1.4米，弹体直径0.076米，最大速度约为1.6马赫。

↓ 英国"星光"地空导弹

英国"星光"导弹

"星光"是英国在"标枪"导弹基础上发展的一种高速近程地空导弹，代号S14。1986年开始研制，1988年首次试验成功，1989年开始进行批量生产，1993年装备英国陆军。

"星光"导弹主要对付低空飞机、直升机，作战距离最大7千米，飞行速度为4马赫，杀伤概率单发为96%。导弹全长1.397米，弹径为127毫米，起飞重量20千克，战斗部采用3个"标枪"动能穿甲子弹头和小型爆破战斗部子弹头，子弹头长300毫米，重1千克。制导体制为激光集束制导。动力装置为二级固体火箭发动机。发射方式为单兵肩射、三脚架发射、车载发射、舰射等。

舰空导弹

各国舰空导弹

美国"小猎犬"导弹

"小猎犬"导弹是美国研制的一种全天候中程中低空舰空导弹系统，是海军装备的第一个导弹系统。它是美国的三T导弹系统之一。"小猎犬"导弹于1955年开始服役，此后进行了6次改型，其中RIM－2F型为高级小猎犬。高级"小猎犬"导弹对付目标为中、低空的各类战斗机，最大作战半径35千米，最大作战高度为20千米，制导体制采用雷达波束制导或雷达波束加半主动雷达寻的末制导。"小猎犬"导弹含助推器长8.23米，不含助推器长4.6米，弹径含助推器为0.406米，二级为0.30米，翼展1.25米，弹重1393千克，最大速度为2.5马赫。战斗部为连杆杀伤式，装烈性炸药100千克，或采用核装药，用无线电近炸引信起爆。动力装置为一台固体助推器加一台固体火箭主发动机。

美国"宙斯盾"导弹系统

"宙斯盾"导弹系统是美国研制的一种全天候、全空域舰空导弹武器系统。其主要作用是对付高性能飞机及战术导弹，以保卫航空母舰或进行舰队的区域防御，是美国在20世纪80年代以后的主要防空武器系统，并且列为第三代舰空导弹系统。1983年开始在巡洋舰上装备。"宙斯盾"导弹武器系统由"标准"2型导弹（中程）、多功能相控阵雷达、指挥决策中心、武器控制系统、战备状态检测系统、火控系统和导弹发射系统等部分组成。"宙斯盾"导弹具有反应时间短、抗干扰能力强、可靠性高、火力强、能对付饱和攻击及全空域作战等特点。

美国"标准"导弹

"标准"导弹是美国研制的第二代舰空导弹。装备在巡洋舰、护卫舰和驱逐舰上，主要作用是对付中高空飞机和巡航式导弹，也具有一定的反舰能力。它分中程和增程两种，都是从1969年开始服役的。"中程标准"导弹弹长4.48米，弹体直径0.343千米，翼展1.06米，发射重量642.3千克，射程38千米，射高20千米，最大速度2马赫，动力装置为一台双推力固体火箭发动机。"增程标准"导弹弹长7.98米，弹体直径0.343米，翼展1.55米，发射重量1343.6千克，射程64千米，射高20千米，最大速度2.5马赫，动力装置为一台固体主航发动机和一台固体助推器。两种"标准"导弹的战斗部装烈性炸药100千克，由触发引信或近炸引信起爆。制导方式均采用半主动雷达寻的制导。

法国"海响尾蛇"导弹

"海响尾蛇"导弹是法国研制的一种全天候近程低空舰空导弹系统。"海响尾蛇"导弹由"响尾蛇"地空导弹改装发展而成，已装备法国海军军舰。

① 美国"小猎犬"舰空导弹

⬆ 舰载"海响尾蛇"舰空导弹

"海响尾蛇"导弹与陆用"响尾蛇"导弹的主要区别是发射筒口径增大为 0.515 米，发射架的俯仰角由 — 5° 改为 — 15°，以及发射系统的改动等。"海响尾蛇"系统包括发射塔、火控室和中央操纵室等部分。发射塔位于甲板上，火控室和中央操纵室均位于甲板下面。

法国"萨德拉尔"导弹

"萨德拉尔"导弹是法国研制的一种超近程舰空导弹武器系统。该导弹是由"西北风"地空导弹改装而来的。"萨德拉尔"导弹从 1981 年开始研制，主要用来对付低空飞机、直升机和掠海反舰导弹的攻击。

"萨德拉尔"导弹的武器系统包括六联装发射架、随动系统、控制台和导弹几部分，与西北风导弹的武器系统基本相同。"萨德拉尔"导弹的发射部分由三角发射架改为可载 6 枚待发导弹的活动发射架，其方位可转 360°，高低射界为 — 15° ~ + 85°。该导弹的发射架有稳定装置，不受舰船倾斜的影响。

"萨德拉尔"导弹武器系统由发射架上的闭路电视摄像机录取图像，从而截获目标，并对发射架预先定位。射手可以用数枚导弹攻击一个目标，也可以攻击多个目标。

英国"海标枪"导弹

"海标枪"导弹是英国研制的第二代舰载中高空面防御舰空导弹。主要作用是拦截高性能飞机和反舰导弹，也能对付舰船等目标。1969 年 10 月开始服役。导弹最大作战半径 80 千米，最小作战半径 4.5 千米，最大作战高度为 25 千米，最小作战高度为 0.03 千米，反应时间 13.5 秒，制导体制采用全程半主动雷达寻的制导，发射方式为双联倾斜发射架发射。导弹长 4.36 米，弹径 0.42 米，翼展 0.91 米，弹重 550 千克，最大速度为 3.5 马赫，采用预刻槽式破片战斗部，无线电近炸引信，杀伤半径为 9 米。动力装置中的助推器为固体发动机，主发动机为推力可变的液体冲压喷气发动机。

英国"海蛇"导弹

"海蛇"导弹是英国研制的第一代全天候、中程中低空舰空导弹，分 I 型和 II 型两种，是一种面防御系统，主要用于舰队防空以对付轰炸机的攻击，也能对付水面舰船。"海蛇"导弹的最大作战半径为 45 千米，作战高度为 15 千米，制导体制采用雷达波束制导加末段半主动寻的制导，由双联装发射架倾斜发射。

"海蛇"导弹长 6 米，弹径 0.410 米，助推器长 3.65 米，翼展 1.6 米，弹重 1100 千克。"海蛇"导弹的最大速度为 3 马赫；战斗部为破片杀伤式，总重 9 千克，装烈性炸药，采用无线电近炸引信。动力装置采用 1 台固体主发动机和 4 台固体助推器。

⬆ 双联装"海标枪"舰空导弹

巡航导弹

美国"斗牛士"地地战术巡航导弹。这是美国第一种战术巡航导弹。

巡航导弹

最早的 V－1 就是巡航导弹，当时称为"飞弹"。它靠发动机推进飞行，就像一架无人驾驶的飞机一样。巡航导弹体积较小，重量轻，便于携载和发射。海军攻击型核潜艇可垂直携载 12 枚抵近敌沿海发射，打击纵深 1300 ~ 2500 千米的重要军政目标。用 Mk41 垂直发射装置可携 100 枚。B－52G 轰炸机可载弹 20 枚，B－1B 可携 30 枚，改装后的 DC－10 能携 50 ~ 60 枚，改装后的波音－747 能携 70 ~ 90 枚。地面发射的"战斧"导弹装在发射车上，每辆车载 4 枚，4 台车为一个导弹连，即可发射 16 枚导弹。导弹发射连的重装备可由 C－130 或 C－5 等运输机空运至前沿阵地或发射场。

巡航导弹射程最远达 8000 千米，在海面飞行高度 7 ~ 15 米，平坦陆地为 50 米以下，山区和丘陵地带为 100 米以下，可随地形起伏而不断改变飞行高度，不易被对方雷达所发现，可突然攻击敌目标。一般命中精度都很高，摧毁能力强。射程 2500 ~ 3000 千米的巡航导弹，命中误差不大于 60 米，精度好的可达 10 ~ 30 米。

1991 年 1 月 17 日凌晨 3 时，美国海军"洛杉矶"级攻击型核潜艇、"密苏里"号和"威斯康星"号战列舰、"提康德罗加"级导弹巡洋舰，以及"斯普鲁恩斯"级驱逐舰从红海和波斯湾，连续向伊拉克首都巴格达和其他重要军政目标发射了 52 枚 BGM－109C "战斧"巡航导弹。导弹离舰后在距海面 7 ~ 15 米的高度巡航，进入伊境内后，又在距地面 50 米以下高度飞行，取得了命中率 98%、命中误差不大于 9 米的战绩。一般情况下，携常规弹头的巡航导弹可摧毁坚固的地面目标。也能用子母弹杀伤和摧毁面状目标。携核当量为 20 万吨的核弹头的巡航导弹由于制导精度极高，比弹道导弹的作战效能高 3 ~ 4 倍。

"战斧"系列巡航导弹

"战斧"系列巡航导弹包括："战斧"多用途巡航导弹。

"战斧"多用途巡航导弹 BGM－109/AGM－109 是美国 1972 年开始研制的一种兼有战略和战术双重作战能力，可从海、陆、空多种发射平台发射的多用途巡航导弹武器系列。迄今已研制开发了 18 种型号。其中，BGM－109A 是由潜艇从水下发射的对地攻击型巡航导弹，BGM－109B 是由水面舰艇或潜艇发射的反舰型战术导弹，BGM－109C 是由水面舰艇或潜艇发射的对地攻击型战术导弹，BGM－109D 为地面机动发射的巡航导弹。1983 年 12 月，首批 96 枚 BGM－109G 部署在英国，1984 年 5 月又将 122 枚部署于意大利。

按原计划美国海军采购了"战斧"导弹 3994 枚，其中 BGM－109A 758 枚；

BGM — 109B 593 枚；BGM — 109C 1486 枚；BGM — 109D 1157 枚。每枚定价约 110 万美元。"战斧"导弹已部署在 140 余艘潜艇和水面舰艇上。

"战斧"导弹对付的目标主要是陆上战略目标和高价值严密设防目标；海上水面舰艇与航母编队。各型"战斧"导弹的射程分别为：2500 千米（A）、556 千米（B）、1300 千米（C）、875 千米（D）；巡航高度分别为：7.6 ～ 15.2 米（海上）、10 ～ 250 米（陆上）；巡航速度最大 0.72 马赫，最小 0.6 马赫；命中精度分别为：30 ～ 80 米（A）、6 ～ 10 米（C 和 D）。

"战斧"导弹长 6.172 米（有助推器）、5.563 米（无助推器），弹径 527 毫米，翼展 2.654 米，发射重量约 1450 千克，战斗部可装热核弹头或高爆穿甲或子母弹头等。制导系统采用惯性加主动雷达导引头等。动力装置 A、C、D 采用涡扇发动机加固体火箭助推器，B 采用涡喷发动机加固体火箭助推器。

其中，BGM — 109C 可携 450 千克常规弹头，也可携载 BLU — 97B 型多用途子母弹，内装 166 个能全方向、多目标定时攻击起爆的子弹头，海湾战争中美国海军发射的 280 枚导弹都是 BGM — 109C 型。在海湾战争中，美国的军舰共携载 500 余枚"战斧"导弹，1991 年 1 月 17 日凌晨 3 时发射的第一批 52 枚导弹命中

舰上发射"战斧"巡航导弹。

概率高达 98% 以上。

各国巡航导弹

苏联 AS — 15 导弹

AS — 15 导弹是苏联研制的一种机载重型远程空地巡航导弹，又称"撑竿"导弹。1984 年试射成功，1985 年用以装备"逆火"式轰炸机，并装备新一代图 — 95（熊 — H）轰炸机，1986 ～ 1987 年开始装备新型的图 — 160 轰炸机。

AS — 15 主要用于对付陆上战略目标。其最大射程为 3000 千米，巡航高度为 40 ～ 110 米，巡航速度 0.48 ～ 0.8 马赫，发射高度 0.2 ～ 12 千米，载机速度 540 ～ 1050 千米 / 时，命中精度 45 米。导弹长 6.04 米，弹径 514 毫米，翼展 3.1 米，发射重量 1.25 吨，战斗部采用核弹头，采用多普勒惯性加地形匹配修正的制导系统，涡扇发动机。1988 年以后，又发展了 AS — 15 导弹的潜射型和陆射型。

俄罗斯"宝石"导弹

"宝石"是俄罗斯正在研制的超声速反舰巡航导弹，又称 SS — N — 26。2000 年以后批量生产。助推火箭使用固体燃料，主发动机是使用了液体燃料的冲压空气喷气发动机，最高时速为 2.5 马赫。高低空飞行时最大射程是 300 千米，只作低空飞行时为 120 千米。高空飞行时巡航高度是 14 ～ 15 千米，由惯性制导，在快接近目标时下降到 5 ～ 10 米，距目标约 25 千米处，抗干扰的雷达自动制导系统开始启动、追踪目标。"宝石"巡航导弹全长 8.9 米，直径 67 厘米，发射时的重量是 3900 千克，弹头重量是 250 千克。可装入长 9 米、直径 71 厘米的运输、发射集装箱内。集装箱在舰上既可斜着安装，也可垂直安装。

空空导弹

第一代和第二代空空导弹

空空导弹是从空中发射、用于攻击空中目标的导弹，是现代飞机进行空战的主要武器。已发展了四代。第一代空空导弹于20世纪50年代中期开始装备部队，主要是近距离攻击导弹，射程一般为3.5～8千米，重量为9～30千克，主要用于攻击轰炸机。这一代空空导弹制导系统性能较差，主要靠尾追形式实施攻击，稍做空中机动，便容易失去目标。

20世纪60年代中期出现了可迎头攻击和全天候使用的第二代空空导弹，用以对付超声速轰炸机。最大发射距离增加到8～22千米，战斗部重增至11～70千克。制导方式虽仍使用红外和雷达制导，但性能已有很大提高。

第三代空空导弹

20世纪70年代中期出现了第三代空空导弹，它分为三种类型：一是远距截击空空导弹，如美国的"不死鸟"空空导弹，射程可达110～160千米，因此可以

对付从超高空几十千米到超低空几十米的空中目标，还可以多枚齐射攻击多个不同的目标。二是中距空空导弹，射程10～50千米，用于对付超低空入侵的战斗机和巡航导弹。中距导弹的主要型号有：美国的"麻雀"AIM－7F和7M，苏联的AA－7和AA－9，英国的"天空闪光"，法国的"玛特拉"超530和F、D型等。三是近距格斗空空导弹。射程在10千米以内，主要是在空中近距交战中攻击对方的战斗机，机动性能极好，导引头十分灵敏，可攻击前方120°内的目标。近距导弹的主要型号有：美国的"响尾蛇"AIM－9G、H、E、J、N、P型，南非的"短刀"等。近距格斗型导弹主要有美国的"响尾蛇"AIM－9C、9M，苏联的AA－8，法国的"魔术"R－550型，以及以色列的"怪蛇"3型。

美国"麻雀"3B AIM－7F 导弹

"麻雀"3B AIM－7F导弹是美国研制的一种空空导弹，属"麻雀"系列导弹中的第7个型号，也是改动较大的一个型号。在制导方式上，它既能用脉冲多普勒，又能用连续波半主动雷达制导，低空性能较好，电子抗干扰能力较强。导弹于1967年开始研制，1977年投产，1981年停产。

"麻雀"3B AIM－7F导弹弹长为3.66米，弹径203.2毫米，翼展1010毫米，发射重量227千克，最大使用高度18.3千米，速度为4马赫，射程为46.7千米（连续波半主动制导时）和61千米（脉冲多普勒主动制导时）。具有全天候全向攻击的作战能力。动力装置为单室双推力固体火箭发动机，战斗部为Mk71型，高能

美国卜－16C "战隼" 置于翼梢的 AIM－9 "响尾蛇" 空空导弹

炸药连续杆式，重40千克，杀伤半径20米，采用主动近炸引信。

第四代空空导弹

第四代空空导弹是于20世纪80年代中期以后研制和服役的导弹。美国的AIM－120A先进中距空空导弹，具有发射后不管、复合制导、多目标攻击、全天候作战和下视下射、上视上射的特点，发射距离在100千米以上，同时还具备攻击巡航导弹等小目标的能力，以及近距攻击的特性。英德合研的AIM－132先进近距空空导弹分辨能力强、机动能力大，能全向攻击多目标。

第四代空空导弹是于20世纪80年代中期以后研制和服役的导弹。美国的AIM－120A先进中距空空导弹，具有发射后不管、复合制导、多目标攻击、全天候作战和下视下射、上视上射的特点，发射距离在100千米以上，同时还具备攻击巡航导弹等小目标的能力，以及近距攻击的特性。英德合研的AIM－132先进近距空空导弹分辨能力强、机动能力大，能全向攻击多目标。

各国空空导弹

美国"超猎鹰"AIM－4F导弹

"超猎鹰"AIM－4F导弹是美国研制的一种空空导弹。该导弹是在AIM－4E导弹基础上改进而来。"超猎鹰"导弹的制导系统为半主动雷达寻的制导，导引头的导引精度比以前的型号高，且具有更强的抗电子干扰能力，在鼻锥前伸出0.1米长的杆以减小阻力；动力装置采用了M46型双推力固体火箭发动机，它的特点是推力可变，起动时以大推力加速，较快达到最大速度，然后以较小推力持续作用，以保持最大速度，因燃料增加而延长了发动机工作时间。采用高能炸药战斗部，重18千克。

美国"超猎鹰"AIM－4E导弹

"超猎鹰"AIM－4E导弹是美国研制的一种空空导弹。它的射程较远，升限较大，速度较高，战斗部的威力较大，是"超猎鹰"空空导弹的基本型。导弹长2.18米，弹径0.168米，翼展0.61米，发射重量68千克，射程11.3千米，最大飞行速度4马赫。动力装置采用燃烧时间长的固体火箭发动机。制导系统采用半主动雷达制导系统。采用的破片式高能炸药战斗部威力较大，从而使导弹的战术使用范围获得增加。

美国"响尾蛇"AIM－9G导弹

"响尾蛇"AIM－9G导弹是美国海军为扩大截获范围而研制的一种空空导弹，它是"响尾蛇"AIM－9系列导弹的第二代产品，1970年装备部队。"响尾蛇"AIM－9G导弹长2.87米，弹径127毫米，翼展630毫米，发射重量86.6千

美国F－16战机发射"超猎鹰"AIM－4F空空导弹。

英国皇家空军的"鹞"式飞机发射AIM－9G空空导弹。

克，射程 17.7 千米。"响尾蛇" AIM — 9G 导弹的制导系统采用被动红外制导。动力装置为一台固体燃料火箭发动机。

苏联"阿摩斯" AA — 9 导弹

"阿摩斯" AA — 9 导弹是苏联研制的一种新型雷达制导的中距空空导弹，用来对付轰炸机和巡航导弹，于 1976 年开始研制，1981 年装备部队。该导弹能在各种高度上同时跟踪、攻击 3 ~ 4 个目标，并且具有下视、下射作战能力，有迎头和尾追两种攻击方式。

AA — 9 导弹也有雷达、红外制导两种型号，装有多功能雷达导引头，其弹长为 4.15 米，弹径为 380 毫米，翼展 900 毫米，发射重量 480 千克。AA — 9 导弹的射程为 120 千米，速度 3.5 马赫。战斗部重 47 千克。

法国"超 530D"导弹

"超 530D"导弹是法国研制的中距离空空导弹，它是"超 530F"的改进型。主要是对发动机、电子部件进行了较大的改进，改进后的发动机推力比原来提高了 20%。导引的探测距离、分辨率、精度和可靠性均有提高，能攻击离地面或海面几十米的目标。该弹从 1986 年开始装备部队，载机为法国空军的带 RDI 雷达的"幻影" 2000 型战斗机。

导弹全长 3.8 米，弹径 263 毫米，翼展 565 毫米，尾翼展 875 毫米。发射重量 265 千克，速度为 4 马赫，单轴过载 20g。拦射高度 10 千米，战斗部重 32 千克。采用无线电近炸引信。

法国"麦卡"空空导弹

"麦卡"是法国玛特拉公司于 1981 年开始研制的近距格斗和中距拦射空空导弹。1993 年 9 月该导弹装挂"幻影" 2000 战斗机进行了发射试验，成功地击中两架

🛈 机翼下携载的"麦卡"及"魔术" 2 空空导弹

飞机，证明了其攻击多目标的能力。同年末进行批量生产，1996 年后陆续装备部队。

"麦卡"导弹长 3.1 米、弹径 170 毫米、翼展 610 毫米、尾翼展 560 毫米。装高能炸药战斗部，双工态（触发和近炸）引信。制导方式为雷达、红外两种方式，导引头可互换。动力装置为固体火箭发动机。最大射程 55 千米（中距雷达型），最小射程 500 米（近距红外型）。发射重量 110 千克，机动能力 35 千克。

英国 AIM — 132 导弹

AIM — 132 导弹是北大西洋公约各国联合研制的空空导弹，又称"近距空空导弹"，由英国和德国政府牵头负责研制，1987 年制造出试验性样弹，在 20 世纪 90 年代初装备部队。

导弹弹长 2.73 米，弹径 168 毫米，翼展 200 毫米，弹重 70 千克。最小发射距离 1000 米，最大发射距离 10 千米。速度为高超声速，制导方式为红外成像制导，战斗部为高能炸药冲击波破片式，装有激光近炸引信和触发引信。动力装置采用两级固体火箭发动机，燃烧时间约 15 秒。发动机的第一级，提供脱离发射架的初始速度，第二级导弹在整个飞行过程中保持高速度和灵活性。此弹还可挂在"响尾蛇"或"魔术"导弹的发射架上。

空地导弹

战略空地导弹

　　空地导弹是由轰炸机、战斗攻击机、攻击机和武装直升机携带，从空中发射，主要用于攻击地面目标的一种航空兵器。分为战略空地导弹和战术空地导弹两种。

　　战略空地导弹是为轰炸机设计的一种远程攻击武器，主要有机载洲际导弹、空射巡航导弹和一般战略导弹。1981年9月15日，世界上第一批空射战略巡航导弹正式装备美国空军，导弹编号为 AGM－86B，发射重量1450千克，射程2500千米，速度885千米/时，核弹头当量达20万吨，它主要由 B－52G 轰炸机携带，每机装12枚。这种导弹采用惯导加地形匹配制导，命中精度较高。一般的战略空地导弹大都携核弹头，用于攻击较大型地面战略目标。发射重量一般为4000千克左右，最重的如苏联的 AS－3 可达9500千克；射程一般为300千米以上，最远如美国的 AGM－28B 可达960千米。

战术空地导弹

　　战术空地导弹主要是指对地攻击型导弹，也包括战术巡航导弹、反辐射导弹和反坦克导弹等。战术空地导弹的重量一般为200～800千克，苏联的 AS－5 导弹达到4077千克；射程一般为数十千米，苏联的 AS－5 导弹达到320千米。空地反坦克导弹一般由武装直升机携带。反坦克导弹一般射程为3000～4000米，最大破甲厚度为400～600毫米，具有很强的攻击能力。海湾战争中，直升机携带反坦克导弹由空中击毁了大量伊军使用的 T－72 坦克。

　　↑ 美机载高速反雷达空地导弹

各国空地导弹

美国"斯拉姆"（AGM－84）导弹

　　"斯拉姆"（AGM－84）是美国研制开发的一种机载远程对地攻击导弹。

　　1991年1月18日，海湾战争爆发后的第2天，两架载有"斯拉姆"空地导弹的美国海军 A－6E"入侵者"舰载重型攻击机和1架 A－7"海盗"舰载轻型攻击机从"肯尼迪"号航空母舰上出发，远袭伊拉克的发电厂。第一架 A－6E 向目标发射了一枚"斯拉姆"导弹，2分钟后，另一架 A－6E 向目标发射了第2枚"斯拉姆"导弹，导弹从第一枚导弹炸开的洞口穿入厂房内部，将电站彻底摧毁。

　　↓ 装载中的美国"斯拉姆"AGM－84 战术空地导弹

美国"百舌鸟"导弹

"百舌鸟"导弹是美国研制的第一代反辐射导弹，主要用于摧毁地空导弹和高炮炮瞄雷达。1965年开始在越南战争中使用。

发射重量177千克，最大射程45千米，有效射程12～16千米，最大飞行速度为2马赫，发射高度1500～10000米。制导方式为跟踪导引，采用被动单脉冲雷达导引头。战斗部多为破片杀伤式，重66千克，烈性炸药25千克。动力装置采用一台固体火箭发动机。

苏联"厨房"AS－4导弹

"厨房"AS－4导弹是苏联研制的一种战略空地导弹，装备海军和空军，用来攻击大型海上目标和地面固定目标。1967年装备部队。

导弹长11.3米，弹径0.9米，翼展3米，发射重量4900千克。最大射程460千米，最大速度为3马赫，发射高度10000～12000米。制导方式采用惯性中段制导加主动雷达寻的末制导，后来又采用末段被动雷达寻的制导。采用当量20万吨的核战斗部，用于攻击地面战略目标。另外，还有一种常规高爆战斗部，重约1000千克，用来执行反舰任务或战术任务。动力装置采用一台液体火箭发动机。该导弹有高、低两种弹道，高弹用来获得最大射程，低弹多用于攻击海上目标。

瑞典"萨伯"导弹

"萨伯"导弹是由瑞典皇家空军研制的一种战术空地导弹，主要用来攻击陆上目标和海上目标，亦可以用来完成空空射击任务。

"萨伯"导弹的射程为9000米，发射高度为300～400米。"萨伯"导弹在发射时载机速度为0.4～1.4马赫。A型导弹弹长3.60米，弹径300毫米，翼展800毫米。发射重量A型导弹为305千克，B型导弹为330千克。"萨伯"导弹的战斗部采用烈性炸药，由近炸引信引爆。动力装置采用瑞典生产的VR35预包装液体火箭发动机。

法国AS·30导弹

AS·30导弹是法国研制的一种近程战术空地导弹，用来攻击陆上点目标和海上舰船，是法国航空航天公司在AS·20导弹的基础上研制而成的。

该导弹装X12型战斗部时弹长3.84米，装X35型战斗部时弹长3.89米，弹径342毫米，翼展1.00米，发射重量520千克。射程11～12千米，速度1.5马赫，发射高度50～10000米。制导方式采用无线电指令制导。战斗部分为X12和X35两种，一种装触发引信，一种装延时引信，重量均为230千克，使用高爆炸药。动力装置由一台固体助推器和一台固体主发动机组成。

法国"阿玛特"导弹

"阿玛特"导弹是法国研制的一种远程防御压制武器，主要作用是远距离攻击地面固定的防空雷达目标，1984年开始服役，装备法国"幻影"2000战斗机和F－1飞机。

导弹长4.15米，弹径400毫米，翼展1.2米。速度2马赫，发射重量550千克，射程为120千米。制导方式采用被动雷达寻的加辅助惯性导航系统。战斗部为高爆破片杀伤式，重150千克。动力装置采用二级固体火箭发动机。

反舰导弹

各国反舰导弹

美国"阿斯洛克"导弹

"阿斯洛克"RUR－5A导弹是美国研制的一种由水面舰艇发射的短程弹道式反潜导弹,1961年开始装备。

该弹制导方式采用程序控制加音响寻的制导。主要由程序机构和分离机构组成。动力装置为一台固体火箭发动机。该弹有Mk1和Mk2两种类型。Mk1型弹长3.94米,弹径349毫米,翼展838毫米,发射重量427.74千克,射程3.2～9千米,作战负荷为1枚Mk17核深水炸弹,重126千克,其当量为1千吨级,能击毁离爆心3～9千米的潜艇。Mk2型弹长4.5米,弹径336.7毫米,翼展838毫米,发射重量486.25千克,射程1～8千米,飞行速度接近声速,作战负荷为一枚Mk44或Mk46鱼雷。Mk44鱼雷重233千克,航速30节。Mk46鱼雷重270千克,最大航程11千米,航速33节。

美国／瑞典"尔布斯"17导弹

"尔布斯"17导弹是美国和瑞典联合

"阿斯洛克"反潜导弹准备发射。

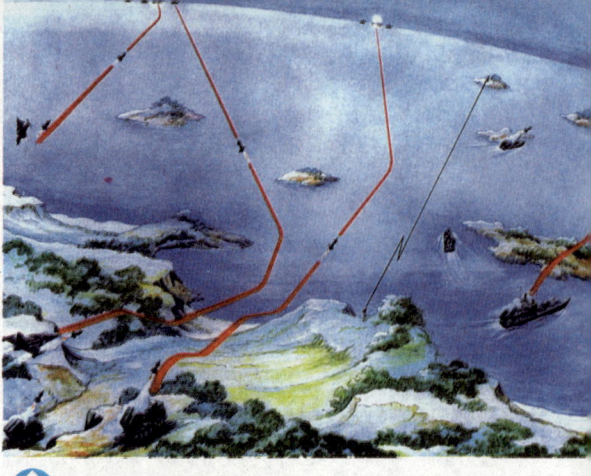

反舰导弹攻击示意图

研制的一种便携式反舰导弹,供瑞典反两栖登陆岸防营使用。1987年6月开始批量生产,年底开始交付产品。导弹系统(发射架约40千克,导弹与包装容器重71千克)可用人力运送到发射阵地,它的展开时间不到5分钟,重新装弹时间约需1分钟。"尔布斯"17是激光制导的超声速导弹,装有激光导引头,可接收激光指示器照射目标后的反射能量,并把导弹引向目标。导弹长1.625米,重49.3千克,速度为超声速,射程5千米,仰角为＋10°至＋20°,方位角360°;发射控制装置重10千克。

苏联 AS－5A 导弹

AS－5A导弹是苏联研制的一种中程空舰巡航式导弹。1966年装备苏军。该弹弹长8.59米,弹径1.00米,翼展4.6米,发射重量4000千克。最大射程180千米,速度1.2马赫。发射时载机速度700～850千米。单发命中概率为80%。制导方式为全程主动雷达寻的制导。战斗部分聚能穿甲和爆破型两种,重838千克,配以电气机械引信。动力装置为一台液体火箭发动机,能产生两极推力。

英国"海鸥"(CL834)导弹

"海鸥"(CL834)导弹是英国研制的一种机载掠海飞行全天候空舰导弹,主要用于攻击巡逻快艇等小型水面目标,为护卫舰提供中、远程的自卫能力。1981年，"海鸥"导弹正式装备英国海军的舰载"山猫"直升机，每架"山猫"直升机可以携带4枚导弹。

"海鸥"导弹的弹长为2.5米，弹径为280毫米，翼展720毫米，发射重量为145千克。最大射程为15～24千米，最小射程为3000米。巡航高度为5～100米，巡航速度为0.8马赫，单发命中概率为90%。

"海鸥"导弹的制导体制采用中段程序控制和末段半主动雷达寻的制导。导弹采用高能炸药战斗部，重量约为20千克，配以延迟触发引信，使导弹穿入目标内部后才引爆。该导弹的动力装置由固体火箭助推器和固体火箭主发动机串联而成。

英国"海鹰"P·3T导弹

"海鹰"P·3T导弹是英国研制的一种中程反舰导弹，用来单发击沉小型舰艇，或重创巡洋舰和航空母舰，1986年定型并装备英皇家海、空军的"海盗"和"海鸥"飞机。弹长4.14米，弹径400毫米，翼展1.2米，发射重量600千克。最大射程约110千米，巡航速度为0.85马赫。采用惯性制导加主动雷达寻的制导方式。采用非相干主动雷达导引头，可捕获雷达散射截面积为100平方米的小艇，捕

获概率较高，并能识别预定目标。采用PV1718型雷达高度表，测量精度高，保密性好。战斗部为半穿甲爆破型，重230千克，配以触发和近炸两种引信。动力装置是一台涡轮喷气发动机。

法国AS·15TT导弹

AS·15TT导弹是法国研制的一种全天候轻型反舰导弹，它是在AS·12导弹基础上研制而成的，有空舰、岸舰和舰舰三种型号。1985年开始批量生产。

弹长2.30米，弹径有181毫米和187毫米两种，翼展564毫米，发射重量100千克。射程可大于15千米，最小射程2～3千米。飞行速度280米/秒，飞行高度5～9米，在末段降为2～3米。命中概率接近于100%，发射高度15～600米，发射时载机的速度小于100米/秒。雷达采用了频率捷变和脉冲压缩技术。采用指令制导，用高度表控制飞行高度。战斗部为半穿甲爆破型，重30千克。动力装置采用2台固体火箭助推器和一台固体火箭主发动机，发动机工作时间为45秒。

法国MM·15导弹

MM·15导弹是法国研制的一种全天候轻型舰舰导弹，它是在AS·15TT导弹的基础上研制而成的。主要用来装备各种小艇，在近海或岛屿之间的狭小海域内执

英国海射"海鸥"反舰导弹出筒瞬间，它与机载"海鸥"导弹区别很小。

"海豚"SA365F直升机携载4枚AS·15TT反舰导弹。

行任务，攻击小型舰艇。

弹长 2.30 米，弹径 185 毫米，翼展 564 毫米，发射重量 103 千克。射程 15 千米，飞行速度 280 米/秒，巡航高度 15 米。命中概率接近 100%。采用指令制导，战斗部为半穿甲爆破型，重 30 千克。动力装置为一台固体火箭主发动机和一台环形助推器。

"飞鱼"AM·39 导弹挂载于翼下。

法国"飞鱼"MM·40 导弹

"飞鱼"MM·40 导弹是法国研制的一种高亚声速、掠海飞行、超视距作战舰舰导弹，用来攻击各种水面舰艇。1981 年初服役，有舰舰型和岸舰型两种型号。弹长 5.78 米，弹径 350 毫米，翼展 1.135 米，尾翼展 760 毫米，发射重量 855 千克，射程可以达到 70 千米以上。巡航高度在中段为 15 米，在末段为 3～5 米。巡航速度为 0.93 马赫，命中概率约 95%。可在 ±90° 扇面内发射。全天候作战。制导方式为中段采用简易惯性制导，末段采用主动雷达导引。采用半穿甲爆破型战斗部，重 165 千克，触发延时引爆引信。动力装置采用一台固体火箭主发动机和一台固体火箭环形助推器，其所用固体火箭主发动机比"飞鱼"MM·38 导弹的有较大改进。

意大利/法国"奥托马特"1 导弹

"奥托马特"1 导弹是意大利和法国

"奥托马特"1 导弹发射。

联合研制的一种中程反舰导弹，弹长 4.7 米，前段弹径 400 毫米，后段弹径 460 毫米，翼展 1.36 米，发射重量 770 千克（无助推器的为 550 千克）。有效射程 60 千米，最大射程 80 千米。飞行速度 0.7～0.93 马赫，巡航高度 15～20 米。在有效射程下命中概率为 90%，最大射程下命中概率为 80%。可全向发射，反应时间 30 秒。制导体制为惯性加主动雷达末制导，导引头搜索距离为 6 千米，按比例导引律导引导弹。采用半穿甲爆破型战斗部，重 210 千克，装药 65 千克。动力装置采用两台固体火箭助推器和一台涡轮喷气发动机。

意大利"火星"2 导弹

"火星"2 导弹是意大利海军装备的一种全天候掠海飞行空舰导弹，载机为直升机，用来攻击中、小型水面舰艇。1985 年底开始服役。

"火星"2 导弹弹长 4.48 米，弹径 316 毫米，翼展 980 毫米，发射重量为 330 千克。射程大于 20 千米，末段掠海飞行高度为 3～5 米，巡航速度 250 米/秒。在 150 米高度的载机上投放。"火星"2 导弹的制导方式为中段自动驾驶仪和无线电高度表控制，末段为主动雷达寻的制导。"火星"2导弹采用高能半穿甲爆破型战斗部，重为90千克，配以触发和近炸两种引信。动力装置由一台固体火箭助推器和一台固体火箭主发动机串联而成。

瑞典"尔布"08A导弹

"尔布"08A导弹是瑞典皇家海军研制的一种中程舰舰和岸舰两用反舰导弹，1967年服役。

"尔布"08A导弹弹长为5.72米，弹径670毫米，弹高为1.33米，翼展3.10米，折叠后有1.35米。射程为80千米，飞行速度为0.65马赫，巡航高度为200～1000米。"尔布"08A导弹采用瞄准式发射。制导方式为自控加末制导，制导系统由自动驾驶仪与主动雷达导引头和程序装置组合而成。"尔布"08A导弹的战斗部采用常规战斗部，重量为250千克。动力装置采用一台涡轮喷气发动机和两台固体火箭助推器。

瑞典"萨伯"04E导弹

"萨伯"04E导弹是瑞典研制的一种近程巡航式空舰导弹，用来攻击各种水面舰艇。

"萨伯"04E型导弹弹长4.45米，弹径500毫米，翼展1.95米，发射重量为616千克，最大射程32千米，飞行速度为0.95马赫，巡航高度在中段超低空，末段掠海，能全天候作战。"萨伯"04E型导弹采用扇面发射方式，制导方式为自动驾驶仪控制加雷达末制导。"萨伯"04E型导弹采用常规炸药，爆破型战斗部重300千克，配有触发和近炸两种引信。该导弹的动力装置为一台固体火箭助推器和一台固体火箭主发动机。

挪威"企鹅"2导弹

"企鹅"2导弹是挪威研制的一种多用途反舰导弹。1975年定型。

"企鹅"2导弹弹长2.96米，弹径280毫米，翼展1.4米，发射重量340千克。射程为2.5～27千米，巡航高度60～100米，巡航速度为0.8马赫。制导系统由可编程惯导系统、红外导引头、激光高度表和液压随动系统等组成。战斗部采用半穿甲爆破型，重120千克，装药50千克，采用延时触发引信。动力装置为两级固体火箭发动机，由一台固体火箭主发动机和一台固体火箭助推器串联而成。

挪威"企鹅"3导弹

"企鹅"3导弹是挪威研制的一种空舰导弹。它是由"企鹅"2导弹改进发展而来。1986年定型生产，1987年装备部队。

"企鹅"3导弹弹长3.2米，弹径280毫米，翼展1.0米，发射重量372千克。最小射程7千米，最大射程55千米。低空或超低空掠海飞行，巡航速度为0.8马

↑ 瑞典机载"萨伯"04E反舰导弹

↑ 挪威"企鹅"3导弹

赫，发射高度为 50 米到 10 千米。可在狭窄海湾环境中作战，能抗电子、红外和假目标干扰。"企鹅" 3 导弹的制导方式采用惯性制导加红外寻的末制导。采用半穿甲爆破型战斗部，重 120 千克，触发引信。该导弹的动力装置为一台固体火箭发动机。

德国 "鸬鹚" 1AS－34 导弹

"鸬鹚" 1AS－34 导弹是德国研制的一种近程掠海飞行空舰导弹，1987 年开始生产。"鸬鹚" 1AS－34 导弹弹长 4.4 米，弹径 345 毫米，翼展 1.0 米，发射重量 600 千克，最大射程约 30 千米，巡航高度约 20 米，接近目标时为 3～5 米，巡航速度 0.95 马赫，发射速度为 0.6～0.9 马赫。制导体制中段为惯性制导加雷达高度表，末段为雷达导引头寻的制导。载荷战斗部重 100 千克，用延时触发引信。动力装置为一台固体火箭主发动机和两台固体火箭助推器。

日本 ASM－1 导弹

ASM－1 导弹是日本研制的一种亚声速近程空舰导弹，用来攻击大、中型水面舰艇。这是战后日本自行研制的第一种反舰导弹，1981 年装备日本航空自卫队。弹长 4.0 米，弹径 335 毫米，翼展 1.02 米，发射重量 610 千克。射程 25 千米，最大射程 70 千米，巡航高度 15 米，巡航速度

① 日本 ASM－1 反舰导弹

0.9 马赫。发射高度为 762～3048 米。制导方式为惯性制导加主动雷达寻的末制导。采用调频连续波无线电高度表和单脉冲主动雷达导引头。平头式半穿甲爆破型战斗部，重 200 千克，配有触发和近炸两种引信。动力装置为一台固体火箭发动机。

以色列 "迦伯列" 3 导弹

"迦伯列" 3 导弹是以色列研制的一种近程亚声速舰舰导弹。1982 年生产并装备部队。弹长 3.95 米，弹径 340 毫米，翼展 1.35 米，发射重量 560 千克。最大射程 36 千米，最小射程 6 千米。巡航高度 20 米，在末段为 1.5 米或 2.5 米。巡航速度为 0.65 马赫。命中概率对小艇为 75%，对大艇为 83%。可在 ±30° 扇面发射；制导体制初始段和中段用自主控制或通过火控系统数据线路控制，末段用主动或半主动雷达导引头制导，采用比例导航导引律。战斗部为半穿甲延时爆破型，总重 150 千克，采用一台固体火箭主发动机和一台固体火箭助推器。

澳大利亚 "伊卡拉" 导弹

"伊卡拉" 导弹是澳大利亚研制的一种舰载巡航式近程反潜导弹。该弹可在小舰上装备，用来攻击各种潜艇。1964 年开始装备部队。弹长 3.43 米，弹高 1.57 米，翼展 1.52 米，发射重量 550 千克，不包括鱼雷（负荷）为 294 千克。最大射程 19 千米，巡航高度 300 米，巡航速度为高亚声速。作战环境上限要求为：横风 70 千米；舰横摇 ±25°；纵摇 ±9°；升沉 ±5 米；横倾 15°。制导方式为无线电指令制导。作战负荷为美国的 Mk44 和 Mk46 等鱼雷。动力装置为两级推力姆拉瓦助推巡航组合式固体火箭发动机。

反坦克导弹

最早的反坦克导弹——"小红帽"

在第二次世界大战后期，德国陆军武器局为了对付苏联坦克，于1944年2月3日制订了一项研制新武器的应急计划，其中的一个项目称作"小红帽"。1944年9月，"小红帽"样弹研制成功，这就是世界上第一枚反坦克导弹。随后经过几个月的试验与改进，"小红帽"反坦克导弹开始成批生产，导弹代号为X－7。但是这种新式武器还没来得及在战场上使用，战争就结束了。

X－7导弹长950毫米，发射重量9000克，导弹直径150毫米，翼展600毫米，全重15千克，射程1000～1500米。其鼻锥部为空心装药战斗部，内装2.5千克的聚能穿甲弹头，配有触发引信。导弹穿甲厚度最大可达200毫米。其弹体短而粗，呈流线型，弹上装有陀螺仪和双推力发动机。起飞发动机的推力为68千克，工作时间2.5秒；续航发动机推力为5500千克，工作时间为8秒，起飞级装有电火帽点火药盒；续航级用的是带包覆层的单根药柱，靠起飞级的燃气点火。弹体两侧

车载"霍特－阿特拉斯"反坦克导弹

美国"海尔法"反坦克导弹。这是一种直升机或车载发射的第三代重型反坦克导弹，主要用来攻击坦克、装甲车辆等目标。

各有一翼，翼的后缘有襟翼，导弹在飞行中可产生每秒两转的转速，以保持飞行的稳定性。翼梢装有线管，线管外有整流罩，线管上绕有漆包线以传递指令。导弹尾部还有一根长而弯曲的尾杆，端部装有舵机。发射制导装置由发射架和控制箱组成。在导弹飞行时，射手用目视跟踪导弹和敌坦克，通过操纵控制箱上的两个操纵手柄发出控制指令，以控制导弹航向。射手在导弹飞行过程中用手柄不断给出方向修正指令，直到导弹命中目标。

各国反坦克导弹

美国AGM－65型导弹

AGM－65型导弹是美国研制的一种精确制导的反坦克导弹，又称"幼畜"导弹。它有电视制导，激光制导，红外制导多种型号。该弹于1971年开始装备美国空军。

"幼畜"导弹的最大射程为25千米，圆公算偏差为2.4米。导弹长2.49米，弹径0.305米，翼展0.71米，弹重为210千克，其中战斗部重90千克。动力装置为固体火箭发动机和续航发动机。在导弹投下的同时点燃导弹的火箭发动机，凭借火

美国"陶"反坦克导弹

箭的推力发射导弹。"幼畜"导弹的电视寻的系统包括电子系统和光学系统两部分。

美国"陶"导弹

"陶"导弹是美国休斯飞机公司于1962年开始研制的第二代重型反坦克导弹武器系统。它于1970年大量生产并装备部队。

"陶"导弹除用以攻击坦克、装甲车辆外，还可攻击碉堡、火炮阵地等。其最大射程3000米（直升机发射的最大射程为3750米），最小射程65米。初速65米/秒，最大速度为360米/秒。地面发射时的射击精度，高低偏差为±0.2米，方向偏差为±0.2米。当用直升机发射时，其高低偏差为0.16米，方向偏差为±0.2米。它的破甲威力，静破甲厚度为600毫米，动破甲厚度为200毫米/65°。发射速度为3发/分。导弹全长1164毫米，弹重18.47千克，武器系统全重102千克。动力装置由起飞发动机和增速发动机组成。

美国"标枪"导弹

"标枪"是美国陆军单兵使用的轻型反坦克导弹，兼有反直升机能力。1989年6月开始研制。

"标枪"导弹采用红外焦平面阵导引头，是一种实现全自动导引的新型反坦克导弹，具有昼夜作战和发射后不管的能力，射程1000米，武器系统由导弹和发射装置组成。系统全重22.5千克，弹径114毫米，弹长957毫米，弹重11.8千克，串联战斗部以顶攻击方式攻击目标，垂直破钢甲750毫米。

苏联AT－5导弹

AT－5导弹是苏联研制的第二代反坦克导弹，绰号"拱肩"，1976年开始装备苏军。该导弹采用五联装车载发射方式。所用车型为BTP－40ПБ轮式装甲车。发射架可作360°的旋转。导弹的体积较小。车上的备用弹可供3次装填，共有15枚左右。AT－5导弹最大射程4000米，最小射程75米，速度为208米/秒，破甲威力600～700毫米。筒装弹长1.35米，导弹长1.3米，弹径155毫米，发射弹重量大于26.5千克。战斗部为聚能破甲战斗部。制导采用的是光学跟踪、红外半自动控制、有线传输指令的方式。动力装置为固体燃料火箭发动机。

英国"旋火"导弹

"旋火"导弹是英国研制的一种重型反坦克导弹，属第一代反坦克武器。该导弹于1969年初研制成功并正式装备英国陆军，主要用来攻击坦克、装甲车辆等，其最大射程为4000米，最小射程为150米。速度为185米/秒，命中概率90%，破甲厚度为530毫米。采用箱式发射方式，可靠性达到90%。"旋火"导弹弹长1.07米，弹径170毫米，翼展373毫米，发射重量27千克。动力装置采用单室双推力固体燃料火箭发动机。"旋火"的制导为目视瞄准与跟踪、手动操纵、三点导引、导线传输指令。导线绕在金属管上，它有4根高强度镀铜钢丝芯线。导线全长4020米，拉断力137牛。导弹发射后导线即从分离器拖出。旋火武器系统既可车载发射，又可单兵发射。但主要用于车载发射。

法国短程反坦克导弹

短程反坦克导弹是法国研制的一种小型、轻便、可供单兵携带的反坦克武器（ACCP）。它是世界上第一种近程便携式反坦克导弹。

短程反坦克导弹的最大射程为600米，最小射程为25米。最大速度为300米/秒，而导弹离开炮口时的初速度为20米/秒。它的抗干扰能力强，可以出色地抗背景及人工干扰。发射准备时间小于5秒，发射速率大于5发/分。在战术包装筒内携行状态下的弹长为950毫米，飞行状态下的弹长为840毫米。筒装导弹（弹药）弹径为160毫米，导弹直径150毫米。待发状态弹药重10.5千克，携带状态弹药重11千克。动力装置采用二级固体火箭发动机。战斗部为破甲式，重3.9千克，可穿透均质钢甲900～950毫米以上，能穿T－72和T－80坦克的复合装甲，也能击穿2000年以后出现的新型装甲。

⬆ 法国短程反坦克导弹（ACCP）

德国"曼姆巴"导弹

"曼姆巴"导弹是德国研制的改进型第一代反坦克导弹。该导弹的攻击目标是坦克和装甲车辆。其最大射程为2000米，最小射程为300米。初速为55米/秒，最大速度为140米/秒。破甲威力500毫米，

飞行时间17.5秒。可在－40℃～＋60℃条件下使用。"曼姆巴"导弹长955毫米，弹径120毫米。弹重11.2千克，武器系统全重64.75千克。战斗部为聚能破甲式，重2.7千克。动力装置为单室双推力固体斜推力火箭发动机。

"曼姆巴"导弹的整个武器系统由导弹、控制盒、望远镜和电缆等组成。通过控制盒可以控制多枚导弹发射。接线盒上的8根引出线连接着8枚导弹，通过选择按钮，可控制12枚导弹的发射。

日本64式"马特"导弹

64式"马特"导弹是日本研制的一种中程反坦克武器，属于第一代反坦克导弹。1957年开始研制，它是在法国SS－10反坦克导弹的基础上发展而来的。

64式"马特"导弹的射程为350～1800米，飞行速度85米/秒，飞行时间23.5秒，命中率75%以上，破甲厚度500毫米。弹长1.020米，弹径120毫米，翼展600毫米，翼弦330毫米，弹重15.7千克，战斗部重3.1千克，架式发射。导弹可在－20℃～＋45℃的温度条件下使用，而其贮存温度为–30℃～＋50℃。动力装置为两级固体火箭发动机。导弹的制导方式为目视瞄准及跟踪、手动操纵、导线传输指令、三点法导引。弹头为聚能破甲战斗部，空心装药。

⬆ 日本64式"马特"反坦克导弹

化学武器

化学武器是以毒剂杀伤有生力量的武器。包括装有毒剂的化学炮弹、航弹、火箭、导弹和化学地雷、飞机布洒器、毒烟施放器材，以及装有毒剂前体的二元化学炮弹、航弹等。化学武器在使用时，将毒剂分散成蒸气、液滴、气溶胶或粉末等状态，使空气、地面、水源和物体染毒，以杀伤敌方有生力量。化学武器的杀伤途径很多。染毒空气可经呼吸道吸入、皮肤吸收致毒；毒剂液滴可经皮肤渗透致毒；染毒的食物和水可经消化道吸收致毒。多数爆炸分散型化学弹药还有破片杀伤作用。化学武器的杀伤作用可延续几分钟、几小时，有时达几天、几十天。化学炮弹比普通炮弹的杀伤面积一般要大几倍至几十倍。染毒空气并能随风扩散，渗入不密闭、无滤毒通风装置的装甲车辆、工事、建筑物等，沉积、滞留于沟壕和低洼处，杀伤隐蔽的有生力量。化学武器按其装备于不同的军种、兵种可分为：步兵化学武器，主要有毒烟罐、化学手榴弹、地雷、小口径化学迫击炮弹和布洒车等；炮兵、导弹部队化学武器，主要有各种身管火炮、火箭炮的化学弹、化学火箭、导弹等，舰

芥子毒气弹的受害者——协约国士兵

用化学武器亦属此类；航空兵化学武器，主要有化学航空炸弹和飞机布洒器等。

化学武器的种类

化学武器按毒剂的分散方式不同可分为：爆炸分散型，通常由弹体、毒剂、装药、爆管和引信组成，借炸药爆炸分散毒剂，如液态毒剂化学弹、化学地雷及部分固态毒剂化学弹等；热分散型，借烟火剂等热源将毒剂蒸发、升华，形成毒烟、毒雾，如装填固态毒剂的毒烟罐、毒烟手榴弹、毒烟炮弹，以及装填液态毒剂的毒雾航弹等；布洒型，通常由毒剂容器和加压输送装置组成，使用固态毒剂溶液、低挥发度液态毒剂或粉末状毒剂，经喷口喷出，造成地面和空气染毒，如飞机布洒器、布毒车、气溶胶发生器以及喷洒型弹药等。

化学武器在战场上的使用

20世纪初，化学工业在欧洲的迅速兴起和军事上的需要，为现代化学武器的发展提供了条件。

1915年4月，德军利用大量液氯钢瓶，吹放具有窒息作用的氯气，使英法联军伤亡惨重。但是，钢瓶吹放仅适于少数低沸点毒剂，使用时准备工作复杂，并受风向风速的制约。因此，英军先后研制使用了"李文斯"投射器和"司托克斯"迫击炮。这两种抛射式武器比吹放钢瓶有很大改进，但仍较笨重，射程近，机动性能差。随着毒剂的发展，交战国又竞相研制化学炮弹。

1916年2月，法军使用了75毫米装有光气的致死性化学炮弹。1917年7月，

德军使用了能透过皮肤杀伤的芥子气炮弹。利用火炮发射的化学弹，既可装填多种毒剂，又便于实现突然、集中、大量用毒的战术要求。因此，1918年火炮发射的毒剂量已达交战各国所用毒剂总量的90%以上。随着技术的改进，相继出现了定距空爆的各种化学炮弹、着发和定距空爆的化学航空炸弹以及飞机布洒器、布毒车等。1936～1944年，德国先后研制出几种神经性毒剂，其毒性较原有的毒剂大几十倍。还有一些国家继续加强毒剂及其使用技术的研究，着重发展远程火炮、多管火箭炮、飞机等投射的大面积杀伤化学武器。

20世纪50年代以来，先后出现的神经性毒剂化火箭弹、导弹和二元化学武器及装有多枚至上百枚小弹的子母弹、集束弹，成为大口径化学弹药的重要构型。现代化学武器与常规投射兵器的广泛结合，使火力密度、机动范围和同重量毒剂的覆盖面积，都达到更高的水平。

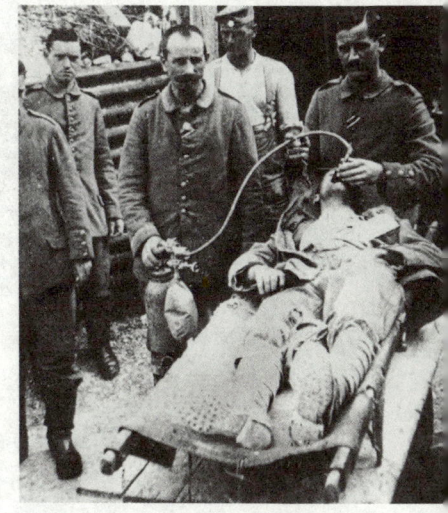

第一次世界大战中毒气造成的伤员

芥子气

芥子气是一种糜烂性毒剂。以比利时伊普尔城的名字命名，1917年7月12日，德国人在此地区对英法联军首次使用了芥子气。纯的化学芥子气是一种无色液体，略溶于水，易渗入多孔材料、涂漆表面和食物。芥子气具有多方面的杀伤性能，有全身中毒作用、窒息作用和糜烂作用。经呼吸器官中毒的绝对致死毒害剂量为2～3毫克·分/升，液滴状芥子气经皮肤中毒的绝对致死毒害剂量为70毫克·分/升，芥子气蒸气对眼睛作用的半数失能毒害剂量为0.2～0.3毫克·分/升。液滴状芥子气落在皮肤上，浓度在0.1毫克/平方厘米时便会产生溃疡。芥子气作用的潜伏期可达12小时以上。防毒面具和专用防护服可用来保护呼吸器官和皮肤不受芥子气伤害。

光气

光气是一种窒息性毒剂。光气在常温条件下为无色气体，具有烂干草或烂苹果气味；易溶于有机溶剂，在水中可迅速水解。光气是用一氧化碳、氯气的相互反应制取的。光气在第一次世界大战中作为毒剂使用过。它可损伤肺部，引起肺水肿。光气具有积累作用（重复中毒时作用加强）。光气在0.005毫克/升左右浓度时暴露60～90分钟会造成伤害，0.5毫克/升时10分钟便可致命。光气

中毒时有作用潜伏期，视中毒程度的不同潜伏期可持续2～8小时。对光气的防护可使用防毒面具。

沙林

沙林是一种神经麻痹性毒剂，具有极微弱的水果香味，为无色透明液体，易同水混合，并能溶于有机溶剂，易渗入多孔表面和涂漆表面。所有神经麻痹性毒剂中，沙林的挥发度最高。它对人的瞳孔具有强烈的收缩作用。当沙林以各种方式侵入人的机体时，其毒害作用是能损伤神经传导。沙林的潜伏期极短。沙林经呼吸道致毒时，其绝对致死剂量为0.1毫克·分/升，半数致死剂量视体重的不同为0.025～0.07毫克·分/升。防毒面具可用来对沙林进行防护。

英军士兵在战场上迎着毒气冲锋，没有戴防毒面具的士兵当场阵亡。

神经性毒剂

　　神经性毒剂是一种主要作用于神经系统的毒剂。主要代表物有沙林、梭曼和维埃克斯。神经性毒剂为速杀性致死剂，可经呼吸道、皮肤等多种途径使人员中毒，抑制胆碱酯酶，破坏神经冲动传导。主要症状有缩瞳、流涎、恶心、呕吐、肌颤、痉挛和呼吸麻痹。这类毒剂为无色油状液体，可用以装填多种弹药和导弹弹头，美军还将沙林、维埃克斯等神经性毒剂发展为二元化学武器。神经性毒剂可作为暂时性和持久性毒剂使用，造成空气、地面或物体表面和水源染毒，杀伤有生力量，封锁重要军事地域和交通枢纽。

全身中毒性毒剂

　　全身中毒性毒剂，又名血液中毒性毒剂，主要是损伤人体细胞和组织内的呼吸酶系的一类毒剂，有氢氰酸和氯化氰。氢氰酸是一种有苦杏仁味的无色液体，易气化，吸入中毒，无潜伏期，中毒较重者可在几分钟内出现昏迷、痉挛和呼吸困难等症状，如不及时救治立即死亡。氯化氰对眼和上呼吸道有强烈刺激，全身中毒症状与氢氰酸相似。全身中毒性毒剂可装填在炮弹、航空炸弹和火箭弹中使用，造成空气染毒。

窒息性毒剂

　　窒息性毒剂，又名伤肺性毒剂，主要是损伤肺组织，使血浆渗入肺泡引起肺水肿的一类毒剂。中毒者出现肺水肿时，肺泡内气体交换受限，血液摄氧能力降低，机体缺氧以致窒息死亡。

　　这类毒剂曾在第一次世界大战中使用过，主要有光气、双光气、氯气和氯芥气等。当时光气是重要毒剂之一，占毒剂生产总量的25%。光气的化学名称为二氯化碳酰，是一种有烂草味的无色气体，低温时液化，沸点为7.6℃。吸入光气后，一般经几小时的潜伏期后才出现肺水肿症状，表现为呼吸困难、胸部压痛、呼吸频率升高、血压下降，严重时出现昏迷以至死亡。有些窒息性毒剂对眼、鼻、喉还有不同程度的刺激作用。窒息性毒剂可装填于炮弹和航空炸弹中使用，造成空气染毒，使用防毒面具可对其进行有效的防护。

化学炮弹和化学炸弹

　　化学炮弹是以军用毒剂杀伤人、畜及造成地面染毒的炮弹，是化学武器的重要组成部分。它由装有军用毒剂的弹体、炸药或火药的爆炸装药以及引信组成。通常借助炸药的爆炸能量将弹体炸开，装料飞散。此时军用毒剂变成蒸气状、气溶胶状或液滴状。化学炮弹与着发、非触发或空炸的弹头引信配套，能在目标上空或目标表面爆炸。

　　子母弹型的化学炮弹，内装许多小弹，弹壳在高空爆开时，诸小弹呈面形散开并自行爆炸。火力齐射的火箭系统在射击时具有最大的战斗杀伤力。破片杀伤的化学炮弹兼有破片杀伤弹与化学弹二者的性能。这种炮弹的军用毒剂装量较小，以保证炮弹的破片杀伤作用，炸药的爆炸装药约占炮弹内腔容积的30%。航空化学炸弹是以持久性和暂时性毒剂沾染地面来杀伤有生力量的航空炸弹。

1925年《日内瓦议定书》禁止使用毒剂。但在某些国家的军备中，却有各种配方毒剂的航空化学炸弹。航空化学炸弹装有撞发引信、定时引信或非触发引信。当炸药爆炸时，航空化学炸弹的薄壁弹体破裂，液态毒剂分散成小点滴向各方飞溅，从而以持久性毒剂杀伤人员，沾染地面和目标，或造成暂时性毒气团，污染空气。小圆径（0.4～0.9千克）航空化学炸弹的弹体为球形，由塑料制成。这种航空化学炸弹使用时无须引信，在碰地瞬间，其弹体破裂，毒剂即行扩散。

基因武器

基因武器亦称遗传武器，是利用重新组织遗传基因、细胞融合和培养、生物反应等技术手段制造的生物武器。其致病菌有很强的抗药性，并能利用人种生化特征上的差异，使这种致病菌只对特定遗传型的人种有致病作用，以达到有选择地对某些人种进行杀伤的目的，从而克服普通生物武器在杀伤区域上无法控制的缺点。遗传武器与普通生物武器在作用机理上相同，但两者生产方法上不完全一样。普通生物武器是用生物学方法复制生产，而遗传武器还可以用化学方法生产。美国马里兰州的美军医学研究院即是基因武器研究中心。苏联也有基因武器研究机构。有的国家已经研究出利用酿酒菌传播裂谷热病细菌基因的方法。此种武器有灭亡族种的毒害力，有的研究者将常见的肉毒杆菌的一种基因，移植在另一种特别的基因上，产生出"热毒素"。试验者称，这种奇特的剧毒物质有空前的毒害力，只需20克就可以使50亿人死于一旦。制造基因武器已属可能。据统计，用5000万美元建立的基因武器库，比5亿美元建立的核武器库具有更大的威力。基因武器造价低、

保密性好，有人称之为"世界末日武器"。

生物武器

生物武器也称细菌武器。它是利用微生物的致病特性引起人员、动植物感染疾病的特种破坏性武器。主要由生物战剂和施放器材组成。第一次世界大战期间，德国曾首先研制和使用生物武器。日军在侵华战争中，美军在朝鲜战争中，也曾研制和使用细菌武器。第二次世界大战后，一些国家违反国际公约，漠视舆论谴责，仍继续研究和生产新的生物武器。生物战剂的施放方式有：利用飞机投弹，施放带菌昆虫动物；利用飞机、舰艇携带喷雾装置，在空中、海上施放生物战剂气溶胶；或将生物战剂装入炮弹、炸弹、导弹内施放，爆炸后形成生物战剂气溶胶。生物战剂主要用于攻击敌方军队集结地域、后方地域、交通枢纽、经济区和居民区。生物战剂有极强的致病性和传染性，能造成大批人、畜受染发病，并且多数可以互相传染。受染面积广，大量使用时可达几百或几千平方千米。危害作用持久，炭疽杆菌芽孢在适当条件下能存活数十年之久。带菌昆虫、动物在存活期间，均能使人、畜受染发病，对人、畜造成长期危害。但生物战剂受自然条件影响大，在使用上受到限制，日光、风雨、气温均可影响其存活时间和效力。

三名头戴防毒面具的美国海军

核武器

"原子弹之父"——奥本海默

奥本海默被誉为"原子弹之父"。原子弹爆炸并投放日本后，他预感到战后在原子弹问题上会产生什么样的后果。战后他对美国继续研制威力更大的氢弹态度冷漠，并于1949年与热心这一工作的贝特等人发生了冲突。1950年，麦卡锡主义气焰十分嚣张，奥本海默遭到恶毒诽谤和攻击，联邦调查局对他进行控告。1953年，军事情报机关控告他是"苏联的代理人"、原子弹间谍同案犯。1954年美国政府决定对奥本海默进行审查，许多亲朋好友也因此受到株连。在许多正义科学家作证下，美国政府不得不承认奥本海默是一个"忠诚的美国公民"，没有犯叛国罪，但仍以不信任的态度不准他接触军事机密，并解除了他在原子能委员会总顾问委员会中的职务。美国科学家联合会158名科学家就保安委员会对奥本海默的处理提出了抗议。1963年，约翰逊总统把原子能委员会的费米奖授予奥本海默，以这种方式为他

恢复名誉。奥本海默1966年退休，次年2月18日因患喉癌去世，享年仅62岁。

美国人在日本使用原子弹

1945年8月6日清晨，一架美军B－29轰炸机飞临日本广岛市区的上空。上午8时15分，B－29型轰炸机投下一枚炸弹后，就拼命逃离了广岛上空。那枚黑色的大炸弹带着降落伞慢慢落向市中心，离地面还有五六百米时爆炸了。

爆炸瞬间，先是耀眼的强光一闪，随即是天崩地裂的爆炸声。紧接着，出现了一个大火球，逐渐上升、翻滚和扩大，变成一团暗棕色的烟云，地面上的尘土、碎石被扬起卷入空中。这就是美军研制成的3枚原子弹之一的"小男孩"。"小男孩"是"枪式"铀弹，长3米，重约4吨，直径0.7米，梯恩梯当量为1.5万吨，内装60千克高浓铀，爆高约为580米。广岛市24.5万人中有20万人死伤或失踪，城市建筑物在巨大冲击波的作用下全部倒塌和燃烧，一枚原子弹毁掉了一座城市。

两天后，1945年8月9日上午11时零2分，美军又用B－29轰炸机将第二枚原子弹"胖子"投在长崎市中心，爆高503米。"胖子"重约4.9吨，长3.6米，直径1.5米，梯恩梯当量2.2万吨，是一枚"收聚式"钚弹。这枚原子弹的爆炸，使长崎市23万人中有15万人死伤和失踪，城市毁坏程度达60%～70%。

氢弹

第二次世界大战期间，美国科学家研究"重元素"铀和它的同位素钚的同

"原子弹之父"——奥本海默

时，一些科学家预见到利用裂变反应产生的足够热量而使氢核聚变的可能性。1943年，人们还发现氢的同位素氘、氚聚变所需的点火能量较低，于是设想制造氢弹。

1949年8月，苏联实战性核武器的爆炸成功打破了美国的核垄断地位，促使美国人又加紧了氢弹的试验。泰勒组织了氢弹的研究工作，到1949年底完成了氢弹的全部理论研究。

1950年1月，美国总统杜鲁门下达了研制氢弹的命令。1950年2月24日，美国国防部和参谋长联席会议通过了"立即全力发展氢弹的生产与运输工具"的决定。氢弹终于制造出来了。这枚氢弹是由一个被1吨左右高度压缩成液态的氢围绕的原子弹构成的。这种装置爆炸时，氢元素的温度升到9000万摄氏度，足可开始聚变反应，从而放出大量的核能，产生的热能是原子弹的数百倍，原子弹在其中起着引爆作用。1952年11月1日，美国在太平洋上的马绍尔群岛的比基尼环礁上试爆成功了第一枚氢弹，这枚试验用的氢弹为1040万吨梯恩梯当量，相当于投向日本广岛那枚原子弹威力的800倍。

↑ 氢弹爆炸产生的蘑菇云

在美国研制氢弹的同时，苏联科学家萨哈罗夫1948年就开始领导进行氢弹的研究，终于在1953年8月在北极圈的弗兰格尔岛成功地爆炸了一枚氢弹，比美国仅晚9个月。

英国成为第三个拥有核武器的国家

1939年，英国的牛津、剑桥、利物浦和伯明翰大学展开了原子能的研究工作，并得到因战争逃亡到英国的许多外国科学家的帮助。

1940年5月，丘吉尔就任英国首相后，在首都成立了以帝国化学公司华莱士·艾克斯爵士为首，以迈克尔·佩林为助手的秘密理事会，代号为"铙管厂"。丹麦著名物理学家尼尔斯·玻尔，为英国人提供了德国人"利用慢中子连锁反应制造炸弹"的重要情报，加速了英国人的科研速度。

在一年多的时间里，英国人在核武器结构和供弹芯用的稀有铀同位素分离的研究方面取得了重大的进展。但英国已被战争消耗得精疲力竭，因此，英国政府1941年7月派出了以澳大利亚科学家马库斯·奥利劳特率领的代表团出访美国，敦促美国加速研制原子弹。同时，英国大批杰出的科学家也加入了美国研究原子弹的行列。

1942年夏，丘吉尔和罗斯福在伦敦海德公园会晤，决定以美国为研试地点。但随后美国借口影响战争进程，拒绝向英国提供有关原子弹的情报。美国试爆原子弹成功后，英方向美方多次交涉，但仍无法获取有关资料。第二次世界大战后，英国人迅速在伯克郡建立了自己的科研基地，在坎伯兰市温克尔建立了一座钚反应堆。第一任负责人是约翰·科克罗夫特爵士。

1946年6月，K.福克斯从美国回到英国担任原子能研究机构理论部主任。1946年8月，美国总统杜鲁门签署《麦克马洪法案》，决定由美国垄断原子弹生产，彻底堵塞了美英原子情报交流渠道。

1949年2月，布鲁诺·蓬泰科尔从加拿大回到英国接任该基地主管科学的主任职务，使得英国的核科研工作具备了雄厚的科技力量，英国政府加快单独研制原子弹的步伐。

1952年10月3日，英国第一颗原子弹在澳大利亚沿海的蒙特贝洛停泊的船上试爆成功。英国成为世界上继美苏之后第三个拥有核武器的国家。

1956年，英国开始在空军装备原子弹。3年后又爆炸了氢弹，英国成为世界上第三个爆炸氢弹并具有核作战能力的国家。

中国第一颗原子弹爆炸成功

1955年，中国地质部门就开始了铀矿的勘探，并找到了丰富的铀矿。1956年，国防部成立了第五研究院，即第一个导弹研究机构，院长由科学家钱学森担任。

中国氢弹爆炸后的壮观景象

1958年秋天，34岁的物理学家邓稼先担任了核武器研究设计院的理论部主任。他在北京几十所大专院校中选择了28名年轻的专家，组成了中国核武器研究的基本科技力量。

1959年，中国科学家们对第一颗原子弹的理论计算获得了成功，以祝麟芳任厂长、姜圣阶任总工程师的核工业企业的建设也初获成效。

在苏联撤走了在华专家之后，中国重新调整了核研制计划，代号为"596"工程。组织了30多个研究所、200多家工厂投入研制，克服了技术上的道道难关，使"596"工程顺利进行。1964年10月，完成了第一颗原子弹的组装。同年10月16日15时，在人迹罕至的罗布泊，巨大的蘑菇状烟云腾空而起，中国第一颗原子弹爆炸成功。

法国第一颗原子弹试爆成功

1945年10月18日，戴高乐将军决定进行原子弹的研究，成立了原子能委员会，由著名物理学家，居里夫人的女婿弗雷德里克·约里奥·居里担任主要负责人。法国的原子弹工业从此起步并蓬勃发展起来。

1948年，法国在本土找到了铀矿，第一座反应堆建立起来，并于1949年分离出钚。1952年法国政府提出发展核武器的设想。1954年12月，这一设想被孟戴斯—弗朗斯政府内阁会议列入议程。富尔执政时，决定发展第94号元素的生产，并且筹办了分离同位素的工厂。

1956年，席勒内阁制订了核能试验五年计划。第四共和国末期的费利克斯·加亚尔政府决定制造第一颗原子弹。同年，法国建成第一座使用天然铀的二氧化碳石墨中速反应堆试验电站。

1958年，戴高乐重新上台执政后，

加快研制核武器。法国终于在 1960 年 2 月 13 日在西非撒哈拉大沙漠赖加奈 100 米的高塔上爆炸成功了第一颗原子弹。这颗原子弹获得了约 6 万吨当量的核裂变能量。法国成为世界上第四个核国家。

1962 年 6 月，法国政府又提出耗资达 300 多亿法郎的"军事装备计划法案"，其中 60 多亿法郎用来建立核威慑力量。之后法国很快建立起由陆基导弹、潜艇导弹、飞机携带的核导弹所组成的三位一体的独立核力量。法国成为第四个拥有核武器的国家。

氢弹的类型

氢弹的核装药可以用氘和氚，在它里面装有一颗小型原子弹作为引爆装置。爆炸时，先用雷管将普通炸药引爆，将分开的核装药铀－ 235 或钚－ 239 迅速地压拢在一起，起爆小型原子弹，产生上千万摄氏度的超高温，使氘、氚产生聚变反应。在超高温的条件下，氘、氚就变成一团由不带电子的原子核和自由电子所组成的气体，并以很高的速度相互碰撞着，随之迅速剧烈地进行合成氦的反应，同时释放出巨大的核聚变能。

另有一种以氘化锂－ 6 为核装药的"干式"氢弹。氢弹内部用来引爆的原子弹爆炸后，产生超高温的同时还产生大量的中子，而锂－ 6 在中子的轰击下又产生氚和氦。氘化锂－ 6 中的氘和新产生的氚，又在超高温条件下发生聚变反应，产生氦核和中子，并放出巨大的能量。氘和氚的核聚变反应极大地提高了反应温度，又会加速氘和氚的聚变反应速度。

美国拥有的核武器

美国是世界上第一个试制成功核武器的国家和第一个将原子弹用于实战的国

美国核试验的爆炸场面

家，也是世界上拥有核武器数量最多、质量最高、运载工具最先进的国家。美国拥有的核弹头有 26 个型号、26000 个，总当量近 55 亿吨。其中，战略核弹头 11000 个；其余的近 15000 个核弹头装备中、近程导弹，飞机和舰艇，以及配备发射核炮弹的火炮部队。

在战略核武器中，陆基洲际弹道导弹有 107 枚，潜地弹道导弹 648 枚，携带核武器的远程战略轰炸机 336 架。

战略核武器和战术核武器

核武器可分为战略核武器和战术核武器两大类。

战略核武器攻击的主要目标是军事基地、工业基地、交通枢纽、政治经济中心和军事指挥中心等。核爆炸威力通常有数十万吨、数百万吨，乃至上千万吨梯恩梯当量。主要运载工具有陆基战略导弹、携带核航弹的远程轰炸机、潜基战略导弹、反弹道导弹、核导弹以及近程攻击核导弹和巡航核导弹等。

战术核武器主要打击目标为导弹发射阵地、指挥所、集结地、飞机、舰船、坦克集群、野战工事、港口、机场、铁路、桥梁、交通枢纽等。主要有战术核导弹、核航弹、核炮弹、核深水炸弹、核地雷、核水雷和核鱼雷等。主要运载和发射工具有火炮、导弹、飞机、水面舰艇和潜艇等。战术核武器机动性能好，命中精度高，爆炸威力有百吨、千吨、万吨和十万万吨梯恩梯当量，少数可达百万吨级。

中子弹

1958年，美国号称"中子弹之父"的科学家科恩，发表了关于中子弹原理的报告。1963年，美国第一个中子弹实验装置进行了地下试验，代号"3－63"。1968年，美国已能制成直径不超过30厘米、引爆10吨级的小型氢弹，这就为中子弹研制成功打下了基础。

1972年，美国在低威力扳机设计方面有重大突破。1976年，美国国防部要求研制"长矛"导弹用的中子弹头以及155毫米口径以上榴弹炮用的中子炮弹。

1977年6月，美国正式宣布研制出了中子弹，并开始正式投入生产和装备部队。1978年，美国已能制造出1000～3000吨的中子弹，中子弹的关键部件已投入生产。1981年，美国里根政府下令生产和储备中子弹。不久，苏联和法国也宣布制造出了中子弹。

中子弹是一种利用中子和γ射线作为主要杀伤手段的武器，它能最大限度地杀伤人员等有生力量，而对建筑物、坦克及战斗车辆的破坏力则比较小。中子弹主要用于战术核武器，对杀伤敌集群坦克或

大兵团进攻的步兵效果更为明显。

中子弹以贯穿辐射为主，主要是破坏人体各种细胞，特别是中枢神经系统的细胞，使人员当即死亡或失去正常活动能力。1枚1000吨梯恩梯当量的中子弹，在800米高度爆炸时，中子贯穿辐射能力最强，可穿透30厘米厚的坦克装甲和钢筋混凝土掩体、工事内部杀伤人员，而且1分钟内能扩及4平方千米的广阔地域。处于爆心200米以内的一切人员立即致死，距爆心350米内的人员两天内致死，1350米以内的人员几周后致死，1450米以外可致伤。

中子弹在30千米以内范围，可用155毫米、203毫米榴弹炮发射；在130千米范围内，可用"长矛"地地战术导弹携载中子弹头；在更远的距离上，则可使用"潘兴"Ⅱ式导弹和"战斧"巡航导弹携载中子弹头，也可由飞机投掷。

从防御的角度出发，国外已研制成功一种特殊的20毫米厚的塑料板，能使中子辐射强度减到千分之一。254毫米厚的混凝土或湿泥土层可挡住90%的高能中子辐射。由于中子辐射容易被硼、氢、氧等轻元素吸收，因此给坦克装甲镶上掺硼或镉薄板的塑料，可有效地降低中子的辐射剂量。

美国的"星球大战"计划

1983年3月23日晚，美国总统里根以《和平与国家安全》为题向全国发表电视演说，首次宣布建立反弹道导弹系统，以便在"苏联的战略核导弹到达我们的国土或者我们盟国的国土之前就拦截并摧毁它们"。这就是著名的美国"星球大战"计划。

"星球大战"计划将拦截方案划分了4个层次。

第一层为助推段拦截。敌导弹发射阶段有3～5分钟的持续时间。此时产生大

SS-N-25 洲际导弹发射车

量红外线，易被空间探测器捕获。担任拦截任务的是在地球同步轨道上运行的432颗反导弹X射线卫星，每颗卫星可摧毁100枚以上正在升空的导弹。这种反导弹X射线卫星直径1米，表面插有多根刺猬状金属管，一旦发现敌导弹，卫星便开始攻击。卫星内部产生核爆炸，每一金属管都喷射一束X射线，将导弹摧毁。

第二层为末助推段拦截。当导弹最末一级火箭关机，弹头和突防装置开始脱离导弹飞向目标时，持续时间约500秒。可用激光武器或动能武器摧毁已投放的弹头和含有一部分尚未投放子弹头的母舱。

第三层为中段拦截。从导弹投放完分导弹头和突防装置，到弹头再入大气层之前的这一段称为中段，持续时间达20分钟。拦截时，利用部署在高轨道发射平台上的动能武器或粒子束武器摧毁来袭导弹；利用飞机或在低轨道上部署的作战平台，发射以超高速火箭为动力的自动寻的拦截导弹。这种导弹可以在预定高度上形成密集的弹幕，直接击毁来袭导弹。

第四层为再入段拦截。这一段是拦截再入大气层的导弹。先通过机载红外探测器和机载雷达捕捉目标，用红外寻的器进行瞄准和跟踪。拦截时，通过地基发射高速近程导弹，在预定高度爆炸击毁来袭弹头，或利用以火箭推进的非爆炸性弹丸，通过齐射方式将成千上万个弹丸送入拦截高度，以阻拦来袭弹头。另外，还可以带电粒子束武器的强烈电磁效应使来袭弹头失效。

从理论上说，"星球大战"计划建立的多层次防御系统拦截成功率可达99.9%。但这是一项规模庞大又耗资惊人的工程，总预算将达1万亿美元。

激光武器

传说，公元前212年希腊科学家阿基米德曾用镜片聚光，烧毁了入侵的战舰。18世纪，一个法国人设计了1架由168块玻璃组成的面积约为50平方米的反射镜"光炮"，将太阳光聚焦，使47米远处的松木板在几分钟之内燃烧起来。第二次世界大战期间，在德国有人用设计的光学装置杀伤过10米远处的兔子。但这些都不是激光武器。直到1960年世界上第一台红宝石激光器诞生，才真正使用光来作为武器变成了现实。激光在激光器的激励下，能将光束高度集中，具有极强的方向性。一束激光射到1000米远处，其光斑直径只有10厘米左右；射到10千米远处，其光斑直径为1米左右；要是射到38万千米远的月球表面上，其光斑直径也只有3000米左右。因此可以产生高强度的冲击能量。激光的亮度比太阳表面的亮度高出400亿倍以上。把这种高强度的光投射到物体上，物体受照部分的温度可上升到10000℃以上。无论是金属还是非金属，都将迅速熔化和汽化。激光武器利用亮度大、方向性强而集中这一特性，通过烧蚀、激波和辐射三种效应来达到杀伤有生力量和摧毁坚固敌对目标的目的。

激光武器的研究始于20世纪60年代初，开展这一领域研究的国家主要有：美、苏、法和前联邦德国等，其中美、苏两国投入的力量最大。发展激光武器要解决的主要技术难题有：研制性能优异的高能激光器；发展高精度瞄准跟踪系统；搞清激光破坏目标的机理；研究克服大气效应；研制大型反射镜和自适应光学系统。此外，还有工程组装和配备自动化指挥控制通信系统等问题。美国对激光武器一直很重视，积极发展各项单元技术，同时研制了一些试验样机，进行过演示性的验证试验。